Dina Shaydulina

Polyhydroxylierte Biphenyle als Topoisomerase II Inhibitoren

Dina Shaydulina

Polyhydroxylierte Biphenyle als Topoisomerase II Inhibitoren

Darstellung und Untersuchung

Lehrbuchverlag

Imprint

Cover image: www.ingimage.com

Publisher:
Der Lehrbuchverlag
is a trademark of
International Book Market Service Ltd., member of OmniScriptum Publishing Group
17 Meldrum Street, Beau Bassin 71504, Mauritius

Printed at: see last page
ISBN: 978-620-0-27229-4

Zugl. / Approved by: Giessen, JLU, Diss., 2019

„Man muss das Unmögliche versuchen, um das Mögliche zu erreichen.“

Hermann Hesse (1877–1895)

Meinen Eltern und meinem Opa
in Liebe und Dankbarkeit gewidmet.

Inhaltsverzeichnis

Abkürzungen

Alle Verbindungsnamen sind als Abkürzungen in Form von nummerierten Buchstaben in runden Klammern im Text zu finden. Sie verweisen auf zugehörige Strukturformeln und werden auch anstelle der Verbindungsnamen im Text verwendet. Der Übersicht halber wird den folgenden Derivaten jeweils ein Buchstabe zugeordnet: Benzoesäuren (A), Phenole (B), Amine (C), Carbonsäureester (D), Urolithine (E), Carbonsäureamide (F), Phenanthridinone (G) und (Z) für die Zielmoleküle. Die tiefgestellten Suffixe deuten auf unterschiedliche Substituenten hin: B (Brom), I (Iod), Boc (*tert*-Butyloxycarbonyl), Bn (Benzyl) oder PMB (*para*-Methoxybenzyl).

In der vorliegenden Arbeit werden außerdem die folgenden Abkürzungen verwendet:

Å	Ångström
Abb.	Abbildung
Abs.	Absolut
Ac	Acetyl
ACET	Acetonid
ADP	Adenosindiphosphat
Äquiv.	Äquivalente
Ar	Aryl
ATP	Adenosintriphosphat
Ber.	Berechnet
BINAP	2,2'-Bis(diphenylphosphino)-1,1'-binaphthyl
Bn	Benzyl
Boc	*tert*-Butyloxycarbonyl
Boc_2O	Di-*tert*-butyldicarbonat
Bu	Butyl
br.	breit
bzw.	beziehungsweise
Caco2	humane Kolonkarzinomzelllinie (Colon Carcinoma Cell Line)
CK2	Proteinkinase2
CAN	Cer(IV)-ammoniumnitrat
COSY	Correlation Spectroscopy
COX-2	Cyclooxygenase-2
d	Dublett
dd	Dublett von Dublett
δ	chemische Verschiebung
DBDMH	1,3-Dibrom-5,5-dimethylhydantoin
DCC	Dicyclohexylcarbodiimid
DCM	Dichlormethan
DDQ	2,3-Dichlor-5,6-dicyan-1,4-benzochinon
DEPC	Diethylpyrocarbonat
DIPEA	Diisopropylethylamin

DMAP	4-(Dimethylamino)pyridin
DMF	*N,N*-Dimethylformamid
DMSO	Dimethylsulfoxid
DNA	Desoxyribonukleinsäure
DOX	Doxorubicin
dppe	1,2-Bis(diphenylphosphino)ethan
ε	Extinktionskoeffizient
E_λ	Extinktion
EA	Ellagsäure
EDTA	Ethylendiamintetraessigsäure, Ethylendiamintetraacetat
ESI	Electon Spray Ionisation
Et	Ethyl
ETO	Etoposid
GC	Gaschromatographie
Gef.	Gefunden
ges.	gesättig
GLB	Gel loading buffer
h	Stunden
HAT	Histonacetyltransferase
HIV	humane Immundefizienz Virus
HMBC	Heteronuclear Multiple Bond Coherence
HPLC	High Performance Liquid Chromatography
HPV	humane Papillomviren
HR-MS	High Resolution Mass Spectroscopy
HSQC	Heteronuclear Single Quantum Correlated
HT29	Humane Kolon Adenokarzinomzelllinie
HTC15	Humane Darmkrebszelllinie
Hz	Hertz
IC_{50}	mittlere inhibitorische Konzentration
J	Kopplungskonstante
kDNA	Kinetoplasten DNA
KET	Keto-Enol-Tautomerie
m	Multiplett
M	Molar
M	Molare Masse
Me	Methyl
mL	Milliliter
MMP-9	Matrix-Metalloproteinase-9
MPLC	Mitteldruckflüssigkeitschromatographie
MS	Massenspektroskopie
MTT	3-(4,5-Dimethylthiazol-2-yl)-2,5-diphenyl-tetrazolium Bromid
NAD	Nicotinsäureamid-Adenin-Dinukleotid
NADP	Nicotinsäureamid-Adenin-Dinukleotid-Phosphat
NBS	*N*-Bromsuccinimid
NC	Nukleokapsidprotein
neg.	negativ
NMR	Kernmagnetresonanzspektroskopie
NOESY	Nuclear Overhauser Effect Spektroskopy

o.	oder
PARP-1	Poly(ADP-ribose)-Polymerase-1
PCB	polychlorierte Biphenyle
PG	Schutzgruppe (Protecting Group)
Ph	Phenyl
PIFA	Phenyliod(III)bis(trifluoracetat)
PMB	*para*-Methoxybenzyl
pos.	Positiv
ppm	Anteile pro Million (parts per million)
RNA	Ribonukleinsäure
RT	Raumtemperatur
s	Singulett
SDS	Natriumdodecylsulfat
S_N2	nukleophile Substitution mit bimolekularem Mechanismus
S_EAr	elektrophile aromatische Substitution
SETO	Ein-Elektronen-Oxidationsmittel
t	Triplett
TAE	Tris-Essigsäure-EDTA-Puffer
TBDMS, TBS	*tert*-Butyldimethylsilyl
TBME	*tert*-Butylmethylether
TFA	Trifluoressigsäure
THF	Tetrahydrofuran
TMEDA	*N,N,N',N'*-Tetramethylethylendiamin
TN	Tris-NaCl-Puffer
TOPO II	Topoisomerase II-α
Tris	Tris-aminomethan, 2-Amino-2-(hydroxymethyl)-1,3-propanediol
u.	und
UV/vis	ultraviolet and visible spectroscopy
V	Volt
VE	Valenzelektronen
vgl.	Verleich
vs.	Versus

I Einleitung

1 Das Gesundheitsproblem Krebs

Krebserkrankungen sind neben den kardiovaskulären Störungen nach wie vor eine globale Bedrohung für die Gesundheit der Menschen.[1,2] Trotz der großen Fortschritte bei der Behandlung von Krebs, steigt die Zahl der Krebskranken angesichts des demografischen Wandels jährlich weiter an und gehört mit fast 10 Millionen Todesfällen im Jahr 2018[3] zu den meist gefürchteten Erkrankungen weltweit. Die Gefährlichkeit einer Krebserkrankung hängt in hohem Maße von der Zellteilungsrate und der Metastasierung ab.[4] Besonders die unkontrollierte Ausbreitung der Tumorzellen auf das umgebende gesunde Gewebe bestimmt den Bösartigkeitsgrad eines Tumors und erschwert die Behandlung enorm.[4–6] Operativer Eingriff, Strahlen- und Chemotherapie stellen drei klassische Hauptbehandlungsmethoden in der Krebstherapie dar. Während die ersten zwei Verfahren sich meist auf lokalisierbare Tumore beschränken, können mithilfe von Chemotherapie auch die metastasierten Tumore behandelt werden.[7] Aufgrund der geringen Zellspezifität der eingesetzten Medikamente ist die Durchführung einer Chemotherapie für den Patienten mit erheblichen Nebenwirkungen wie Anämie, Neutropenie oder Nierenversagen verbunden.[6,8,9] Ein gravierendes Problem stellt jedoch die zunehmende Resistenz der Krebszellen gegenüber einer großen Vielzahl von therapeutisch eingesetzten Arzneimitteln, die sogenannte Multidrug-Resistenz, dar.[8,10] Vor diesem Hintergrund besteht ein hoher Bedarf sowohl hinsichtlich der Verbesserung bereits bekannter Wirkstoffe als auch bezüglich der Entwicklung von neuen, selektiven und besser verträglichen Chemotherapeutika. Im Folgenden wird der Hintergrund der Krebserkrankung und ihre Behandlungsmöglichkeiten zusammengefasst sowie der eigene Forschungsansatz auf diesem Gebiet genauer vorgestellt.

2 Krebsursachen und Therapiemöglichkeiten

Die Entstehungsursache dieser Krankheit ist je nach Krebsart unterschiedlich, aber in jedem Fall ein äußerst komplexer mehrstufiger Prozess, dessen genauer Mechanismus noch intensiv untersucht wird und bis heute nicht vollständig entschlüsselt ist.[4,11] In der Regel unterscheidet man zwischen genetischer Veranlagung und äußeren Risikofaktoren, die durch den Lebensstil bedingt sind. So gehören sowohl Tabak- und Alkoholkonsum,[12] Ernährungsgewohnheiten[13] und Schadstoffbelastung aus der Umwelt sowie übermäßige Einwirkung von Sonnenlicht[14] (exogen), aber auch Infektionen[15] verursacht durch Humane Papillomaviren (HPV)[16,17], das Eppstein-Barr-Virus[17] oder das Bakterium *Helicobacter pylori*[18] (endogen) zu den häufigsten krebsauslösenden Faktoren.[3] Das Zusammenspiel aus den oben genannten exogenen und endogenen Einflüssen führt schlussendlich zu genetischen Veränderungen der DNA in der Zelle.[4,19,20] Diese Veränderungen werden in den meisten Fällen vom Körper automatisch erkannt und repariert. Das Versagen der zellulären Reparaturmechanismen führt jedoch zu irreversiblen Mutationen. Betreffen diese die wachstumsregulierenden Abschnitte der DNA, dann kann dies zur unkontrollierten Vermehrung der Zellen führen, die zudem die genetischen Veränderungen an ihre Tochterzellen weitergeben.[7] Es entsteht ein Tumor.

Die Bekämpfung von bösartigen (malignen) Tumorzellen erfolgt überwiegend durch eine Kombinationstherapie aus Bestrahlung und medikamentöser Behandlung, der Chemotherapie.[6] Bei den verwendeten Medikamenten handelt es sich um chemisch hergestellte oder auch aus der Natur stammende Wirkstoffe, die so genannten Zytostatika.[14] Diese werden je nach betroffenem Organ unterschiedlich eingesetzt und wirken sowohl auf lokaler als auch auf systemischer Ebene.[8,17] Abhängig von ihrer biologischen Wirkung sind Zytostatika in folgende Gruppen unterteilt:[6]

- Alkylantien
- Mitosehemmer
- Antimetabolite
- Antibiotika
- Topoisomerasehemmer
- Platinanaloga
- Taxane und
- Interkalantien.

Um die Entstehung von Tumoren und die Wirkmechanismen der Zytostatika für die Krebsbehandlung besser verstehen zu können, wird zunächst der Zellzyklus erläutert.

2.1 Die Phasen des Zellzyklus

Der Zellzyklus stellt den Lebenszyklus einer Zelle dar, dessen korrekter Ablauf für das Überleben des Organismus essentiell ist. Er gliedert sich in zwei periodisch aufeinanderfolgende Abschnitte: die Zellteilung (Mitose) und die Wachstumsphase (Interphase), die wiederrum in G_1–, S– und G_2–Phasen bei proliferierenden Zellen unterteilt ist. Nicht proliferierende Zellen (z.B. Nervenzellen) verbleiben in einer Sonderform von G_1, der G_0-(Ruhe-) Phase (Abb. 1).[21] In den genannten Phasen läuft eine sich kontinuierlich wiederholende Abfolge von streng kontrollierten zellulären Vorgängen ab, bei welchen aus einer Zelle zwei identische Tochterzellen mit gleicher DNA generiert werden. Wesentliche Veränderungen der Zellstruktur erfolgen hierbei in der Synthese-Phase (S-Phase), in der die gesamte chromosomale DNA repliziert wird und in der Mitose-Phase (M-Phase), in der es zur Trennung der Chromosomen in die Tochterzellen kommt. Die dazwischen liegenden G_1- und G_2-Phasen, sogenannte Kontrollstellen sowie der Anfang der M-Phase (Anaphase) beinhalten biochemische Reaktionswege, die den fehlerfreien Verlauf des Zellzyklus sicherstellen. An diesen Kontrollpunkten wird entschieden, ob der Zyklus bspw. aufgrund der DANN-Schädigungen durch Karzinogene für eine Reparatur angehalten, unterbrochen (arretiert) oder sogar der programmierte Zelltod (Apoptose) eingeleitet wird. Die Gesamtheit aller dieser vielfältigen und voneinander abhängigen Prozesse findet in einem genau koordinierten Zeitrhythmus statt.[8,22]

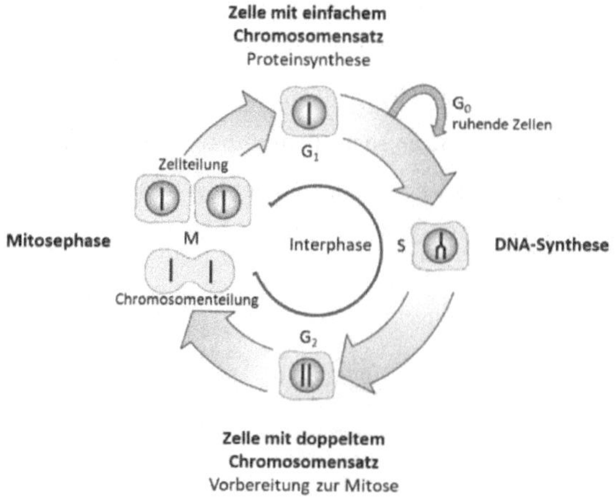

Abb. 1: Schematische Darstellung des eukaryotischen Zellzyklus.[21]

Trotz effizientem DNA-Reparatursystem wird nicht jeder durch ein Karzinogen ausgelöster Schaden beseitigt, sodass es zu dauerhaften Mutationen in der Zelle kommen kann. Besonders die Mutation der Wachstums- und Apoptose- regulierenden Gene, die für die Expression von sogenannten Tumorsuppressoren wie dem Protein p53[23] verantwortlich sind, sind entscheidend für das Ausmaß der Karzinogenese. Eine Fehlfunktion dieser Tumorsupressorgene bzw. Zellteilungs-kontrollierenden Gene führt zu einer erhöhten Replikationsrate, verminderter oder sogar fehlender Apoptose sowie der unkontrollierten Zellmigration (Metastasierung) von malignen Zellen.[14,24] Die medikamentöse Chemotherapie nutzt diese hohe Replikationsrate als den charakteristischen Unterschied in der Wachstumsregulation zwischen gendefekten und gesunden Zellen aus. Hierbei verfolgt sie das Ziel, die Wachstumsblockade und Eliminierung von schnell proliferierenden krebskranken Zellen zu erreichen.[8]

Doch neben den Krebszellen existieren auch andere, sich schnell teilende gesunde Zellen wie beispielsweise Lymphozyten, Leukozyten oder Thrombozyten, die durch eine unspezifische Therapie ebenfalls zerstört werden. Dies führt in der Regel zu einem deutlich veränderten Blutbild und einem geschwächten Immunsystem bei Patienten, die mittels Chemotherapie behandelt werden. Eine für den Gesundheitszustand des Patienten angemessene Begleitmedikation macht die moderne Chemotherapie zwar bezüglich der kurzfristigen Beeinträchtigungen wie Haarausfall oder Schleimhautschädigung verträglicher, allerdings ist aufgrund möglicher Langzeitkomplikationen die Entwicklung spezifischer Behandlungsmethoden das Ziel der Krebsforschung.[17]

Der Zellzyklus neoplastischer Zellen (Krebszellen) kann durch verschiedene Substanzgruppen phasenspezifisch inhibiert werden, um so ein Fortschreiten der Krankheit zu verhindern. Eine Übersicht von phasendefinierten Angriffspunkten der klinisch gebräuchlichen Zytostatika ist in der Abb. 2 dargestellt.

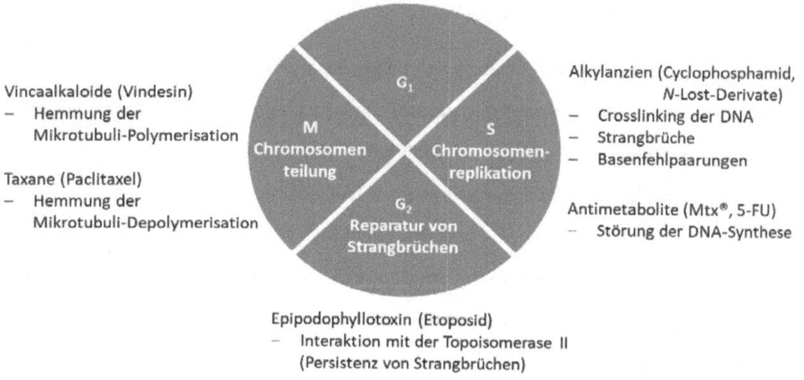

Abb. 2: Ansatzpunkte der Chemotherapeutika im Zellzyklus.[8]

Eine der effektivsten Optionen um die Vermehrung der Krebszellen zu unterbinden, stellt vor allem die Hemmung des spezifischen Enzyms Topoisomerase II in der S- und späten G_2-Phase des Zellzyklus dar. Die Hemmung dieses für das Zellüberleben unabdingbaren Enzyms ist seit seiner Entdeckung ein primäres Ziel der Krebsforscher weltweit. Auch das Interesse der Arbeitsgruppe Göttlich liegt in der Herstellung und Untersuchung neuer Topoisomerase II inhibierender Substanzen.

Die charakteristischen Eigenschaften des Enzyms, sein Wirkmechanismus sowie die Hemmauswirkung in der Zelle werden Inhalt des folgenden Kapitels sein.

2.2 Regulation der Topoisomerase II

Die doppelhelikale Struktur der Desoxyribonukleinsäure (Im Folgenden wird die englische Abkürzung DNA verwendet) bündelt die gesamte genetische Information eines Organismus, die in jeder menschlichen Zelle auf 46 Molekülen (Chromosomen) kodiert vorliegt. Die Primärstruktur der DNA Moleküle besteht aus der Nukleotidsequenz. Darüber hinaus liegen die DNA Moleküle als Dimere in Form eines Doppelstrangs vor. Diese etwa zwei Meter langen Moleküle sind stark komprimiert und befinden sich bei Eukaryoten im Zellkern auf, im Verhältnis zu ihrer Länge, extrem kleinen Raum von 10 µm Durchmesser (Abb. 3).[25]

Prozesse wie die Replikation oder die Transkription der DNA erfordern den freien Zugang zu einzelnen DNA-Segmenten und damit die kurzzeitige Auflösung (Relaxation) des komprimierten Zustandes. Dazu dienen im menschlichen Körper humane Topoisomerasen, die sowohl ineinander verwundene Doppelstränge trennen als auch die Verdrillung der DNA entwinden können.[25,26] Sie werden je nach Reaktionsmechanismus in Typ I oder Typ II kategorisiert, wobei jedes dieser Enzyme für eine bestimmte DNA Manipulation zuständig ist. Die Typ I Topoisomerasen katalysieren einen Einzelstrangbruch und die Typ II Topoisomerasen führen unter ATP-Verbrauch einen Doppelstrangbruch in die DNA ein.[27]

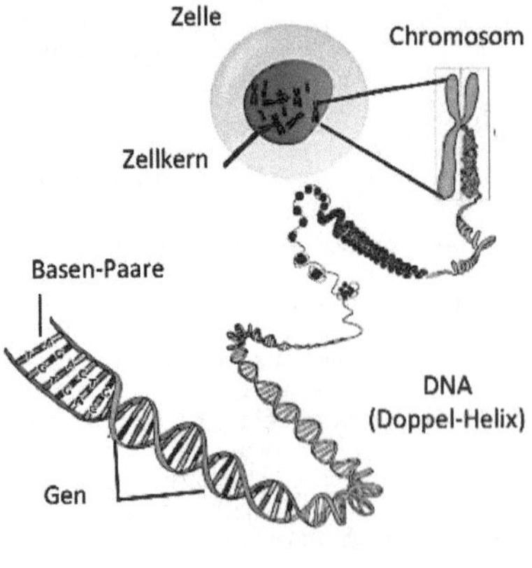

Abb. 3: Lokalisation der DNA in der Zelle.[27]

Da für die vorliegende Arbeit die Funktion der eukaryotischen Topoisomerase II-α relevant ist, wird an dieser Stelle näher darauf näher eingegangen.

- **Aufbau**

Topoisomerase II ist ein Homodimer mit zwei bekannten α (170 kDa) und β (180 kDa) Isoformen, die ca. 70% Aminosäuresequenzhomologie aufweisen. Während das β-Isomer im kompletten Zellzyklus exprimiert wird, ist die α-Isoform vorwiegend in der Mitose-Phase zu finden. Daraus resultieren die verschiedenen Funktionen der beiden Isomere. Topoisomerase II-β hält die grundlegenden Aufgaben (Transkription) einer Zelle aufrecht und erreicht die größte Exprimierung in der Plateauphase des Wachstums. Die Topoisomerase II-α übernimmt dagegen die Regulation der DNA-Topologie und ist somit an Prozessen wie der Replikation und der Trennung der Tochterchromatiden beteiligt. Die Expression des Enzyms steigt dementsprechend in Phasen rapider Proliferation und erreicht ihr Maximum (höchste enzymatische Aktivität) in der G_2/M-Phase.[25]

Die Struktur der Topoisomerase II ist in drei distinkte Domänen aufgeteilt: Die N-terminale Domäne enthält eine ATP-Bindungstasche, während die mittlere einen Tyrosinrest beinhaltet und mit diesem kovalent an die DNA gebunden werden kann. Beide Domänen zusammen übernehmen die katalytische Aktivität des Enzyms. Das C-terminale Ende des Enzyms ist stark variabel und umfasst mehrere Phosphatbindungsstellen sowie eine Kernlokalisierungssequenz. Dieser Abschnitt des Enzyms ist für die Verteilung und biologische Regulation des Enzyms in der Zelle wie z.B. Protein-Protein-Interaktionen verantwortlich (Abb. 4).[25,28]

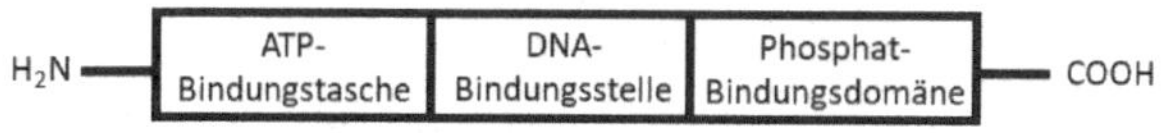

Abb. 4: Domänenstruktur der Topoisomerase II.[25]

- **Mechanismus**

Der katalytische Mechanismus der humanen Topoisomerase II-α umfasst fünf Schritte und ist in Abb. 5 schematisch dargestellt.[25,27]

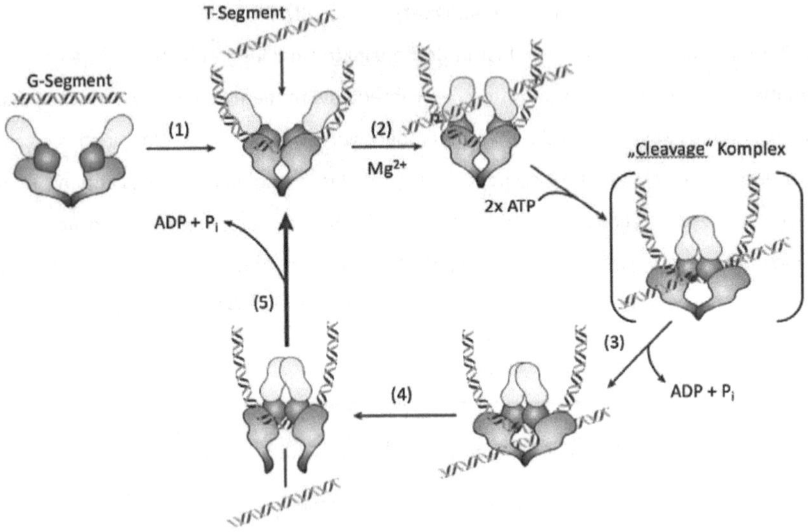

Abb. 5: Modell des katalytischen Zyklus der Topoisomerase II (modifiziert nach Nitiss 2009).[29]

(1) **DNA Bindung**: Zu Beginn erkennt das Enzym die topologische Struktur der verdrillten superspiralisierten DNA und bindet an den zu schneidenden DNA-Doppelstrang (G-Segment). Die Bindung erfolgt durch die zentrale DNA-Domäne (rot) und ruft eine Konformationsänderung des Enzyms zu einer halbgeschlossenen Form hervor, die den nächsten Schritt einleitet.

(2) **DNA Strangbruch**: Durch die Konformationsänderung werden die Tyrosin-Reste in die Nähe der DNA gebracht, so dass ein nukleophiler Angriff am DANN-Phosphatrückgrat stattfinden kann. Dieser führt zu einem Doppelstrangbruch des G-Segments, welcher in einem Abstand von 4 Basenpaaren durch die kovalente Bindung am 5'-Ende der DNA über eine O^4-Phosphotyrosindiester-Brücke und ein freies 3'-Hydroxyende generiert wird. Dieser mechanistische Zwischenschritt wird in Abb. 6 gezeigt. An dieser Stelle benötigt das Enzym die Anwesenheit von zweiwertigen Metallionen (bevorzugt Mg^{2+}) als Cofaktor für die Einführung des Schnittes.

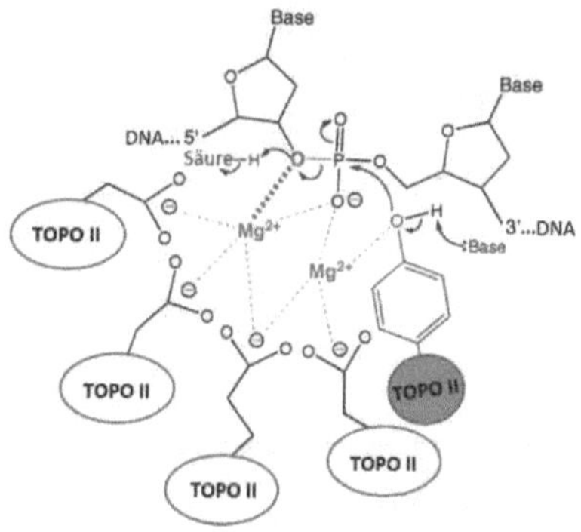

Abb. 6: Transienter Bruch der kovalenten Bindung in der DNA-Doppelhelix.[27,30]

(3) **DNA-Strang Transport**: Im nächsten Schritt findet eine ATP-induzierte Strukturänderung statt, die für den Transport einer intakten DNA-Helix (T-Segment) durch die im G-Segment erzeugte Schnittstelle verantwortlich ist.

(4) **Verschluss**: Die DNA-Lücke wird durch die Spaltung der kovalenten Enzym-DNA Phosphotyrosindiester-Bindung wieder verschlossen.

(5) **ATP-Hydrolyse/Enzymrecycling**: Der Cofaktor ATP wird zu ADP und Orthophosphat in Gegenwart von Mg^{2+}-Ionen hydrolysiert. Die Ausgangskonformation des Enzyms wird wiederhergestellt und ein weiterer Katalysezyklus kann beginnen.

Aufgrund des beschriebenen Mechanismus und seiner erhöhten Affinität bezüglich superspiralisierter DNA ist das Enzym Topoisomerase II-α in der Lage, die intra- und intermolekularen Knoten sowie Verdrillungen in der DNA-Doppelhelix abzubauen (Abb. 7). Dies ermöglicht eine Katenierung und Dekatenierung der Duplex DNA-Ketten und folglich die topologische Veränderung der superhelikalen Struktur der DNA.

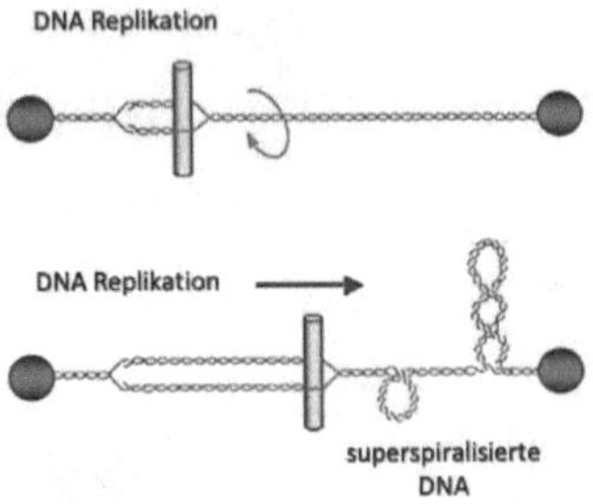

Abb. 7: Schematische Darstellung der Topoisomerase II-α-vermittelten Änderungen in der DNA-Topologie.[30]

- **Hemmstoffe**

Wie zuvor erwähnt ist die humane Topoisomerase II-α ein essentielles Enzym, welches über gezielte, reversible Unterbrechungen im DNA-Strang die eukaryotische Zellteilung ermöglicht. Die Hemmung dieses Enzyms gleicht der Zellteilungs-Blockade und ist deshalb das Ziel einer Reihe verschiedener Zytostatika, die standardmäßig in der Chemotherapie eingesetzt werden.[31,32] Einige dieser Substanzen bewirken irreguläre, nichtbehebbare DNA-Brüche und spontane Vernetzungen, wodurch eine Replikation der DNA nicht mehr durchgeführt werden kann und es zu Wachstumsdefiziten oder einer letalen Zellschädigung kommt.[33] Entsprechend ihres Wirkungsmechanismus werden Topoisomerase II-Hemmstoffe klassischerweise zwischen katalytischen Inhibitoren und Topoisomerase-Giften, den sogenannten „topoisomerase poisons“, unterschieden.[25,33]

Zu den bekanntesten in der Chemotherapie eingesetzten Topoisomerase II-Giften zählen: Doxorubicin und Daunorubicin aus der Gruppe der Anthracycline sowie Podophyllotoxinderivate wie Etoposid und Teniposid.[30,34] Diese, für die Zellen letalen Substanzen, bewirken eine Stabilisierung des kovalenten Topoisomerase-DNA-Intermediats („Cleavage“ Komplex) und stören somit das natürliche Gleichgewicht zwischen DNA-Spaltung und -Religation. Daraus resultiert die Zunahme von unverschlossenen Strangbrüchen, die aufgrund der dauerhaften Stabilisierung des Intermediats irreversibel bestehen bleiben.[33] Die Bindung des Topoisomerase-Gifts kann dabei auf drei verschiedenen Wegen erfolgen (Abb. 8): (A) durch Interkalation mit den DNA-Bindungssequenzen und anschließende Enzymknüpfung; (B) direkte Bindung des Inhibitors an den DNA-Enzym-Komplex oder (C) das

Gift wechselwirkt erst mit dem Enzym bevor es zum ternären Komplex mit der DNA kommt.[25] So interagiert beispielsweise das Etoposid-Molekül hauptsächlich mit dem Enzym (Weg C)[35] und das Gift Doxorubicin bindet zuerst an die DNA (Weg A).[27] Die Bindungsmöglichkeiten der Hemmstoffe am Enzym finden über die ATP- oder die zentrale DNA-Domäne statt, während der DNA-Bindungscharakter durch die Aminosäurereste der Topoisomerase II bestimmt wird. Dies hat zur Folge, dass der Zellzyklus je nach Bindungsart des Inhibitors in unterschiedlichen Phasen gehemmt werden kann.[34]

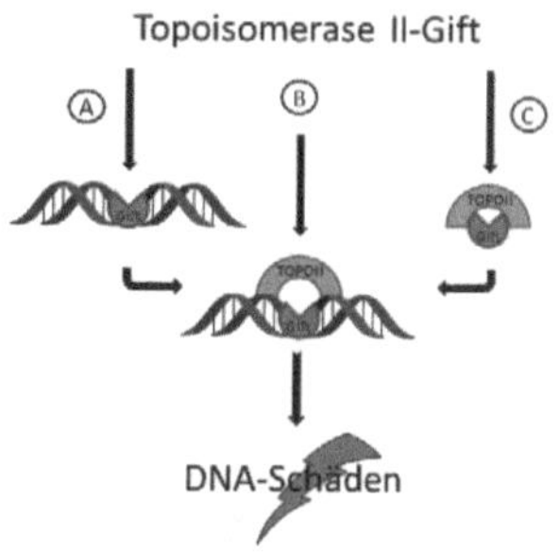

Abb. 8: Bindungsmöglichkeiten des TOPO II-Gifts.

Trotz des hohen klinischen Stellenwertes von Topoisomerase II-Giften als Chemotherapeutika, sind gravierende Nebenwirkungen als Folge der Behandlung bekannt. Doxorubicin löst beispielsweise Kardiotoxizität aus und eine Etoposid-Therapie kann zu Sekundärerkrankungen wie akuter Leukämie beitragen.[34] Diese einerseits krebsheilende und andererseits krebserzeugende Wirkung hängt mit der Konzentration von Enzym-vermittelten DNA-Strangbrüchen in der Zelle zusammen. Die Hemmung des Tumorwachstums erfolgt hierbei über eine hohe Konzentration der DNA-Strangbrüche, welche zum Zelltod führt. Eine Zunahme an DNA-Strangbrüchen in gesunden Zellen führt dagegen zu einem größeren Risiko der Bildung und Ausbreitung weiterer neoplastischer Zellen was zur Entstehung einer neuen Krebserkrankung führen kann.[30,33] Um die Konzentration der DNA-Strangbrüche zu kontrollieren und die Nebenwirkungen abzumildern, werden in der Medizin katalytische Inhibitoren eingesetzt.

Im Gegensatz zu Topoisomerase-Giften verursachen katalytische Topoisomerase II Inhibitoren keine Strangbrüche in der DNA-Doppelhelix. Stattdessen unterdrücken sie die Bindung zwischen der DNA und dem Enzym (Aclarubicin, Sumarin) oder stabilisieren die nicht-kovalenten DNA-Enzym-Komplexe (Merbaron, ICRF-187/-193).[32] Außerdem hemmen einige katalytische Topoisomerase II Inhibitoren (wie Novobiocin) die Bindung bzw. Hydrolyse von ATP, wodurch die Enzymaktivität unterbunden wird.[34] Durch die genannten Eigenschaften wirkt beispielsweise ICRF-187 unter anderem als Kardioprotektor[34] und Novobiocin wird als Effizienz-Regulator bei den Topoisomerase-Giften wie Etoposid und Teniposid[32] gebraucht. Die Strukturen von einigen ausgewählten Topoisomerase II-Inhibitoren sind in Abb. 9 dargestellt.

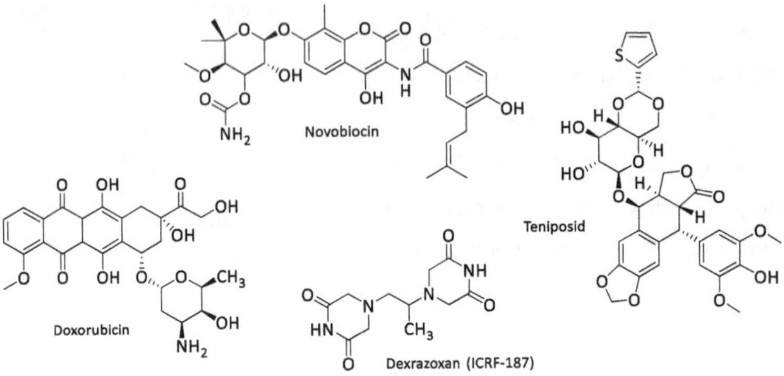

Abb. 9: Beispiele einiger Topoisomerase II-Inhibitoren.

Die typischen Nachteile der klinisch eingesetzten Topoisomerase II-Inhibitoren, wie die geringe Selektivität und die damit verbundenen schweren Nebenwirkungen sowie die Resistenzentwicklung von einigen Tumorzellen gegenüber mehreren Zytostatika, bleiben weiterhin ein relevanter Aspekt in der Krebsforschung.[31] Bei der Suche nach besseren Alternativen stehen insbesondere biologisch aktive Naturstoffe im Fokus von Antikrebs-Studien. In Hinblick auf die in dieser Arbeit untersuchten Verbindungen werden im nächsten Kapitel die Eigenschaften und biologischen Funktionen der sekundären pflanzlichen Naturstoffe erläutert.

3 Sekundäre Pflanzeninhaltsstoffe in der Krebstherapie

Seit Menschengedenken sind pflanzliche Naturstoffe für ihre medizinische Wirkung bekannt.[36] Dies bestätigen zahlreiche epidemiologische Studien der vergangenen Jahre, die u.a. gezeigt haben, dass der Verzehr bestimmter pflanzlicher Lebensmittel vielseitig gesundheitsförderndes Potential aufweist. Bereits die alten Ägypter nutzten die heilende Kraft von Knoblauch gegen diverse Krankheiten[37,38] und die große Bandbreite der Zitrusfrüchte[36] wird bis zum heutigen Tag in der traditionellen chinesischen Medizin unter anderem als Antidepressiva[39] und Immunstärker[40] eingesetzt. Dieser positive Gesundheitseffekt beruht auf verschiedenen Sekundärmetaboliten, die abgesehen von den lebensnotwendigen Proteinen, Kohlenhydraten und Lipiden im Stoffwechsel der Pflanze produziert werden.[41] Pflanzliche Sekundärmetabolite besitzen zwar keine essentielle Rolle beim Zellwachstum, übernehmen aber viele wichtige Funktionen wie Parasitenabwehr oder antioxidativen Schutz und sind häufig für den Geschmack, Geruch und die Farbe der Pflanze verantwortlich.[42] Außerdem werden viele für den Menschen nutzbringende Eigenschaften wie eine antivirale, antimykotische, antibakterielle, entzündungshemmende und vor allem eine krebspräventive[43] Wirkung beobachtet.[44] Neben den synthetisch hergestellten Krebsarzneien wie Cisplatin und Stickstoff-Lost Verbindungen werden auch viele Pflanzeninhaltsstoffe und deren Derivate in der Krebstherapie effizient eingesetzt. Einige klinisch relevante Vertreter aus der Tumortherapie sind zum Beispiel unter den Handelsnamen Vespesid® (Etoposid) und Taxol® (Paclitaxel) (Abb. 10) bekannt.[6]

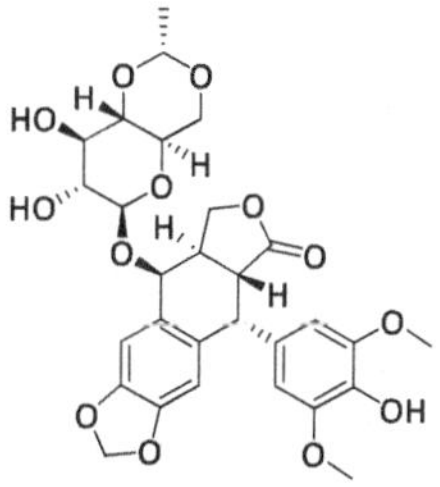

Etoposid

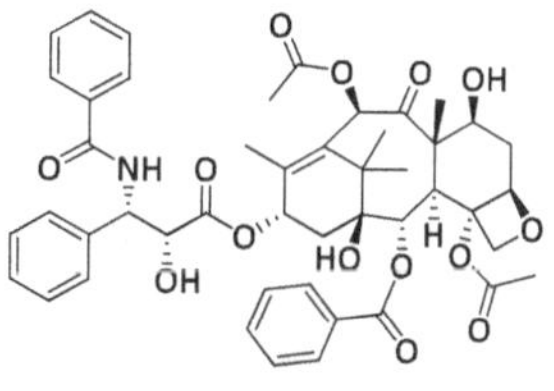

Peclitaxel

Abb. 10: Pflanzliche Chemotherapeutika.

Diese Zytostatika werden nach ihrem Wirkmechanismus in Topoisomerase-Inhibitoren, Mitosehemmer oder DNA/RNA schädigende Antimetabolite eingeteilt und sind für eine bessere Übersicht in der Tab. 1 zusammenfassend dargestellt.

Tab. 1: Wirkmechanismen der pflanzlichen Zytostatika[6]

Zytostatika-Typ	**Vertreter**	**Eigenschaften**
Antimetabolite	Folsäureantagonisten: Methotrexat (Mtx®)	- Hemmung der Synthese von Purinen und Pyrimidinen - Größte Wirkung in der S-Phase (stört DNA-Synthese)
	Purinanaloga: Azathioprin (Imurek®) Pyrimidinanaloga: 5-FU (Efudix)	- Einbau eines falschen Bausteins in die DNA/RNA - Wirkung in der S-Phase
Mitosehemmer	Vinca-Alkaloide: Vindesin (Eldisine®) Taxane: Paclitaxel (Taxol®)	- Vinca-Alkaloide stören die Funktion des Spindelapparats durch Bindung an Tubulin (Protein) → blockieren die Mitose in der Metaphase → Zellapoptose - Taxane binden an Polymerase der Mikrotubuli (Proteine, die Grundlage für Cytoskelett der eukaryotischen Zelle bilden) → hemmen die Depolymerisation → Tumorsuppressorgen p53 induzierter Zelltod - Akkumulation der Zellen in G_2/M-Phase
Topoisomerase-Inhibitoren	Irinotecan, Topotecan, Camptothechin	- Interkalation mit Topoisomerase I - Verhindern die Reparatur von DNA-Einzelstrangbrüchen - Wirkung in S-Phase
	Epipodophyllotoxine: Etoposid (Vespesid®)	- Interkalation mit Topoisomerase II - Hemmung der DNA-Synthese und DNA-Reparatur - Wirkung in S/G_2-Phase

Zusätzlich zu den klinisch bereits etablierten Substanzen werden zahlreiche weitere Metaboliten auf deren Effektivität geprüft, wobei viele davon eine potente krebsvorbeugende Wirkung zeigen. Die biologischen Untersuchungen an verschiedenen Krebszelllinien zeigen, dass der hydrolysierbare Gerbstoff Gallotannin[45] oder Resveratrol[46] aus Rotwein das Risiko von Darmkrebs senken und die in Pflanzen ubiquitär vorkommenden Flavonoide dem Lungen- sowie Prostatakrebs entgegenwirken[47]. Die besonders aggressive Form des triple-negativen Mammakarzinoms kann mit Chalconen[48,49], den Flavonoidvorläufern, behandelt werden. Die

1,8-Cineole, aus der Klasse der Terpene, regulieren die apoptotischen Signalwege des p53 Proteins und werden bei mehreren Hautkrebsarten eingesetzt.[50] Urolithine, die sekundären Darmmetaboliten der in Granatäpfeln in großen Mengen enthaltenen Ellagitanninderivate[51], sind aufgrund ihrer potentiellen zytostatischen und antikarzinogenen Eigenschaften pharmakologisch interessant. Urolithin D fungiert als Prostatakrebs Blocker[52], indem es die selektive Bindung an den EphA-ephrin-A-Rezeptor hemmt. Urolithin A ist durch die Inhibierung der Matrix-Metalloproteinase-9 (MMP-9) für seine Prävention von Dickdarmkrebs[53] und durch die Blockade des Wnt-Signaltransduktionsweges als embryonaler Nierenkrebsinhibitor[51] bekannt.

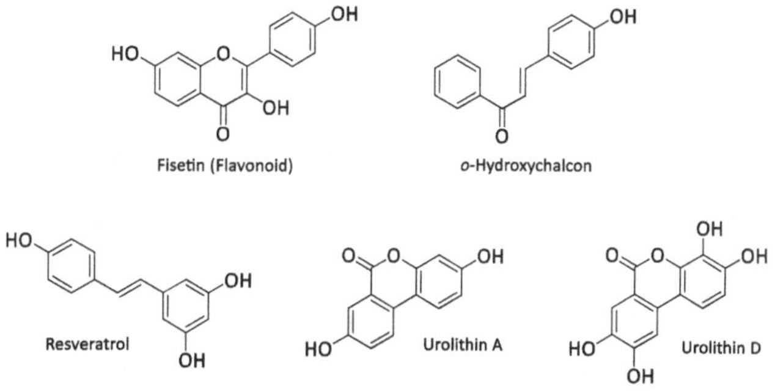

Abb. 11: Ausgewählte Polyphenolderivate mit antikarzinogenen Eigenschaften.

Sekundäre Pflanzenmetabolite werden anhand ihrer chemischen Struktur und ihrer davon abhängigen unterschiedlichen biologischen Eigenschaften in drei Hauptgruppen eingeteilt: Polyphenole (Abb. 11), Terpene und stickstoffhaltige Substanzen (Abb. 13, Seite 17).[54,55] Durch die Untersuchung derartiger Naturstoffe können oftmals neuartige Wirkmechanismen erkannt werden. Eine geeignete Modifikation und Derivatisierung, dieser als Leitstruktur fungierenden Naturstoffe, führt zu einer Optimierung der pharmakologisch relevanten Eigenschaften und langfristig zu neuen Medikamenten. Im Rahmen der vorliegenden Arbeit werden Urolithine (Verbindungen aus der Gruppe der Polyphenole) und deren Säureamidderivate, Phenanthridinone, untersucht. Beide Stoffgruppen werden im nächsten Abschnitt genauer betrachtet.

3.1 Phenanthridinone

Die Gruppe der Phenanthridinone kommt bei der Pflanzengattung der Amaryllisgewächse wie Narzissen und Lilien vor und gehört zu der großen Familie der *Amaryllidaceae*-Alkaloide.[56] Auch wenn die Strukturen innerhalb dieser Gruppe stark variieren, sind einige gemeinsame Merkmale wie ein aliphatischer bzw. aromatischer Cyclus (A), ein Stickstoff-enthaltender Heterocyclus (B) und der phenolisch substituierte aromatische Ring (C) zu erkennen (Abb. 12).[57,58]

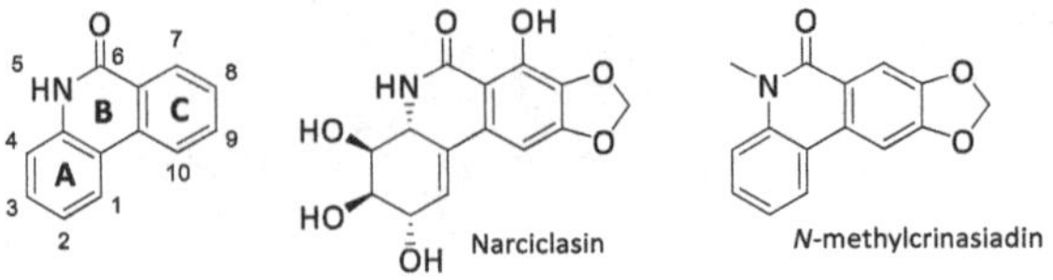

Abb. 12: Das Grundgerüst (links) und einige Vertreter der Phenanthridinon-Alkaloide.[56,59]

Der pharmazeutische Gebrauch dieser Naturstoffe geht auf die Antike zurück und wurde bereits von dem griechischen Arzt Hippocrates in Form eines Pflanzenextrakts als Antikrebsmittel in der damaligen Heilkunst eingesetzt.[60] Trotz alledem konnte der erste Vertreter der *Amaryllidaceae*-Alkaloide, Lycorin (Abb. 13), erst deutlich später (1958) isoliert und charakterisiert werden. Heutzutage sind etwa 12 000 Vertreter dieser Stoffklasse bekannt, wobei sich die meisten davon bezüglich ihrer biologischen Aktivität unterscheiden.[58] Das erwähnte Lycorin induziert den Zelltod bei verschiedenen Leukämiezellen schon ab $IC_{50} = 1.6\ \mu M$.[59] Die Derivate des Phenanthridin-6(*5H*)-ons, als effektive Antagonisten des Progesteronrezeptors, weisen hemmende Wirkung gegenüber hormonabhängigem Wachstum von Brustkrebszellen auf.[61] Weitere synthetische Phenanthridinone wie PJ-34 oder Phenanthridinon-1 (Abb. 13), sind potente PARP-1 (polyADP-ribose Polymerase-1) Inhibitoren und zeigen krebshemmende Effekte bei triple-negativen Mammakarzinomen durch Unterbrechung der G_2/M-Phase.[62–64] Außerdem ist der vorbeugende Einfluss dieser beiden Derivate auf die Blutgefäßerkrankung Ischämie oder andere Herzkreislaufstörungen bekannt.[65,66] Erwähnenswert ist die gesundheitsfördernde Wirkung von HF144 (Abb. 13) auf die rezessiv vererbbare und durch Genveränderung verursachte Niemann-Pick Krankheit.[67] Eine Inhibierung der Topoisomerase I und eine damit verbundene krebshemmende Wirkung wird durch das synthetische ARC-111 Molekül (Abb. 13) erreicht.[65,68] Dieses zeigt eine hohe

Cytotoxizität (unterer nanomolarer Bereich) gegenüber Dickdarm-Tumorzellen und gleichzeitig eine geringe cytotoxische Wirkung auf gesunde Zellen, was entsprechend eine höchstmögliche Verträglichkeit bei der Behandlung bewirkt. Alle oben genannten, biologisch aktiven Phenanthridinone sind in der untenstehenden Abbildung 13 aufgeführt.

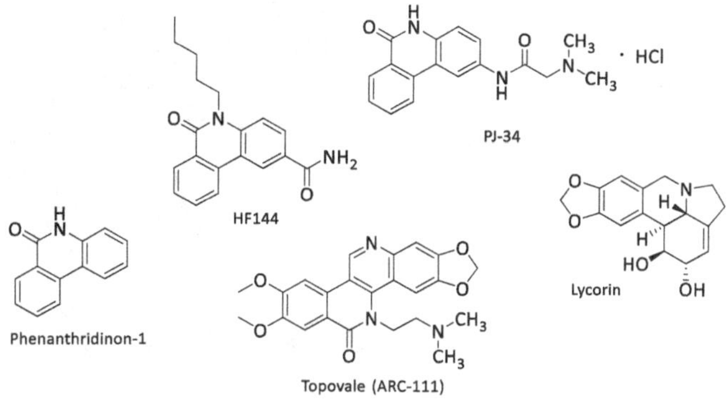

Abb. 13: Lycorin und einige pharmakologisch aktive Phenanthridinonderivate.

3.2 Urolithine

Urolithine gehören zu der großen Gruppe der Polyphenole, welche einen Teil der sekundären Pflanzeninhaltstoffe darstellen. Sie sind aus lactonverbrückten Biphenylgrundkörpern aufgebaute Metabolite der Ellagitannine bzw. deren Spaltprodukt, der Ellagsäure und entstehen überwiegend durch eine Lactonring-Spaltung und Decarboxylierung mit darauffolgender schrittweiser Dehydroxylierung ihrer Vorläufersubstanzen. Bei diesem im Darmtrakt ablaufenden Katabolismus werden schließlich unterschiedliche Urolithinderivate produziert, welche sich durch die Anzahl und Position der Hydroxygruppen am Biphenylgrundgerüst unterscheiden (Abb. 14).[51]

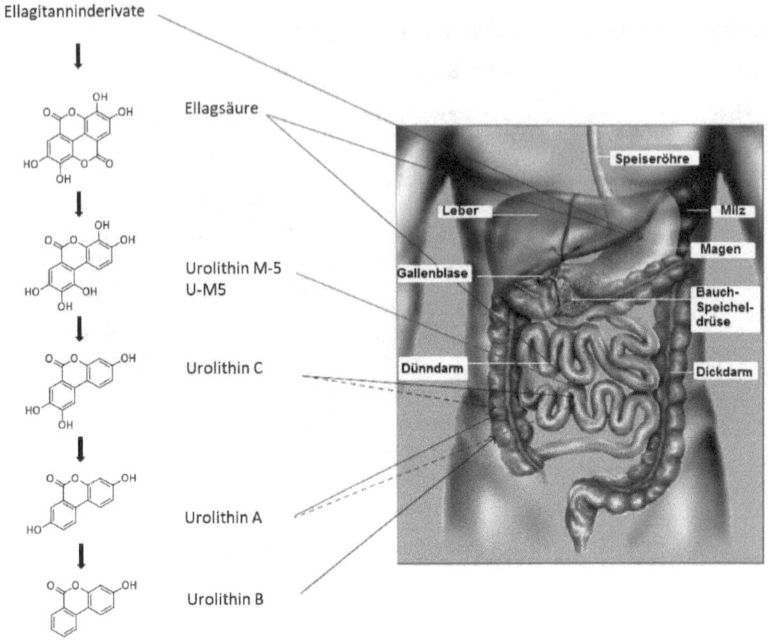

Abb. 14: Urolithine als Abbauprodukte von Ellagitanninen (modifiziert nach Espin).[51]

In der Pflanzenwelt sind Urolithine ausschließlich in ellagitanninreichen Pflanzenarten wie der *Tamarix nilotica* (Nil-Tamariske) oder *Punica granatum* (Granatapfel) vertreten. Auch einige Tiere produzieren Urolithinderivate, sodass Urolithin A und B in den Drüsensäcken des Bibers und in den Exkrementen von Eichhörnchen detektiert werden konnten. Weitere Urolithinderivate konnten im Urin und Blutplasma von monogastrischen Tieren nach der Einnahme von ellagitanninreicher Nahrung nachgewiesen werden.[51]

In einer Vielzahl von *in vitro-* und *in vivo*-Studien wurden den Urolithinen diverse gesundheitsfördernde Eigenschaften zugesprochen. Dieser positive Einfluss ist vor allem auf ihre hocheffizienten inhibitorischen Wirkmechanismen gegenüber einigen Enzymen zurückzuführen. Des Weiteren weisen Urolithine im Vergleich zu deren höhermolekularen Vorläuferverbindungen (Ellagitannine, Ellagsäure) eine bessere Bioverfügbarkeit und folglich auch höhere Bioaktivität auf.[69,70] Erfahrungsgemäß fallen die Folgen einer Enzymhemmung jedoch unterschiedlich aus, sodass außer den aufgezählten positiven Eigenschaften ebenso riskante Nebenwirkungen auftreten können. Deshalb sollten sowohl positive als auch negative Auswirkungen einer Enzymhemmung auf den gesamten Organismus im Einzelfall geprüft werden.

Zu den am eingehendsten untersuchten Eigenschaften der Urolithine gehört ihre Wirkung als Antioxidantien.[71] Wie *in vivo* Untersuchungen belegen, ist Urolithin C (UC) bereits bei IC_{50} = 0.16 µM ein viel effektiveres Antioxidans als das allbekannte Vitamin C (IC_{50} = 1.90 µM).[51] Dieser Effekt beruht auf der Fähigkeit von Urolithinen, freie Radikale abzufangen und diese zu reduzieren, während sie selbst oxidiert werden. Somit wird die Bildung freier Radikale bzw. ihre Konzentration verringert und der oxidative Angriff auf lebenswichtige Biomoleküle wie DNA, Proteine und Lipide abgewehrt. Den als Folge von oxidativen Schäden entstehenden Gefäßkrankheiten oder Krebserkrankungen, wie z. B. dem Leberzellkarzinom[72], können daher mittels Urolithinderivaten vorgebeugt und diese teilweise bekämpft werden.

Außerdem fungieren Urolithine als effiziente Enzyminhibitoren bei der Stoffwechselregulation und zeigen dadurch eine präventive Wirkung gegenüber einer Reihe weiterer schwerer Krankheiten. Urolithin A (UA) besitzt beispielsweise als Proteinkinase 2 (CK2) - Inhibitor in submikromolarer Konzentration (IC_{50} = 0.39 µM) ein erfolgversprechendes Potential bei der Behandlung von Prostatakrebs. Einige modifizierte Urolithinderivate hemmen das CK2 Enzym sogar im nanomolaren Bereich von IC_{50} = 26 - 15 nM.[73] Die antimalarische Wirkung durch UA und UB liegt bei 25 µM und geht auf die Inhibierung des an der Malaria-Pathogenese direkt beteiligten Enzyms MMP-9 (Matrix-Metalloprotease-9) zurück. Zusätzlich sind Urolithinderivate starke Inhibitoren der Histonacetyltransferase- (HAT), Cyclooxygenase-2- (COX-2)[74] und einiger weiterer Enzyme und zeigen eine stark vorbeugende Wirkung bei Entzündungsprozessen, Magen-Darm-Erkrankungen oder Erkrankungen des Nervensystems.[51]

Auch in mehreren *in vitro* Tests an unterschiedlichen Kolonkarzinomzelllinien erwiesen sich Urolithine als hochpotente Wachstumshemmstoffe. Der inhibitorische Effekt von UA bei den HT29 und Caco-2 Zelllinien beruht dabei auf dem Zellzyklusarrest in den S- bzw. G_2/M-Phasen, welcher neben der Genexpressionsregulierung unter anderem auf die typische

Topoisomerase II-α (TOPO II) Hemmung hindeutet.[51,75] Aus den neusten Untersuchungen der Arbeitsgruppe Gatto (Kooperations-Universität in Padova, Italien) geht hervor, dass die hemmende TOPO II Wirkung stark von der chemischen Struktur der Urolithine abhängig ist, genauer von dem Hydroxylierungsgrad ihres Grundkörpers.[75] So zeigte das monohydroxylierte UA eine viel geringere enzyminhibierende Wirkung im Gegensatz zu polyhydroxylierten Urolithinen wie U-M5 (Abb. 14) oder einem hexahydroxylierten Urolithinderivat. Beide letztgenannten Substanzen hemmen das Enzym bei einer Konzentration unter 1 μM und zeigen somit eine höhere TOPO II Hemmwirkung als das in der klinischen Chemotherapie meist verwendete Doxorubicin.

Basierend auf diesen Ergebnissen werden sowohl Urolithine und als auch deren Stickstoff-Analoga, die Phenanthridinone, in steigendem Maße als vielversprechende Leitstrukturen für die Entwicklung neuer Wirkstoffe angesehen. Infolge ihrer potenten biologischen Aktivität gegenüber der TOPO II Regulation gilt hierbei den polyhydroxylierten Derivaten das höchste Interesse. Da diese in der Natur aber nur begrenzt oder ausschließlich als Magentraktmetabolite vorkommen, konnten diese Spezies bis heute nur wenig oder teilweise gar nicht untersucht werden. Aus diesem Grund sollte eine möglichst große Bandbreite von polyhydroxylierten Urolithin- und Phenanthridinonderivaten für weitere *in vitro* Tests bereitgestellt werden. Die zur Synthese dieser substituierten Biphenyl-Naturstoffe geeigneten, literaturbekannten Herstellungsmethoden werden im Rahmen des nächsten Kapitels ausführlich beschrieben.

4 Synthesemethoden zur Darstellung von Biphenylen

Biphenyle sind weit verbreitete Substrukturen in einer Vielzahl von bedeutenden Verbindungen und finden ihren Einsatz in verschiedenen Gebieten von Medizin, Technik und Forschung.[76] Die Verwendung von Biphenylen in der organischen Elektronik[77] basiert auf ihren chromophoren und elektrolumineszenten Eigenschaften, während ihre Axialchiralität und Atropisomerie[78] sie zu wertvollen Reagenzien und Katalysatoren in der asymmetrischen stereoselektiven Synthese macht.[79] Andere Biphenylderivate sind als nützliche Polymere, Pestizide oder Farb- und Aromastoffe im alltäglichen Gebrauch bekannt.[76,80,81] Die lange Zeit industriell genutzten polychlorierten Biphenyle (PCBs) weisen dagegen gesundheitsschädliche Eigenschaften auf und fallen in den Geltungsbereich der Stockholm-Konvention zur Einschränkung persistenter organischer Schadstoffe.[82–86]

Besonders häufig kommt die Biphenyleinheit in verschiedenen biologisch aktiven Verbindungen vor und nimmt eine wesentliche Rolle in der medizinischen und pharmazeutischen Chemie ein.[76,78,81,87] Ein prominentes Beispiel aus diesem Bereich ist Vancomycin, ein unentbehrliches Antibiotikum.[78] Weitere auf dem Markt vertretene Medikamente mit dem Biphenyl-Motiv sind das breit-wirksame Diflunisal[88] und das für die Behandlung von Bluthochdruck verwendete Präparat Telmisartan[89] (Abb. 15). Ferner existieren zahlreiche gesundheitsfördernde aber noch wenig untersuchte biphenylische Naturstoffe, darunter die im Kapitel I, 3.1 und 3.2 bereits beschriebenen Urolithin- und Phenanthridinonderivate.

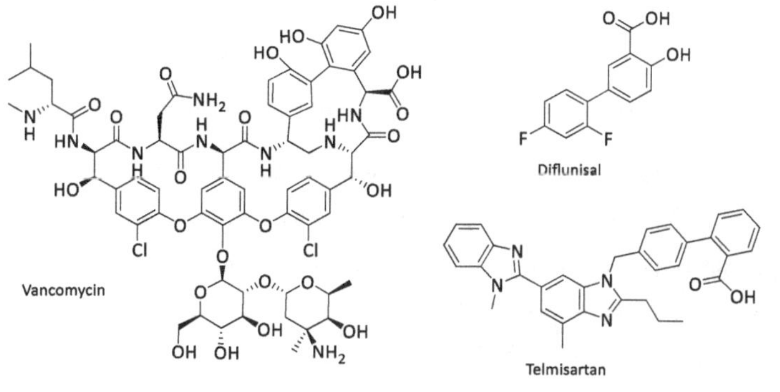

Abb. 15: Biphenylbasierte Arzneimittel.

Der synthetische Aufbau von den oben genannten und vielen anderen außerordentlich attraktiven und breit anwendbaren Biphenyl-Verbindungen ist somit eine der wichtigsten Aufgaben in der Organischen Chemie.[76,78] Die Knüpfung der Aryl-Aryl-Bindung repräsentiert dabei den zentralen Reaktionsschritt und kann je nach eingesetzten Substraten oder Reaktionsbedingungen über verschiedene Methoden stattfinden. Zu den Kernmethoden gehören zweifelsfrei die oxidativen und die reduktiven sowie eine Reihe von übergangsmetallkatalysierten Kupplungsreaktionen.[90] Über diese Methoden, welche die gewählte Vorgehensweise dieser Arbeit bei der Darstellung von Urolithinen und Phenanthridinonen inspiriert haben, soll hier ein kurzer Überblick gegeben werden.

4.1 Oxidative aromatische Kupplungsreaktion

Eine der ältesten Methoden in der Aromatenkupplung ist die oxidative Phenolkupplung von elektronenreichen aromatischen Verbindungen wie Phenolen, Phenolethern oder dergleichen. Die erste bekannte Reaktion dieser Art zur Bildung von Ellagsäure aus Gallussäure (Abb. 16), wurde mittels Arsensäure oder Silber (I) Oxid vermittelt und bereits 1868 von J. Löwe veröffentlicht.[91]

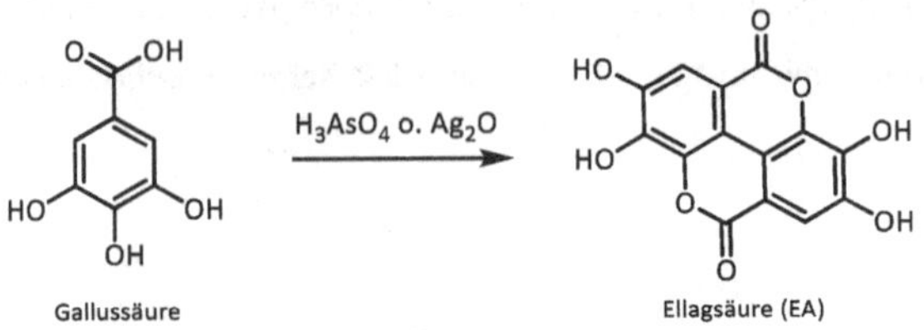

Abb. 16: Bildung von Ellagsäure durch oxidative Kupplung.[91]

Geeignete Übergangsmetalle als Ein-Elektronen-Oxidationsmittel (SETO) sind Mo(V), Mn (IV und VI), Ag (I), Rh (III), Cu (II) und viele weitere Metallionen, wobei die toxisch unbedenklichen Fe (III) Salze das Mittel der Wahl für einen preiswerten Ansatz darstellen. Zu den effizienten nichtmetallischen SETO's zählen beispielsweise Peroxide, DDQ oder die hypervalente Iodverbindung PIFA.[91,92] Die oxidative aromatische Kupplung erfolgt meist unter basischen Bedingungen über einen radikalischen Mechanismus und ist in Abbildung 17 dargestellt.

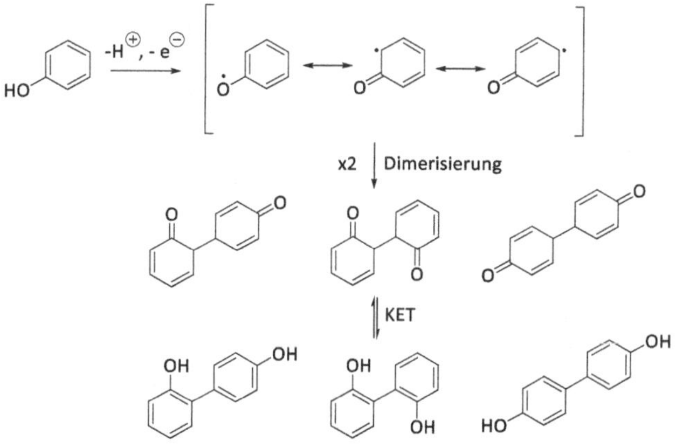

Abb. 17: Allgemein akzeptierter Mechanismus einer intermolekularen Phenolhomokupplung.

Der Mechanismus beginnt mit der Deprotonierung des elektronenreichen Phenols und darauffolgender Abspaltung eines Elektrons durch ein Oxidationsmittel wie $FeCl_3$. Das entstandene Phenoxyradikal wird durch das aromatische System des Benzolringes mesomeriestabilisiert. Ohne eine sterische oder elektronische Kontrolle der Selektivität findet eine Dimerisierung der Radikale zu einer Mischung aus Regioisomeren statt, welche anschließend über eine Keto-Enol-Tautomerie (KET) symmetrische und unsymmetrische Biphenyl-Gemische ausbilden. Die Gesamtreaktion von zwei reagierenden Phenolen beinhaltet folglich eine formale Abspaltung eines Wasserstoffmoleküls.

Die oben beschriebene Reaktion verläuft außerdem oft enzymatisch und konnte bei der Bildung mehrerer pflanzlicher, bakterieller und mykotischer Sekundärmetaboliten nachgewiesen werden. Als biosynthetische Katalysatoren fungieren zahlreiche Oxidasen, welche in der Lage sind inter- und intramolekulare oxidative Phenolkupplungen selektiv durchzuführen.[93–95] Eine Laccase-katalysierte Phenolkupplung von Sesamol[96], einem natürlich vorkommenden Antioxidans, unter Verwendung von O_2 als Oxidationsmittel und eine Peroxidase-katalysierte Umsetzung zum Michellamin A[97] sind in der Abbildung 18 als Beispiele vorgestellt.

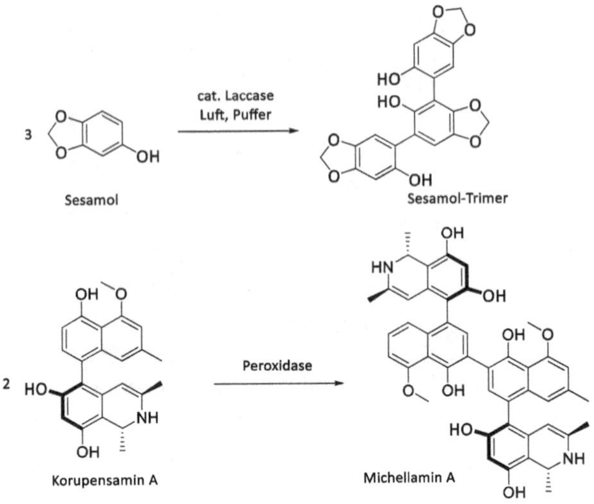

Abb. 18: Enzymkatalysierte Phenolkupplungen.[96,97]

Aufgrund der Atomökonomie und Atomeffizienz gelten sowohl enzymatische als auch organisch-chemische Oxidationen als eine erstrebenswerte Transformationsmöglichkeit für die Aryl-Aryl-Bindungsknüpfung bei der Herstellung von hydroxylierten Biphenylsubstanzen.[95,98] Im Vergleich zu natürlichen Systemen, in der Biphenyle *in vivo* und *in vitro* meist in einem Schritt und hochselektiv synthetisiert werden, liegen die Schwierigkeiten der oxidativen Aromatenkupplung im Labor häufig bei der geringen Chemoselektivität und der fehlenden Regioselektivität.[99] Letzteres tritt häufig in Form einer intermolekularen Homokupplung oder einer Dimerisierung auf und kann über die Vorfixierung der Edukte durch einen Linker wie z.B eine Ester- oder eine Amid-Brücke vermieden werden (Abb. 19).[100]

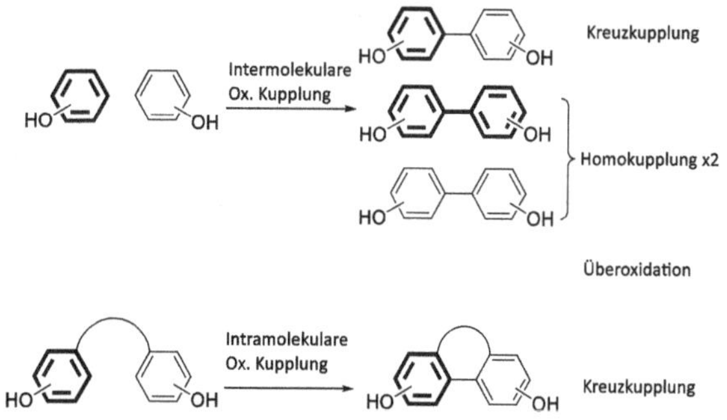

Abb. 19: Schematische Darstellung von inter- und intramolekularen oxidativen Kupplungsmethoden.

Basierend auf diesem intramolekularem Konzept gelang Feldman und Kollegen eine biomimetische Synthese, bei der das antitumoraktive Ellagitannin Coriariin A durch einen doppelten oxidativen Kupplungsschritt innerhalb einer Totalsynthese aufgebaut werden konnte (Abb. 20).[101]

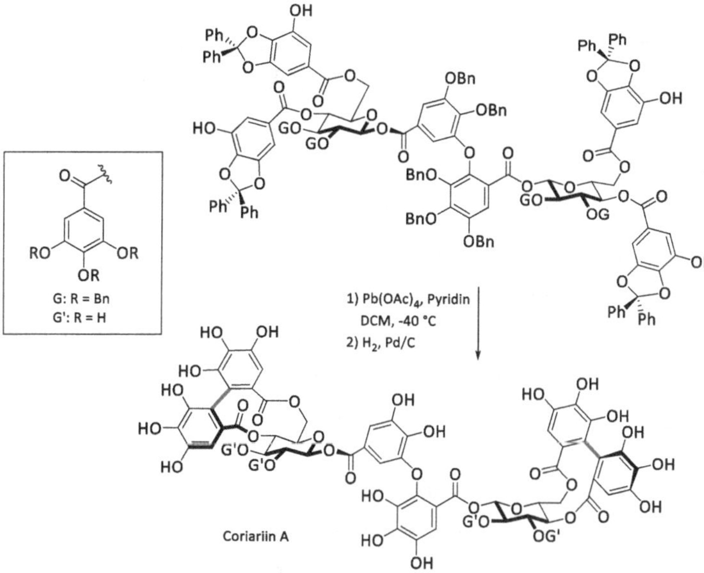

Abb. 20: Totalsynthese des Ellagitannins Coriariin A durch zweifache biomimetische oxidative Biarylkupplung.[100,101]

4.2 Reduktive aromatische Kupplungsreaktion

Neben der oxidativen Kupplung stellt die reduktive Kupplungsvariante eine alternative Darstellung von Biphenylen dar.[90,102,103] Die historische Entwicklung dieser Methode hat ihren Anfang bereits zu Beginn des letzten Jahrhunderts, im Jahre 1901, als Fritz Ullmann eine reduktive Dimerisierung von zwei Arylhalogeniden unter Einwirkung stöchiometrischer Mengen von elementarem Kupfer bei hohen Temperaturen entdeckte (Abb. 21).[104,105]

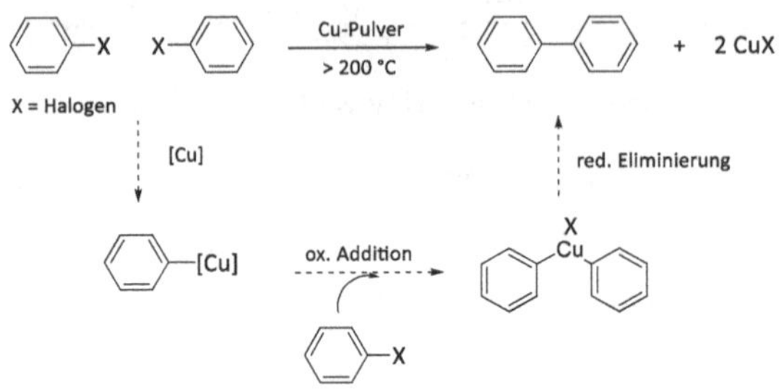

Abb. 21: Die Ullmann Kupplung.[104,105]

Diese nach ihrem Entdecker benannte klassische „Ullmann-Synthese“ wurde im Laufe der Zeit durch Kombination und Variation verschiedener Reaktionsbedingungen modifiziert, um die harschen Reaktionsbedingungen (hohe Temperaturen, starke Basen, lange Reaktionszeit und stöchiometrischer Anteil an schwerlöslichem Kupferreagenz) abzumildern und die Effizienz zu steigern. Merkliche Verbesserung brachte die Verwendung des polar protischen Lösungsmittels DMF, wodurch die Löslichkeit der Kupferverbindungen verbessert und die Reaktionstemperatur deutlich reduziert werden konnten. Die Zugabe von aktivierten Cu(I)-Salzen oder innovativen Cu-Nanoclustern ermöglicht die Reaktion bei noch niedrigeren Temperaturen (etwa 85 °C) mit verbesserten Ausbeuten. Darüber hinaus kann die heterogene Reaktion durch den Einsatz von Ultraschall erheblich beschleunigt werden.[90,103,106]

Die Effizienz der optimierten Reaktionsbedingungen kann beispielsweise mit dem Schlüsselschritt der Totalsynthese des Naturstoffs Isoschizandrin belegt werden (Abb. 22). Hierbei zeigt die kupfervermittelte reduktive Kupplung von polymethoxylierten Arylen (2) eine hohe Toleranz gegenüber der funktionellen Gruppen und verläuft unter 130 °C mit hoher Ausbeute von 74% zum symmetrischen Biphenyl-Kupplungsprodukt Isoschizandrin.[103]

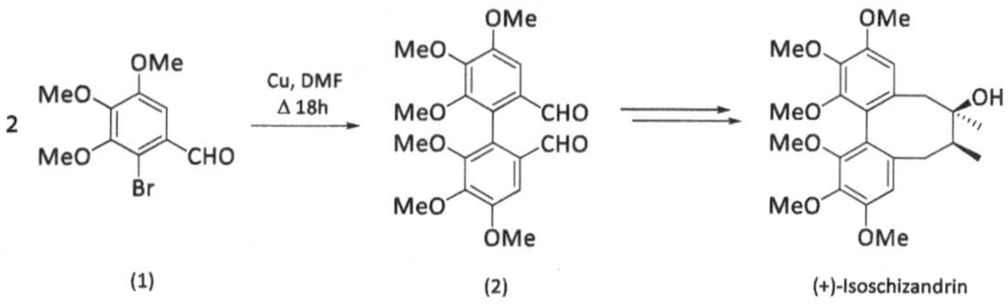

Abb. 22: Reduktive Kupplung von polymethoxylierten Arylen als Schlüsselschritt der Totalsynthese von (+)-Isoschizandrin.[103]

Nennenswert ist außerdem die Möglichkeit einer stereoselektiven Biphenyl-Kupplung, welche am Beispiel einer intermolekularen sowie einer intramolekularen Reaktion in der Abb. 23 abgebildet ist.[107] Mit ähnlichen Reaktionsbedingungen wie in der Synthese von Isoschizandrin beschreibt die Gruppe von Meyers einen einfachen intermolekularen Zugang zu axial-chiralen Substanzen (4) in hohen chemischen und optischen Ausbeuten. Die axiale Chiralität wird hier über *ortho*-Oxazoline (3) induziert, welche in weiteren Sytheseschritten wieder entfernt werden können. Einen milden Ullmann-Synthesetyp präsentiert Lipshutz[108] durch die intramolekulare Cyanocuprat-vermittelte Kupplung von (5). Seine modifizierte Variante verläuft in zwei Schritten insgesamt unter einer reduktiven Kupplung des Biphenyls (6) ab. Hierbei wird zunächst aus einem Aryllithiumreagenz und CuCN das Cyanocuprat höherer Ordnung (R'RCu(CN)Li_2) bei –78 °C hergestellt und durch Behandlung mit Sauerstoff zu einer Organokupfer(II)-Verbindung oxidiert. Nach dem Oxidationsschritt erfolgt die reduktive Eliminierung und liefert den wertvollen BINAP-Vorläufer (6) in guten Ausbeuten.[102]

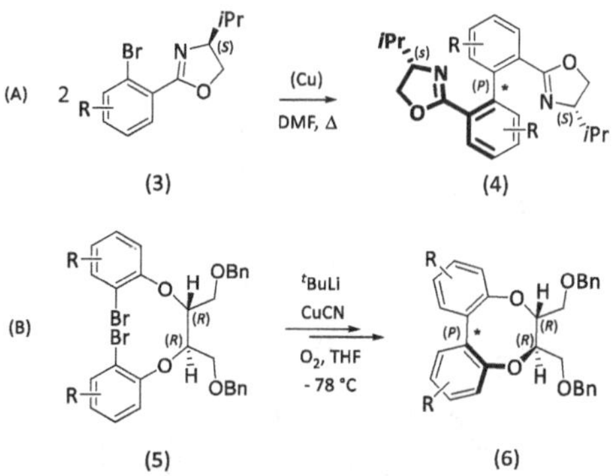

Abb. 23: Stereoselektive Kupfer-induzierte Biaryl-Kupplungen: (A) intermolekular nach Meyers und (B) intramolekular nach Lipshutz.[107]

Einen weiteren direkten Zugang zu Biphenylen bewirkt die reduktive Kupplung mit Palladium.[90] Ursprünglich wurde sie als unerwünschte Nebenreaktion während der Heck-Kupplung beobachtet. Das symmetrische, biphenylische Nebenprodukt konnte dabei mit nur 5 Mol-% Palladiumacetat und 10 Mol-% Triphenylphosphin in einer 46%-igen Ausbeute isoliert werden. Anknüpfende Studien bestätigten die Wirksamkeit von Pd(II) und berichteten sogar von einer direkten Herstellung unsymmetrischer Biphenyle mit ausgeprägter Selektivität (Abb. 24). Voraussetzung für dieses reduktive Kupplungsverfahren ist der signifikante Überschuss von einem elektronenarmen aromatischen Substrat. Wie in dem in Abb. 24 gezeigten Fall sind beispielsweise einerseits die elektronenarmen nitro- und cyanofunktionalisierten[106,109] Bromderivate und andererseits das elektronenreiche 2-Iodtoluol jeweils in einem molaren Verhältnis 4:1 eingesetzt. Darüber hinaus kommt der Reaktionstemperatur eine entscheidende Bedeutung zu, denn bei Abweichung von einer optimalen Temperatur wurde beobachtet, dass die Regioselektivität sinkt. Diese optimale Temperatur muss dabei für unterschiedliche Substrate jeweils experimentell ermittelt werden. Die beiden geschilderten Faktoren tragen dazu bei, dass die praktische Anwendung dieser Methodik aufgrund der verminderten Substratbandbreite und der nicht standardisierten Reaktionsbedingungen stark eingeschränkt bleibt.[106,110,111]

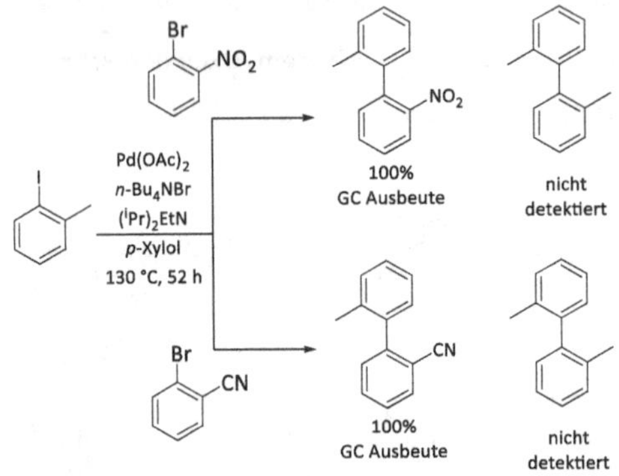

Abb. 24: Unsymmetrische reduktive Kupplungen mittels Palladiumacetat.[90]

Wie aus den oben beschriebenen Syntheseexperimenten hervorgeht, besteht die wesentliche Einschränkung der reduktiven Kupplungsmethode in der Knüpfung von symmetrischen Homokupplungsprodukten. Mit Ausnahme von einigen wenigen Ansätzen resultieren Kreuzkupplungen nur bei einer bestimmten Kombination von Edukten und auch nur dann, wenn eines davon in einem großen Überschuss eingesetzt wird. Zudem wird diese Methode durch zusätzliche Reaktionsschritte wie die Einführung von Halogenatomen an beide zu kuppelnde Aryle weniger effizient. In Bezug auf die aufgezählte Reaktionsproblematik wurden weitere Syntheseverfahren entwickelt, welche im nächsten Unterkapitel vorgestellt werden.

4.3 Übergangsmetallkatalysierte aromatische Kupplung

Zusätzlich zu der oxidativen und der reduktiven Kupplung stellt die übergangsmetallkatalysierte Variante die dritte und bedeutendste Methode der Biarylkupplung dar.[112] Ein gemeinsames, wesentliches Merkmal jeder Metallkatalyse beruht dabei auf der einzigartigen Aktivierungseigenschaft der eingesetzten Übergangsmetalle gegenüber den zu kuppelnden Substraten. Dies ermöglicht die Bildung von Aryl-Metall-Intermediaten und die anschließende Aryl-Aryl-Knüpfung bei milden Bedingungen. Unter den zahlreichen übergangsmetallkatalysierten Reaktionen sind besonders die Kreuzkupplungen sowie die katalytische C-H-Aktivierung mit Nickel, Rhodium, Kupfer oder Palladium hervorzuheben.[91,112,113] Beide letztgenannten Übergangsmetalle stehen im Fokus dieser Arbeit und werden in den nächsten Abschnitten näher vorgestellt.

4.3.1 Palladiumkatalysierte Kreuzkupplung

In Bezug auf die aktuellen Veröffentlichungen, stellt Palladium das bei weitem populärste und am meisten untersuchte Übergangsmetall in der organischen Katalyse dar.[90,114,115] Seine breite Anwendbarkeit als effizienter Katalysator verdankt das Edelmetall der relativ geringen Sauerstoffempfindlichkeit, seiner minimalen Toxizität und einer hohen Toleranz gegenüber verschiedenen funktionellen Gruppen.[116]

Die Anwendung der palladiumkatalysierten Kreuzkupplungsreaktionen ermöglicht komplexe Naturstoffsynthesen[117,118] von multifunktionalen Molekülen und gestattet so neue Synthesestrategien. Besonders der großtechnische Einsatz der Palladium-Katalyse in der Feinchemie- und Pharma-Industrie belegt die Bedeutung der Methode. Ein eindrucksvoller Beweis für die Leistungsfähigkeit der Palladium-Katalyse ist der atrop-enantioselektive Aufbau eines Biaryl-Fragments in dem hoch komplexen Heptapeptid Vancomycin (vgl. Abb. 15, Kapitel I, 4).[78,107]

Um die enorme Bedeutung von palladiumkatalysierten Reaktionen in der organischen Synthese zu würdigen, wurden ihre Entdecker R. F. Heck, E.-I. Negishi und A. Suzuki für die grundlegenden Forschungsbemühungen zu palladiumkatalysierten Kreuzkopplungen mit dem Nobelpreis für Chemie im Jahr 2010 ausgezeichnet.[116] Heutzutage existiert eine Reihe von Reaktionstyp-Kombinationen, die je nach eingesetzter Aryl-Metallverbindung kategorisiert werden und nach ihren jeweiligen Entdeckern benannt sind. Zu den wichtigsten Biarylkupplungen gehören beispielsweise die Negishi-Kreuzkupplung von Zinkorganylen, die Suzuki-Kreuzkupplung von Organoborverbindungen (Boronsäuren bzw. deren Ester) sowie die Stille-Kreuzkupplung von Organostannanen (Trialkylzinnorganylen). Bekannt sind außerdem die Palladium-katalysierte Kumada-Kupplung von Grignardverbindungen und die Hiyama-Kupplung von siliziumorganischen Verbindungen.[114] Durch weiterführende Forschungen konnten die ebenso wichtigen C(Aryl)-O- und C(Aryl)-N-bildenden Kreuzkupplungsreaktionen nach Buchwald-Hartwig[114,115] sowie C(Aryl)-S[119] und C(Aryl)-P-Verknüpfungsreaktionen[118,120,121] zugänglich gemacht werden. Da die Kohlenstoff-Heteroatom-Kupplungen in der vorliegenden Arbeit nicht untersucht wurden, wird darauf nicht weiter eingegangen.

Ein Überblick über die oben genannten, etablierten Biaryl-Kupplungsreaktionen findet sich in Abb. 25.

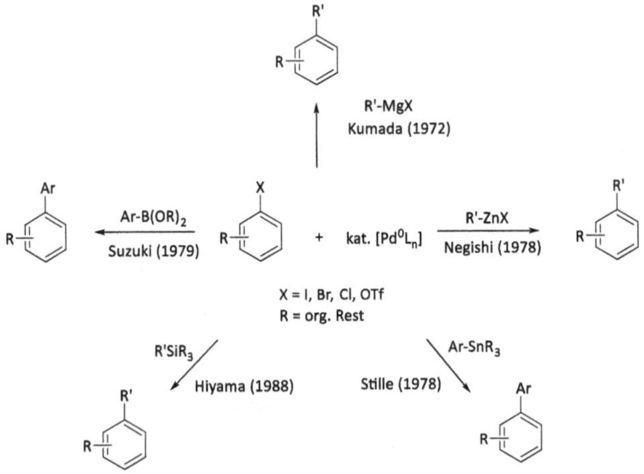

Abb. 25: Überblick über Palladium(0)-katalysierte Biaryl-Kupplungen.[122,123]

Trotz der großen Vielfalt von einsetzbaren Organometallverbindungen, können alle oben genannten Biaryl-Kreuzkupplungen durch einen gemeinsamen, allgemein akzeptierten, dreistufigen Reaktionsmechanismus beschrieben werden. Dieser ist in der Abb. 26 dargestellt und beinhaltet folgende Elementarschritte: oxidative Addition, Transmetallierung und reduktive Eliminierung.[115,116,124]

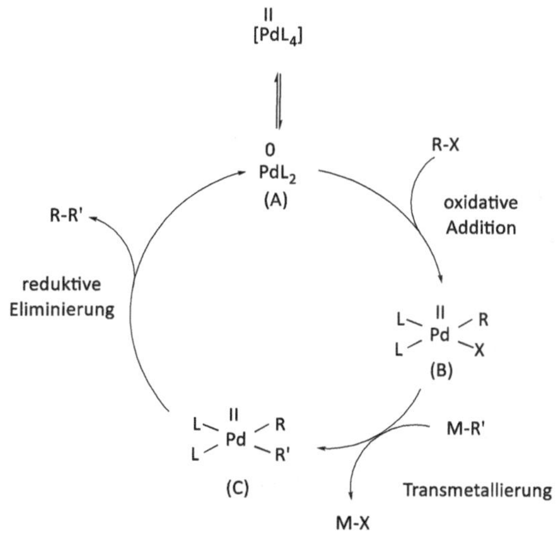

Abb. 26: Katalysezyklus von Palladium(0)-katalysierten Kreuzkupplungen.

Zu Beginn findet eine essentielle *in situ* Reduktion des Palladium(II)-Präkatalysators zum katalytisch wirksamen, koordinativ-ungesättigten 14 VE Palladium(0)-Komplex statt.[125] Als Präkatalysatoren werden häufig Palladium(II)salze wie Palladiumacetat oder Bis(triphenylphosphin)-Palladiumchlorid verwendet. Diese werden durch Reduktionsmittel wie Alkene, Amine oder meist Phosphanliganden zu Palladium(0) in der Reaktionslösung reduziert (Abb. 27).

$$Pd(OAc)_2 + 4\ PPh_3 + H_2O \longrightarrow Pd(PPh_3)_3(OAc)^- + O{=}PPh_3 + AcOH + H^+$$

Abb. 27: Mögliche Darstellung eines koordinativ-ungesättigten Palladium(0)-Komplexes.[126,127]

Alternativ dazu findet bei den klassischen Kreuzkupplungen der kommerziell erhältliche, luftempfindliche Tetrakis-(triphenylphosphin)-Palladium(0)-Komplex eine breite Anwendung.

Die *in situ* Aktivierung dieses abgesättigten Katalysators erfolgt hierbei durch die Dissoziation von zwei Triphenylphosphin-Liganden.[125,128]

Nach der Generierung einer reaktiven Pd(0)-Spezies (A) wird die oxidative Addition als erster Schritt des Katalysezyklus durchlaufen. Dabei insertiert der Pd(0)-Komplex (A) in die Kohlenstoff-Halogenbindung des Arylhalogenids R-X und der Komplex geht in die Pd(II)-Aryl-Halogenid-Spezies (B) über. Mechanistische Untersuchungen belegen, dass elektronenreiche Liganden (Bspw. Phosphine[129] und *N*-Heterocyclische Carbene[130]) die Nukleophilie des Pd(0)-Komplexes steigern und somit die oxidative Addition in die Kohlenstoff-Halogen-Bindung des Arylhalogenids erleichtern. Von der Substratseite wird die oxidative Addition gleichzeitig durch Substrate mit niedriger Bindungsdissoziationsenergie beschleunigt. Daher reagieren Iodaryle schneller als Chloraryle.[131]

Im nächsten Schritt der Transmetallierung überträgt das eingesetzte Metallorganyl (z.B. Lithium, Magnesium, Zink, Bor oder Zinn) seinen organischen Rest R' auf den Pd(II)-Komplex (B) unter Abspaltung eines Metallhalogenids.[123] Die Elektronegativitätsdifferenz zwischen dem Pd-Katalysator und dem eingesetzten Metallorganyl stellt die treibende Kraft der Transmetallierung dar, wobei der Übergang des organischen Rests vom elektropositiveren zum elektronegativeren Metall erfolgt.

Durch die abschließende reduktive Eliminierung entsteht das gewünschte Kreuzkupplungsprodukt R-R' und der katalytisch aktive Pd(0)-Komplex (A) wird regeneriert. Während elektronenreiche Liganden die oxidative Addition begünstigen, wirken sie hemmend auf die reduktive Eliminierung.[132] Im Gegensatz dazu beschleunigen elektronenziehende und sterisch anspruchsvollere Liganden am Palladiumzentrum den letzten Katalyseschritt. Die wichtigsten strukturellen Liganden-Eigenschaften, welche das Reaktionsverhalten des Katalysators unterschiedlich beeinflussen, sind in der Arbeit von Martin und Buchwald ausführlich beschrieben.[129]

Zusammenfassend sind die Art des Lösemittels und Liganden-Auswahl, als auch die verwendeten Basen, sowie die zugegebenen Additive und eventuelle Cokatalysatoren entscheidend für den Ablauf des Katalysezyklus. Bezüglich all dieser Parameter werden entsprechend vielfältige Untersuchungen in unterschiedlichen Forschungsgruppen durchgeführt um die Kupplungsmethoden stetig zu optimieren.[123,124,133]

4.3.2 Palladiumkatalysierte C-H-Aktivierung

Beinahe parallel zu den Forschungsstudien über Kreuzkupplungsreaktionen entdeckten Fujiwara und Moritan[134] eine weitere Pd(II)-induzierte Biaryl-Knüpfungsmethode mittels Aktivierung von Aryl-C-H-Bindungen. Dieser vielversprechende Ansatz eröffnete neue Synthesewege, da auch nichtaktivierte Aryl-C-H-Bindungen mühelos geknüpft werden konnten. Auf diesem Weg bleibt eine womöglich erschwerte regioselektive Einführung von Halogensubstituenten an Aryl-Systeme erspart. Außerdem besteht kein Bedarf an nicht kommerziell erhältlichen oder relativ teuren Organometallverbindungen, welche oftmals in der Kreuzkupplungsreaktion genutzt werden. Trotz dieser Vorteile und aller bisherigen Fortschritte auf diesem Forschungsgebiet sind die Palladium-katalysierten Aryl-C-H-Aktivierungen den konventionellen Kreuzkupplungen bezüglich der Effizienz noch unterlegen.[115] Dennoch spielen sie eine besonders wichtige Rolle in Hinblick auf die notwendige Vereinbarkeit von Ökonomie und Ökologie und werden mit dem Ziel einer nachhaltigen Katalyse-Optimierung bis heute weiterentwickelt.[135,136]

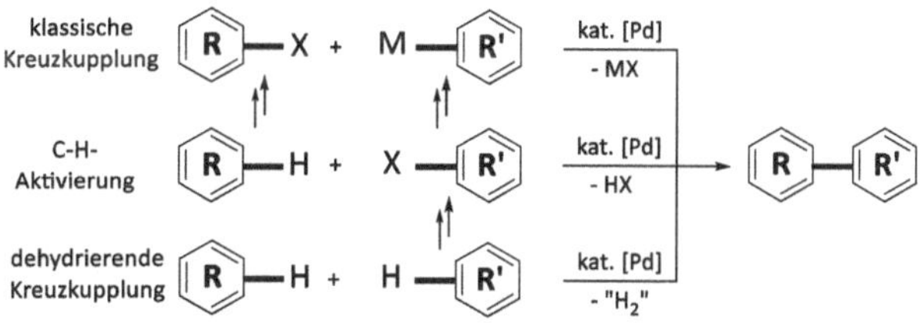

Abb. 28: Gegenüberstellung verschiedener C-C-Kupplungsmethoden.

Generell steigt die Bereitschaft einer C-H-Bindungsaktivierung mit der höheren Acidität des Protons am jeweiligen Kohlenstoffatom ($sp > sp^2 > sp^3$). Terminale Alkine ($pKs \approx 25$) sind daher besonders geeignete Substrate gefolgt von Arylen und vinylischen Verbindungen. Das C-H-Aktivierungspotential einer Alkyl-Bindung gestaltet sich sowohl aufgrund einer hohen Bindungsenergie als auch eines gehinderten sterischen Zugangs am schwierigsten.[115] Auch wenn für jede dieser Bindungsarten einige interessante synthetische Untersuchungen existieren, beschränkt sich diese Arbeit im Folgenden auf C(Aryl)-H-Aktivierungen.

Einer regioselektiven Aryl-Aryl-Kupplung mit zwei verschiedenen Arensubstraten als Kupplungspartnern gilt nach wie vor eine große Aufmerksamkeit. Einige Fortschritte erzielten Lu und Mitarbeiter[115,137] durch Pd(II)/Pd(0)-Katalyse unter stark sauren Reaktionsbedingungen (Abb. 29). Der Einsatz von TFA erhöht die Reaktivität des Pd-Katalysators und wirkte dabei aktivierend auf die Aryl-Heterokupplung. Die unerwünschte Homokupplung konnte jedoch nur zum Teil unterdrückt werden. Außerdem blieb auch in diesem Fall das alte Problem des notwendigen Überschusses an einem der zu kuppelnden Aryle (Kap. I, 4.2) bestehen.

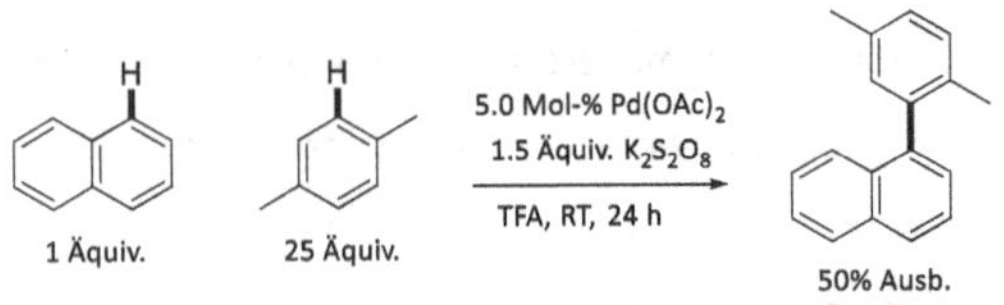

Abb. 29: Intermolekulare Biphenylkupplung nach Lu *et al.*[115,137]

Andere bekannte Literaturbeispiele beschreiben Pd(0)/Pd(II)-vermittelte C-H-Aktivierungen an elektronenreichen Heteroaromaten, wie die intermolekulare Synthese von Gevorgyan und Mitarbeitern (Abb. 30 a) oder die durch eine freie OH-Gruppe begünstigte intramolekulare *ortho*-Arylierung nach Rawal *et al.* (Abb. 30 b).[115]

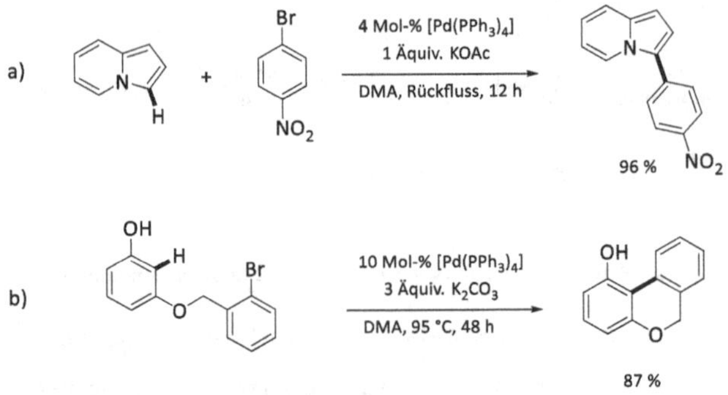

Abb. 30: Inter- und intramolekulare Arylierungen durch Pd(0)/Pd(II)-Katalyse.[115]

In Abhängigkeit von den eingesetzten Substraten und Reaktionsbedingungen sind unterschiedlich katalysierte (Pd(II)/Pd(0), Pd(II)/Pd(IV), Pd(0)/Pd(II)/Pd(IV) und Pd(0)/Pd(II))

Methoden zur C-C-Bindungsbildung ausgehend von C(Aryl)-H-Bindungen bekannt. Nach intensiven Forschungen auf diesem Gebiet, postulierte Chen *et al.* einen aus drei grundlegenden Schritten bestehenden, allgemeinen Pd(II)/Pd(0)-inudzierten Katalysezyklus (Abb. 31, links), welcher aus C-H-Aktivierung, Transmetallierung/reduktiver Eliminierung und Reoxidation des Katalysators besteht. Zu einem besseren Vergleich ist der im vorherigen Kapitel I, 4.4 beschriebene Kreuzkupplungs-Mechanismus rechts im Bild gegenübergestellt. Die wesentlichen Unterschiede sind zum einen die Notwendigkeit eines Oxidationssystems für die Reoxidation des Pd(0)-Katalysators und zum anderen ein entgegengesetzter Einsatz von Liganden, da die Liganden, welche die Transmetallierung bzw. reduktive Eliminierung begünstigen gleichzeitig den C-H-Aktivierungsschritt erschweren. Eine ausführlichere Diskussion zu bisherigen mechanistischen Studien und zur Liganden-Diversität ist in dem Übersichtsartikel von Chen *et al.* detailliert dargestellt.

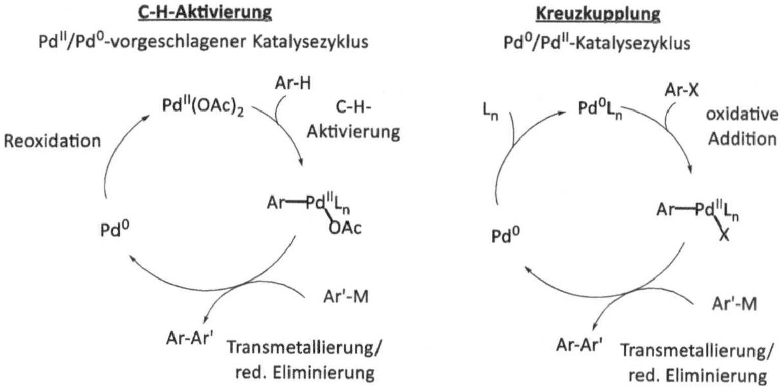

Abb. 31: Gegenüberstellung der mechanistischen Unterschiede im Katalysezyklus von C-H-Aktivierung und Kreuzkupplung.[115]

4.3.3 Kupferkatalyse

Die kupfervermittelte Katalyse ist eine weitere verbreitete Umwandlungsmethode in der Organischen Synthese.[102] Aufgrund des günstigen Kupferpreises sowie der Bereitschaft zum leichten Oxidationszahlwechsel kann es bei einer Vielzahl von Katalysereaktionen angewendet werden.[110,111]

Hauptsächlich wird Kupfer bei der reduktiven Kupplung (Kap. 4.2) sowie der Bildung von Aryl-Heteroatom Knüpfungen eingesetzt. Nichtdestotrotz sind auch einige interessante kupferkatalysierte Biphenylkupplungen bekannt. Eine davon ist der weit verbreitete *ortho*-Arylierungsansatz, welcher über Organokupfer(I)-Verbindungen, die sogenannten Cuprate, verläuft.

Eine weitere nützliche Methode zur Darstellung von Biarylen ist die altbekannte Kupplungsreaktion nach Hurtley.[102,138] Diese Kupfer(II)-katalysierte Eintopfreaktion wurde bereits 1924 publiziert, dennoch blieb der Reaktionsmechanismus aufgrund von fehlenden mechanistischen Untersuchungen bislang nicht eindeutig geklärt.[139]

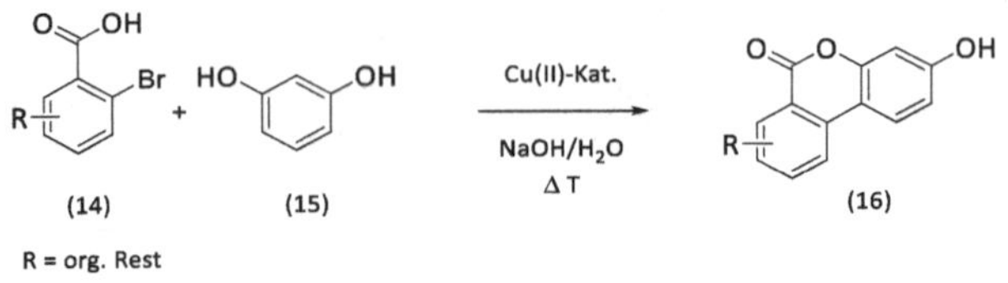

Abb. 32: Die Kupfer(II)-katalysierte Eintopfreaktion nach Hurtley.[138]

Der von unserer Arbeitsgruppe vorgeschlagene Mechanismus basiert auf der Annahme, dass das eingesetzte Resorcinolmolekül (15) unter basischen Bedingungen deprotoniert vorliegt (17) und somit in Form eines guten Reduktionsmittels zuerst die Cu(II)-Verbindung zu Cu(I) reduziert (Abb. 33).

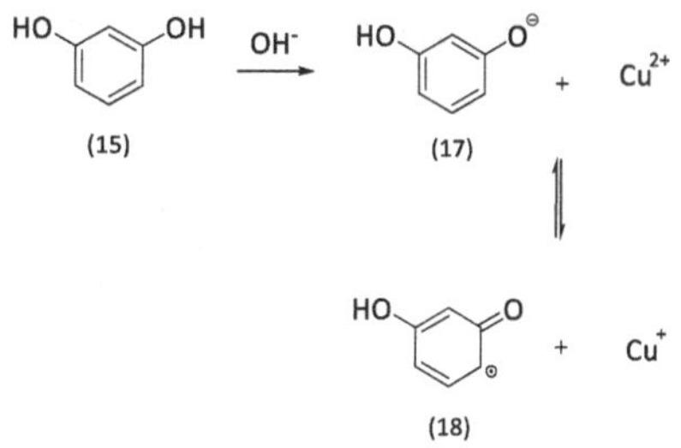

Abb. 33: Vorgeschlagener erster Schritt der Hurtley-Reaktion.

Diese entstehende, katalytisch aktive Cu(I)-Spezies, kann folglich einen für die Ullmann-Reaktion vorgeschlagenen Mechanismus einleiten. Am wahrscheinlichsten sind dabei entweder ein Cu(I)-induzierter radikalischer oder ein über ein Cu(III)-Intermediat verlaufender Mechanismus.[140,141]

Der radikalische Mechanismus basiert im Allgemeinen auf den drei folgenden Schritten:

(1) $Cu(I)X + Nu^- \rightarrow Cu(I)Nu + X^-$

(2) $ArX + Cu(I)Nu \rightarrow Ar\cdot + Cu(II)XNu$

(3) $Ar\cdot + Cu(II)XNu \rightarrow ArNu + Cu(I)X$

Während zu Beginn ein Halogen-Nukleophil-Austausch am Cu(I)-Ion stattfindet (Gl. 1), erfolgt im nächsten Schritt die Aktivierung des Arylhalogenids durch seine Umwandlung in das korrespondierende Aryl-Radikal mittels Cu(I)/Cu(II)-Redoxpaar (Ein-Elektronen-Oxidationsmittel) (Gl. 2). Das dadurch entstandene freie Aryl-Radikal reagiert anschließend schnell mit der Cu(II)-Spezies infolge eines Atomtransfers unter Ausbildung des Kupplungsprodukts (Gl. 3).

Der zweite denkbare Reaktionstyp verläuft über einen dreistufigen Reaktionsmechanismus mit einem Cu(III)-Intermediat in entgegengesetzten Reaktionsabläufen (**A**) und (**B**) (Abb. 34). Im ersten Schritt erfolgt eine oxidative Addition (**A**, **1**) des Arylhalogenids an Cu(I) unter Ausbildung eines Cu(III)-Intermediats. Daraufhin folgt ein Halogenid-Nukleophil-Austausch am Cu(III)-Zentrum (**A**, **2**) mit abschließender reduktiver Eliminierung (**A**, **3**) des Kupplungsprodukts und gleichzeitiger Regeneration der katalytisch aktiven Cu(I)-Verbindung. Nach einem erfolgreichem Aufbau der Aryl-Aryl-Bindung, schließt sich bei der Hurtley-

Reaktion ein intramolekularer Ringschluss zum Lacton an (hier nicht gezeigt), welcher die Bildung des lactonverbrückten Biphenyls vollendet.[140–142]

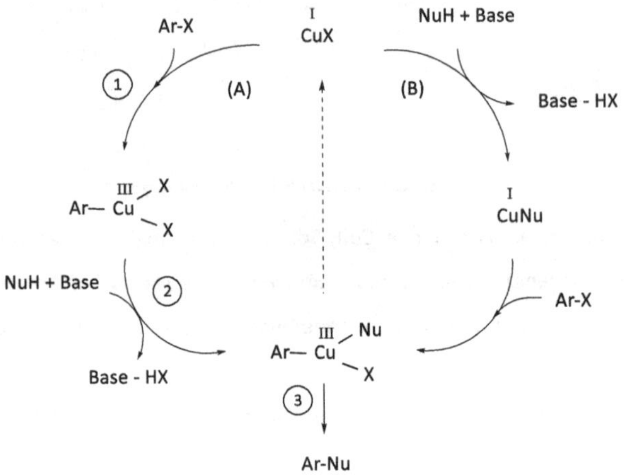

Abb. 34: Zwei mögliche Wege (A) und (B) eines über ein Cu(III)-Intermediat verlaufenden Mechanismus.[141]

Mit diesem biologischen sowie synthetischen Hintergrundwissen wird eine geeignete regioselektive Syntheseplanung von diversen polyhydroxylierten Biphenylen (Urolithinen und Phenanthridinonen) konzipiert und durchgeführt. Eigene Versuchsergebnisse zu einzelnen Kupplungsmethoden werden im Kapitel III diskutiert.

II Zielsetzung

Wie in den vorangegangenen Kapiteln vorgestellt, sind Naturstoffe mit einem Biphenyl-Grundgerüst aufgrund ihrer hohen biologischen Relevanz als Leitstrukturen für neue Pharmazeutika von erheblicher Bedeutung.[76,78,81] Speziell auf dem Gebiet der onkologischen Forschung wird das wachsende Interesse an dieser Substanzklasse zunehmend offensichtlicher.[51,68,73] Vor diesem Hintergrund entstand ein neues interdisziplinäres Kooperationsprojekt zwischen dem organisch-chemischen Institut der Justus-Liebig-Universität Gießen und dem pharmazeutischen Institut der Universität Padua, welches sich die Darstellung, Charakterisierung und Anwendungsmöglichkeiten von bioaktiven Verbindungen zum Ziel macht. Im Rahmen dieses Projekts besteht das erste Forschungsziel der vorliegenden Dissertation in der Ausarbeitung einer geeigneten regioselektiven Syntheseroute zum Aufbau einer Substanzbibliothek aus Biphenyl-Naturstoffen, den Urolithinen und Phenanthridinonen (Abb. 35).

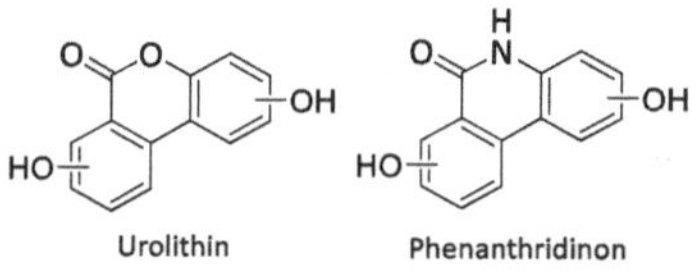

Abb. 35: Das Grundgerüst der Zielmoleküle.

Beide Substanzklassen enthalten zusätzlich zu einer polyhydroxylierten Biphenyl-Grundstruktur ein Lacton bzw. Lactam als verbrückendes Element und können über verschiedenen Synthesestrategien gebildet werden. Gemeinsam ist all diesen Strategien die Verknüpfung der beiden Aromaten über eine Kohlenstoff-Kohlenstoff Bindung, welche den Schlüsselschritt jeder Synthese darstellt. Aufbauend auf den bestehenden Untersuchungen aus der eigenen Masterthesis[142] werden je nach Zielmolekül die bewährten Methoden der intramolekularen Palladium- und intermolekularen Kupfer-Katalyse gewählt (Abb. 36). Mit dem Wunsch nach einer einfachen, direkten und umweltfreundlichen Synthese werden zudem ergänzende Versuche zur oxidativen Kupplungsmethode durchgeführt um so die Synthesemethodik zu vervollständigen.

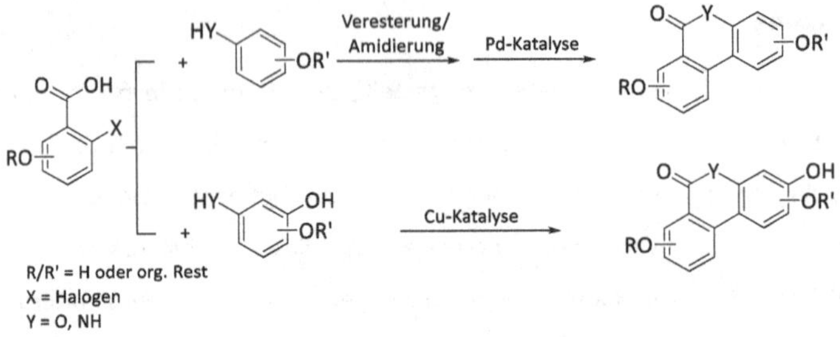

Abb. 36: Hauptdarstellungsmethoden der Urolithine und Phenanthridinone.

Die Hauptschwierigkeiten bei der Umsetzung aller oben genannten Strategien liegen bei der Aryl-Aryl-Bindungsknüpfung sterisch anspruchsvoller Aromaten sowie der Modifizierung des Biphenyl-Grundgerüstes in Bezug auf die unterschiedliche Positionierung der OH-Substituenten. Ein weiteres Problem stellt außerdem eine effiziente Aufreinigung der hochpolaren Zielverbindungen dar.

Nach erfolgreicher Erstellung einer Substanzbibliothek mit unterschiedlich OH- bzw. Methoxysubstituierten Biphenyl-Derivaten werden diese auf ihre biologische Aktivität hin untersucht. Besonderes Augenmerk gilt dabei der hemmenden Wirkung auf das humane Topoisomerase II-α Enzym, welches bei der Entstehung von diversen Tumoren eine bedeutende Rolle einnimmt. Dazu sollen anhand von *in vitro* Screenings erste Einblicke in die Struktur-Wirkungs-Beziehungen erhalten werden. Die folgende Untersuchung der aktivsten Wirkstrukturen an verschiedenen Tumorzelllinien beim Kooperationspartner in Padua schließen sich dem Forschungsvorhaben dieser Arbeit an.

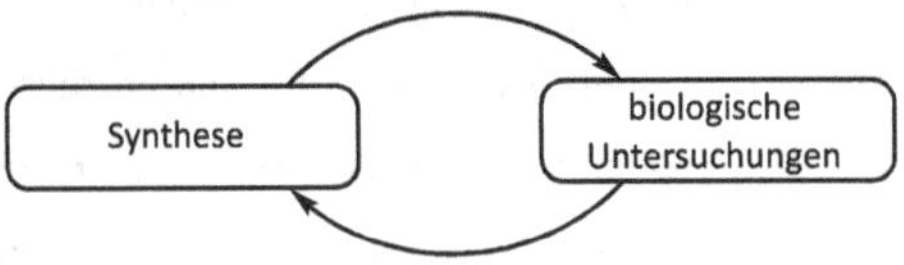

Abb. 37: Grundlegende Vorgehensweise bei der Darstellung der Biphenyle.

III Ergebnisse und Diskussion

Dem geplanten Forschungsvorhaben zur systematischen Darstellung und Untersuchung von bioaktiven Biphenyl-Derivaten liegen computerchemische Berechnungen sowie frühere Studien von Prof. B. Gatto (Pharmazeutisches Institut, Universität Padua, Italien) zugrunde, welche eine starke enzyminhibitorische Wirkung dieser Verbindungen nahelegen.[75] Der Syntheseschwerpunkt liegt dabei auf einer effizienten und selektiven Herstellung von polyhydroxylierten Urolithinen und Phenanthridinonen. Die Verbindungsgruppen werden mit Hilfe der bereits in der eigenen Masterthesis[142] etablierten Synthesewegen unter Verwendung der Übergangsmetall-Katalyse und mit dem Einsatz von leicht zugänglichen, möglichst günstigen und kommerziell erhältlichen Ausgangsstoffen und Reagenzien dargestellt. Weitere synthetische Untersuchungen wie die oxidative und reduktive Kupplungsmethoden werden ebenfalls beschrieben. Im zweiten Teil der Arbeit wird die biologische Aktivität dieser Zielmoleküle als Topoisomerase II-α Inhibitoren durch *in vitro* Experimente an der DNA und in den Krebszellen erforscht, um Rückschlüsse über den Einfluss von freien Hydroxygruppen auf die erhaltene Bioaktivität zu ziehen. Beide Themengebiete werden in diesem Kapitel nacheinander vorgestellt und diskutiert. Den Anfang bilden die synthetischen Untersuchungen.

1 Syntheseplanung

Die Syntheseplanung beginnt mit einer retrosynthetischen Analyse des gewünschten Zielmoleküls, welches sich strukturell durch ein Lacton- bzw. Lactamverbrücktes Biphenyl-Grundgerüst auszeichnet (Abb. 38, zentral). Dabei findet die Zerlegung des Grundgerüsts in kleinere, preiswerte Synthesebausteine schrittweise statt und ergibt somit ausschließlich Phenol- bzw. Anilin- und Benzoesäurederivate als Ausgangssubstanzen für die bevorstehende Synthese. Der Übersicht halber wurde nur die halogenierte Benzoesäure dargestellt, während die Steuerung der Regioselektivität auch durch das Halogenieren von Phenol- bzw. Anilinkomponente erfolgen kann (Kapitel III, 1.3).

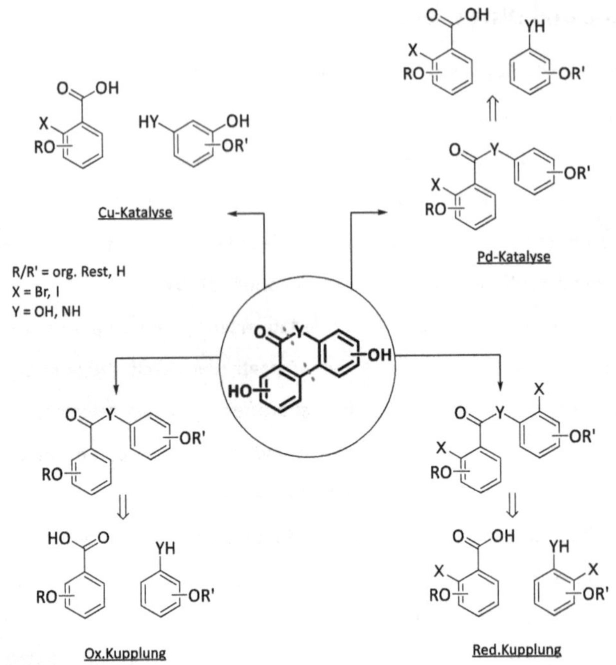

Abb. 38: Retrosynthese zum Aufbau des verbrückten Biphenyl-Grundgerüstes.

Zur selektiven Kupplung werden folgende Reaktionswege verfolgt: Übergangmetallkatalyse über eine mehrstufige Pd-katalysierte intramolekulare Synthese und eine intermolekulare Kupfer-vermittelte Eintopf-Reaktion. Außerdem werden einige reduktive Kupplungsansätze sowie eine direkte intramolekulare Arylierung mittels oxidativer Kupplung angewendet. Bei der letztgenannten Methode war die Halogenierung der Ausgangssubstanzen nicht notwendig. Die Vorgehensweise und Resultate der jeweiligen Synthesewege sowie die Darstellung der Ausgangsverbindungen werden in den nachfolgenden Unterkapiteln detailliert beschrieben.

1.1 Darstellung der Benzoesäurederivate (A)

1.1.1 Schutzgruppenstrategie bei der Darstellung der Benzoesäurederivate

Wie im letzten Abschnitt bereits erwähnt, bildet die Darstellung der Benzoesäurederivate als Ausgangsverbindungen für die nachfolgenden Reaktionsschritte eine wichtige Grundlage der oben vorgestellten Syntheserouten. Dazu wurden alle freien und nicht an der späteren Veresterung beteiligten phenolischen Hydroxygruppen der Benzoesäure-Komponente geschützt. So sollen störende Nebenreaktionen vermieden und die Ausbeute der Kupplungsvorläufer gesteigert werden. Die Schutzgruppenauswahl wurde anhand der Stabilität, der späteren Abspaltungsbedingungen sowie der sterischen Hinderung der jeweiligen Gruppen getroffen. Angesichts einer relativ hohen Temperatur (bis zu 130 °C) und basischer Reaktionsbedingungen während der Pd- und Cu-Katalyse fiel die erste Wahl der einzusetzenden Schutzgruppen auf Methylether- und Acetalgruppen (Tab. 2 und Tab. 3), die unter den genannten Bedingungen stabil sind.

Tab. 2: Übersicht über die kommerziell erworbenen Benzoesäurederivate (A-1) bis (A-12).

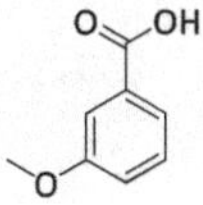	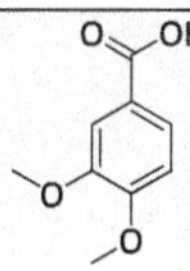	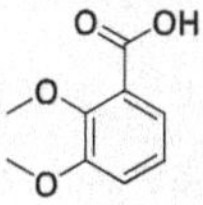	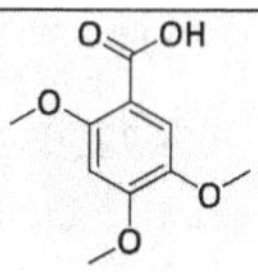
(A-1)	(A-2)	(A-3)	(A-4)
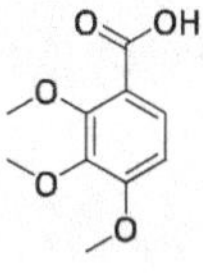	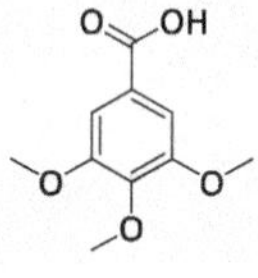	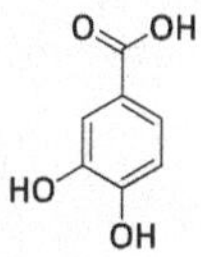	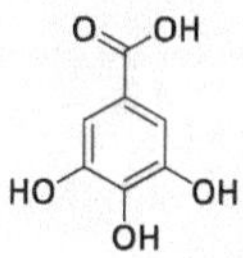
(A-5)	(A-6)	(A-7)	(A-8)
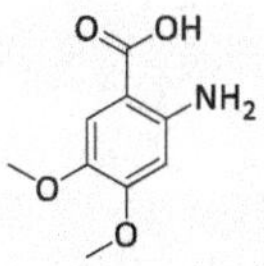	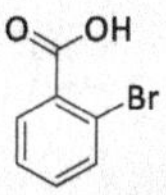	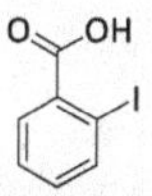	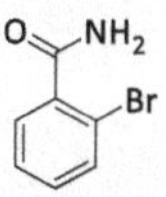
(A-9)	(A_B-10)	(A_I-11)	(A_B-12)

Neben der kommerziellen Verfügbarkeit zu einem niedrigen Preis, liegt der stärkste Vorteil von methylethergeschützten Benzoesäuren in ihrem geringen sterischen Anspruch in Hinblick auf die geplante Arylkupplung sowie in ihrer chemischen Beständigkeit. Da sich die

Methylethergruppen allerdings erst unter harschen Bedingungen abspalten lassen,[143] wurde alternativ die Schützung der phenolischen Hydroxygruppen als Acetal auf ihre Praktikabilität geprüft.

Für die Acetalschützung wurde zuerst die Säurefunktion der 3,4-Dihydroxybenzoesäure (A-7) als Methylester[144,145] geschützt und anschließend mit verschiedenen Acetalisierungsreagenzien je nach gewünschtem Produkt versetzt. Die Schutzreaktion zum Orthoester fand in einer Dean-Stark-Apparatur unter Verwendung des sauren Ionenaustauschers Amberlyst-15 statt.[146] Das gewünschte Produkt (A-14) konnte mit einer guten Ausbeute von 89% über zwei Schritte erhalten werden (Abb. 39).

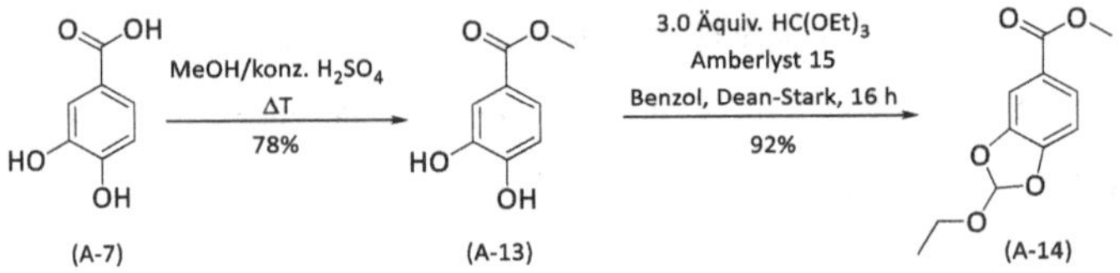

Abb. 39: Darstellung von Methyl-2-ethoxybenzo[d][1,3]dioxol-5-carboxylat (A-14).

Die Bildung des Acetonid-Acetals[144] (A-15), unter Einsatz von Camphersulfonsäure als saurem Katalysator, ergab lediglich eine Ausbeute von 18% (14% über 2 Schritte, Abb. 40). Da das Acetalprodukt (A-15) aber zunächst nur in einer Testreaktion zur darauffolgenden Halogenierungsreaktion eingesetzt werden sollte, bestand vorerst kein Bedarf diese Reaktion zu optimieren.

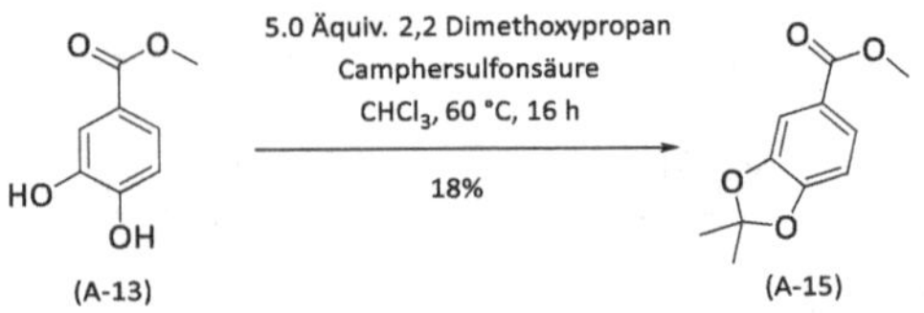

Abb. 40: Darstellung von Methyl-2,2-dimethylbenzo[d][1,3]dioxol-5-carboxylat (A-15).

Zusätzlich gelang die Darstellung des Dioxol-Acetals (A-16) ausgehend von Diiodmethan über einen S_N2 Mechanismus (Abb. 41). Diese literaturbekannte Reaktion[145] lieferte das Produkt als weißen Feststoff in einer Ausbeute von 63% über zwei Schritte ausgehend von 3,4-Dihydroxybenzoesäure.

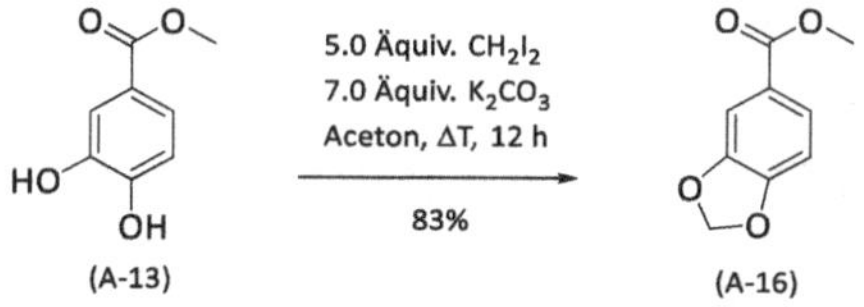

Abb. 41: Darstellung von Methylbenzo[d][1,3]dioxol-5-carboxylat (A-16).

Anschließend sollte eine weitere sinnvolle Schutzmöglichkeit der phenolischen OH-Gruppen in Form der *tert*-Butyldimethylsilyl-Gruppe (TBDMS) untersucht werden. Der Vorteil dieser Silyl-Schutzgruppe gegenüber Acetalen zeichnet sich durch eine höhere Stabilität aus. Gleichzeitig lassen sich TBDMS-Gruppen im Gegensatz zu den phenolischen Methylethern unter vergleichsweise milden Bedingungen abspalten. Trotz des zu erwartenden nachteiligen, hohen sterischen Anspruchs dieser Gruppe soll die Durchführbarkeit der Kupplungsreaktion mit TBDMS-geschützten OH-Gruppen untersucht werden. Die Anbringung der TBDMS-Schutzgruppe verlief durch eine direkte Umsetzung der Benzoesäurederivate (A-7) und (A-8) mit *tert*-Butyldimethylsilyl-chlorid (TBDMS-Cl) in Anwesenheit von einer Base wie DIPEA oder Imidazol[147]. Die Produkte (A-17) und (A-18) konnten ohne Reinigung in guten Ausbeuten (> 83%) isoliert werden (Abb. 42).

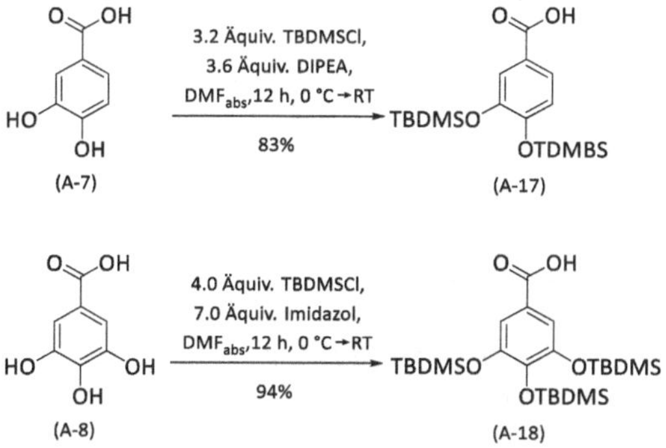

Abb. 42: Synthesen der TBDMS-geschützten Verbindungen (A-17) und (A-18).

Tab. 3: Übersicht der dargestellten Acetal- und Silylgeschützten Benzoesäuren (A-14) bis (A-18).

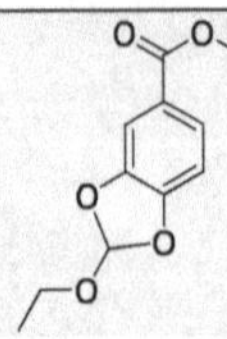

(A-14)

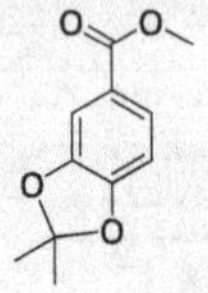

(A-15)

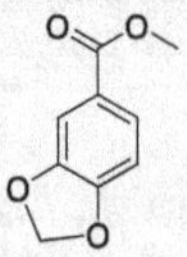

(A-16)

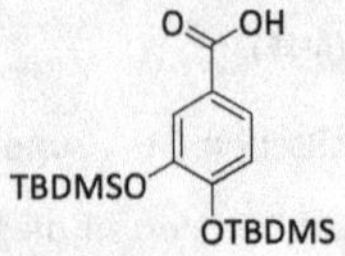

(A-17)

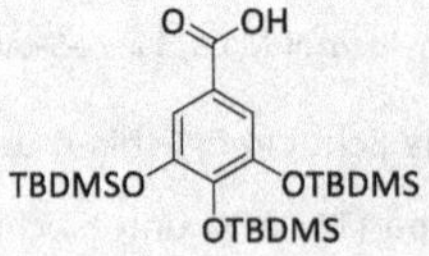

(A-18)

1.1.2 Halogenierungsreaktionen an den Benzoesäurederivaten

Im nächsten Schritt folgte die Halogenierung der zuvor geschützten Benzoesäurederivate. In der vorliegenden Arbeit beschränkte sich die Auswahl des Halogens in Hinblick auf eine vielversprechende Kupplungsreaktivität ausschließlich auf Brom und Iod.[123] Dazu wurden diverse Reaktionsbedingungen sowohl zur Bromierung als auch zur Iodierung auf ihre Effizienz getestet. Die hierfür getesteten Reaktionsbedingungen sind in den Tabellen 4-8 zusammengefasst.

Die Wahl einer geeigneten Halogenierungsmethode fand an einer monosubstituierten Benzoesäure (A-1) als Modellsubstanz statt. Dazu wurde, besonders in Hinblick auf eine Halogenierung in *ortho*-Position zur Carbonsäurefunktion, eine Reihe von Bromierungsreaktionen durchgeführt und die Ergebnisse untereinander verglichen.

Der erste Darstellungsversuch von 2-Brom-5-methoxybenzoesäure (A_B-19) erfolgte mit Hilfe einer *ortho*-Lithiierung[148] durch eine starke Base (*s*-BuLi) und anschießendem Halogen-Metall-Austausch. Als Halogenquelle diente hierbei ein Überschuss von sechs Äquivalenten 1,2-Dibromtetrachlorethan (Tab. 4, A). Diese Reaktion führte jedoch nicht zum gewünschten Produkt und stattdessen wurde das Edukt (A-1) reisoliert. Vermutlich stellte das 1,2-Dibromtetrachlorethan kein geeignetes Elektrophil dar.

Die Bromierungsmethode nach Alam[146] mittels 1,3-Dibrom-5,5-dimethylhydantoin (DBDMH) brachte hier, sowohl bei variabler Konzentration als auch verlängerten Reaktionszeiten, lediglich ein Gemisch aus Produkt (A_B-19), Edukt (A-1) und einer mehrfach bromierten Spezies hervor (Tab. 4, B). Dieses Ergebnis kann durch die Bildung von hypobromiger Säure im wässrigen Milieu erklärt werden, welche aufgrund ihres geringeren sterischen Anspruchs eine elektrophile aromatische Substitution (S_EAr) sowohl in *para*- als auch in *ortho*-Stellung zur dirigierenden Methoxygruppe eingehen kann.

Auch die Reaktion von 3-Methoxybenzoesäure (A-1) mit elementarem Brom in Chloroform[149] lieferte ein auf chromatographischem Weg nicht trennbares Gemisch aus bromiertem Produkt (A_B-19) und nicht umgesetztem Edukt (A-1) (Tab. 4, C).

Die Durchführung der gleichen Reaktion in einem polaren Lösungsmittel wie Essigsäure[150] ergab letztendlich das reine Produkt in einer Ausbeute von 54% (Tab. 4, D). Damit konnte bestätigt werden, dass bei diesem Reaktionstyp eine befriedigende Umsetzung zum bromierten Derivat ausschließlich in polar protischen Lösungsmitteln, beispielsweise Essigsäure, und bei einer höheren Temperatur erreicht werden kann.

Die Produktausbeute wurde im nächsten Schritt durch Austausch des schwer dosierbaren Broms gegen *N*-Bromsuccinimid nach *Saito*[151] optimiert (Tab. 4, E). Somit wurde eine selektive Bromierung von 3-Methoxybenzoesäure (A-1) in *ortho*-Position zur Carbonäure-Funktion unter Verwendung von *N*-Bromsuccinimid in einem Essigsäure/Acetonitril-Gemisch (Volumenverhältnis 3:1) erreicht. Die Ausbeute von (A$_B$-19) betrug akzeptable 78%.

Tab. 4: Anpassung der Halogenierungsbedingungen am Modellsubstrat (A-1).

Edukt	Reaktionsbedingungen	Produkt	Ausbeute
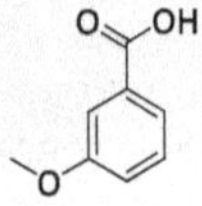 (A-1)	A) 4.0 Äquiv. 1.4 M *s*-BuLi/TMEDA, 6.0 Äquiv. 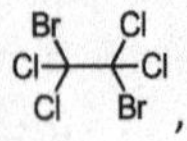 , THF, -78 °C → RT, 12 h B) 0.6-1.1 Äquiv. DBDMH, 1.4 M NaOH, RT, 36-60 h C) 1.0 Äquiv. Br_2, $CHCl_3$, ΔT, 7 h D) 1.0 Äquiv. Br_2, AcOH, ΔT, 5 h E) 1.0 Äquiv. NBS, AcOH/MeCN (3:1) 80 °C, 24 h	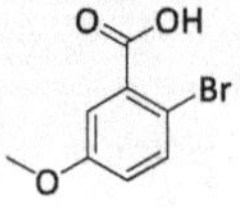 (A$_B$-19)	A) -* B) -** C) -* D) 54% E) 78%

* Gemisch aus Produkt und Edukt; ** Gemisch aus Produkt, Edukt und mehrfach bromierter Spezies

Diese am Modellsubstrat (A-1) optimierten Reaktionsbedingungen wurden auf höher methoxysubstituierte Benzoesäuren übertragen. Es konnte jedoch schnell festgestellt werden, dass die schnellste und effizienteste Umsetzung von polymethoxysubstituierten Substraten ((A-2), (A-3), (A-6) und (A-23)) hingegen mit DBDMH im basischen Milieu bei

Raumtemperatur zu erreichen war. Damit wurden die selektiv in *ortho*-Position zur Carbonsäurefunktion bromierten Produkte (A_B-20) - (A_B-24) in guten Ausbeuten und Reinheit erhalten (Tab. 5).

Tab. 5: Halogenierungsreaktionen zur Synthese der Benzoesäurederivate (A_B-20) bis (A_B-24).

Edukt	Reaktionsbedingungen	Produkt	Ausbeute
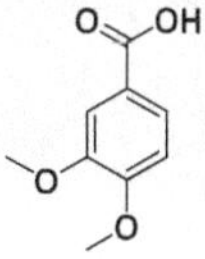 (A-2)	A) 1.0 Äquiv. Br_2, 2 N HCl, RT, 7 d B) 0.6 Äquiv. DBDMH, 1.4 M NaOH, RT, 36 h	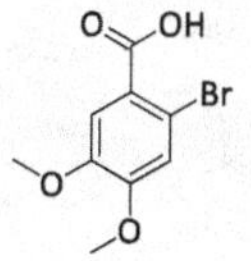 (A_B-20)	A) -** B) 92%
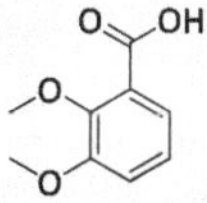 (A-3)	0.6 Äquiv. DBDMH, 1.4 M NaOH, RT, 36 h	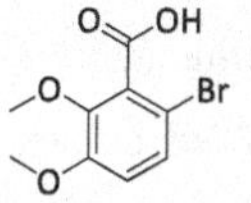 (A_B-21)	82%
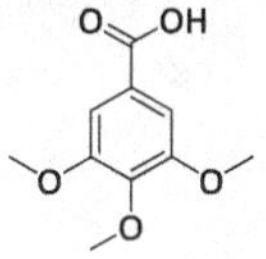 (A-6)	0.6 Äquiv. DBDMH, 1.4 M NaOH, RT, 36 h	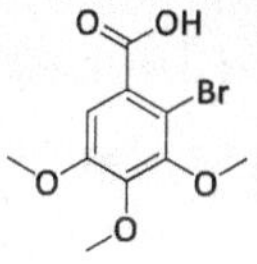 (A_B-22)	89%
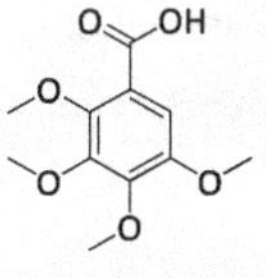 (A-23)	0.6 Äquiv. DBDMH, 1.4 M NaOH, RT, 36-72 h	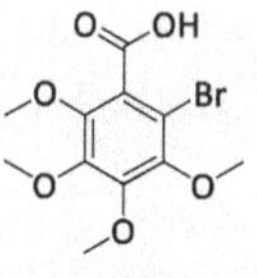 (A_B-24)	55%

** Gemisch aus Produkt, Edukt und mehrfach bromierter Spezies

Die Darstellung von (A_B-24) lief dabei in Anlehnung an eine Literaturvorschrift[150] in zwei Schritten ab (Abb. 43). Zuerst wurde 2-Brom-3,4,5-trimethoxybenzoesäure (A_B-22) in eine

Lösung aus elementarem Natrium in absolutem Methanol unter Zusatz von Kupferpulver gegeben und 18 Stunden zum Sieden erhitzt. Nachdem die Reaktionsmischung über Celite filtriert und vom Lösemittel befreit wurde, konnte sowohl im NMR-Spektrum als auch im HR-ESI-Massenspektrum die 2,3,4,5-Tetramethoxybenzoesäure (A-23) nachgewiesen werden. Diese wurde wie bereits erwähnt mittels DBDMH zu (A_B-24) in einer Ausbeute von 55% bromiert.

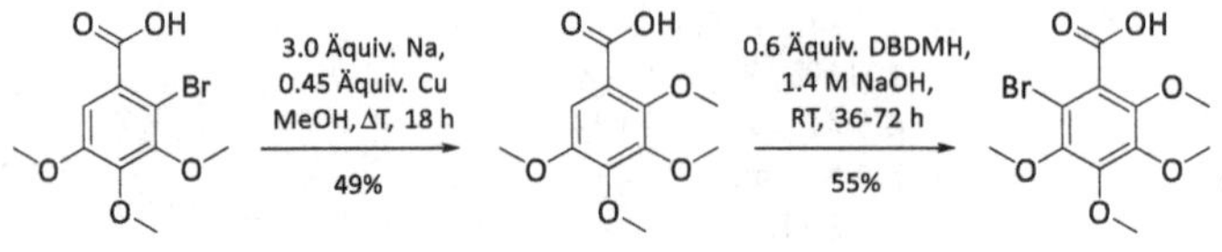

Abb. 43: Syntheseweg zur Darstellung von 2-Brom-3,4,5,6-tetramethoxybenzoesäure (A_B-24).

Anders als bei vorherigen Ergebnissen konnte das bromierte Regioisomer (A_B-25, Tab. 6) weder mittels DBDMH noch durch eine Behandlung mit Brom erhalten werden. Das Hauptproblem bestand entweder darin, dass es zur Bildung des falschen Regioisomers kam oder eines Gemisches aus den jeweiligen Edukten und Produkten, welche aufgrund der stark ähnlichen Polarität weder auf physikalischem noch chemischem Weg aufgetrennt werden konnten. Die Synthese ähnlicher Regioisomere gelang auf einem anderen Wege und wird im Rahmen eines späteren Kapitels genauer erläutert.

Auch die bei variabler Konzentration von DBDMH durchgeführte Bromierung zum (A_B-26, Tab. 6) schlug fehl. Weitere Halogenierungsversuche zur Erzeugung von (A_B-26) wurden jedoch aufgrund der geringen strukturellen Bedeutung dieses Substrats in Bezug auf das gekuppelte Zielmolekül und dessen enzymhemmende Wirkung nicht mehr unternommen.

Tab. 6: Halogenierungsversuche zur Darstellung der Benzoesäurederivate (A_B-25) und (A_B-26).

Edukt	Reaktionsbedingungen	Produkt	Ausbeute
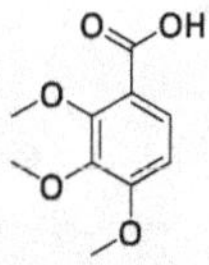 (A-5)	A) 0.6 Äquiv. DBDMH, 1.4 M NaOH, RT, 36 h B) 1.2 Äquiv. DBDMH, $CHCl_3$, 60 °C, 36 h C) 1.0 Äquiv. Br_2, konz. HCl, RT, 5 d	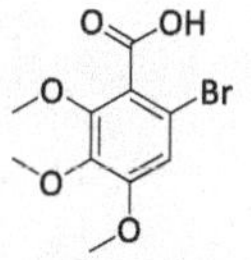 (A_B-25)	A) -* B) -* C) -***
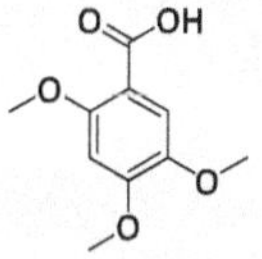 (A-4)	0.6-1.1 Äquiv. DBDMH, 1.4 M NaOH, RT, 36 h	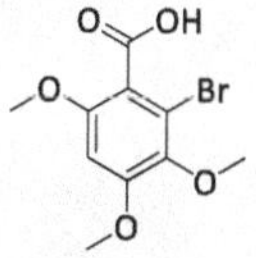 (A_B-26)	-*

* Gemisch aus Produkt und Edukt; *** Falsches Konstitutionsisomer

Die Übertragung der als erfolgversprechend erachteten Methoden[146,149,151] sowohl auf Acetal- und TBDMS-geschützte Benzoesäurederivate als auch auf ungeschützte Benzoesäurederivate brachte kein gewünschtes Resultat (A_B-27 — A_B-33). Der Grund für das Fehlschlagen dieser Reaktionen kann auf die leichte Oxidierbarkeit der Polyhydroxybenzoesäuren (A-7, A-8, A-13) zu entsprechenden Chinonen sowie die starke sterische Hinderung der TBDMS-Schutzgruppen zurückgeführt werden. Außerdem besteht die Vermutung, dass die Acetalschutzgruppen (A-15, A-16) labil gegenüber den Bromierungsbedingungen (Oxidationsmitteln, Anwesenheit der hypobromigen Säure) waren und bereits während der Reaktion abgespalten wurden.

Die in der 7 dargestellten Bromierungsmethoden wurden mehrmals unter Variation von Lösungsmittel, Temperatur, Konzentration/Stöchiometrie der Reagenzien und Reaktionsdauer durchgeführt bevor sie verworfen wurden.

Tab. 7: Halogenierungsversuche zur Darstellung der Benzoesäurederivate (A$_B$-27) bis (A$_B$-33).

Edukt	Reaktionsbedingungen	Produkt	Ausbeute
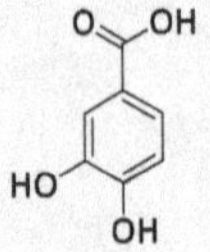 (A-7)	A) 0.6 Äquiv. DBDMH, 1.4 M NaOH, RT, 72 h B) 1.5 Äquiv. Br_2, $CHCl_3$/MeOH (8:1), ΔT, 12 h	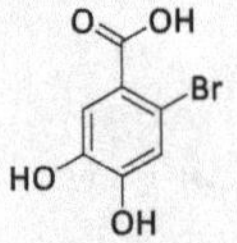 (A$_B$-29)	-
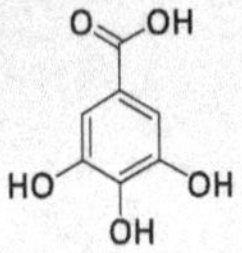 (A-8)	A) 1.1 Äquiv. Br_2, H_2O ΔT, 4 h B) 1.1 Äquiv. Br_2, $CHCl_3$/MeOH (5:1), ΔT, 12 h C) 0.6-1.0 Äquiv. DBDMH, THF, ΔT, 3-12 h	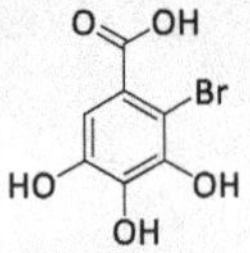 (A$_B$-30)	-
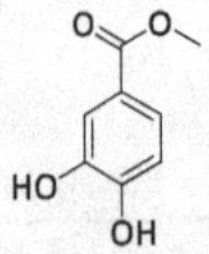 (A-13)	0.6 Äquiv. DBDMH, $CHCl_3$/MeOH (2:1), 0 °C → RT, 12 h	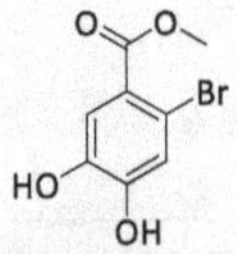 (A$_B$-31)	-***
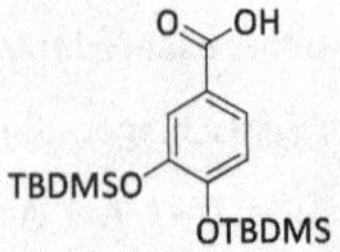 (A-17)	A) 0.6 Äquiv. DBDMH, $CHCl_3$, RT, 36 h B) 0.6 Äquiv. DBDMH, $CHCl_3$, 60 °C, 36 h	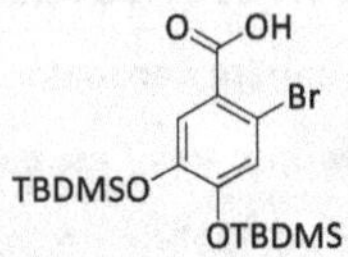 (A$_B$-27)	-****
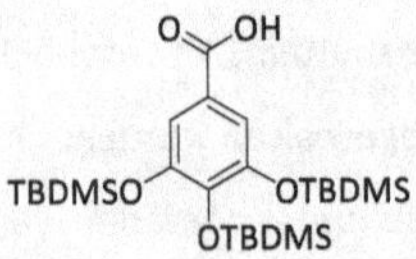 (A-18)	0.6 Äquiv. DBDMH, $CHCl_3$, RT, 36 h	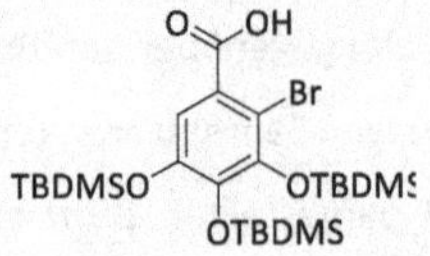 (A$_B$-28)	-****

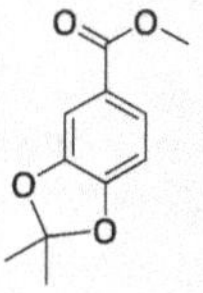 (A-15)	A) 0.6 Äquiv. DBDMH, $CHCl_3$, RT, 14 d B) 0.6 Äquiv. DBDMH, $CHCl_3$, 70 °C, 12 h	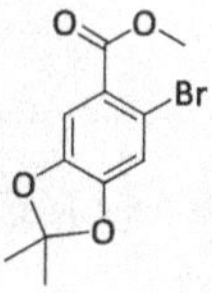 (A_B-32)	-****
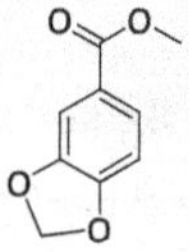 (A-16)	A) 1.0 Äquiv. Br_2, Ac_2O, 10 °C, 1 h B) 1.1 Äquiv. NBS, 1.3 Äquiv. *s*-BuLi/TMEDA - 78 °C → RT, 12 h	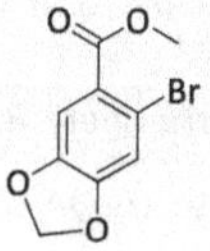 (A_B-33)	-*

* Gemisch aus Produkt und Edukt; *** Falsches Konstitutionsisomer; **** Edukt

Für die Vergleichbarkeit der Kupplungseffizienz durch verschiedene Halogensubstituenten wurden neben den bromierten auch einige iodierte Benzoesäurederivate als Ausgangsverbindungen dargestellt. Dazu wurde die Wahl des Iodierungsmittels dem Einzelfall angepasst. Alle Iodierungsversuche sind in der Tabelle 8 zusammenfassend dargestellt.

Tab. 8: Iodierungsreaktionen zur Darstellung der Benzoesäurederivate (A_I-34) bis (A_I-36).

Edukt	Reaktionsbedingungen	Produkt	Ausbeute
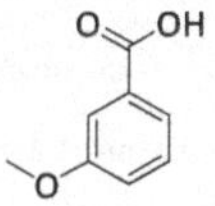 (A-1)	A) 4.0 Äquiv. 1.4 M *s*-BuLi/TMEDA 6.0 Äquiv. I_2, THF, -78 °C → RT, 12 h B) 3.0 Äquiv. $PhI(OAc)_2$ 2.0 Äquiv. LiI, HOAc, 6 h, RT	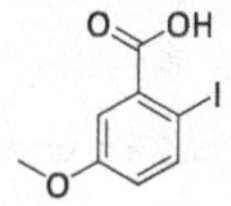 (A_I-34)	A) - B) -*
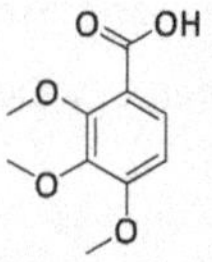 (A-5)	A) 4.0 Äquiv. 1.4 M *s*-BuLi/TMEDA 6.0 Äquiv. I_2, THF, -78 °C → RT, 12 h	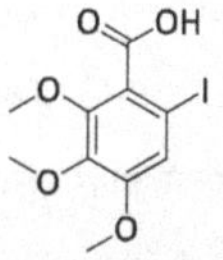 (A_I-35)	A) -****

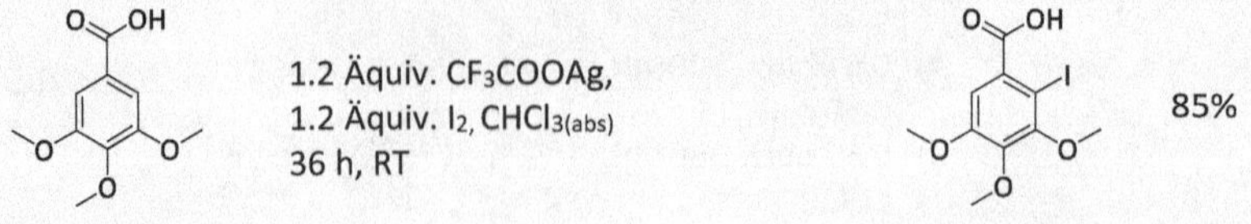

(A-6) (A$_I$-36)

* Gemisch aus Produkt und Edukt; **** Edukt

Analog zu den vorherigen Bromierungsversuchen, konnten hier ebenso keine iodierten Benzoesäurederivate (A$_I$-34, A$_I$-35, Tab. 8) durch eine *ortho*-Lithiierungsreaktion[148,152] mit darauffolgendem Halogen-Metall-Austausch erzeugt werden. Eine interessante Alternative bot die Iodierungsmethode nach Hamamoto *et al.*[153] unter Verwendung von (Diacetoxyiodo)benzol als Oxidationsmittel und Lithiumiodid in Hexafluoroisopropanol (HFIP), wobei das teure HFIP aufgrund von ähnlichen chemischen Eigenschaften probeweise durch preiswerte Essigsäure ersetzt wurde. Das Produkt (A$_I$-34, (B)) konnte zwar massenspektrometrisch nachgewiesen, jedoch weder auf chromatographischem Weg noch durch eine Umkristallisation in Wasser/Methanol (1:1) isoliert werden.

Als am besten geeignete Synthese zur Darstellung der 2-Iod-3,4,5-Trimethoxybenzoesäure (A$_I$-36) erwies sich die Iodierung mit elementarem Iod in Gegenwart von Silbertrifluoracetat[154], welches das träge Iodmolekül in ein reaktives Elektrophil umwandelt und eine hervorragende Ausbeute (85%) des reinen Produkts gewährleistet (Tab. 8). Die Triebkraft dieser Reaktion ist die Ausbildung unlöslichen Silberiodids, das aus der Reaktionslösung ausfällt und damit das chemische Gleichgewicht der Reaktion zugunsten der Produktbildung verschiebt. Ein Nachteil liegt jedoch bei dem äquimolaren Verbrauch des teuren Silberreagenzes. Aufgrund experimenteller Ergebnisse stellte Kolev *et. al*[154] fest, dass die höchsten Ausbeuten unter trockenen Bedingungen und Schutzgasatmosphäre erzielt werden, da geringste Spuren von Wasser zur Hydrolyse des *in situ* geformten CF_3COOI zur labilen hypoiodigen Säure führt.

Um das oftmals bei den Halogenierungsreaktionen aufgetretene Regioselektivitätsproblem zu umgehen, wurde als Nächstes die Iodierung über eine bewährte Sandmeyer-ähnliche Reaktion angestrebt. So konnte ausgehend von 2-Amino-4,5-dimethoxybenzoesäure (A-9) über eine Diazotierung mittels Natriumnitrit und anschließender Zugabe von Kaliumiodid-Lösung die gewünschte 2-Iod-4,5-dimethoxybenzoesäure (A_I-37) regioselektiv in erfolgreicher 61%-iger Ausbeute dargestellt werden (Abb. 44).

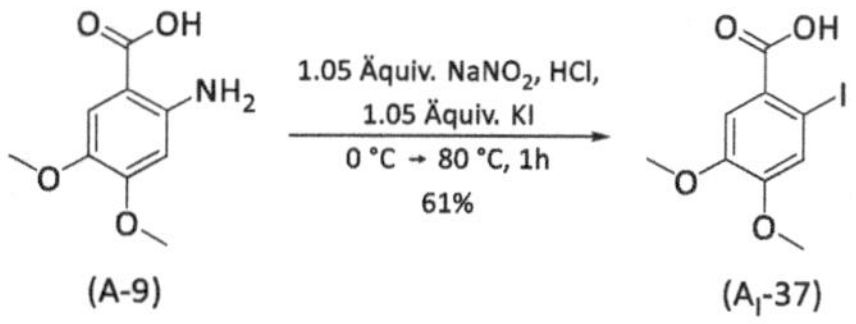

Abb. 44: Diazotierungsmethode zur Darstellung von (A_I-37).

Außerdem konnte mit Hilfe der Sandmeyer-Methode[156] ein Zugang zur synthetisch anspruchsvollen 6-Iod-2,3,4-trimethoxybenzoesäure (A_I-35) ermöglicht werden (Abb. 46). Dies war besonders wertvoll, da die übrigen Halogenierungsversuche von 2,3,4-Trimethoxybenzoesäure (A-5) aufgrund des aufgetretenen Regioselektivitätsproblems bisher keine positiven Resultate lieferten (Vgl. A_B-25, Tab. 4). Der Syntheseweg verlief nach einer modifizierten Kombination aus zwei bekannten Synthesevorschriften[145,157]. Anfängliche Versuche diese Synthese durch eine direkte Nitrierung abzukürzen ergaben ein nicht trennbares Produkt-Edukt-Gemisch (Abb. 45).

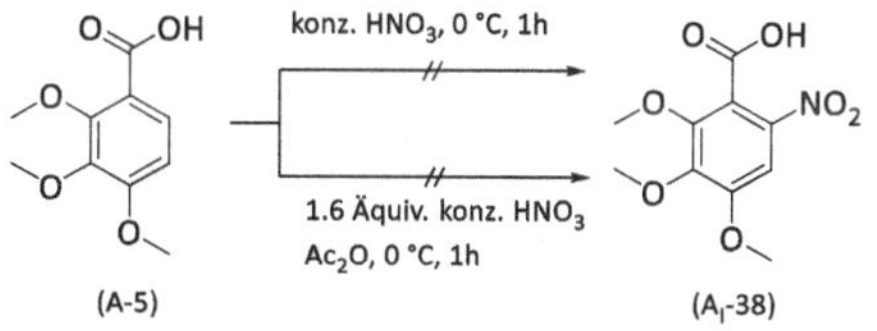

Abb. 45: Versuche zur direkten Nitrierung.

Deshalb wurde die 2,3,4-Trimethoxybenzoesäure (A-5) erst als Methylester (A-39) in 74%-iger Ausbeute geschützt und daraufhin bei 0 °C innerhalb einer Stunde mit konzentrierter HNO_3 nitriert. Das nitrierte Zwischenprodukt (A-40) wurde erfolgreich durch Umkristallisation aus Methanol in 53% Ausbeute erhalten und anschließend mittels Zugabe von Zinn in konzentrierter HCl-Lösung zum Amin (A-41) reduziert. Die stark sauren Reaktionsbedingungen der Zinn Reduktion wurden aufgrund der höchsten Stabilität der Methylether-Schutzgruppen in Kauf genommen. Bei dem letzten Schritt der Aufreinigung wurde das noch verunreinigte

Amin (A-41), anstelle der in der Literatur empfohlenen Umkristallisation aus Methanol, durch das Mazerieren der Kristalle mit Diethylether in einer ausgezeichneten Ausbeute von 93% isoliert.

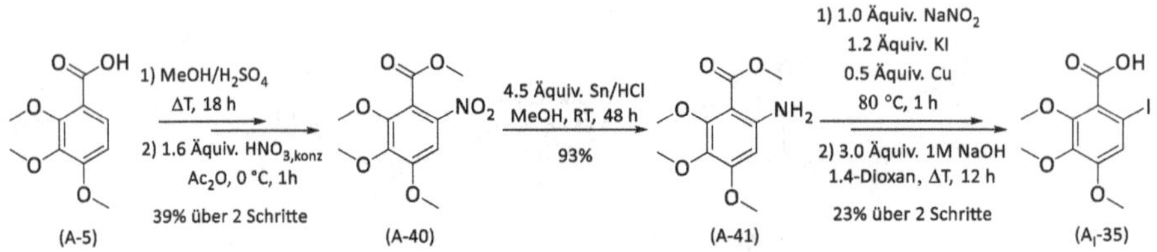

(A-5) (A-40) (A-41) (A_I-35)

Abb. 46: Syntheseroute zur Darstellung von 6-Iod-2,3,4-trimethoxybenzoesäure (A_I-35).

Der entscheidende Schritt dieser Syntheseroute erfolgte mittels Sandmeyer-Reaktion, indem das gereinigte Amin (A-41) durch Natriumnitrit *in situ* in das Aryldiazonium-Ion umgewandelt und darauffolgend durch die Zugabe von Kaliumiodid zum iodierten Methylester (A_I-42) umgesetzt wurde. Nach einer abschließenden Umkristallisation aus Methanol lag die Ausbeute von (A_I-42) bei 26%. Diese vergleichbar niedrige Ausbeute lässt sich auf das aus Diazonium-Ion *in situ* entstehende Arin und die damit verbundenen unselektiven Nebenreaktionen zurückführen. Zuletzt fand die alkalische Verseifung des Methylesters statt und das gewünschte Produkt (A_I-43) lag somit in einer Ausbeute von 8% nach fünf Schritten für die folgenden Syntheseschritte bereit.

Trotz der zahlreichen Literaturvorschriften stellte sich die Halogenierung der einzelnen Benzoesäurekomponenten als äußerst problematisch dar. Diese unerwartet schwierige Darstellung hing vor allem von der Art der einführten Schutzgruppen an der jeweiligen Benzoesäure sowie der praktisch unmöglichen Trennung der in den meisten Fällen entstandenen Produkt-Edukt-Gemische ab.

Insgesamt konnte jedoch jedes strukturell bedeutende Benzoesäurederivat in ausreichender Ausbeute halogeniert werden. Damit konnten die darauffolgenden Veresterungs- und Amidierungsreaktionen in unterschiedlicher Kombination durchgeführt werden (Kap. III, 1.6 und 1.7).

1.2 Darstellung der Phenol- (B) und Anilinderivate (C)

Aus praktischen Gründen wurde wie im Kapitel III, 1.2 auf die zahlreichen, zu niedrigen Preisen erhältlichen Phenol- und Anilinderivate zurückgegriffen. Tabelle 9 gibt einen Überblick über diese kommerziell erworbenen Arylderivate.

Tab. 9: Übersicht der kommerziell erworbenen Phenol- (B-1 — B-14) und Anilinderivate (C-1 — C-9).

Phenolderivate		Anilinderivate	
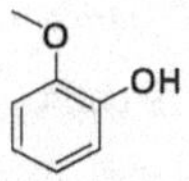 (B-1)	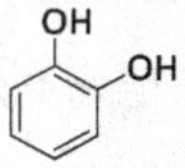 (B-2)	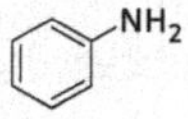 (C-1)	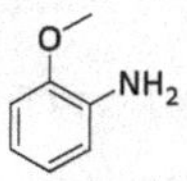 (C-2)
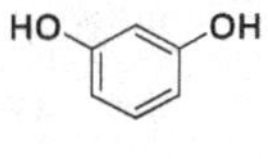 (B-3)	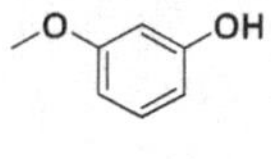 (B-4)	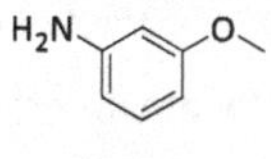 (C-3)	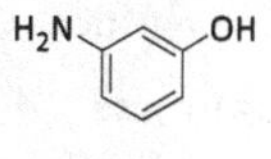 (C-4)
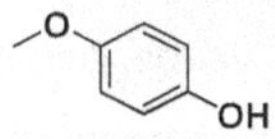 (B-5)	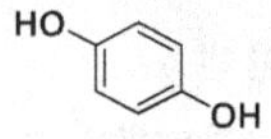 (B-6)	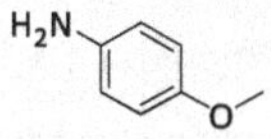 (C-5)	
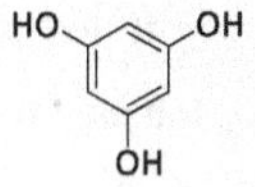 (B-7)	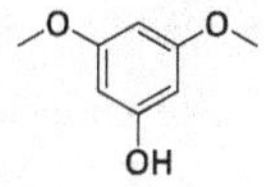 (B-8)	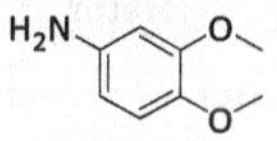 (C-6)	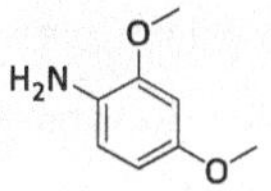 (C-7)
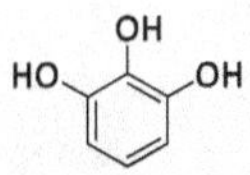 (B-9)	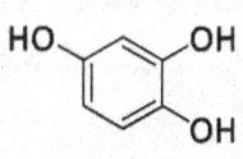 (B-10)	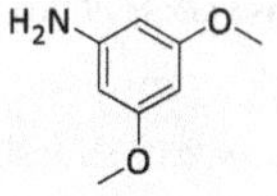 (C-8)	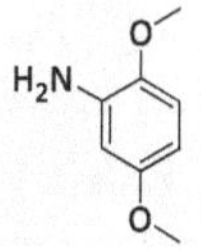 (C-9)
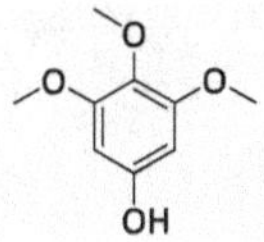 (B-11)	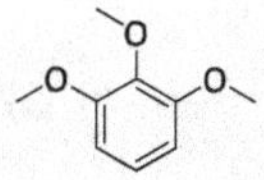 (B-12)		

Halogenierte Phenolderivate	
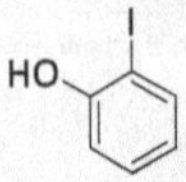	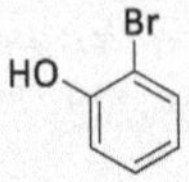
(B_B-13)	(B_I-14)

1.2.1 Schutzgruppenstrategie bei der Darstellung der Phenolkomponente

Um die Darstellung der geeigneten Urolithin Kupplungsvorläufer (D) zu erreichen, sollten außerdem zwei vicinale OH-Gruppen des 1,2,3-Trihydroxybenzols, Pyrogallol (B-9), als Orthoester (B-15) bzw. als Acetal (B-16) nach Standardbedingungen geschützt werden. Die Einführung des Orthoesters erfolgte analog zur Synthese von Verbindung (A-14), gängigerweise durch Orthoameisensäuretriethylester in Gegenwart des sauren Ionenaustauschers Amberlyst-15[146] in einer guten Ausbeute von 71%. Die Acetalbildung fand unter Standardbedingungen mit 2,2-Dimethoxypropan in Toluol statt, während das freigesetzte Methanol über die gesamte Reaktionszeit destillativ entfernt wurde. Aufgrund der aufwendigen Aufreinigung mittels Feststoffdestillation, lag die Ausbeute des acetalgeschützten Pyrogallols (B-16) bei 27%. Da sich das Produkt laut NMR als sauber erwies, konnte im Unterschied zur Literatur[158] auf einen weiteren Reinigungsschritt verzichtet werden. So konnten neben den Methylethergeschützten Phenolen aus der Tabelle 10 zwei weitere Ausgangssubstanzen für die Kupplungsreaktionen hergestellt werden.

Tab. 10: Synthese der geschützten Phenolkomponenten (B-15) und (B-16).

Edukt	Reaktionsbedingungen	Produkt	Ausbeute
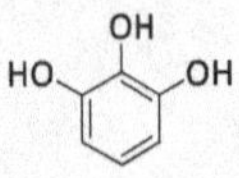 (B-9)	3.0 Äquiv. $HC(OEt)_3$, Amberlyst 15, Benzol, Dean-Stark, 16 h	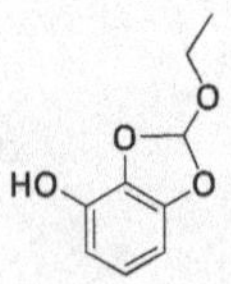 (B-15)	71%

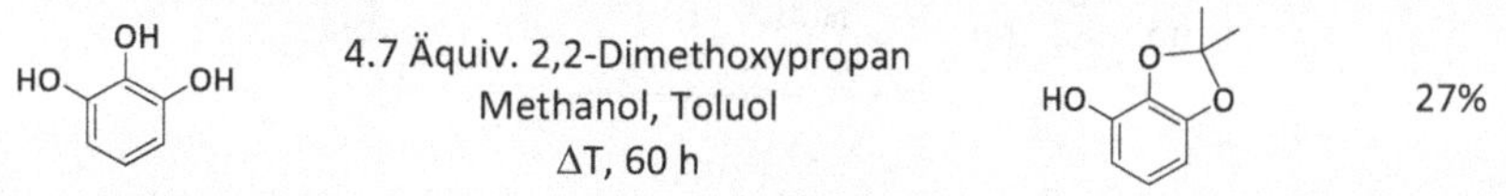

(B-9) (B-16)

1.2.2 Halogenierungsreaktionen an den Phenolkomponenten

Halogenierte Phenole sind, wie auch die im Kapitel III, 1.2.2 vorgestellten *ortho*-halogenierten Carbonsäuren, Ausgangsverbindungen einer reduktiven Kupplung. Außerdem kann über die Position des Halogens am Phenol die Bindungsstelle der Palladium- und Kupfer-katalysierten Kupplungen und somit die Regioselektivität gesteuert werden. Die Darstellung der halogenierten Phenole wird in diesem Abschnitt an einigen Experimenten getestet.

Der Literaturrecherche zufolge verwendet Kiran[159] bei seiner umweltfreundlichen Methode Natriumnitrit und Iod um Brenzcatechin und diverse weitere Phenolderivate zu iodieren. Es wird angenommen, dass $NaNO_2$ die elektrophile Iodierung durch die Erzeugung von HOI aktiviert. Dabei fungiert das entstehende Nitrosoniumion unter sauren Bedingungen als Lewis-Säure und polarisiert I_2 zu einem effektiven I^+-Elektropil. Die optimalen Ergebnisse werden bei Raumtemperatur und äquimolaren Mengen an Phenolen, I_2 und $NaNO_2$ festgestellt und sollten auf die Trihydroxybenzole, Pyrogallol (B-9) und Phloroglucinol (B-7), übertragen werden. Beide Halogenierungsversuche führten jedoch zu nicht zuverlässig reproduzierbaren Ergebnissen (B_I-17) und (B_I-18). Analog zu den im vorherigen Abschnitt aufgeführten Reaktionen (Kap III, 1.1.2), lag das Problem wahrscheinlich auch in diesem Fall an der leichten Oxidierbarkeit von Triphenolderivaten in Anwesenheit eines Oxidationsmittels wie Iod.

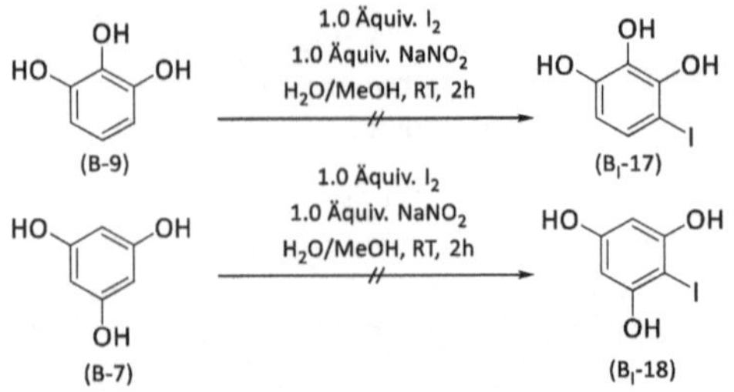

Abb. 47: Iodierungsversuche an Trihydroxybenzolen.

Der Vergleichbarkeit halber wurden für die Bromierungsexperimente die gleichen Trihydroxybenzole, Pyrogallol (B-9) und Phloroglucinol (B-7), ausgewählt. Diese wurden unter gleichen Reaktionsbedingungen mit NBS bei 0 °C in trockenem THF versetzt und eine Stunde gerührt. Auch hier ließ sich kein reines Bromierungsprodukt ((B_B-19); (B_B-20)) aus dem resultierenden Gemisch isolieren.

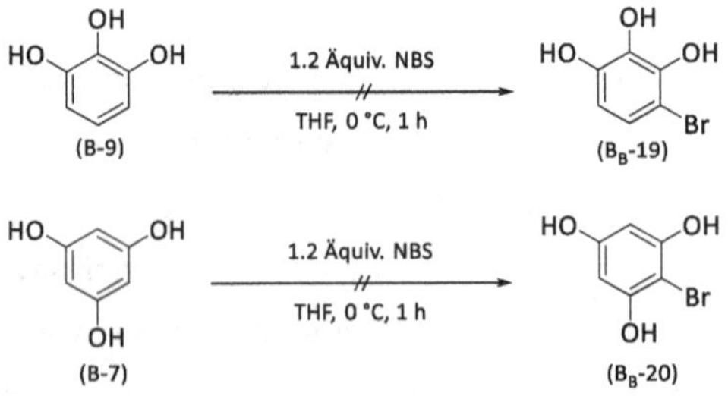

Abb. 48: Bromierungsversuche an Trihydroxybenzolen.

Um den Einfluss der leichten Oxidierbarkeit bei den Halogenierungen von Trihydroxybenzolen zu klären, wurde in einem nächsten Experiment das 1,2,3-Trimethoxybenzol (B-12) an Stelle von Pyrogallol (B-9) verwendet. (B-12) wurde analog zum Pyrogallol (B-9) mit 1.2 Äquivalenten NBS eine Stunde bei 0 °C behandelt. Erwartungsgemäß erhielt man das Produkt (B_B-21) in einer hohen Ausbeute von 92%. Somit konnte die oben genannte Annahme einer leichten Oxidierbarkeit zu Chinonen bestätigt werden.

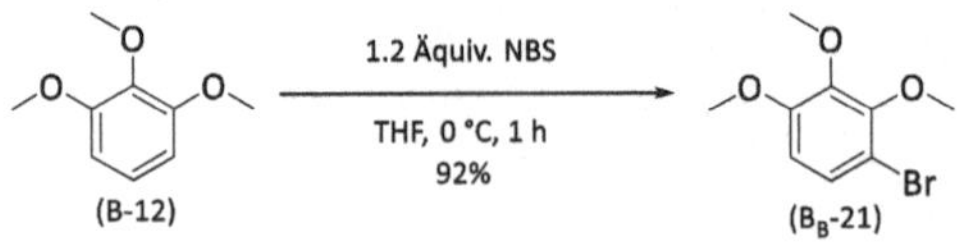

Abb. 49: Bromierungstest mittels NBS.

Aufgrund dieser hohen Oxidierbarkeit als auch eines Selektivitätsproblems bei der Umsetzung von Trihydroxybenzolen mit Bromierungs- und Iodierungsreagenzen war eine Halogenierungsreaktion nur begrenzt erreichbar. Im Gegensatz dazu zeigten sich die experimentellen Ergebnisse von Benzoesäurederivaten als weniger problematisch und somit für die regioselektive Halogenierung bei der Herstellung der Ausgangsverbindungen als besser geeignet.

1.2.3 Darstellung der Anilinkomponente

Ergänzend zu den vorhandenen Anilinen aus der Tabelle 9, wurden in Hinblick auf die angestrebte Regioselektivität der Phenanthridinone, einige weitere Ausgangssubstrate nach literaturbekannten Synthesen hergestellt. Für die Darstellung von (C-11) wurde die zweistufige Synthese nach Rubino *et al.*[160] gewählt. Die Reaktion startete ausgehend von 2,3-Dimethoxybenzoesäure (A-3) unter Einsatz von Diphenylphosphorylazid und Triethylamin zu einem Carbonsäureazid als Zwischenstufe, welches in Anwesenheit von Ethanol in einer Curtius-Umlagerung sofort zum Carbamat (C-10) reagierte. Nach säulenchromatographischer Reinigung wurde (C-10) in 72%-iger Ausbeute als farbloser, kristalliner Feststoff erhalten. Im zweiten Schritt setzte man das gebildete Zwischenprodukt (C-10) vollständig mit KOH um, wodurch das Amin (C-11) durch eine Decarboxylierung gebildet wurde. Da die Reinheit des Endprodukts (C-11) mittels NMR-Analyse bestätigt wurde, konnte im Gegensatz zur Literatur auf eine säulenchromatographische Reinigung verzichtet werden. Somit wurde das Amin (C-11) beinahe verlustfrei in einer Ausbeute von 98% erhalten. Die ausgewählte Synthesestrategie erwies sich als vielversprechend und kann zukünftig zur Darstellung weiterer Anilinderivate aus Benzoesäurederivaten angewendet werden.

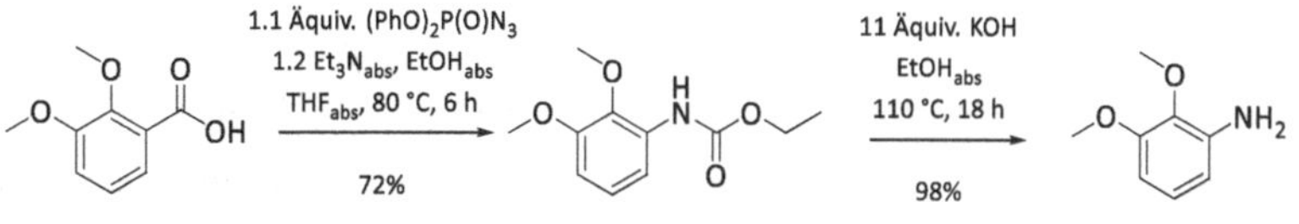

(A-3) (C-10) (C-11)

Abb. 50: Reaktionsweg zur Darstellung von (C-11).

Außerdem bestand das Interesse, den Aminierungsansatz nach Hashida[161] für die Darstellung hydroxylierter Anilinderivate zu testen. Die Synthesestrategie basiert dabei auf der leichten Oxidierbarkeit der Polyphenole unter alkalischen Bedingungen. Diese bisher problematische Reaktionseigenschaft wird durch Hashida bei der Reaktion an einem Pyrogallolkern (B-9) geschickt ausgenutzt (Abb. 51). So wird das in 25%-iger Ammoniaklösung behandelte (B-9) durch Sauerstoffoxidation in das *ortho*-Chinon-Intermediat (8) überführt. Anschließend erfolgen eine nukleophile Addition von Ammoniak und die Abspaltung eines Wassermoleküls zum *ortho*-Chinonimin-Intermediat (10), welches durch einen anderen Pyrogallolkern zum 4-Amin-3,5-dihydroxybenzolkern (11) reduziert wird.

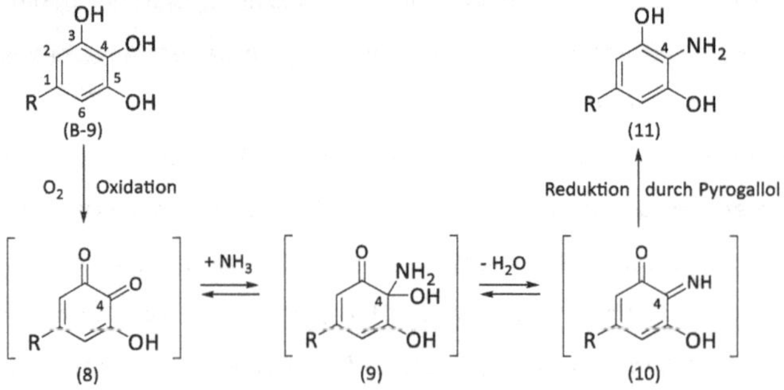

Abb. 51: Postulierter Reaktionsmechanismus nach Hashida[161] *et al.*

Interessanterweise erbrachte die Reproduktion von Hashidas[161] Experiments keine vollständige Umsetzung zum 4-Amin-3,5-dihydroxybenzol (C-12, nicht abgebildet). Trotz der verlängerten Reaktionszeit bis zu einer Woche wurde ein nicht trennbares Produkt-Edukt-Gemisch detektiert.

Hiermit waren die Syntheseuntersuchungen für die benötigten Ausgangsverbindungen abgeschlossen. Alle in diesem Kapitel unvollständig verlaufenen Umsetzungen wurden nicht weiterverfolgt oder optimiert, da diese keinen Erkenntnisgewinn in Bezug auf die Themenstellung dargestellt hätten. Gleichzeitig wurden die erfolgreich synthetisierten sowie die kommerziell erhaltenen Benzoesäure-, Phenol- und Anilinderivate für die Bildung der jeweiligen Carbonsäureester (D) und Carbonsäureamide (F) weiterverwendet (Kap. III, 1.6.1 und 1.7.1).

1.3 Versuche zu oxidativen Kupplungen

Wie bereits in der Einleitung erwähnt, stellt die oxidative Kupplungsvariante eine günstige und atomökonomische Methode zur direkten Arylierung von Phenolderivaten dar. Besonders vorteilhaft ist der Verzicht auf Arylhalogenide und Organometallreagenzien, welche bei anderen Kupplungsmethoden notwendig sind. Diese Vorteile führen andererseits jedoch zu einer schwer kontrollierbaren Regioselektivität und störenden Nebenreaktionen wie der Homokupplung oder der mehrfachen Kupplung. Eine mögliche Lösung der vorliegenden Problematik ist der intramolekulare Zugang. Dazu verbindet man die zu kuppelnden Aromaten durch einen Linker, sodass nur die räumlich nahe liegenden aromatischen Monomere eine Kupplungsreaktion eingehen können.

Bereits in der eigenen Masterthesis[142] wurde die beschriebene Methode der intramolekularen oxidativen C-C-Bindungsknüpfung unter Einsatz eines durch eine Erstebrücke vorfixierten Aromaten untersucht (Abb. 52). Die ausgewählten Oxidationsmittel waren das leistungsfähige $MoCl_5$[162] und das milde nichtmetallische PIFA[91]. Sowohl bei Phenylbenzoat als auch bei einem durch zwei Methoxygruppen aktivierten, elektronenreichen Biphenylester (19) zeigten beide Oxidationsmittel nicht das gewünschte Resultat. Stattdessen konnten mehrere Nebenreaktionen wie eine Chlorierung des Edukts beim Einsatz von $MoCl_5$, eine Zersetzung oder eine Überoxidation zu nicht identifizierbaren Substanzen, beobachtet werden.[142]

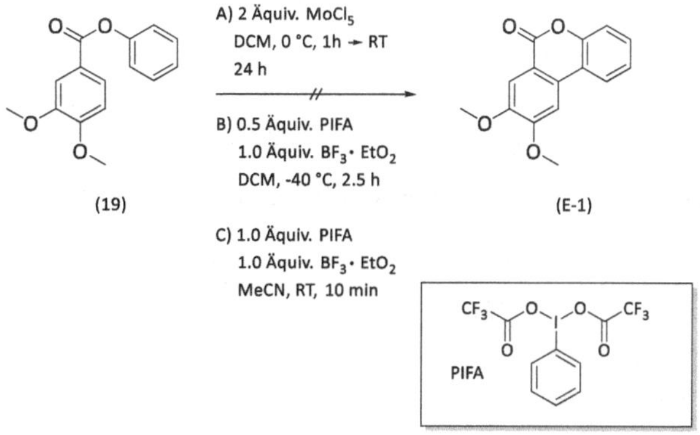

Abb. 52: Versuche zur oxidativen Kupplung aus der Masterthesis.[142]

An dieser Stelle sollte die oxidative Kupplungsmethode nicht ohne zusätzliche Untersuchungen ausgeschlossen werden. Deshalb wurden weiterführende Reaktionen mit Eisen(III)-chlorid als ökologisch und ökonomisch vorteilhaftem Katalysator getestet.

Für einen nachvollziehbaren Vergleich zu den vorherigen Untersuchungen wurde der aus der vorherigen Arbeit verfügbare Ester (19) sowohl im wässrigen als auch im organischen Milieu mit drei Äquivalenten des Fe(III)-Katalysators behandelt. Beide Ansätze zeigten vermutlich aufgrund eines zu geringen Oxidationspotentials keine Umsetzung des Edukts (Abb. 53).

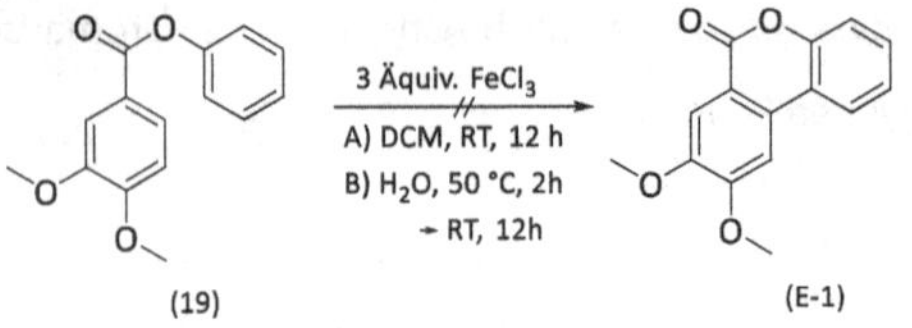

Abb. 53: Versuch zur Synthese von (E-1).

Anhand der Spindichteverteilung der entstehenden Radikale (Kap I, 4.1, Abb. 17) ergab sich die Überlegung, das Substitutionsmuster der Methoxygruppen am aromatischen Ring jeweils in die *para*-Stellung zur gewünschten Biarylachse anzubringen um damit die Kupplungsstelle in die richtige Position zu steuern und zugleich das Oxidationspotential zu erhöhen. Im ersten Schritt wurde daher der Dimethoxygeschützte Ester (D-1) aus (A-1) und (B-4) standardgemäß durch Zugabe des Kupplungsreagenzes DCC und Katalysators DMAP dargestellt. Die Produktausbeute von (D-1) betrug nach säulenchromatographischer Aufreinigung 82%. Die anschließenden oxidativen Kupplungen erfolgten unter Einsatz von Eisen(III)-chlorid und Molybdän(V)-chlorid in Analogie zu den vorherigen Tests (Abb. 52, Abb. 53). Das gewünschte Kupplungsprodukt (E-2) konnte auch diesmal nicht detektiert werden (Abb. 54).

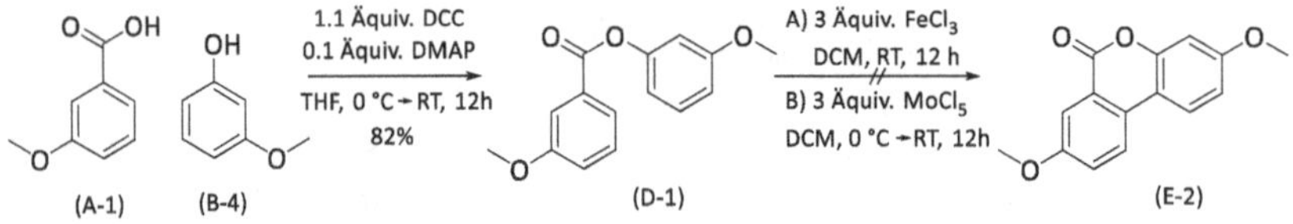

Abb. 54: Versuch zur Synthese von (E-2).

Außerdem sollten Versuche der direkten Arylierungsmethode am entschützten Ester (D-2) verfolgt werden, da die klassische Version der oxidativen Phenolkupplung normalerweise auch an freien Phenolen stattfindet. Dazu wurde der bereits vorliegende Ester (D-1) mit einem Überschuss Bortribromid behandelt um beide Methoxygruppen zu entfernen. Obwohl BBr_3 klassisch zur Abspaltung von Methoxygruppen eingesetzt wird, waren diese Reaktionsbedingungen im vorliegenden Fall zu drastisch, so dass kein Produkt detektiert werden konnte. Dies wurde darauf zurückgeführt, dass der Ester unter diesen harschen Reaktionsbedingungen aufgespalten wurde und die aromatischen Monomere vermutlich durch die entstehende HBr bromiert oder zu Chinonen oxidiert wurden. Ein äquimolarer Zusatz von BBr_3 erbrachte hingegen keine Spaltung der Methoxygruppen, da diese sich durch eine hohe Stabilität auszeichnen.

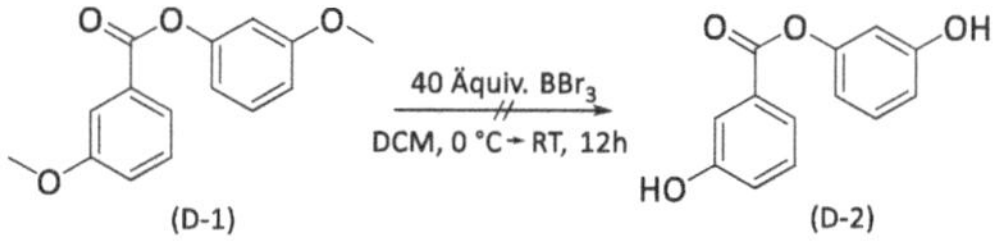

Abb. 55: Versuch zur Entschützung mittels BBr_3.

Da die Entschützung der Methoxygruppen mit der Spaltung des Esters (D-1) einhergeht, wurde versucht den Kupplungsvorläufer (D-2) erst über eine weitere Veresterung nach Steglich aus 3-Hydroxybenzoesäure (A-43) und Resorcinol (B-3) zu synthetisieren. Aufgrund des geringen Umsatzes bei der Veresterung haben Nebenreaktionen die Isolierung des Produktes (D-2) verhindert. Dennoch wurde der, laut HR-ESI-MS entstandene, (D-2) *in situ* mit Eisen(III)-chlorid bei Raumtemperatur umgesetzt. Nach intensivem 12-stündigem Rühren, konnte das gewünschte Produkt (E-3) nicht detektiert werden (Abb. 56).

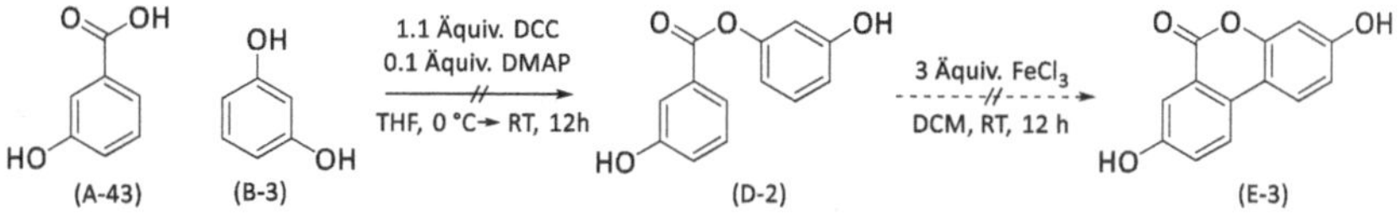

Abb. 56: Versuch zur oxidativen Kupplung am Beispiel des hydroxylierten Esters (E-3).

Ein biphenylisches Kupplungsprodukt konnte folglich weder durch eine Variation der Ausgangssubstrate und Reaktionsbedingungen noch über einen Einsatz verschiedener Oxidationsmitteln (SETO) beobachtet werden. Auf Grundlage dieser Ergebnisse stellte sich die oxidative Kupplung als eine problematische und kaum geeignete Methode zur regioselektiven Darstellung von Urolithinen dar und wurde in dieser Arbeit nicht weiter untersucht.

1.4 Versuche zu reduktiven Kupplungen

Parallel zu den oxidativen Kupplungen wurde die Anwendbarkeit einer reduktiven Kupplungsstrategie mittels verschiedener intramolekularer Experimente untersucht. Aufgrund der Problematik der Regioselektivität verzichtete man vollständig auf intermolekulare Reaktionen und griff ausschließlich auf das etablierte intramolekulare Konzept zurück. Der erste Schritt der Fixierung zum sogenannten Kupplungsvorläufer fand über die Steglich-Veresterung statt. Die *ortho*-halogenierten Carbonsäuren (A_B-10), (A_I-11) und (A_I-37) wurden jeweils mit *ortho*-Bromphenol (B_B-14) durch den äquimolaren Einsatz von DCC und einer katalytischen Menge DMAP in trockenem THF bei 0 °C versetzt. Die Reaktion zum dibromierten Carbonsäureester (D-3) zeigte dabei die höchste Ausbeute von 76%, während die räumlich eingeschrenkte Iod-Brom-Kombination am Substrat (D-4) nur die Hälfte der Ausbeute von (D-3) lieferte (Abb. 57).

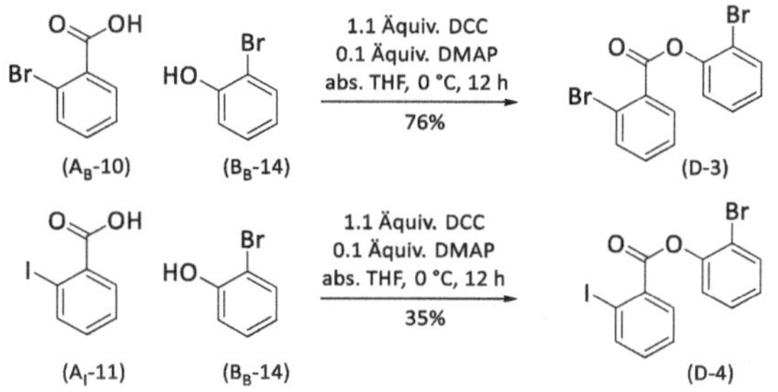

Abb. 57: Veresterung nach Steglich zur Synthese der Kupplungsvorläufer.

Mit einem steigenden sterischen Anspruch durch zwei zusätzliche Methoxygruppen am Ester (D-5) sank die Ausbeute weiter auf 23% (Abb. 58).

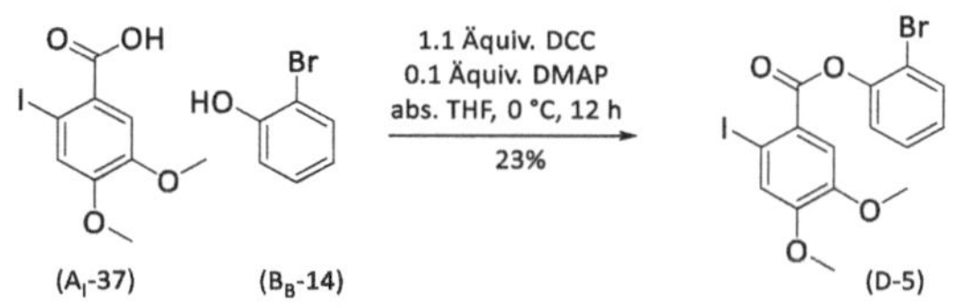

Abb. 58: Darstellung von (D-5).

Um zu prüfen, ob eine reduktive Kupplung bei vergleichbar milderen Bedingungen auch anwendbar ist, wurden diese drei beidseitig halogenierten Carbonsäureesterderivate unter Verwendung des $Pd(PPh_3)_4$-Katalysators in einer reduktiven Kupplung erprobt. Nach säulenchromatographischer Aufreinigung wurden die Reaktionsprodukte anhand der NMR- und HR-ESI-MS-Spektren charakterisiert. Überraschenderweise ließen sich weder die sterisch ungehinderten Kupplungsvorläufer (D-3) und (D-4) noch das elekotronenreiche (D-5) in das jeweilige Kupplungsprodukt überführen. Ebenso konnte kein Edukt nachgewiesen werden.

Weiterhin wurden die NMR- und HR-ESI-MS-Spektren auf mögliche Produkte einer Kupplung über die C-H Aktivierung geprüft. Diese hätten darüber Aufschluss geben können, welche der halogenierten Arylseiten bei der Kupplungsreaktion präferiert wird bzw. schneller oder effizienter reagiert. Die detektierten Massen stimmten jedoch mit keinem der erwarteten Nebenprodukte (Abb. 59) überein. Auch anhand der NMR-Spektren konnte keine eindeutige Strukturaufklärung erzielt werden, da anhand der Spektren keine ausreichende Reinheit festgestellt werden konnte.

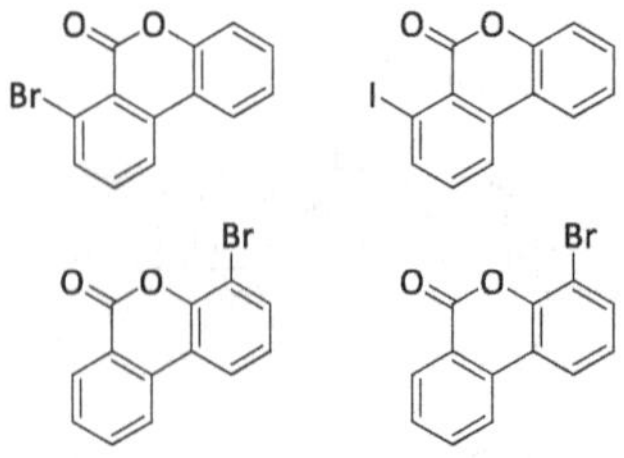

Abb. 59: Mögliche Kupplungsnebenprodukte.

Auf weitere Untersuchungen zur reduktiven Kupplungsmethode wurde verzichtet. Vielmehr wurde der Schwerpunkt auf Kupfer- und Palladiumkatalysierte C-H-Aktivierungsmechanismen gelegt, sodass diese beiden Synthesetechniken im nächsten Abschnitt intensiver betrachtet werden.

1.5 Kupferkatalysierte Synthese

Ein weiterer, durch seine Kürze besonders attraktiver, Zugang zu verbrückten Biphenylderivaten stellt die intermolekulare kupferkatalysierte Synthese nach Hurtley[138] dar. Im Fall der Synthese von Urolithinen existiert bereits seit 1929 eine literaturbekannte Kupfer(II)-katalysierte Eintopfreaktion im wässrigen, basischen Milieu ausgehend von *ortho*-halogenierten Benzoesäuren (Ar-X) und Resorcinderivaten (Ar-OH), Abb. 60).

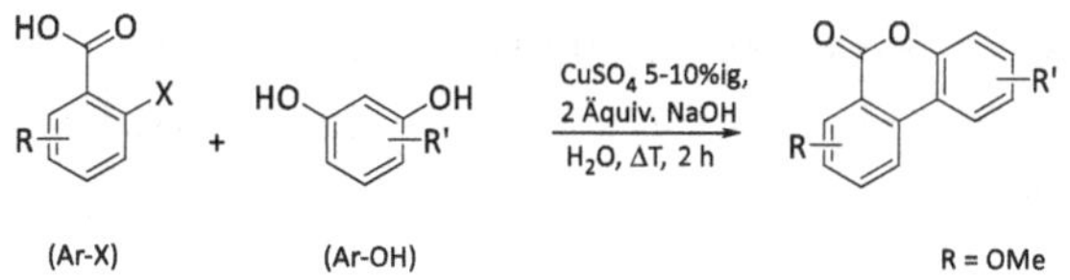

Abb. 60: Allgemeine Kupplungsmethode nach Hurtley. [138]

Der besondere Vorteil der Hurtley-Methode liegt dabei vor allem in der direkten Überführung von oben genannten, kostengünstigen Ausgangsstoffen zu den gewünschten Zielmolekülen durch eine *in situ* Bildung von zwei neuen Bindungen (C-C- und C-O-Bindungen). Darüber hinaus zeichnet sich die Synthese durch einen geringen Zeitaufwand von lediglich zwei Stunden und den Einsatz eines kommerziell sehr preiswert erhältlichen Katalysators in Form von Kupfer(II)sulfat aus. Folglich stellt diese unkomplizierte und günstige Synthesemöglichkeit sogar bei nur mäßigen, isolierbaren Ausbeuten eine attraktive Option zur Bildung der Urolithine dar. Sie wurde bereits in der eigenen Masterthesis[142] an einigen Substraten geprüft und soll in der vorliegenden Arbeit um eine Vielzahl weiterer Derivate vervollständigt werden. Anknüpfend soll die Anwendbarkeit dieser Methode ebenso zur Herstellung von Phenantridinonen untersucht werden.

Beide oben genannten Vorläuferverbindungen (Ar-X) und (Ar-OH) sowie die Produkte der Kupplungsreaktionen und deren Ausbeuten sind in den Tab. 11-12 entsprechend tabellarisch aufgeführt und werden im Folgenden diskutiert.

Zuerst galt es zu prüfen, inwiefern die Wahl eines Halogensubstituenten an der Säurekomponente die Kupplungsausbeuten beeinflusst. Dazu wurden 2-Brombenzoesäure und 2-Iodbenzoesäure als Modellsubstrate ausgewählt und jeweils mit Resorcinol zur Reaktion gebracht (Tab. 11). Das Zielmolekül (ZE-1) konnte in beiden Fällen nach 2-stündiger

Umsetzung mit Kupfersulfat bei 100 °C und anschließendem Waschen mit Wasser erhalten werden. Erwartungsgemäß erbrachte das Iodsubstrat, welches durch seine niedrige Bindungsdissoziationsenergie die oxidative Addition begünstigt, eine höhere Produktausbeute von 50%, während die Ausbeute des Zielmoleküls ausgehend von 2-Brombenzoesäure 31% ergab. Nichtsdestotrotz war diese Ausbeutedifferenz von 19% nicht ausreichend, um die im Vergleich zur Bromierungsreaktion weitaus umständlichere Iodierung der Benzoesäuren in Kauf zu nehmen. Aus diesem Grund wurden weitere Experimente ausschließlich mit den bereits vorab synthetisierten Brombenzoesäurederivaten ((Ar-Br: (A_B-19) - (A_B-22)) durchgeführt. Erfreulicherweise lagen die Ausbeuten der erhaltenen Urolithinderivate (E-4), (E-6) und (E-7) (Tab. 11, Nr. 3-6) im Schnitt bei etwa 50% und entsprachen somit der Referenzausbeute des Modellexperimentes an der iodierten Benzoesäure. Eine naheliegende Erklärung für dieses positive Ergebnis ist die aktivierende Eigenschaft der Methoxygruppen auf das aromatische System, welche die Kupplungsreaktionen begünstigt. Außerdem ergaben die mono-, di- und trisubstituierten Brombenzoesäuren die gleichen Ausbeuten, wodurch die Abhängigkeit einer sterischen Hinderung an dieser Stelle ausgeschlossen wird. Die Erklärung für die niedrige Ausbeute von 15% beim Zielmolekül (E-5) (Tab. 11, Nr. 4) liegt deshalb womöglich an der strukturellen Beschaffenheit der eingesetzten 2-Brom-5,6-dimethoxybenzoesäure, welche auch im Folgenden Experiment (Tab. 12, Nr. 11) eine vergleichbar geringe Ausbeute erbringt.

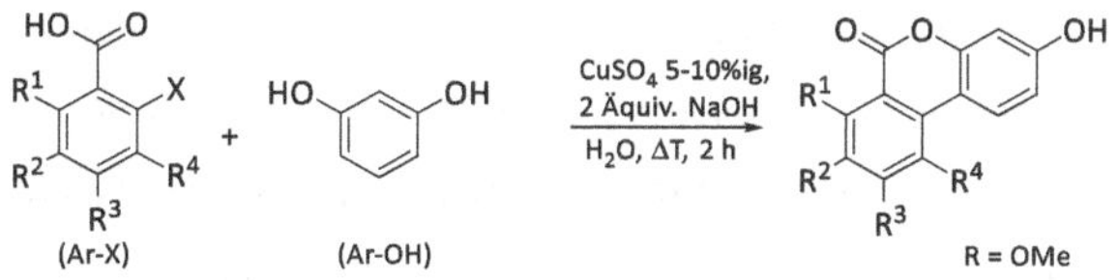

Abb. 61: Cu-katalysierte Hurtley-Reaktion mit Resorcin.

Tab. 11: Kupplungsergebnisse zur Cu-katalysierten Kupplung zu (ZE-1), (E-4) - (E-7) (Abb. 61).

Nr	X	R^1	R^2	R^3	R^4	Produkt	Ausbeute
(1)	Br	H	H	H	H	(ZE-1)	31%
(2)	I	H	H	H	H	(ZE-1)	50%
(3)	Br	H	OMe	H	H	(E-4)	47%
(4)	Br	OMe	OMe	H	H	(E-5)	15%
(5)	Br	H	OMe	OMe	H	(E-6)	52%
(6)	Br	H	OMe	OMe	OMe	(E-7)	52%

Als Nächstes sollte das bisher eingesetzte 1,3-Dihydroxybenzol (Resorcinol) als Ar-OH -Komponente um eine zusätzliche Hydroxy-Gruppe erweitert werden. So wurden die oben beschriebenen Experimente mit 1,3,5-Trihydroxybenzol (Phloroglucin) wiederholt (Tab. 12). Ein erneuter Vergleich der iodierten und bromierten Benzoesäuren in einem Modellexperiment zeigte auch diesmal eine höhere Produktausbeute nach der Reaktion der 2-Iodbenzoesäure. Dennoch gelang die Synthese ausgehend von 2-Brombenzoesäure in einer zufriedenstellenden 65%-igen Ausbeute, sodass die folgenden Reihenversuche (Tab. 12) in Anlehnung an bisherige, erfolgreiche Modellexperimente (Tab. 11, Nr. 1-2) mit leicht zugänglichen Brombenzoesäurederivaten durchgeführt wurden.

Wie im vorher beschriebenen Experiment Nr. 4 aus der Tab. 11, wird die Kupplungsreaktion zum gewünschten Urolithingrundgerüst durch den Einsatz einer beidseitig *ortho*-substituierten Benzoesäure erschwert (Tab. 12, Nr. 9). Dies hatte zur Folge, dass keine Umsetzung zwischen 2-Brom-6-methoxybenzoesäure und Phloroglucin zu (E-8) stattfand und die Ausbeute des Kupplungsproduktes (E-10) nur die Hälfte der Ausbeute des vergleichbaren Konstitutionsisomers (E-11) betrug (Tab. 12). Darüber hinaus wurde festgestellt, dass die Bildung des Kupplungsprodukts (E-12) aufgrund der zu großen sterischen Hinderung von den jeweils in *ortho*-Position zur Biphenylachse liegenden Methoxysubstituenten behindert wird und auch nach mehrmaligen Versuchen nicht realisiert werden konnte. Andere Kupplungsprodukte (E-9) und (E-11) ergaben vergleichbar gute Ausbeuten von 56% und 59%. Dabei ist festzustellen, dass trotz einer zusätzlichen Hydroxy-Gruppe am Urolithingrundgerüst, die Ausbeuten ähnlich hoch sind wie die der Produkte (E-4) und (E-6) (Tab. 11).

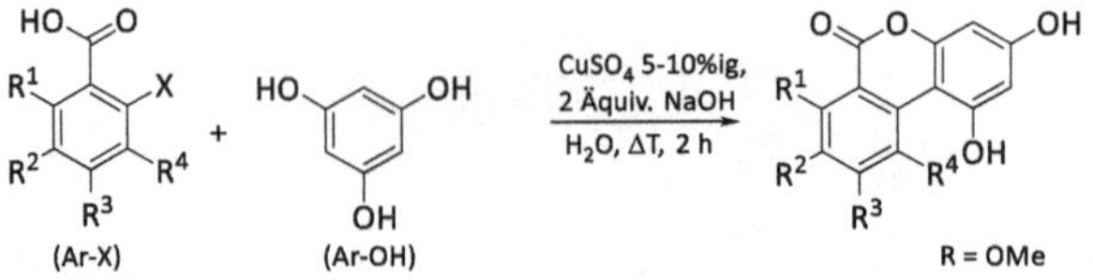

Abb. 62: Cu-katalysierte Hurtley-Reaktion mit Phloroglucin.

Tab. 12: Kupplungsergebnisse zur Cu-katalysierten Kupplung zu (ZE-2), (E-8) - (E-12) (Abb. 62).

Nr	X	R^1	R^2	R^3	R^4	Produkt	Ausbeute
(7)	Br	H	H	H	H	(ZE-2)	65%
(8)	I	H	H	H	H	(ZE-2)	99%
(9)	Br	OMe	H	H	H	(E-8)	-
(10)	Br	H	OMe	H	H	(E-9)	56%
(11)	Br	OMe	OMe	H	H	(E-10)	27%
(12)	Br	H	OMe	OMe	H	(E-11)	59%
(13)	Br	H	OMe	OMe	OMe	(E-12)	-

Weiterführende Untersuchungen zu einer Kupfer(II)-katalysierten Kupplung von 2-Brombezoesäure (A_B-10) mit zweiwertigen (B-2), (B-6) und dreiwertigen (B-9), (B-10) Phenolen erbrachten unter gleichen Reaktionsbedingungen keine positiven Resultate (Abb. 63), da die nach dem Reaktionsablauf entstehenden Substanzen nicht identifiziert werden konnten. In Hinblick auf die schwarze Färbung des Reaktionsgemisches lag jedoch die Vermutung nahe, dass es sich um Überoxidationsprodukte handelte. Aus diesem Grund sollte zunächst versucht werden die Bildung des Kupplungsprodukts durch die Variation der Reaktionsbedingungen zu ermöglichen. Sowohl bei der Durchführung der Reaktion unter Schutzgasatmosphäre oder bei niedrigeren Temperaturen (60 °C) als auch nach dem Einsatz der doppelten Menge des Kupfer(II)-Katalysators konnten allerdings weiterhin keine Kupplungsprodukte nachgewiesen werden. Die offensichtliche Erklärung für die misslungenen Reaktionsversuche liegt in der unterschiedlichen Oxidierbarkeit von mehrwertigen isomeren Phenolen und dem damit zusammenhängendem Reaktionsverhalten dieser Ausgangsverbindungen. Bekannterweise nimmt das Oxidationspotential bei den Hydroxyphenolen in der Reihenfolge *meta, ortho, para* zu. Somit konnte eine erfolgreiche Kupplungsreaktion zum Urolithin ausschließlich mit dem *meta*-Isomer (Resorcinol), welches nicht zum entsprechenden Chinon reagiert, durchgeführt werden. Andere Phenolisomere wie Brenzcatechin und Hydrochinon wurden dagegen aufgrund deren erhöhten Oxidierbarkeit sofort in ihre oxidierte Form umgewandelt, sodass es nicht zum geplanten Kupplungsschritt kommen konnte. Gleiches Reaktionsverhalten gilt auch für andere Brenzcatechinderivate wie die mehrwertigen Phenolderivate (B-9) und (B-10) mit Hydroxygruppen in benachbarter Position.

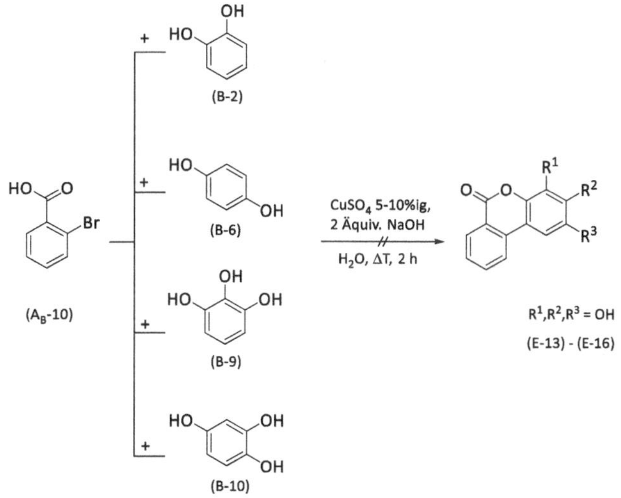

Abb. 63: Versuche von kupferkatalysierten Kupplungen mit mehrwertigen Phenolen.

Um die Oxidierbarkeit dieser Ausgangsderivate herabzusetzen, wurden in den nächsten Versuchen die 2-Brombenzoesäuren (A$_B$-19) und (A$_B$-20) kupferkatalytisch jeweils mit 3-Methoxyphenol (B-4) und 2-Ethoxy-4-hydroxybenzo[d][1,3]dioxol (B-15) zur Reaktion gebracht (Abb. 64). Jedoch fand in keiner der durchgeführten Reaktion eine Umsetzung zum Kupplungsprodukt statt, was die Notwendigkeit eines mehrwertigen Phenols gemäß dem in der Einleitung beschriebenen Mechanismus bestätigte (Kap. I, 4.3.3, Abb. 33, Abb. 34)

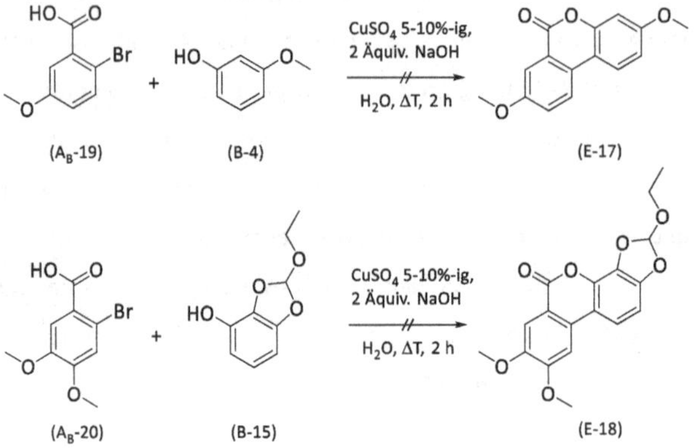

Abb. 64: Versuche von kupferkatalysierten Kupplungen mit den Phenolderivaten (AB-19) und (AB-20).

Abschließend sollte durch zwei weitere Modellversuche eine Anwendbarkeit der Kupfer-Methodik auf die Substanzklasse der Phenanthridinone untersucht werden. In Analogie zu den vorherigen Versuchen wurden im ersten Experiment die 2-Brombezoesäure (AB-10) und das 3-Hydroxyanilin (C-4) im basischen Milieu miteinander zur Reaktion gebracht und anschließend unter Zugabe der Kupfersulfat-Lösung zwei Stunden erhitzt. Es kam zur Bildung eines grün-blauen unlöslichen Feststoffs, was auf eine Komplexierung von Kupfer(II)-Ionen und starken *N*-Donorliganden wie (AB-12) und (C-4) hindeutete. Auch bei der Reaktion von 2-Brombenzoesäureamid (AB-12) mit Resorcinol (B-3) unter gleichen Reaktionsbedingungen wurde erwartungsgemäß ein Kupfer(II)-Edukt-Komplex statt dem Kupplungsprodukt beobachtet.

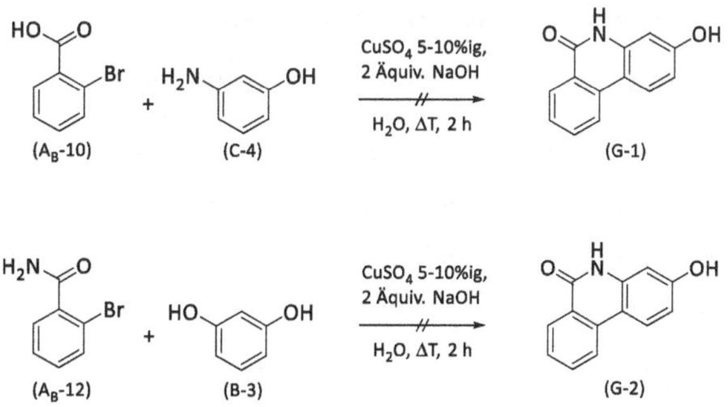

Abb. 65: Versuche von kupferkatalysierten Kupplungen mit Amin- und Amidderivaten.

In Anbetracht der oben beschriebenen Untersuchungsergebnisse beschränkt sich die kupfervermittelte Eintopfreaktion nach Hurtley ausschließlich auf Phenolkomponenten mit Hydroxygruppen in 1,3- und 1,3,5-Abstand zueinander. Alle weiteren Phenolderivate und hydroxylierten Benzol-Isomere sowie Aminophenole oder Carbonsäureamide erwiesen sich aufgrund deren leichten Oxidierung oder Cu(II)-Komplexierung für diese Methode als ungeeignet. Aus diesem Grund sollte die Synthese aller weiteren notwendigen Urolithine und Phenantridinone mittels einer alternativen Syntheseroute über Palladiumkatalyse (Kap. III, 1.6 und 1.7) ermöglicht werden.

1.6 Palladiumkatalysierte Synthese der Urolithinderivate (E)

1.6.1 Kupplungsvorläufer (D) zur Darstellung von Urolithinen

Ausgehend von eigenen Untersuchungen aus der Masterthesis[142] ist bekannt, dass eine intermolekulare palladiumkatalysierte Kupplung zwischen Arylhalogeniden und Arylmetallverbindungen bei einer höheren sterischen Belastung bevorzugt zur Entstehung von Homokupplungsprodukten führt (Abb. 66).

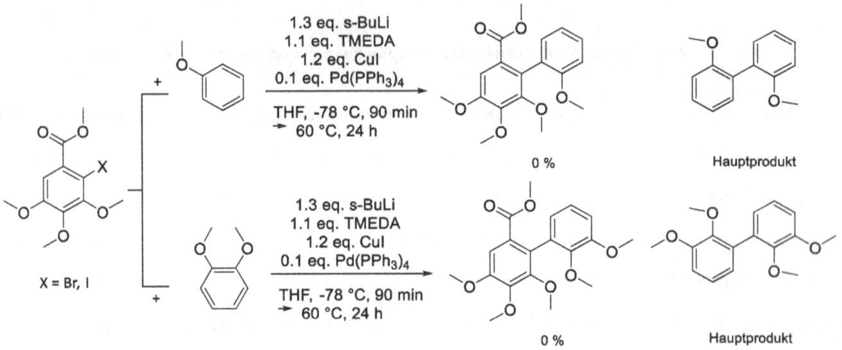

Abb. 66: Voruntersuchungen aus der eigenen Masterthesis.

Die angestrebte unsymmetrische Kupplung von sterisch anspruchsvollen Arylkomponenten wurde deshalb über einen intramolekularen Kupplungsansatz durchgeführt. Der große Vorteil dieser Methode beruht auf der vorherigen räumlichen Fixierung der beiden zu kuppelnden Arylbausteine über eine Esterbrücke, wodurch die Problematik der intermolekularen Homokupplung effektiv umgangen wird. Darüber hinaus wird die genaue Kupplungsposition der Biarylachse durch die Position des Halogensubstituenten am aromatischen Ring festgelegt. So lieferte die intramolekulare Kupplungsreaktion in vergangenen Versuchen die besten Resultate in Bezug auf die Selektivität und Produktausbeute der Urolithine und sollte in dieser Arbeit auf weitere Derivate ausgedehnt werden.

Alle im Kapitel III, 1.2 und 1.3 vorgestellten Säure- (A) und Alkoholkomponenten (B) wurden zu den als Kupplungsvorläufer benötigten Carbonsäureestern (D) unter Steglich-Bedingungen (1.1 Äquiv. DCC / 0.1 Äquiv. DMAP) umgesetzt. Die Resultate der Veresterungen sind ausgehend von unterschiedlichen halogenierten Benzoesäuren und nach aufsteigender

Anzahl an Methoxygruppen sortiert in Tabellen 13-20 zusammengefasst. Die verschiedenen Kombinationen werden im Folgenden beschrieben.

Den Anfang bildet die Veresterung der 2-Brom-5-methoxybenzoesäure (A_B-19) jeweils mit den Phenolderivaten (B-6) und (B-16), die die entsprechenden Produkte in moderater Ausbeute lieferte. Der erhaltene Kupplungsvorläufer (D-6) wurde dabei über zwei Schritte dargestellt, da nach dem Veresterungsschritt mit 1,4-Dihydroxybenzol (B-6), die freie Hydroxygruppe mittels Dimethylsulfat geschützt werden musste, um Nebenreaktionen bei der späteren Kupplung zu vermeiden.

Tab. 13: Veresterung nach Steglich ausgehend von 2-Brom-5-methoxybenzoesäure (A_B-19) (Reaktionsbedingungen: 1.1 Äquiv. DCC, 0.1 Äquiv. DMAP, abs. THF, 0 °C, 12 h).

Benzoesäurederivat	Phenolderivat	Produkt	Ausbeute
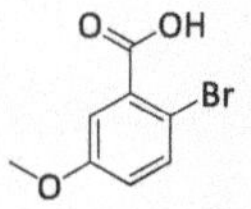 (A_B-19)	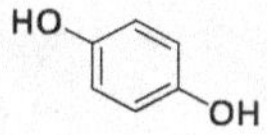 (B-6)	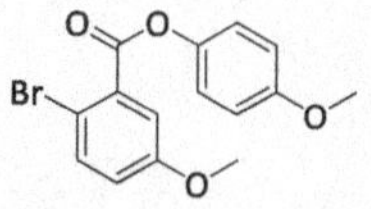 (D-6)	53%*
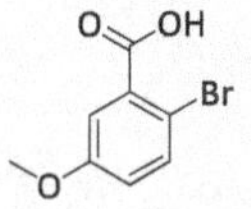 (A_B-19)	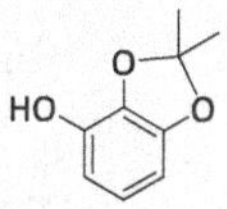 (B-16)	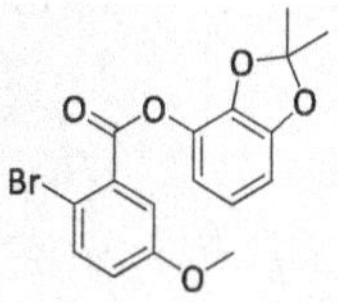 (D-7)	43%

*Schritt 2: 1.3 Äquiv. Dimethylsulfat, 1.6 Äquiv. K_2CO_3, Aceton, ΔT, 4 h.

Unter den gleichen Reaktionsbedingungen erfolgte die Veresterung von 2-Brom-4,5-dimethoxybenzoesäure (A_B-20) mit unterschiedlichen Phenolderivaten. Hierbei wurde allerdings das 4-Methoxyphenol (B-5) anstelle von 1,4-Dihydroxybenzol (B-6) verwendet. Die Ausbeuten lagen hier je nach verwendetem Phenolderivat zwischen 54-86%. Die Ausbeute schwankte in Abhängigkeit der chromatographischen Reinigung, welche teilweise mit Hilfe der MPLC und teilweise standardmäßig über die präparative Säulenchromatographie stattgefunden hat.

Tab. 14: Veresterung nach Steglich ausgehend von 2-Brom-4,5-dimethoxybenzoesäure (A_B-20) (Reaktionsbedingungen: 1.1 Äquiv. DCC, 0.1 Äquiv. DMAP, abs. THF, 0 °C, 12 h).

Benzoesäurederivat	Phenolderivat	Produkt	Ausbeute
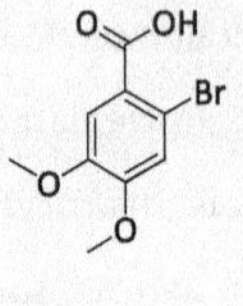 (A_B-20)	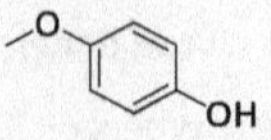 (B-5)	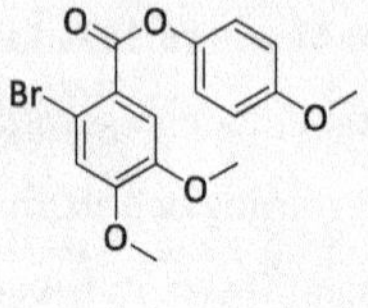 (D-8)	57%
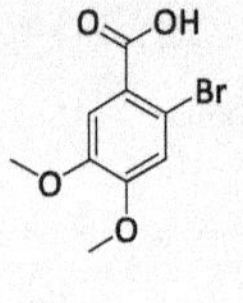 (A_B-20)	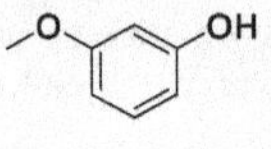 (B-4)	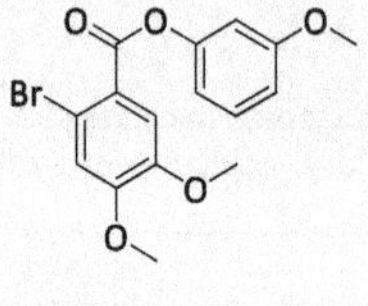 (D-9)	86%
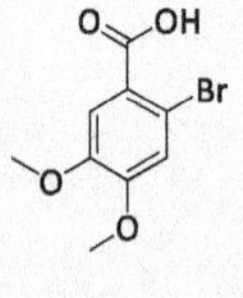 (A_B-20)	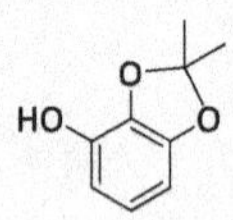 (B-16)	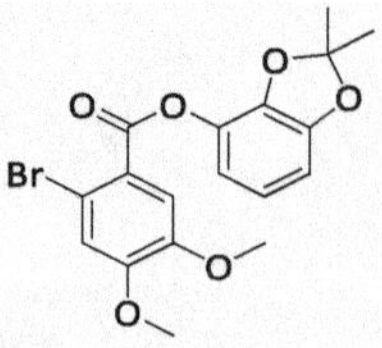 (D-10)	58%
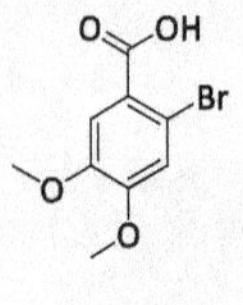 (A_B-20)	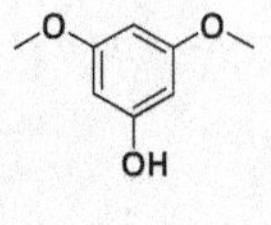 (B-8)	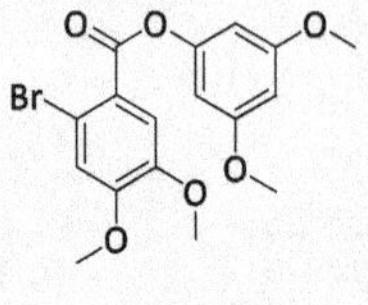 (D-11)	80%
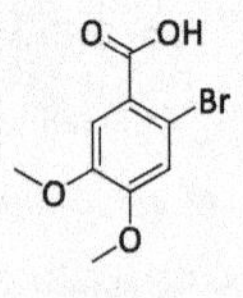 (A_B-20)	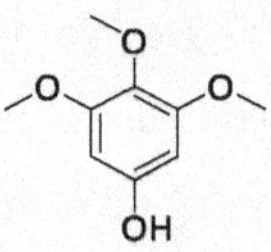 (B-11)	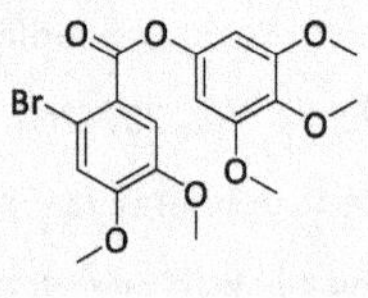 (D-12)	54%

Im Vergleich zu den Ausbeuten aus den vorherigen Reaktionen mit 2-Brom-4,5-dimethoxybenzoesäure (A_B-20), verliefen die Veresterungsreaktionen ausgehend von 2-Iod-

4,5-dimethoxybenzoesäure (A_{I}-37) mit den Phenolen (B-5) und (B-16) in höheren Ausbeuten von 65-72%. Eine Ausnahme stellte nur der Kupplungsvorläufer (D-13) mit 19% dar. Diese geringe Ausbeute ist jedoch auf Verluste bei der Aufarbeitung der Reaktion zurückzuführen.

Tab. 15: Veresterung nach Steglich ausgehend von 2-Iod-4,5-dimethoxybenzoesäure (A_{I}-37) (Reaktionsbedingungen: 1.1 Äquiv. DCC, 0.1 Äquiv. DMAP, abs. THF, 0 °C, 12 h).

Benzoesäurederivat	Phenolderivat	Produkt	Ausbeute
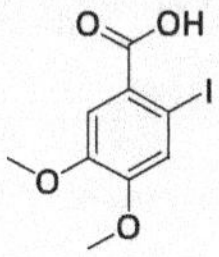 (A_{I}-37)	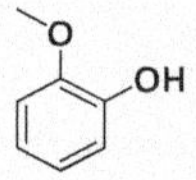 (B-1)	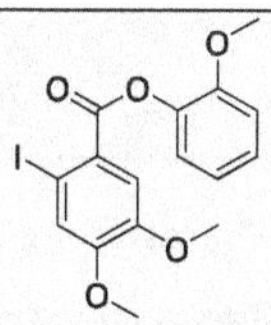 (D-13)	19%
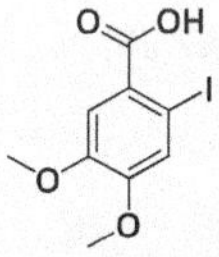 (A_{I}-37)	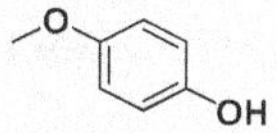 (B-5)	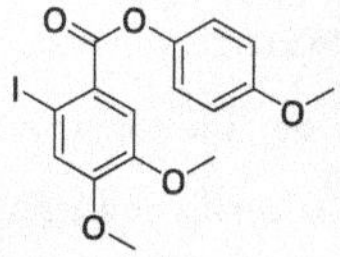 (D-14)	72%
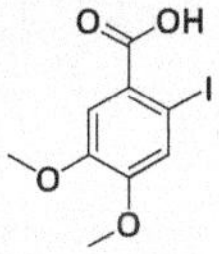 (A_{I}-37)	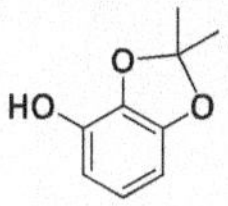 (B-16)	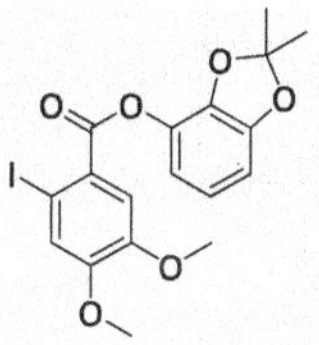 (D-15)	65%

In einem weiteren Experiment folgte die Umsetzung einer isomeren dimethoxysubstituierten Brombenzoesäure (A_{B}-21) mit der Phenolkomponente (B-16). Diese Veresterungsreaktion führte trotz einer verlängerten Reaktionszeit von 24 Stunden zu einem negativen Syntheseergebnis. Aufgrund dieser unerwarteten Beobachtung sowie vorherigen Schwierigkeiten bei der Bromierung der 2,3-Dimethoxybenzoesäure ist festzustellen, dass die Reaktionen mit diesem Strukturderivat im Allgemeinen problematisch verlaufen.

Tab. 16: Versuchte Veresterung nach Steglich ausgehend von 6-Brom-2,3-dimethoxybenzoesäure (A_B-21) (Reaktionsbedingungen: 1.1 Äquiv. DCC, 0.1 Äquiv. DMAP, abs. THF, 0 °C, 12 h).

Benzoesäurederivat	Phenolderivat	Produkt	Ausbeute
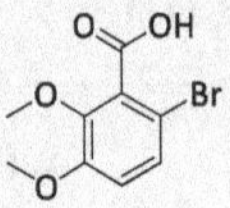 (A_B-21)	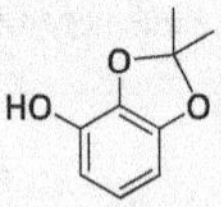 (B-16)	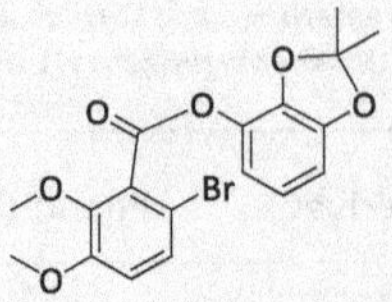 (D-16)	-

Als Nächstes folgt die Veresterung von 2-Brom-3,4,5-trimethoxybenzoesäure (A_B-22) mit den unten aufgeführten Phenolderivaten (Tab. 17). Mit Ausnahme des Kupplungsvorläufers (D-20) konnte auch für Substrate mit großer sterischer Hinderung eine gute Ausbeute von durchschnittlich 68% erzielt werden. Die Reaktion zum Kupplungsvorläufer (D-20) wurde nicht optimiert, da trotz der niedrigen Ausbeute von 23% genügend Substrat für die weiteren Reaktionsschritte zur Verfügung stand.

Tab. 17: Veresterung nach Steglich ausgehend von 2-Brom-3,4,5-trimethoxybenzoesäure (A_B-22) (Reaktionsbedingungen: 1.1 Äquiv. DCC, 0.1 Äquiv. DMAP, abs. THF, 0 °C, 12 h).

Benzoesäurederivat	Phenolderivat	Produkt	Ausbeute
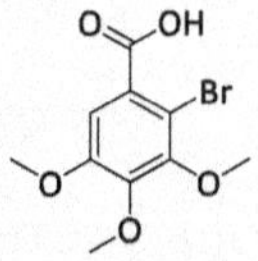 (A_B-22)	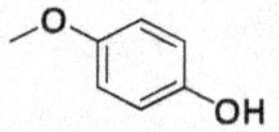 (B-5)	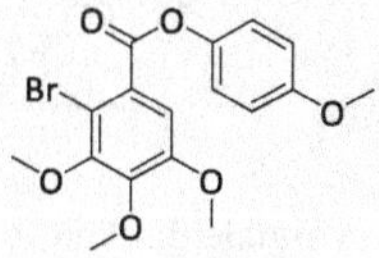 (D-17)	66%
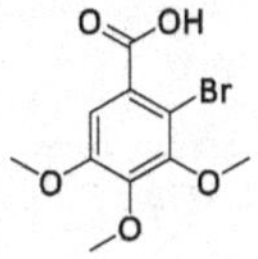 (A_B-22)	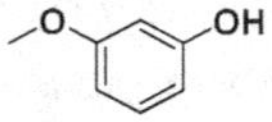 (B-4)	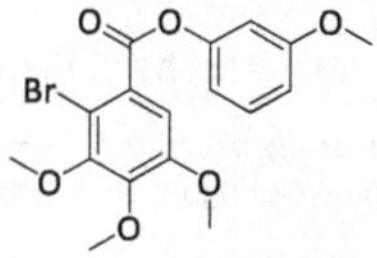 (D-18)	58%
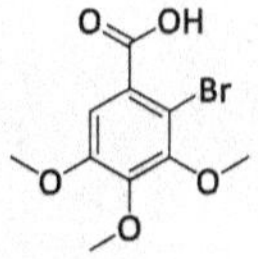 (A_B-22)	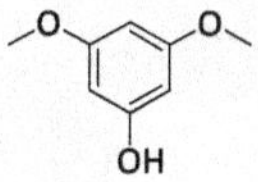 (B-8)	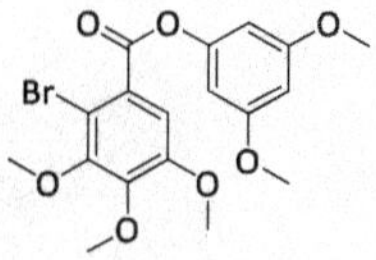 (D-19)	75%
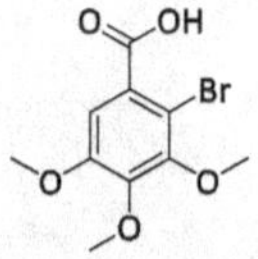 (A_B-22)	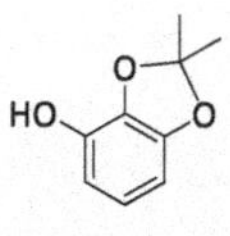 (B-16)	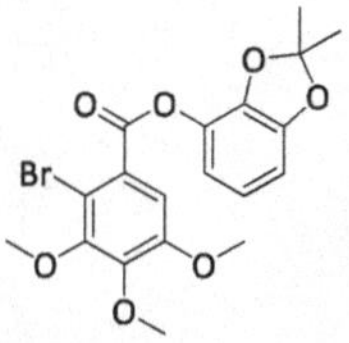 (D-20)	23%
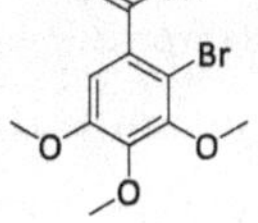 (A_B-22)	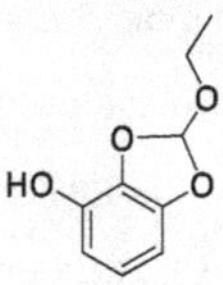 (B-15)	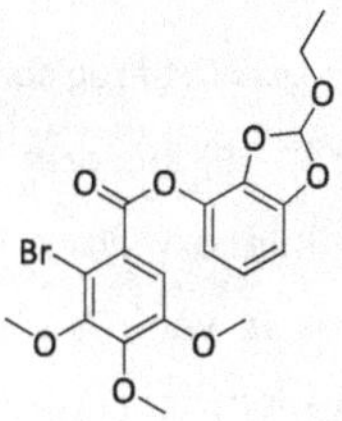 (D-21)	77%

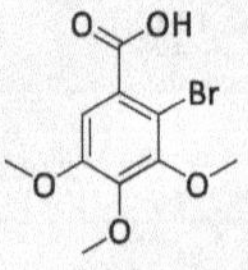	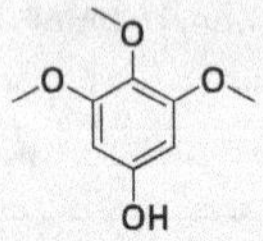	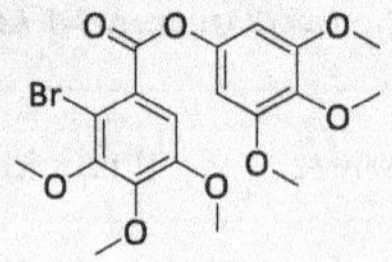	65%
(A_B-22)	(B-11)	(D-22)	

Für eine bessere Vergleichbarkeit der späteren Kupplungseffizienz durch verschiedene Halogensubstituenten, wurden außerdem zwei weitere Veresterungsreaktionen ausgehend von 2-Iod-3,4,5-trimethoxybenzoesäure (A_I-36) mit den Phenolen (B-4) und (B-16) vorgenommen. Beide Versuche verliefen in ausreichender Ausbeute (39-48%).

Tab. 18: Veresterung nach Steglich ausgehend von 2-Iod-3,4,5-trimethoxybenzoesäure (A_I-36) (Reaktionsbedingungen: 1.1 Äquiv. DCC, 0.1 Äquiv. DMAP, abs. THF, 0 °C, 12 h).

Benzoesäurederivat	Phenolderivat	Produkt	Ausbeute
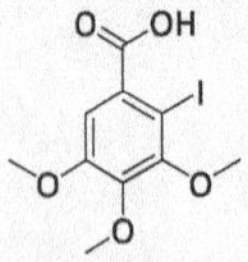	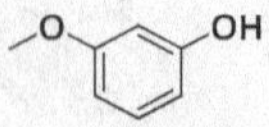	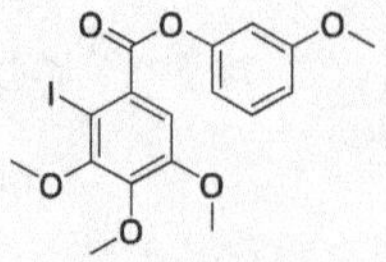	48%
(A_I-36)	(B-4)	(D-23)	
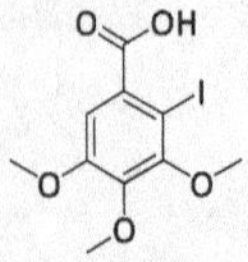	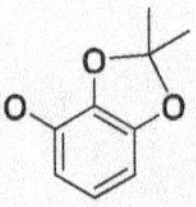	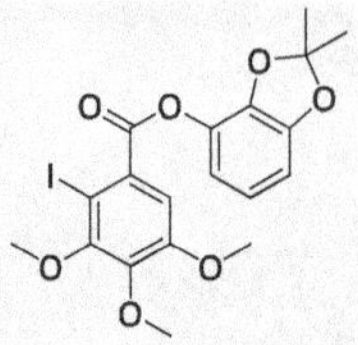	39%
(A_I-36)	(B-16)	(D-24)	

Darüber hinaus sollte der in Bezug auf die späteren biologischen Tests besonders interessante Kupplungsvorläufer (D-25) aus dem zu (A_I-35) regioisomeren iodierten Benzoesäurederivat und dem dreifach methoxylierten Phenol (B-11) dargestellt werden. In Anbetracht der geringen Verfügbarkeit von (A_I-35) wurde diese Ausgangsverbindung ohne vorherige Testversuche direkt mit (B-11) unter den bereits mehrfach beschriebenen und durchgeführten und somit bewährten Steglich-Reaktionsbedingungen umgesetzt. Der Reaktionsverlauf wurde zusätzlich mittels DC Kontrolle verfolgt, sodass in diesem Fall die Reaktionszeit auf eine Woche verlängert wurde bis keine Edukte mehr nachweisbar waren. Trotz der im HR-ESI-Massenspektrum detektierten exakten Produktmasse, konnte der hexamethoxylierte Ester (D-25) überraschenderweise nicht isoliert werden. Mehrfache säulenchromatographische Reinigungen erwiesen sich als wenig effektiv, da durch das NMR-Spektrum immer noch starke Verunreinigungen detektiert werden konnten. Auch nach einer HPLC-Auftrennung zeigten die Fraktionen kein sauberes Produkt im NMR. Der Grund für die fehlgeschlagene Reaktion liegt vermutlich an der sterisch ungünstigen Struktur bei der Bildung des gewünschten Esters (D-25).

Tab. 19: Versuchte Veresterung nach Steglich ausgehend von 2-Iod-4,5,6-trimethoxybenzoesäure (A_I-35) (Reaktionsbedingungen: 1.1 Äquiv. DCC, 0.1 Äquiv. DMAP, abs. THF, 0 °C, 7 Tage).

Benzoesäurederivat	Phenolderivat	Produkt	Ausbeute
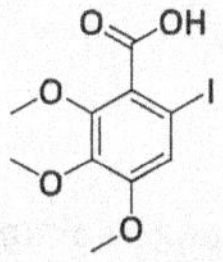 (A_I-35)	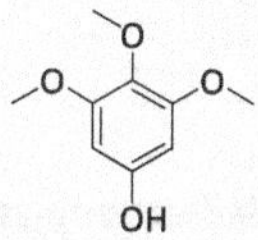 (B-11)	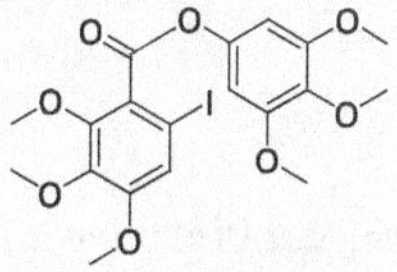 (D-25)	-

Als Letztes folgte der Syntheseversuch zur Darstellung von (D-26) aus der maximal substituierten 2-Brom-3,4,5,6-tetramethoxybenzoesäure (A_B-24) und dem Phenolderivat (B-16). Es konnte jedoch kein Esterprodukt nachgewiesen werden. Stattdessen kam es zur Bildung von mehreren, anhand des NMR-Spektrums, nicht identifizierbaren aromatischen Nebenprodukten. Ein naheliegender Grund ist in diesem Fall ebenso der starke sterische Anspruch der verwendeten Benzoesäure (A_B-24).

Tab. 20: Versuchte Veresterung nach Steglich ausgehend von 2-Brom-3,4,5,6-tetramethoxybenzoesäure (A_B-24); (Reaktionsbedingungen: 1.1 Äquiv. DCC, 0.1 Äquiv. DMAP, abs. THF, 0 °C, 12 h).

Benzoesäurederivat	Phenolderivat	Produkt	Ausbeute
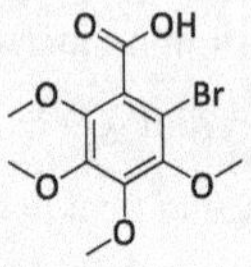 (A_B-24)	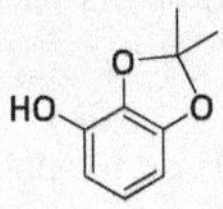 (B-16)	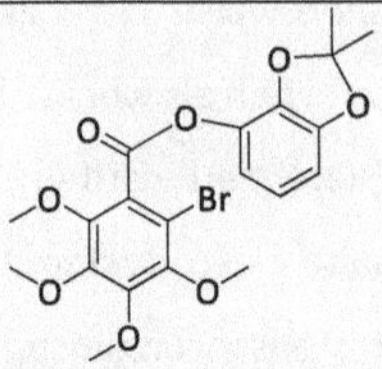 (D-26)	-

An dieser Stelle wurden mit einzelnen Ausnahmen alle notwendigen Kupplungsvorläufer in ausreichender Ausbeute und Reinheit synthetisiert. Diese wurden, wie im folgenden Kapitel beschrieben, durch palladiumkatalysierte Kupplungsreaktionen zu den entsprechenden Urolithinen umgesetzt.

1.6.2 Darstellung der Urolithine (E) durch palladiumkatalysierte Kupplungsreaktionen

Angelehnt an die Forschungsarbeiten aus der eigenen Masterthesis[142] stellt die intramolekulare palladiumkatalysierte Kupplungsreaktion den Schlüsselschritt zur Bildung der Biphenylachse und somit zum Aufbau des Urolithingrundgerüstes dar.

Dieses Konzept soll auch in der vorliegenden Arbeit auf weitere Substrate angewendet werden. Den Ausgangspunkt der Synthese bilden dabei die zuvor dargestellten Kupplungsvorläufer (D-6) – (D-24), die unter Heck-ähnlichen Reaktionsbedingungen innerhalb eines C-H-Aktivierungsmechanismus (Abb. 67) intramolekular zu den Zielverbindungen umgesetzt werden. Hierbei besteht der postulierte Katalysezyklus aus drei elementaren Schritten: oxidative Addition, C-H-Aktivierung und reduktive Eliminierung. Als Katalysator dient Tetrakis(triphenylphosphan)palladium, da dieser Palladium(0)-Komplex relativ unempfindlich gegenüber Wasser und Luftsauerstoff ist und dadurch die Handhabung stark erleichtert. Natriumacetat fungiert als Base zum Abfangen des entstehenden Halogenwasserstoffs (H-X). Die Reaktion wird 12 Stunden bei 130 °C in Dimethylformamid als Lösungsmittel durchgeführt.[146] Anschließend wird das gewünschte Kupplungsprodukt durch säulenchromatographische Reinigung oder in Einzelfällen durch eine vollständige Ausfällung mittels Zugabe von Wasser erhalten.

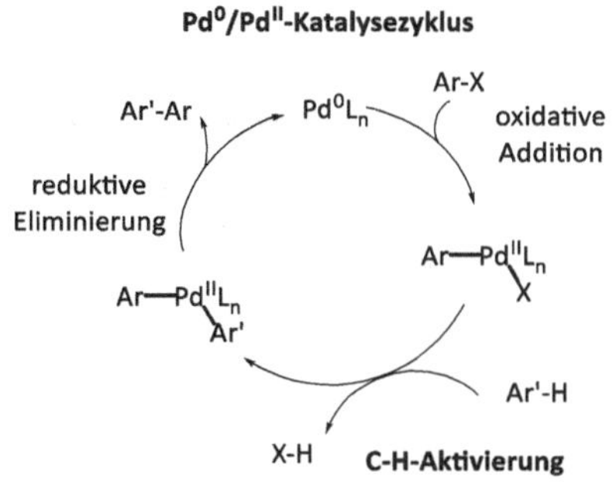

Abb. 67: Postulierter Kupplungsmechanismus über einen C-H-Aktivierungsschritt.

Alle Kupplungsversuche konnten erfolgreich durchgeführt werden und sind in den Tabellen 21-23 in aufsteigender Anzahl an Methoxysubstituenten zusammenfassend aufgelistet.

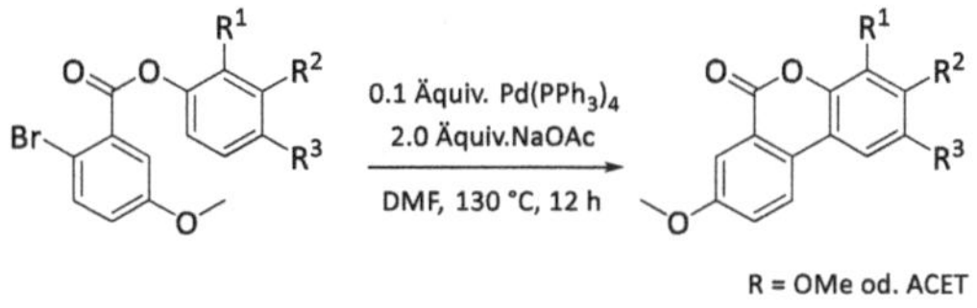

Abb. 68: Palladiumkatalysierte Kupplung zu (E-19) und (E-20).

Tab. 21: Kupplungsergebnisse zur Pd-katalysierten Kupplung zu (E-19) - (E-20) (Abb. 68).

Nr.	R^1	R^2	R^3	Produkt	Ausbeute
(1)	H	H	OMe	(E-19)	35%
(2)	ACET	ACET	H	(E-20)	26%

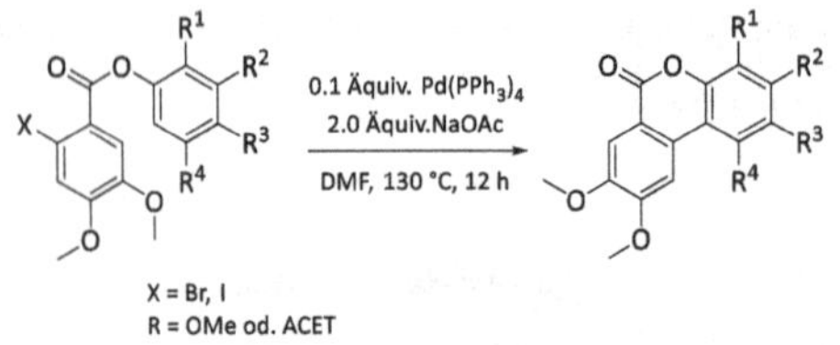

Abb. 69: Palladiumkatalysierte Kupplung zu (E-21) - (E-26).

Tab. 22: : Kupplungsergebnisse zur Pd-katalysierten Kupplung zu (E-21) - (E-26) (Abb. 69).

Nr.	X	R^1	R^2	R^3	R^4	Produkt	Ausbeute
(3)	I	OMe	H	H	H	(E-21)	30%
(4)	I	H	H	OMe	H	(E-22)	29%
(5)	Br	H	H	OMe	H	(E-22)	26%
(6)	Br	H	OMe	H	H	(E-23)	27%
(7)	I	ACET	ACET	H	H	(E-24)	55%
(8)	Br	ACET	ACET	H	H	(E-24)	49%
(9)	Br	H	OMe	H	OMe	(E-25)	28%
(10)	Br	H	OMe	OMe	OMe	(E-26)	51%

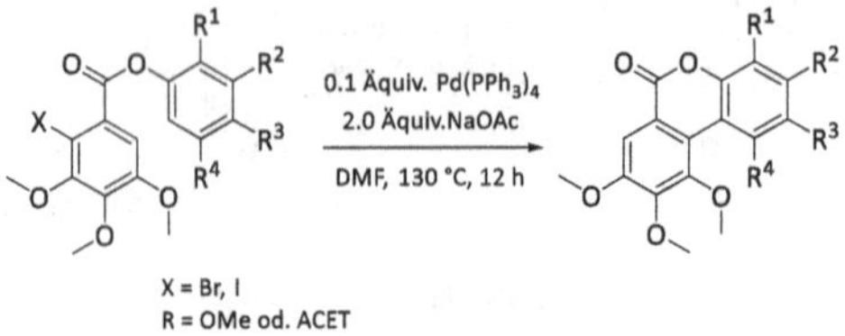

Abb. 70: Palladiumkatalysierte Kupplung zu (E-27) - (E-30).

Tab. 23: Kupplungsergebnisse zur Pd-katalysierten Kupplung zu (E-27) - (E-30) (Abb. 70).

Nr.	X	R^1	R^2	R^3	R^4	Produkt	Ausbeute
(11)	Br	H	H	OMe	H	(E-27)	26%
(12)	I	H	H	OMe	H	(E-27)	16%*
(13)	Br	H	OMe	H	OMe	(E-28)	31%
(14)	I	ACET	ACET	H	H	(E-29)	39%
(15)	Br	ACET	ACET	H	H	(E-29)	32%
(16)	Br	H	OMe	OMe	OMe	(E-30)	5%

* Verlust bei der Aufreinigung des Produkts

Die Synthesen von (E-22), (E-24) und (E-29) wurden immer paarweise, einmal mit dem Iodid und einmal mit dem Bromid, durchgeführt. Anhand der Versuchsergebnisse aus diesen Synthesen waren in Hinblick auf die Art des eingesetzten Arylhalogenids keine Unterschiede in der Kupplungseffizienz zu erkennen. Sowohl bromierte als auch iodierte Kupplungsvorläufer lieferten ähnliche Ergebnisse (Tab. 22, Nr. 4, 5, 7 und 8 sowie Tab. 23, Nr. 14 und 15). So ergaben sich im Falle beider Halogenierungen durchschnittliche Reaktionsausbeuten von moderaten 30%, während die höchste isolierte Ausbeute 55% betrug (Tab. 22, Nr. 7). Mögliche Ursachen für die moderaten Ausbeuten könnten zum einen in einer unvollständig ablaufenden Kupplungsreaktion und zum anderen in der Bildung von verschiedenen Nebenprodukten begründet sein. Folglich wurde teilweise eine mehrfache säulenchromatographische Reinigung notwendig, welche mit einem Produktverlust verbunden war. Auffallend war außerdem die geringe Ausbeute des am stärksten sterisch gehinderten Kupplungsprodukts (E-30). Dies ist auf die große sterische Hinderung in *ortho*-Position zur Biarylachse zurückzuführen, welche die Kupplungseffizienz deutlich reduziert.

Es bleibt zu bemerken, dass die intramolekulare Pd-katalysierte Synthese mit allen eingesetzten Substraten durchgeführt werden konnte und sich nicht nur auf bestimmte Ausgangsverbindungen, wie im Fall der zuvor beschriebenen Cu-Katalyse, beschränkte. Somit konnten auch die vorher nicht zugänglichen Urolithinderivate (E-19) - (E-30) über zwei Schritte erhalten werden. Der finale Schritt der sauren Abpaltung der Schutzgruppen wird in Kapitel III, 1.8 ausführlich beschrieben.

1.7 Palladiumkatalysierte Synthese der Phenanthridinone (G)

Wie in dem einleitenden Kapitel I, 3.1 bereits erwähnt gehören neben den Urolithinen auch die Substanzen mit einem Phenanthridinongrundgerüst zu wertvollen biologisch aktiven Molekülen, welche vielseitig pharmazeutisch eingesetzt werden. Ihre enzymhemmende Wirkung sowie die damit verbundenen therapeutischen Eigenschaften sollten an dem Enzym Topoisomerase II-α geprüft und mit den Ergebnissen der Urolithinderivate verglichen werden. Dazu wurden in dieser Arbeit zunächst einige Phenanthridinonderivate in Anlehnung an die erfolgreiche Synthese der Urolithine mittels der intramolekularen palladiumkatalysierten Methode in mehreren Schritten hergestellt. Die Vorgehensweise und Resultate der einzelnen durchgeführten Synthesen sind in den nächsten Kapiteln beschrieben.

1.7.1 Kupplungsvorläufer (F) zur Darstellung von Phenanthridinonen

Für die Darstellung der Kupplungsvorläufer (F) wurde zu Beginn die bewährte Darstellungsmethode nach Steglich getestet. Dazu wurde die 2-Brom-5,6-dimethoxybenzoseäure (A_B-21) jeweils mit *ortho-* und *meta-*Anisidin (C-2/C-3) bei 0 °C in absolutem DCM gelöst und mit dem Kupplungsreagenz DCC sowie dem Katalysator 4-DMAP versetzt. Nach einer, im Vergleich zu den vorherigen Veresterungsversuchen, verlängerten Reaktionszeit von 24 h bei Raumtemperatur lag bei beiden Ansätzen ein Gemisch aus den eingesetzten Ausgangsverbindungen (A_B-21), (C-2) bzw. (C-3) und dem jeweiligen Amidprodukt vor. Die Abtrennung der Benzoesäure (A_B-21) gelang mittels Extraktion durch Zusatz von Salzsäure, während das Amin (C-2) bzw. (C-3) über eine chromatographische Reinigung entfernt werden sollte. Eine vollständige Isolierung der gewünschten Amidrodukte (F-1) und (F-2) konnte jedoch in keinem der beiden Fälle erreicht werden.

Tab. 24: Amidierungsversuche nach Steglich ausgehend von 2-Brom-5,6-dimethoxybenzoseäure (A_B-21) (Reaktionsbedingungen: 1.1 Äquiv. DCC, 0.1 Äquiv. DMAP, abs. THF, 0 °C, 12 h)

Benzoesäurederivat	Anilinderivat	Produkt	Ausbeute
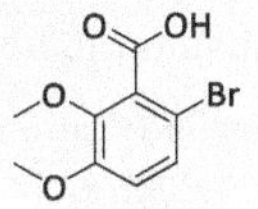 (A_B-21)	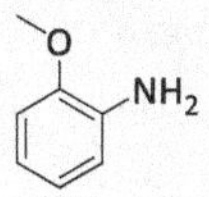 (C-2)	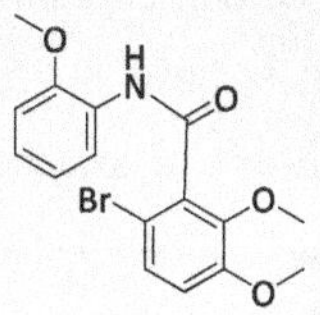 (F-1)	-
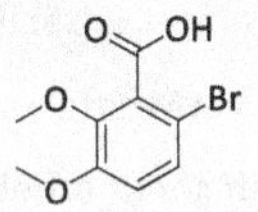 (A_B-21)	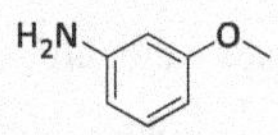 (C-3)	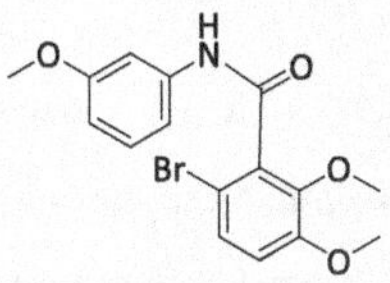 (F-2)	-

Nachdem sich das Konzept der Steglich-Amidierung aufgrund der unvollständigen Umsetzung und der aufwendigen Edukt/Produkt-Trennung als wenig erfolgreich erwies, wurde das von Luo *et al.*[163] entwickelte Amidierungsprotokoll angewendet (Abb. 71). Dieses erfolgt durch Aktivierung der Carbonsäure mit Trimethylphosphit und Iod unter Bildung von Benzoylphosphorsäureanhydrid-Derivaten, welche *in situ* selektiv mit Aminen reagieren.

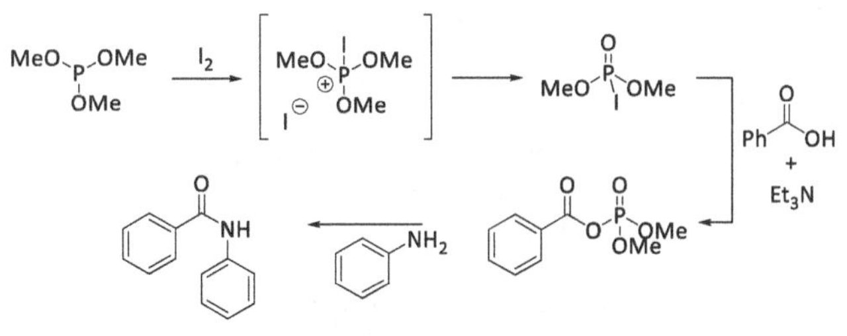

Abb. 71: Mechanismus der Amidierung nach Luo *et al.*[163]

Auf diese Weise konnte ausgehend von Benzoesäurehalogeniden (A) und primären Aminen (B) unter Verwendung dieser preiswerten und chemoselektiven Amidierungsmethode eine Reihe von unterschiedlich substituierten Carbonsäureamiden (F) in hohen bis mittleren Ausbeuten hergestellt werden (Tab. 25-27).

Die anfänglichen Versuche führten sowohl bei der Umsetzung von 2-Brombenzoesäure (A_B-10) mit dem dimethoxysubstituierten Anilin (C-6) als auch bei der Umsetzung von Anilin (C-1) mit der dimethoxysubstituierten Brombenzoesäure (A_B-20) zu hohen Produktausbeuten (> 87%) der jeweiligen Carbonsäureamide (F-3) und (F-4). Die darauffolgenden Amidierungsreaktionen zu (F-5) bis (F-6) ergaben dagegen niedrigere Ausbeuten (59-48%), welche vermutlich aufgrund des zusätzlichen Methoxysubstituenten in *ortho*-Position zur Amid-Funktion und die dadurch zunehmende sterische Hinderung beeinflusst wurden. Auch das iodierte Carbonsäureamid (F-7) zeigte ähnlich hohe Ausbeute von 52%. Auffallend war jedoch die misslungene Reaktion zur Bildung des Amids (F-8) ausgehend von 2-Brom-5,6-dimethoxybenzoesäure (A_B-21). Dieses Benzoesäurederivat weist eine zusätzliche Methoxygruppe in *ortho*-Position zur Carboxylgruppe, die aufgrund des +M-Effekts die Elektronendichte am Carboxyl-C-Atom erhöht und einen nukleophilen Angriff somit erheblich erschwert. So brachte 2-Brom-5,6-dimethoxybenzoesäure (A_B-21) bereits in vorherigen Versuchen bei der Darstellung des Carbonsäureesters ((D-16), Kap. III, 1.6.1)) kein gewünschtes Resultat und zeigte auch bei den oben beschriebenen Amidierungsversuchen mittels Steglich-Bedingungen keine ausreichende Umsetzung zum gewünschten Produkt ((F-1), (F-2), Tab. 24).

Tab. 25: Amidierungsergebnisse (F-3) – (F-8) nach Luo *et al.*
(Reaktionsbedingungen: 1.5 Äquiv. $P(OCH_3)_3$, 1.5 Äquiv. I_2, 2.5 Äquiv. abs. NEt_3, abs. DCM, 0 °C → RT, 12 h).

Benzoesäurederivat	Anilinderivat	Produkt	Ausbeute
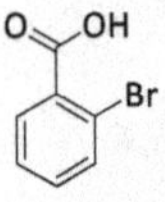 (A_B-10)	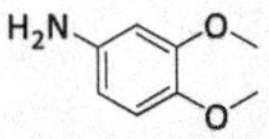 (C-6)	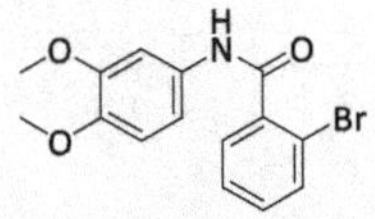 (F-3)	87%
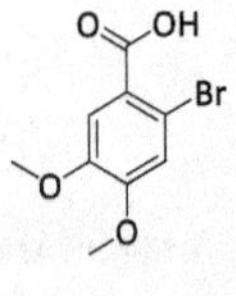 (A_B-20)	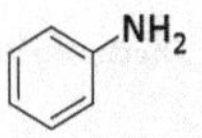 (C-1)	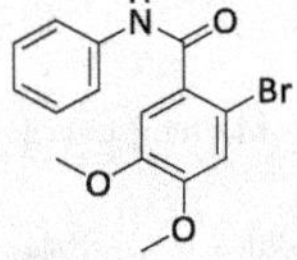 (F-4)	89%

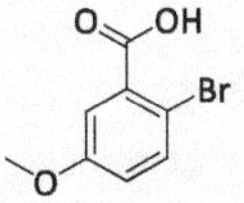 (A_B-19)	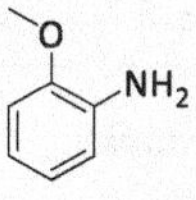 (C-2)	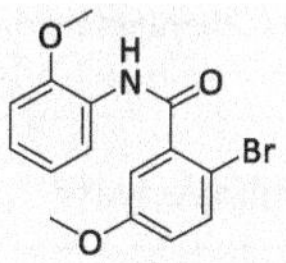 (F-5)	59%
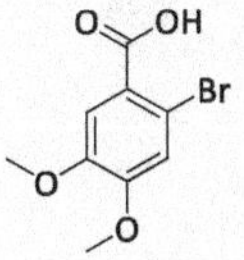 (A_B-20)	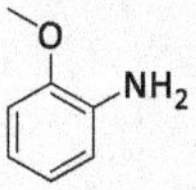 (C-2)	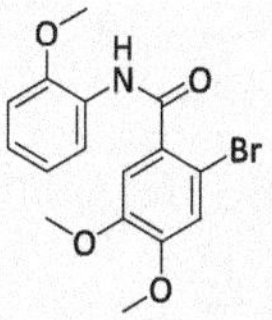 (F-6)	48%
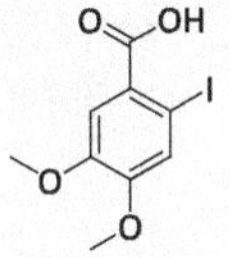 (A_I-35)	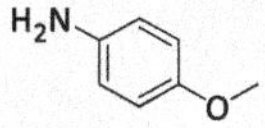 (C-5)	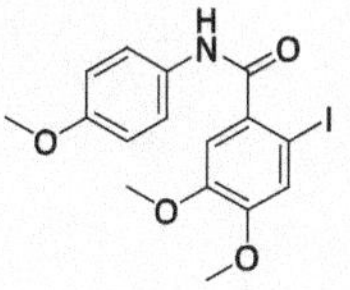 (F-7)	52%
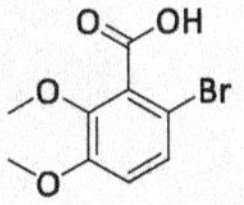 (A_B-21)	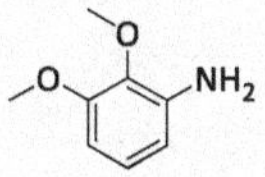 (C-11)	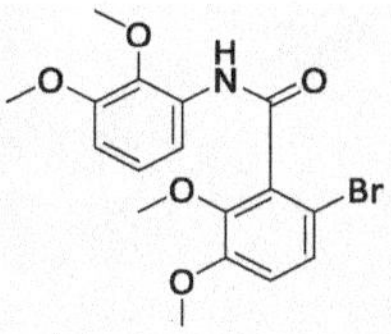 (F-8)	-

Weitere Amidierungsergebnisse (F-9) – (F-13) ausgehend von 2-Brom-4,5-dimethoxybenzoesäure (A_B-20) und einfach sowie doppelt substituierten Aminderivaten (C-3), (C-7) – (C-9) und (C-11) liegen im zufriedenstellenden Bereich von 54-77%.

Tab. 26: Amidierungsergebnisse (F-9) – (F-13) nach Luo *et al.*
(Reaktionsbedingungen: 1.5 Äquiv. $P(OCH_3)_3$, 1.5 Äquiv. I_2, 2.5 Äquiv. abs. NEt_3, abs. DCM, 0 °C → RT, 12 h).

Benzoesäurederivat	Anilinderivat	Produkt	Ausbeute
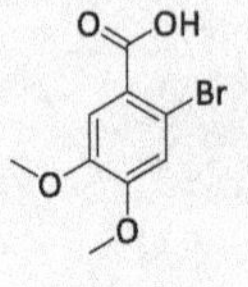 $(A_B\text{-}20)$	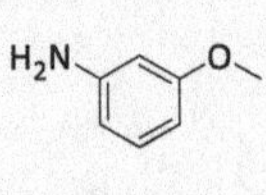 (C-3)	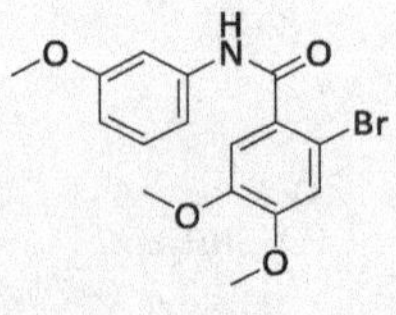 (F-9)	68%
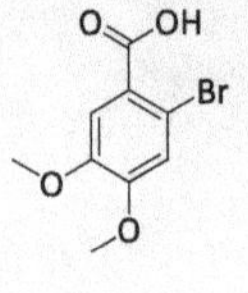 $(A_B\text{-}20)$	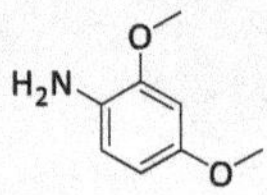 (C-7)	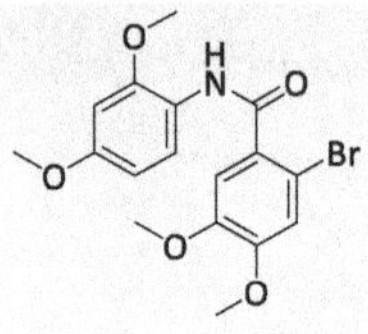 (F-10)	77%
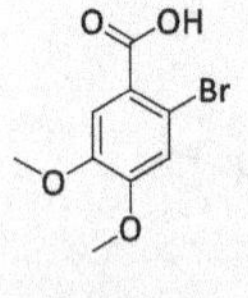 $(A_B\text{-}20)$	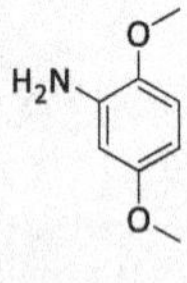 (C-9)	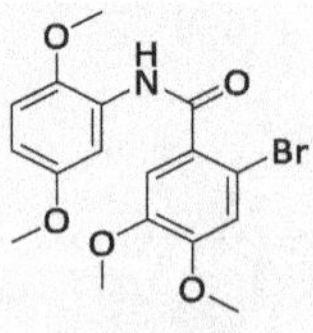 (F-11)	58%
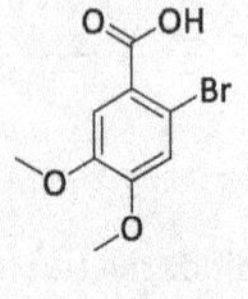 $(A_B\text{-}20)$	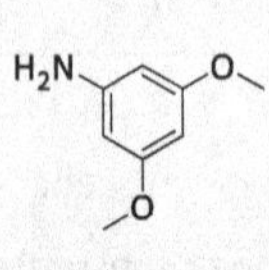 (C-8)	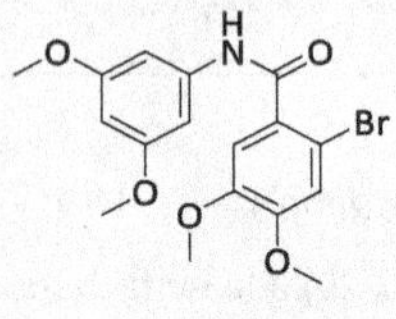 (F-12)	72%
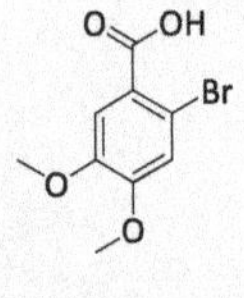 $(A_B\text{-}20)$	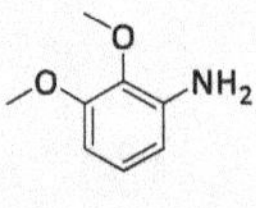 (C-11)	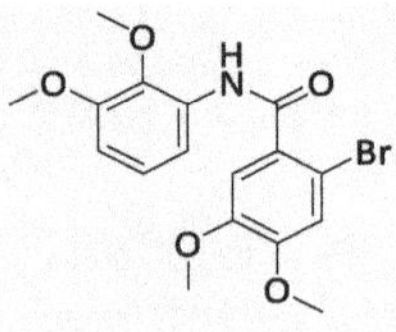 (F-13)	54%

Die höchsten Ausbeuten von 94% und 88% wurden jedoch bei den Reaktionen der sterisch anspruchsvollen 2-Brom-3,4,5-trimethoxybenzoesäure $(A_B\text{-}22)$ mit den monomethoxylierten

Aminderivaten (C-2) und (C-3) erzielt. Diese Beobachtung steht im Gegensatz zu der Annahme, dass die Ausbeute durch den sterischen Anspruch negativ beeinflusst wird (vgl. (F-14) und (F-6)). Die Umsetzung der gleichen Benzoesäurekomponente (A_B-22) mit dem dimethoxylierten Aminderivat (C-9) ergab wiederum erwartungsgemäß eine Ausbeute von 42% (Vgl. ((F-14) und (F-16)).

Tab. 27: Amidierungsergebnisse (F-14) – (F-16) nach Luo *et al.*
(Reaktionsbedingungen: 1.5 Äquiv. $P(OCH_3)_3$, 1.5 Äquiv. I_2, 2.5 Äquiv. abs. NEt_3, abs. DCM, 0 °C →RT, 12 h).

Benzoesäurederivat	Anilinderivat	Produkt	Ausbeute
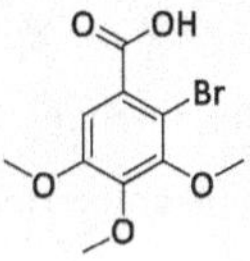 (A_B-22)	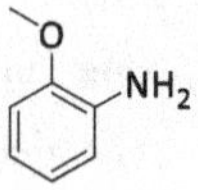 (C-2)	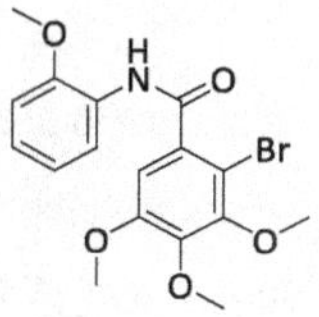 (F-14)	94%
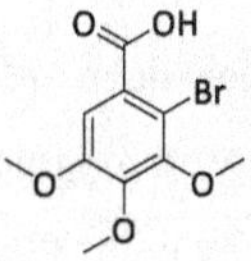 (A_B-22)	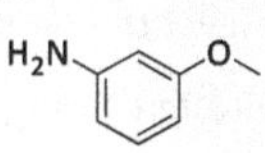 (C-3)	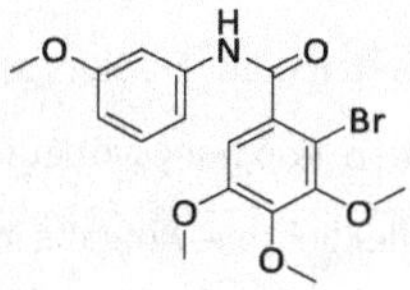 (F-15)	88%
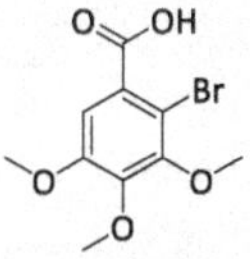 (A_B-22)	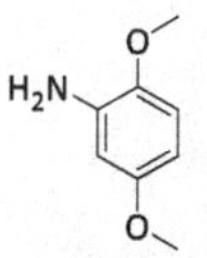 (C-9)	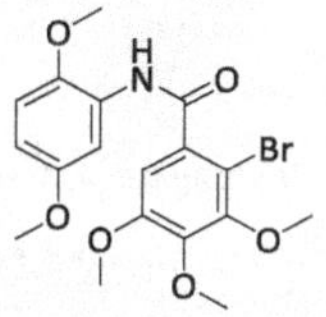 (F-16)	42%

Um eine verifizierte Aussage bezüglich der räumlich-geometrischen Abhängigkeit von verschiedenen Ausbeuten machen zu können, sind weitere Experimente notwendig, da die bisherigen Ergebnisse auf zweifach und teilweise nur einfach durchgeführten Reaktionen basieren. Eine Validierung der Experimente durch mehrfache Wiederholung war jedoch nicht das primäre Ziel dieser Dissertation und kann bei Bedarf innerhalb zukünftiger Forschungsarbeiten untersucht werden.

Insgesamt erwies sich die angewendete Amidierungsreaktion nach Luo *et al.* als eine effektive und effiziente Methode. Vorteilhaft war ebenso die schnelle und unkomplizierte Reinigung, indem das Rohprodukt durch Filtration über Kieselgel unter Verwendung von Ethylacetat als Elutionsmittel zum reinen Amidprodukt überführt werden konnte.

Alle in diesem Abschnitt dargestellten Amidderivate (F) wurden im nächsten Schritt mit einer passenden Schutzgruppe versehen, die eine optimale Kupplungsreaktion ermöglichte.

1.7.2 Darstellung der Phenanthridinone (G) durch palladiumkatalysierte Kupplungsreaktionen

Bekannterweise erfordert jede Kupplungsreaktion eine umfangreiche Planung der Schutzgruppenstrategie um mögliche Nebenreaktionen, wie z.B. eine Metallkomplexierung zwischen dem Palladium und einem *N*-Donorliganden auszuschließen. Einzusetzende Schutzgruppen werden dabei nach ihrer effektiven Einführung, Stabilität gegenüber den Kupplungsbedingungen sowie Reinigungsmethoden und gleichzeitig einer selektiven und problemlosen Abspaltung nach dem Kupplungsschritt bewertet. In dem vorliegenden Fall sind die Hydroxygruppen an den Kupplungsvorläufermolekülen bereits durch Methoxygruppen geschützt, sodass ausschließlich die Aufgabe bestand die frei gebliebene Amidfunktion zu schützen. Aufgrund der basischen Kupplungsbedingungen kamen drei verschiedene Schutzgruppen in Betracht: *tert*-Butyloxycarbonyl (Boc), Benzyl (Bn) und *para*-Methoxybenzyl (PMB).

Begonnen wurde mit der Einführung der klassischen Boc-Schutzgruppe, welche aufgrund ihrer Basenstabilität und leichten Spaltbarkeit durch Zugabe einer Säure für die anstehende Kupplung in Frage kam. Dazu wurden die vorher synthetisierten Biarylamide (F-3), (F-12), (F-14), (F-15) nach einer bekannten Vorschrift[164] mit Boc_2O in Gegenwart von Et_3N und 4-DMAP umgesetzt. Nach einer Reaktionszeit von 48 Stunden folgte eine säulenchromatographische Auftrennung mit EtOAc/DCM 9:1 und man erhielt die Boc-geschützten Kupplungsvorläufer (F_{Boc}-17) – (F_{Boc}-20) problemlos in hohen Ausbeuten von 75-89% (Tab. 28).

Abb. 72: Darstellung der Boc-geschützten Biarylamide (F_{Boc}-17) - (F_{Boc}-20).

Tab. 28: Ergebnisse zur Boc-geschützten Biarylamiden (F_{Boc}-17) - (F_{Boc}-20) (Abb. 72).

Nr.	R^1	R^2	R^3	R^4	R^5	R^6	Produkt	Ausbeute
(1)	H	H	H	OMe	OMe	H	(F_{Boc}-17)	89%
(2)	H	OMe	OMe	H	OMe	H	(F_{Boc}-18)	75%
(3)	OMe	OMe	H	H	H	OMe	(F_{Boc}-19)	85%
(4)	OMe	OMe	H	H	OMe	H	(F_{Boc}-20)	80%

Im Anschluss wurden die erfolgreich geschützten Boc-Biarylamide mit dem Tetrakis(triphenylphosphin)palladium(0)-Katalysator und einem Basenzusatz bei 130 °C 12 Stunden behandelt. Die zuerst durchgeführte Kupplung von (F-17) ergab zwei Produktregioisomere (G-3) und (G-4) in sehr niedrigen Ausbeuten, wobei beide Strukturen in ihrer entschützten Form vorlagen. Dieses Kupplungsergebnis lässt die Vermutung zu, dass die Dissoziation der Boc-Gruppe durch zwei elektronenziehende Carbonyl-Gruppen an einem Stickstoffatom stark begünstigt war und bei basischen Bedingungen bereits vor dem Kupplungsschritt abgespalten wurde. Folglich konnte die so frei vorliegende Amidfunktion als starker Donorligand die meisten aktiven Stellen am Katalysator besetzten, sodass die gewünschte Kupplungsreaktion nur in niedrigen Ausbeuten ablaufen konnte. Nichtdestotrotz sollte das Kupplungsverhalten der Boc-Biarylamide anhand weiterer Experimente überprüft werden (Abb. 73 und Tab. 29).

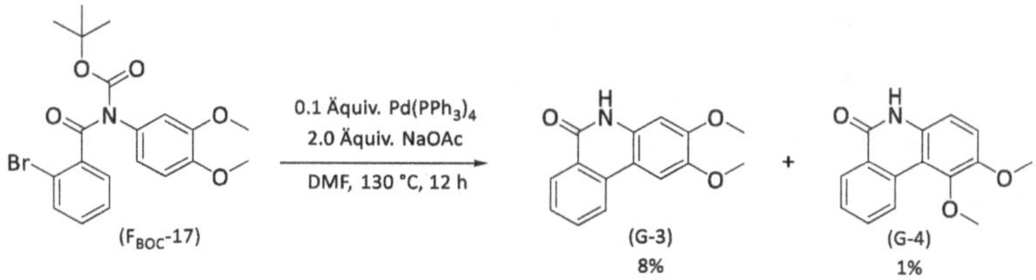

Abb. 73: Isomerenbildung bei Kupplung von Boc-geschütztem (F-17).

Die nachfolgenden Kupplungsreaktionen der Boc-entschützten Biarylamide erbrachten erneut geringe Ausbeuten (9% und 13%) der Produkte (G-6) und (G-7). Außerdem wurde die *N*-methylierte Form des Kupplungsprodukts (G-5) in einer Ausbeute von 8% isoliert. Dieses Ergebnis war nicht zu erwarten, da weder während des Reaktionsablaufs noch bei der Aufarbeitung oder Reinigung eine Methylierungsquelle präsent war. Da bekanntlich eine Demethylierung der Carbonsäureamidgruppe aufgrund der hohen Bindungsenergie nicht möglich ist, sollte diese Kupplungsreaktion wiederholt werden. Jedoch wurde sie zugunsten der bevorstehenden biologischen Tests nicht mehr durchgeführt.

Insgesamt konnte die vorherige Annahme der ungenügenden Stabilität der Boc-Schutzgruppe bei basischen Kupplungsbedingungen und erhöhter Reaktionstemperatur bestätigt werden, sodass im Weiteren eine stabilere Schutzgruppe auf ihre Anwendbarkeit geprüft wurde.

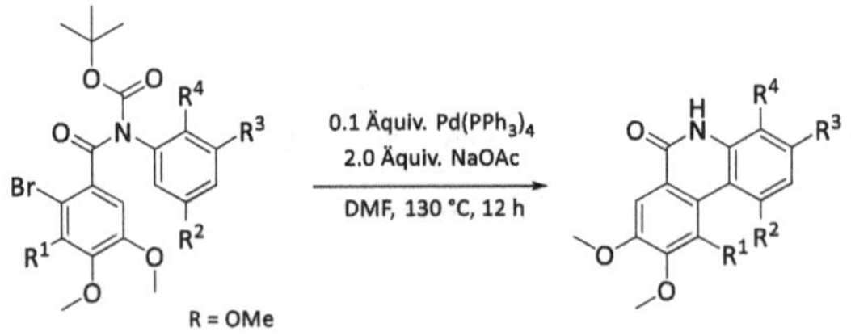

Abb. 74: Kupplungsreaktionen von Boc-geschützten Biarylamiden zu (G-5) - (G-7).

Tab. 29: Kupplungsergebnisse zur Pd-katalysierten Kupplung zu (G-5) - (G-7) (Abb. 74).

Nr.	R^1	R^2	R^3	R^4	Produkt	Ausbeute
(1)	H	OMe	OMe	H	(G-5)	-*
(2)	OMe	H	OMe	H	(G-6)	9%
(3)	OMe	H	H	OMe	(G-7)	13%

*Methylamidderivat 8%

Um eine effiziente Durchführung der Kupplungsreaktion zu erreichen wurde als Nächstes auf die Benzyl-Schutzgruppe zurückgegriffen. Diese zeichnet sich im Vergleich zur Boc-Schutzgruppe durch ihre höhere Stabilität aus und kann den anzuwendenden Reaktionsbedingungen (Base, ΔT) standhalten. Ein Nachteil dieser Stabilität könnte allerdings die spätere Freisetzung des Biarylamids darstellen (Kap. III, 1.8).

Die Umsetzung der freien Biarylamide erfolgte nach Sun *et al.*[165] mit Benzylbromid unter basischen Bedingungen und lieferte nach 72 Stunden bei 65 °C die als Benzylether geschützten Kupplungsvorläufer in hohen bis akzeptablen Ausbeuten (Tab. 30 und Tab. 31).

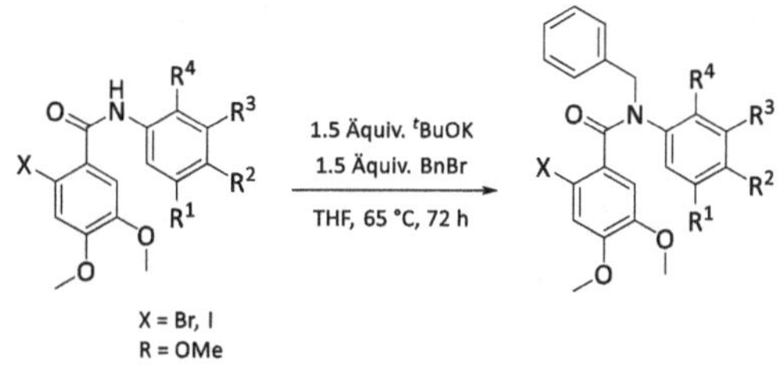

Abb. 75: Darstellung der Bn-geschützten Biarylamide (F_{Bn}-21) - (F_{Bn}-27).

Tab. 30: Ergebnisse zur Bn-geschützten Biarylamiden (F_{Bn}-21) - (F_{Bn}-27) (Abb. 75).

Nr.	X	R^1	R^2	R^3	R^4	Produkt	Ausbeute
(1)	Br	H	H	H	H	(F_{Bn}-21)	91%
(2)	Br	H	H	H	OMe	(F_{Bn}-22)	41%
(3)	Br	H	H	OMe	H	(F_{Bn}-23)	48%
(4)	I	H	OMe	H	H	(F_{Bn}-24)	71%
(5)	Br	H	OMe	H	OMe	(F_{Bn}-25)	75%
(6)	Br	OMe	H	H	OMe	(F_{Bn}-26)	84%
(7)	Br	H	H	OMe	OMe	(F_{Bn}-27)	86%

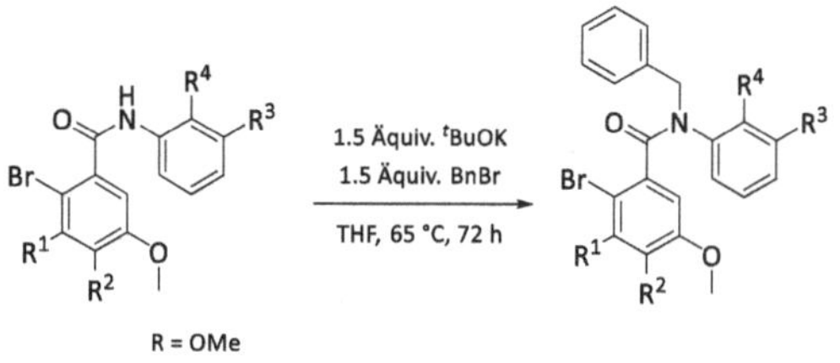

Abb. 76: Darstellung der Bn-geschützten Biarylamide (F_{Bn}-28) - (F_{Bn}-30).

Tab. 31: Ergebnisse zur Bn-geschützten Biarylamiden (F_{Bn}-28) - (F_{Bn}-30) (Abb. 76).

Nr.	R^1	R^2	R^3	R^4	Produkt	Ausbeute
(8)	OMe	OMe	H	OMe	(F_{Bn}-28)	67%
(9)	OMe	OMe	OMe	H	(F_{Bn}-29)	81%
(10)	H	H	H	OMe	(F_{Bn}-30)	84%

Im Anschluss wurden die geschützten Kupplungsvorläufer (F_{Bn}-21) – (F_{Bn}-30) analog zu den vorherigen Experimenten mit dem Palladium(0)-Katalysator und einem Basenzusatz bei 130 °C in DMF über 12 Stunden behandelt. Im Gegensatz zu den Ergebnissen der Kupplung von Boc-geschützten Vorläufern, erzielte man in diesem Fall die gewünschten Phenanthridinone in hohen Ausbeuten bis zu 100% (Tab. 32, Nr. 4). Diese hohen Ausbeuten basieren vor allem auf der vorteilhaften Eigenschaft dieser Produkte, durch Zugabe von Wasser zum in DMF gelösten Produktgemisch durch den so erzeugten Polaritätswechsel, vollständig in ihrer reinen festen Form auszufallen. Ausnahmen stellten jedoch die Derivate (G-10), (G-14) und (G-17) dar, welche nicht durch Fällung erhalten werden konnten und auf säulenchromatographischem Wege nur schwer von den Nebenprodukten zu trennen waren. Eine Ursache für das unterschiedliche Verhalten dieser Konstutionisomere könnte durch ihre unterschiedliche strukturelle Anordnung und die davon abhängige Auskristallisierungsfähigkeit zustande kommen.

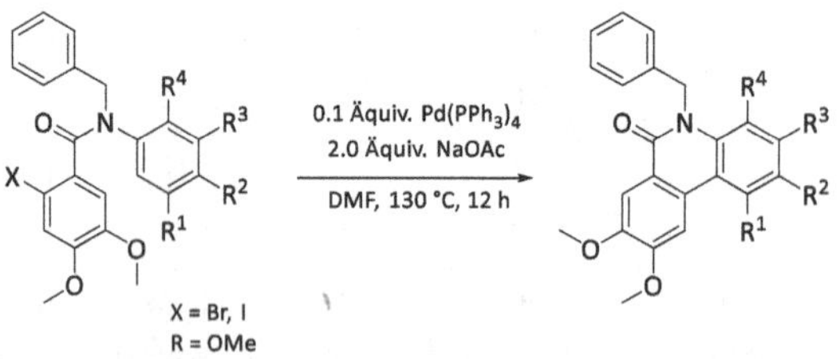

Abb. 77: Kupplungsreaktionen von Bn-geschützten Biarylamiden zu (G-8) - (G-14).

Tab. 32: Kupplungsergebnisse zur Pd-katalysierten Kupplung zu (G-8) - (G-14) (Abb. 77).

Nr.	X	R^1	R^2	R^3	R^4	Produkt	Ausbeute
(1)	Br	H	H	H	H	(G-8)	67%
(2)	Br	H	H	H	OMe	(G-9)	88%
(3)	Br	H	H	OMe	H	(G-10)	-*
(4)	I	H	OMe	H	H	(G-11)	100%
(5)	Br	H	OMe	H	OMe	(G-12)	71%
(6)	Br	OMe	H	H	OMe	(G-13)	55%
(7)	Br	H	H	OMe	OMe	(G-14)	16%

*Produkt/Edukt-Gemisch

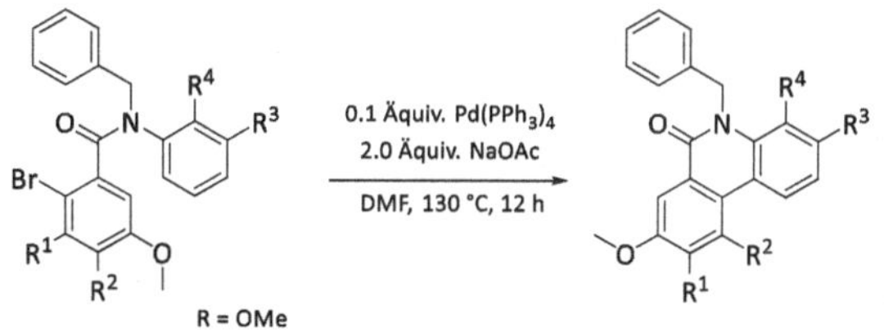

Abb. 78: Kupplungsreaktionen von Bn-geschützten Biarylamiden zu (G-15) - (G-17).

Tab. 33: Kupplungsergebnisse zur Pd-katalysierten Kupplung zu (G-15) - (G-17).

Nr.	R^1	R^2	R^3	R^4	Produkt	Ausbeute
(1)	H	H	H	OMe	(G-15)	80%
(2)	OMe	OMe	H	OMe	(G-16)	80%
(3)	OMe	OMe	OMe	H	(G-17)	3%

Aufgrund der öfter bestehenden Problematik bei der Freisetzung des sekundären Amids (Kap. III, 1.8), sollte an dieser Stelle eine weitere alternative Schutzgruppe neben Benzyl und Boc-Gruppen getestet werden. Die Wahl fiel auf die *para*-Methoxybenzyl (PMB)-Gruppe, besonders weil diese Schutzgruppe aufgrund der erhöhten Elektronendichte im aromatischen System, zusätzlich die Möglichkeit einer milden Abspaltung unter oxidativen Bedingungen bietet und gleichzeitig Stabilität für die Kupplungsbedingungen aufweist. Die Darstellung wurde exemplarisch an zwei Biarylamiden (F-13) und (F-16) durchgeführt, wobei gute (65-70%) Ausbeuten erzielt wurden. Dazu wurde das jeweilige Amid (F-13) bzw. (F-16) zuerst mit Hilfe der starken Base NaH deprotoniert und anschließend mit *para*-Methoxybenzylchlorid umgesetzt.[166] Es konnte festgestellt werden, dass die Produktausbeute der PMB-geschützten Amide je nach Lösungsmittelwahl variierte. So erhielt man 27% (F_{PMB}-31) bei der Synthese in THF, während die gleiche Reaktion in polarem DMF eine 70%-ige Ausbeute lieferte (Abb. 79).

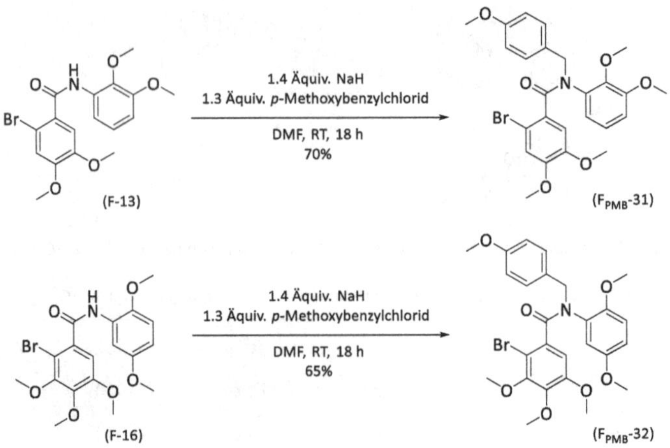

Abb. 79: Darstellung der PMB-geschützten Biarylamide (F$_{PMB}$-31) und (F$_{PMB}$-32).

Die Kupplungsreaktionen von (F$_{PMB}$-31) und (F$_{PMB}$-32) wurden bei gewohnten Reaktionsbedingungen unter Zusatz eines Palladium(0)-Katalysator in DMF durchgeführt (Abb. 80). Die erhaltenen Produktausbeuten von (G-18) und (G-19) (Tab. 34) lagen im akzeptablen Bereich, sodass weitere Möglichkeiten der Entschützung zu den gewünschten Zielmolekülen (Z) erprobt werden konnten.

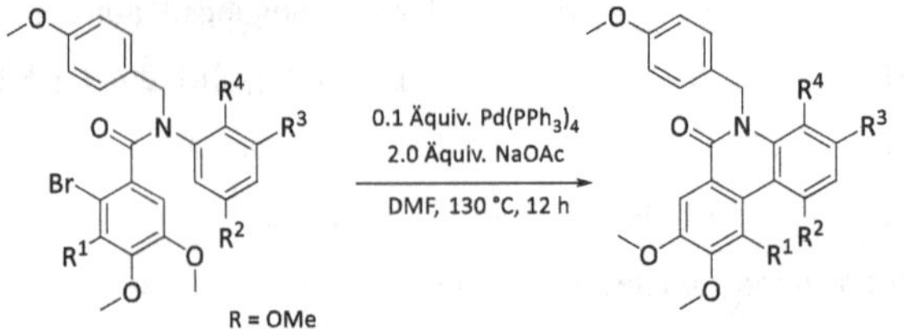

Abb. 80: Kupplungsreaktionen von PMB-geschützten Biarylamiden zu (G-18) und (G-19).

Tab. 34: Kupplungsergebnisse zur Pd-katalysierten Kupplung zu (G-8) - (G-14) (Abb. 80).

Nr.	R^1	R^2	R^3	R^4	Produkt	Ausbeute
(1)	H	H	OMe	OMe	(G-18)	29%
(2)	OMe	OMe	H	OMe	(G-19)	57%

1.8 Abspaltung der Schutzgruppen

Der letzte Schritt um die Zielsubstanzen (Z) in Form der polyhydroxylierten Lacton- und Lactambiaryle zu erhalten, war eine Abspaltung der vorher eingeführten Schutzgruppen am Stickstoff- und Sauerstoffatom.

- Urolithine

Begonnen wurde mit den Entschützungsreaktionen an Urolithinen, die mittels Cu-vermittelter Kupplung synthetisiert wurden. Diese Urolithinderivate weisen sowohl Methoxy- als auch freie Hydroxygruppen am Biarylgrundgerüst auf und sind somit in ihrer Löslichkeit auf polar protische Lösungsmittel beschränkt. Aus diesem Grund sollte zuerst eine literaturbekannte Entschützungsmethode durch eine säurekatalysierte nukleophile Substitution unter Einsatz von 48%-iger Bromwasserstoffsäure in Essigsäure überprüft werden. Bezogen auf anfängliche Ergebnisse aus der eigenen Master-Thesis lieferte die 11-stündige Umsetzung der Urolithinderivate mit HBr bei 130 °C ausschließlich nicht trennbare Gemische aus den entschützten Zielmolekülen und den jeweiligen bromierten Nebenprodukten.[142] Die eingetretene Nebenreaktion beruht womöglich auf der Oxidation des Bromids durch Luftsauerstoff zum Brommolekül, welches den aktivierten aromatischen Ring elektrophil angreifen kann. Deshalb wurde im Folgenden versucht die Reaktionsbedingungen durch Variation der Reaktionsdauer (1 – 11 h), der HBr-Konzentration sowie der Wahl des Lösungsmittels (Acetonitril, Methanol) und Herabsetzen der Temperatur (130 °C – RT) so anzupassen, dass keine Bromierung des aromatischen Systems als Nebenreaktion eintreten konnte.

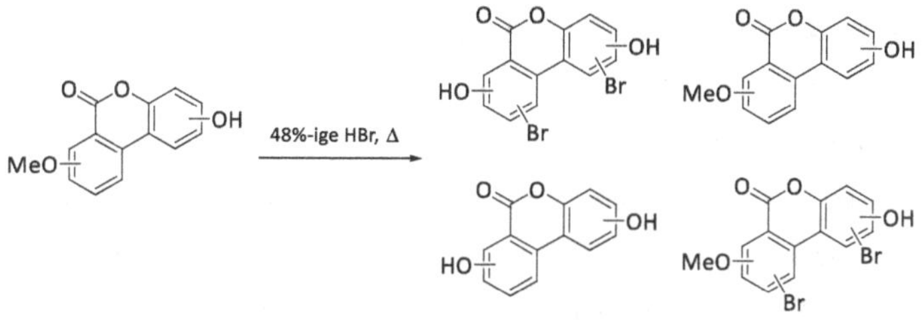

Abb. 81: Versuche der HBr induzierten Methyletherspaltung.

Durch eine verkürzte Reaktionszeit und niedrige Temperaturen erhielt man jedoch ausschließlich unvollständig entschützte Urolithinderivate bzw. die Ausgangsverbindungen konnten wieder reisoliert werden. Die etwas harscheren Bedingungen führten sofort zu bromierten Nebenprodukten oder Gemischen aus den beiden letztgenannten Spezies. Eine chromatographische Auftrennung blieb aufgrund der sehr ähnlichen Polarität der vorliegenden Derivate weiterhin nicht möglich. Auf der Basis dieser Ergebnisse konnte somit bestätigt werden, dass ein HBr-vermittelter Ansatz keine zufriedenstellende Lösung für die Spaltung der Methyletherschutzgruppen darstellt und eine alternative Methode nötig war.

Mit dem Wissen, dass Iod ein wesentlich schwächeres Elektrophil als Brom darstellt, wurde die durch elementares Brom verunreinigte Bromwasserstoffsäure durch 57%-ige Iodwasserstoffsäure ersetzt und die somit induzierte elektrophile aromatische Substitution am aktivierten Biarylsystem beseitigt. Hierzu wurden die Urolithinderivate (E-4) – (E-7) und (E-9) – (E-11) in Essigsäure suspendiert und mit HI-Lösung im Überschuss versetzt. Nach der Zugabe der HI-Lösung ging das jeweilige geschützte Urolithinderivat sofort in Lösung und fiel nach einer 12-stündigen Siedehitzebehandlung in entschützter Form wieder aus. Teilweise gelang die Fällung des gewünschten Produkts erst nach einer Abkühlung auf 4 °C über Nacht. Die so erhaltenen hydroxylierten Zielmoleküle (ZE-3) – (ZE-8) wurden im Anschluss mit gesättigter Natriumsulfit-Lösung gewaschen, um das durch Luftsauerstoff-Oxidation entstandene, überschüssige Iod zu entfernen (Tab. 35). Abschließend fand eine für die nachfolgenden biologischen Tests notwendige HPLC-Reinigung statt.

Parallel zu den HI-induzierten Entschützungsreaktionen wurde eine klassische Möglichkeit zur Methyletherspaltung durch Bortribromid untersucht.[143] Die ersten Versuche erfolgten mit etwa drei Äquivalenten BBr_3 pro abzuspaltende Methoxygruppe in trockenem Dichlormethan bei -78 °C. Zum Beenden der Reaktion wurde das Reaktionsgemisch auf Eis gegeben, wobei das Produkt ausfiel und somit durch einfache Filtration erhältlich war. Es konnte jedoch schnell festgestellt werden, dass dieser Ansatz zur Entschützung der vorliegenden Substrate nicht ausreichend stark war, da die Substrate nur teilweise entschützt vorlagen (Tab. 36, Eintrag 14, (E-24*)). Deshalb wurden im weiteren Verlauf die restlichen Urolithinderivate unter harschen Bedingungen mit einem Überschuss (durchschnittlich acht Äquivalent pro Methyletherfunktion) an 99,99%-iger BBr_3-Lösung behandelt. Dies führte zum gewünschten

Ergebnis bei vollständiger Abspaltung der Methylethergruppen ohne Nebenreaktionen und innerhalb kurzer Reaktionszeit. Alle isolierten polyhydroxylierten Urolithine (ZE) sind in den Tabellen 35 – 37 in der Reihenfolge ihrer Synthese aufgelistet und nach aufsteigendem Substitutionsmuster sortiert. Für einen besseren Überblick wurden bei der Darstellung der entschützten Urolithine ihre Ausgangssubstanzen gegenübergestellt.

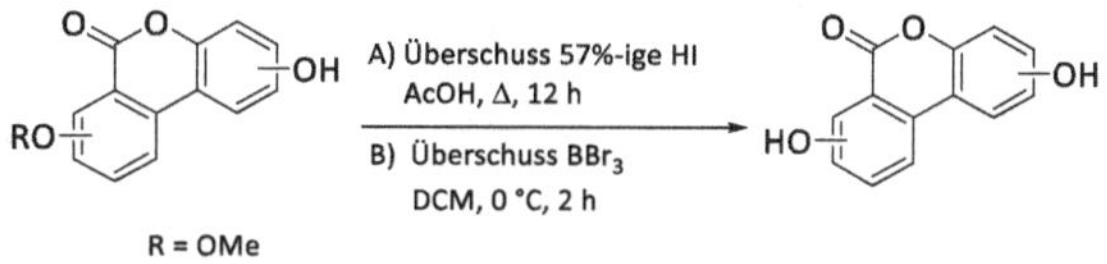

Abb. 82: HI und BBr$_3$ induzierte Methyletherspaltung.

Tab. 35: Ergebnisse der Methyletherspaltung aus der Abbildung 82.

Nr.	Edukt	Produkt	Ausbeute A) HI; B) BBr$_3$
1	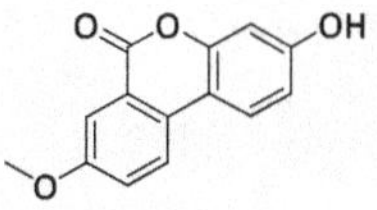 (E-4)	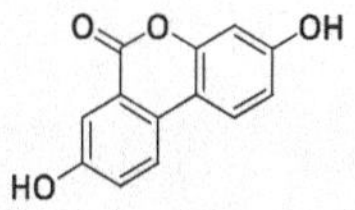 (ZE-3)	A) 57% B) 14%
2	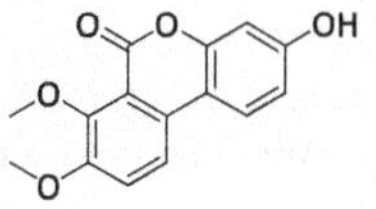 (E-5)	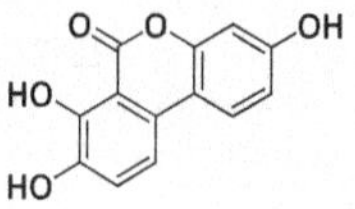 (E-5*)	-*
3	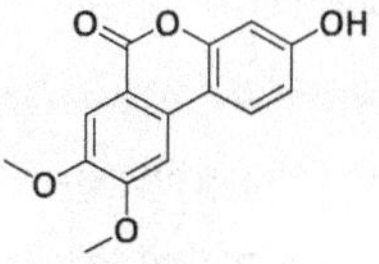 (E-6)	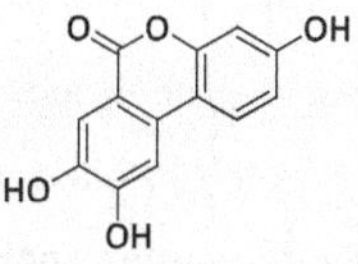 (ZE-4)	A) 58% B) 87%

4	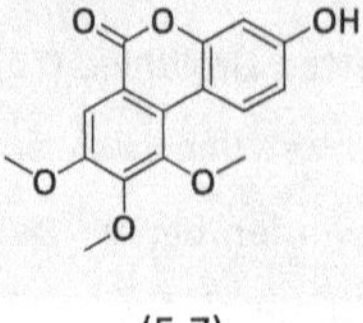 (E-7)	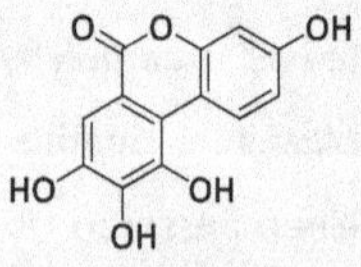 (ZE-5)	A) 2% B) 58%
5	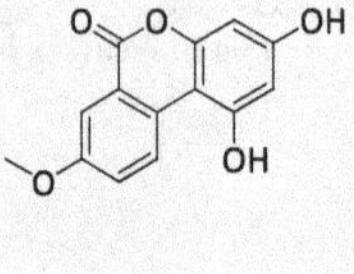 (E-9)	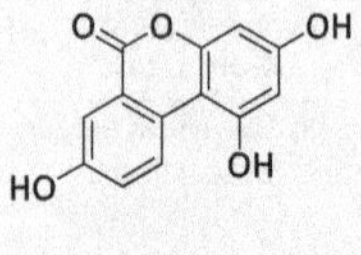 (ZE-6)	B) 26%
6	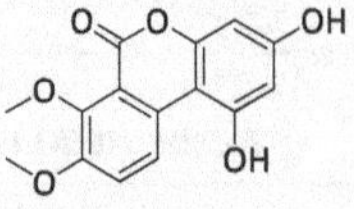 (E-10)	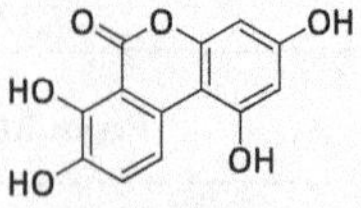 (ZE-7)	A) 94% B) 43%
7	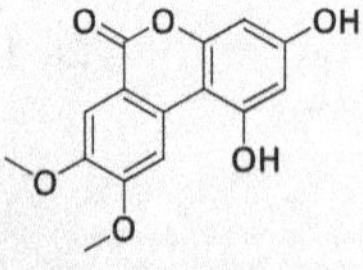 (E-11)	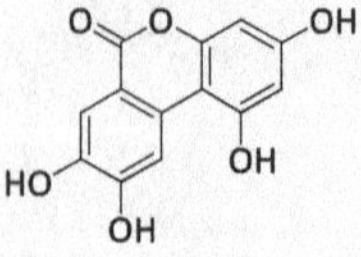 (ZE-8)	A) 87% B) 62%

* Keine Quantifizierung möglich, da die Identifizierung mittels des HR-ESI-Massenspektrums erfolgte.

Weiterhin sollten die in Kapitel III, 1.6.2 beschriebenen, durch Pd(0) katalysierte Kupplung erhaltenenen, Urolithinderivate (E-19) – (E-30) entschützt werden (Tab. 36). Dazu wurden erneut zwei Entschützungsstrategien verglichen, indem man das Substrat (E-27) sowohl unter Siedehitze und Zusatz von Iodwasserstoff (A) als auch bei tiefen Temperaturen in Anwesenheit von BBr_3 (B) umsetzte. In beiden Fällen wurden ähnlich hohe Ausbeuten (67% HI, 71% BBr_3) von (ZG-13) erhalten. Nach diesem Stand und dem Wissen, dass (E-19) – (E-30) aufgrund ihrer vollständig methoxylierten Form keine Löslichkeitsprobleme aufweisen, wurde für die weiteren Entschützungsreaktionen die BBr_3-Methode bevorzugt. Somit wurden alle Reaktionen in Gegenwart eines Überschusses an Bortribromid in trockenem DCM innerhalb einiger Stunden erfolgreich durchgeführt und man erhielt neun weitere polyhydroxylierte Zielmoleküle (ZE) (Tab. 36).

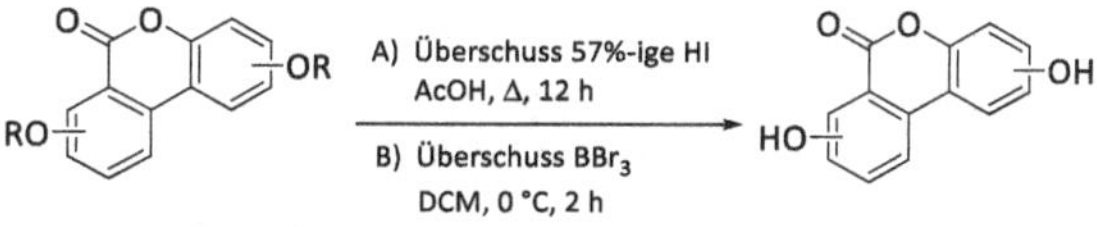

R = OMe, ACET

Abb. 83: HI und BBr_3 induzierte Methyletherspaltung von (E-19) – (E-30).

Auch wenn eine Reinigung mittels präparativer HPLC von (E-19*) und (E-21*) aufgrund der geringen Produktmasse nicht realisierbar war und diese Substanzen somit nicht NMR-spektroskopisch charakterisiert werden konnten, wurde die vollständige Abspaltung der Methylethergruppen über HR-ESI-MS nachgewiesen. Ausgenommen waren ebenso die Reaktionen von (E-23) und (E-25), da diese in ihrer vollständig entschützten Form (ZE-4, Tab. 36, Nr. 12) und (ZE-8, Tab. 36, Nr. 15) aus den vorherigen Entschützungsversuchen (Tab. 35, Nr. 3 und Nr. 7) bereits in einer ausreichenden Menge verfügbar vorlagen.

Tab. 36: Ergebnisse (Nr. 8 – Nr. 20) der Methyletherspaltung aus der Abbildung 83.

Nr.	Edukt	Produkt	Ausbeute A) HI; B) BBr_3
8	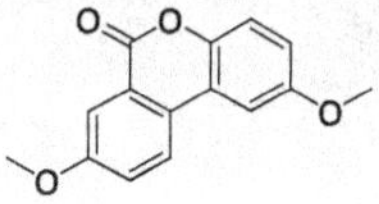 (E-19)	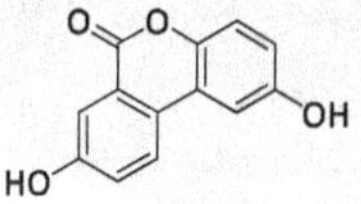 (E-19*)	-*
9	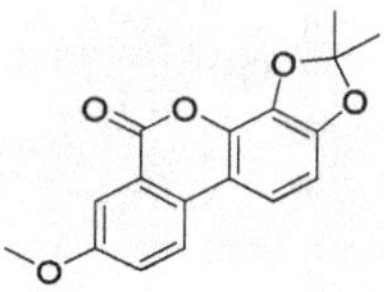 (E-20)	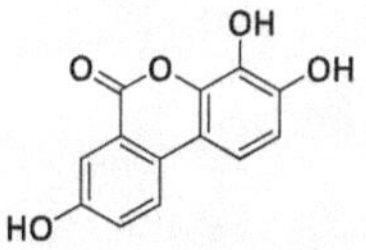 (ZE-9)	74%

10	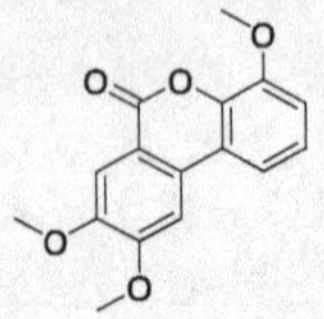 (E-21)	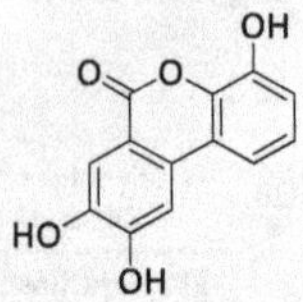 (E-21*)	-*
11	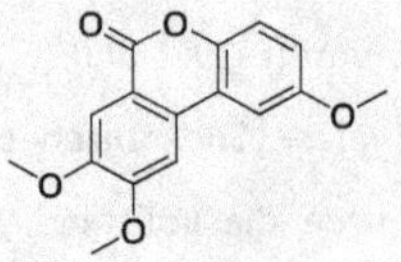 (E-22)	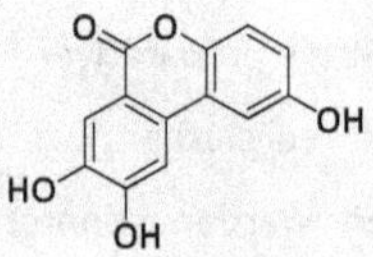 (ZE-10)	33%
12	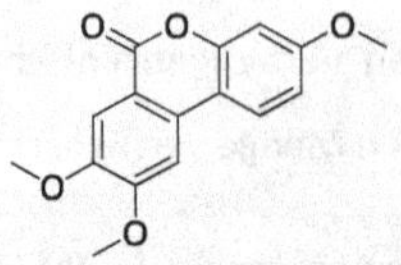 (E-23)	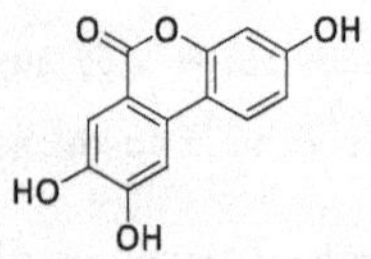 (ZE-4)	**
13	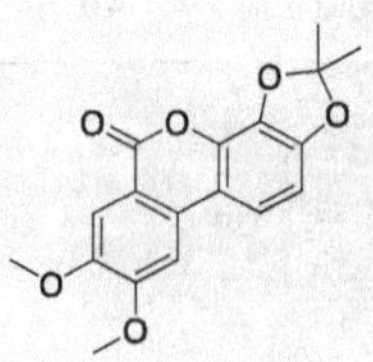 (E-24)	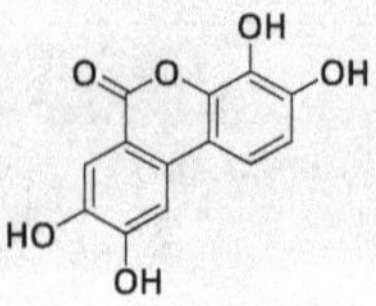 (ZE-11)	B) 74%
14	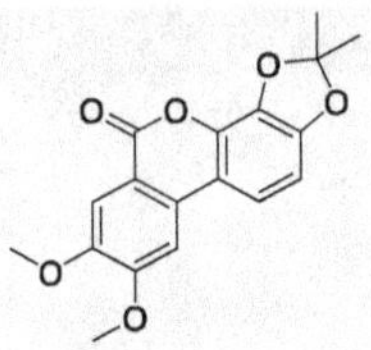 (E-24)	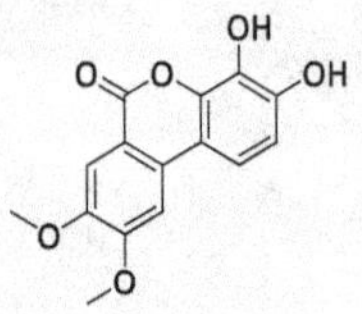 (E-24*)	74%

15	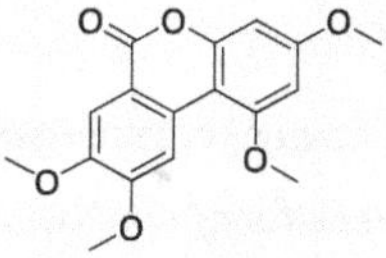 (E-25)	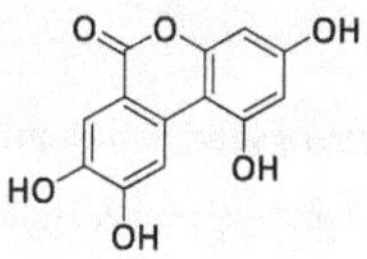 (ZE-8)	***
16	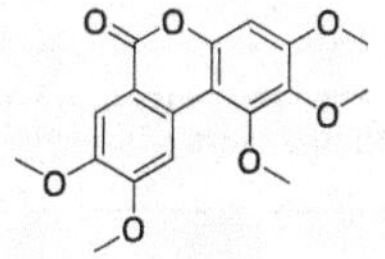 (E-26)	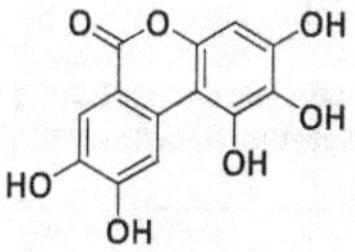 (ZE-12)	B) 88%
17	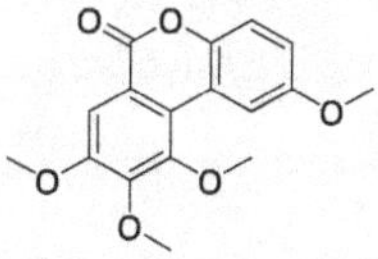 (E-27)	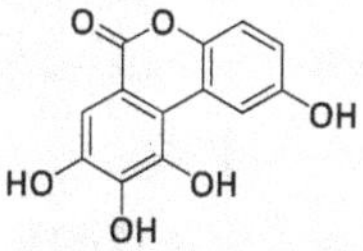 (ZE-13)	A) 67% B) 71%
18	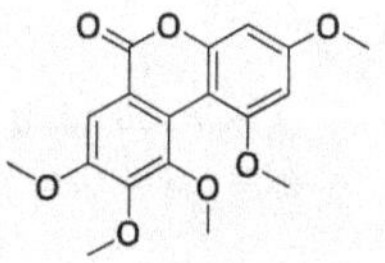 (E-28)	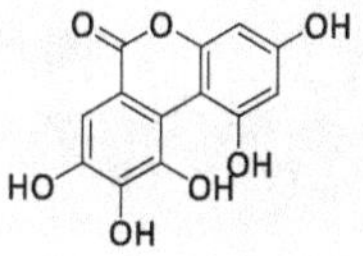 (ZE-14)	B) 54%
19	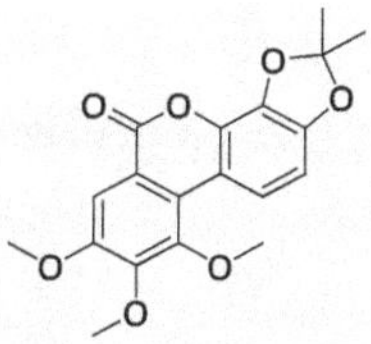 (E-29)	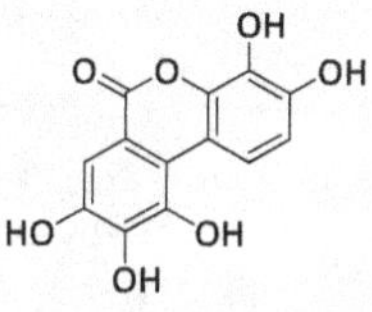 (ZE-15)	B) 44%
20	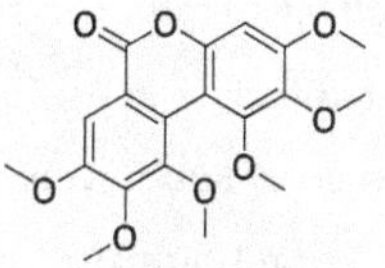 (E-30)	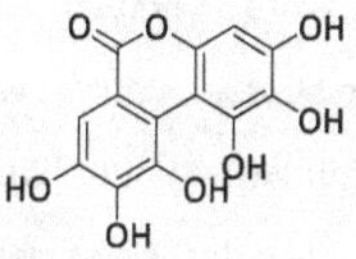 (ZE-16)	B) 91%

** Keine Quantifizierung möglich. Die Identifizierung erfolgte mittels HR-ESI-Massenspektrum*
*** siehe Tab. 35, Nr. 3; *** siehe Tab. 35, Nr. 7*

- Phenanthridinone

Analog zu den ersten Entschützungsversuchen an Urolithinen, ergaben auch die ersten BBr_3-induzierten Reaktionen (1.3 Äquiv. pro Methyletherspaltung) von (G-3), (G-6) und (G-7) ausschließlich Gemische aus teilentschützten Phenanthridinonderivaten. Diese waren in gängigen organischen Lösemitteln nicht mehr löslich und ließen sich deshalb auf chromatographischem Wege nicht trennen.

Tab. 37: Reaktionsbedingungen zur Entschützung der *N*-Phenantridinone: 1.3 Äquiv. BBr_3 pro Methyletherfunktion, $DCM_{abs.}$, -60 °C/RT, 5-6 h.

Edukt	Produkt	Ergebnis
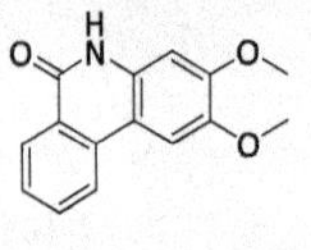 (G-3)	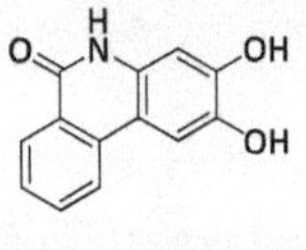 (G-3*)	Unvollständige Entschützung
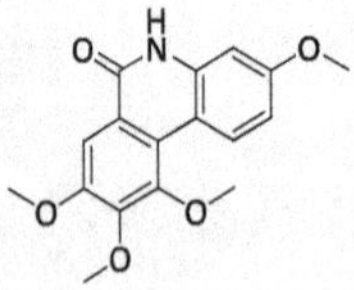 (G-6)	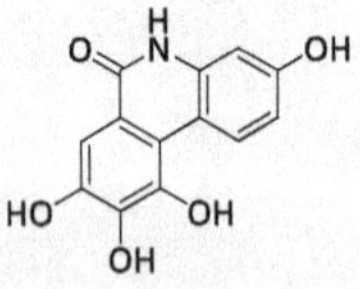 (G-6*)	Unvollständige Entschützung
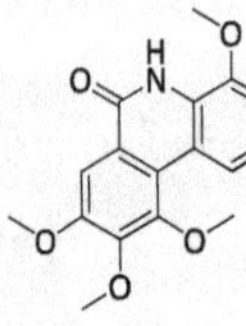 (G-7)	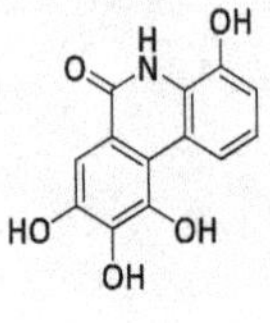 (G-7*)	Unvollständige Entschützung

In einem weiteren Experiment wurde versucht die Methylethergruppen an Verbindung (G-7) unter Verwendung eines Überschusses von Iodwasserstoffsäure in Acetonitril zu entfernen. Nachdem die Ausgangsverbindung (G-7) neun Stunden unter Rückfluss erhitzt wurde, konnte hier im Gegensatz zu den Urolithinderivaten nahezu keine Umsetzung beobachtet werden (Abb. 84).

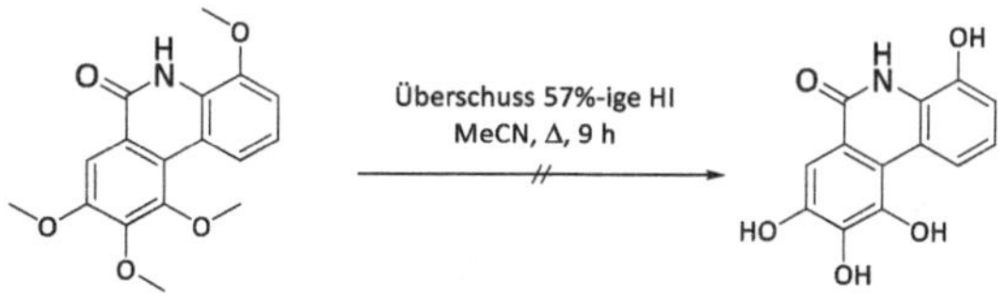

(G-7) (G-7*)

Abb. 84: Versuch einer HI-induzierten Methyletherspaltung von (G-7).

Nach mehreren Optimierungsversuchen gelang es schließlich die vollständig entschützten Phenanthridinone (ZG-1 - ZG-7) mit Hilfe eines Überschusses an Bortribromid in hohen Ausbeuten (64-89%) zu erhalten (Tab. 38). Der entscheidende Vorteil dieser Methode war die Möglichkeit zur gleichzeitigen Spaltung der C-O- sowie der C-N-Bindung, sodass sowohl Methylether- als auch Benzyl- bzw. PMB-Schutzgruppen in einem Schritt entfernt werden konnten.

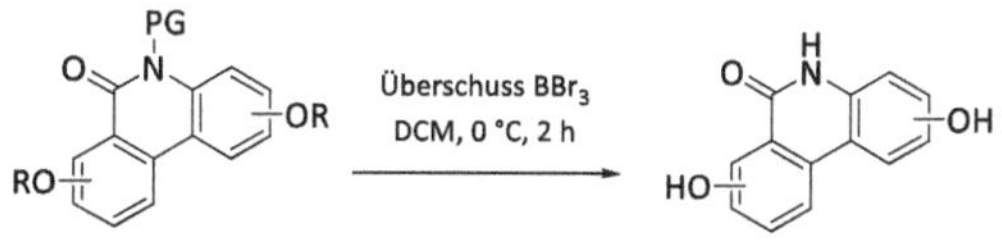

R = OMe
PG = Bn, PMB

Abb. 85: BBr_3-induzierte Entschützung der Phenanthridinone.

Tab. 38: Ergebnisse der Abspaltungsreaktionen aus der Abbildung 85.

Nr.	Edukt	Produkt	Ausbeute
1	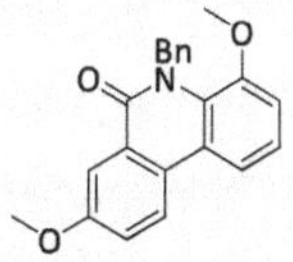 (G-15)	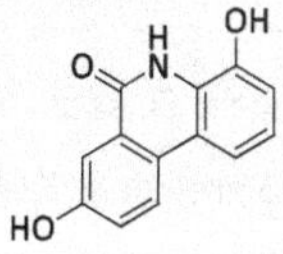 (ZG-1)	88%
2	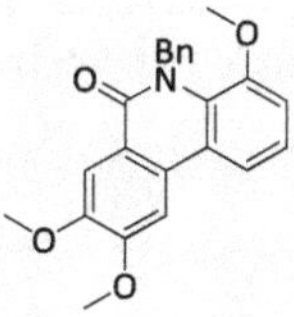 (G-9)	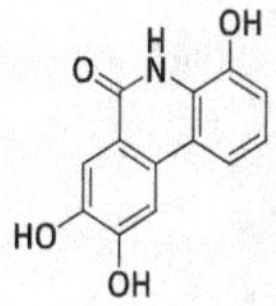 (ZG-2)	81%

3	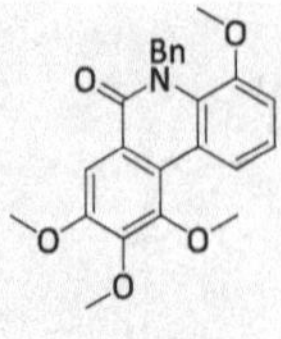 (G-16)	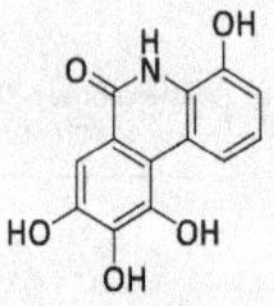 (ZG-3)	64%
4	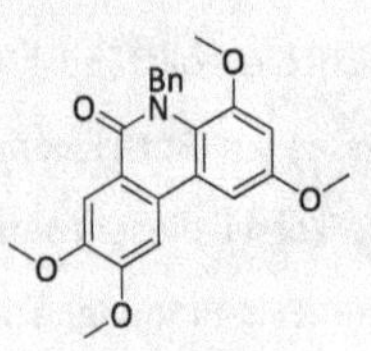 (G-12)	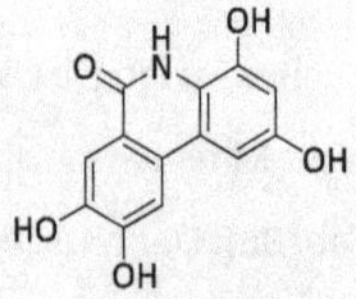 (ZG-4)	68%
5	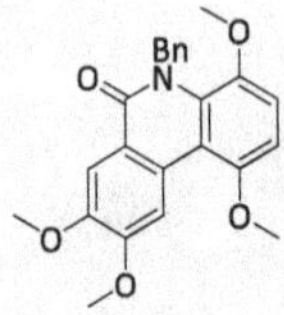 (G-13)	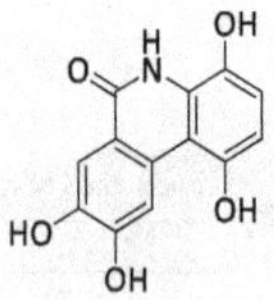 (ZG-5)	82%
7	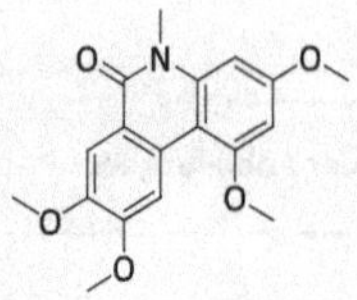 (G-5)	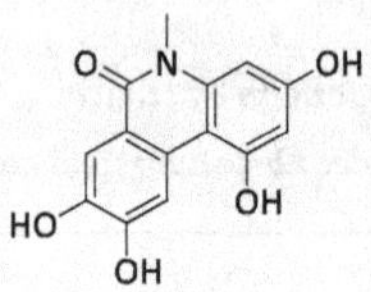 (ZG-6)	73%

Obwohl die harschen Bedingungen unter Einsatz von einem Überschuss an 99,99%-iger BBr_3-Lösung ausnahmslos zu einer erfolgreichen Entfernung der Methyletherschutzgruppen führten, erwies sich die Spaltung der C-N-Bindung bei der Entschützung der Amidgruppe in einzelnen Fällen als problematisch. So wurden neben den erfolgreich dargestellten Zielmolekülen (ZG-1) – (ZG-7) auch einige benzylethergeschützte Phenanthridinonderivate erhalten (Abb. 86).

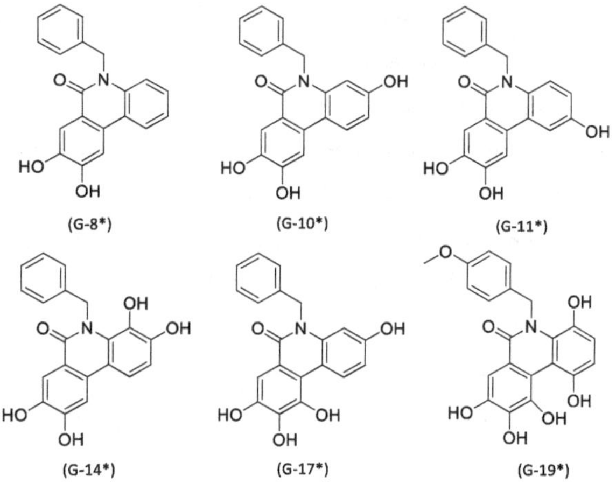

Abb. 86: Unvollständig entschützte Biarylamide.

Folgende strategische Überlegungen sahen vor, die Benzylschutzgruppe mit Hilfe einer Palladium- oder Rhodium-katalysierten Hydrogenolyse in protischen Lösungsmitteln zu entfernen. Die Testreaktionen wurden ausgehend von dem tetrahydroxylierten Benzylamid (G-17*) in Gegenwart von einem der drei Übergangsmetallkatalysatoren (Pd, Rh und $Pd(OH)_2$) auf Aktivkohle unter einer Atmosphäre von elementarem Wasserstoff durchgeführt (Abb. 87). Unter den gegebenen Bedingungen kam es jedoch nicht zur reduktiven Spaltung der C-N-Bindung. Weitere Versuche zur reduktiven Abspaltung der Benzylschutzgruppe unter drastischen Bedingungen, wie etwa eine Erhöhung des Wasserstoffdrucks oder die Verwendung von elementarem Lithium in Kombination mit Naphthalin, sollten vorerst unterlassen werden, um eine unerwünschte Reduktion des gesamten Biarylsystems auszuschließen.

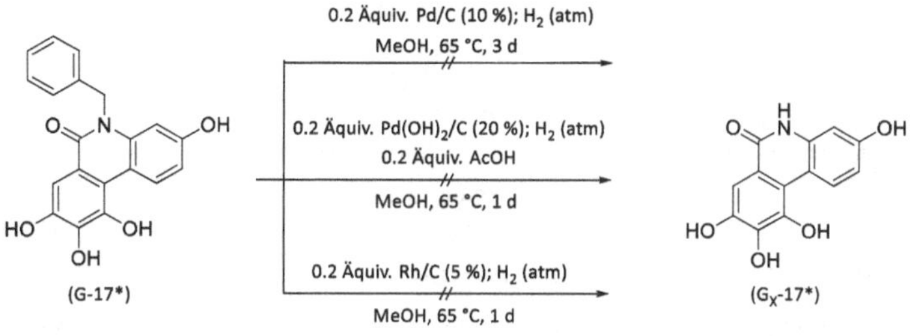

Abb. 87: Versuche zur hydrogenolytischen Abspaltung der Benzylgruppe an Verbindung (G-17*).

Aufgrund dieser Schwierigkeiten wurde erneut auf die bisher am besten geeigneten Reaktionsbedingungen durch Zusatz eines Überschusses von BBr_3 zurückgegriffen. Diesmal wurde das Reaktionsverhalten von Phenanthridinonverbindung mit unterschiedlichen Schutzgruppen am Stickstoffatom unter den oben genannten Bedingungen verglichen. Die Auswahl der Ausgangssubstanzen fiel einerseits auf ein Substrat mit der schwer abspaltbaren Bn-Schutzgruppe (G-14) und andererseits auf die analoge Verbindung mit der sowohl reduktiv als auch oxidativ abspaltbaren PMB-Schutzgruppe (G-18) (Abb. 88). Nach der durchgeführten Reaktion konnte mittels HR-ESI-MS eindeutig festgestellt werden, dass sich die elektronenreichere PMB-Schutzgruppe aufgrund des zusätzlichen +M-Effekts durch die zum Amid *para*-stehende Methoxygruppe leichter abspalten lässt. Somit bestätigte sich die Vermutung, dass die PMB-Gruppe aufgrund ihrer Stabilität und späteren Abspaltungsmöglichkeit, im Vergleich zu den Methyl-, Boc- oder Benzyl-Gruppen, eine der am besten geeigneten Schutzgruppen zur Darstellung von polyhydroxylierten Phenanthridinonen (ZG) ist. Zukünftig können weitere Ansätze von PMB-geschützten Derivaten intensiver für die Synthese von Phenanthridinonen untersucht werden.

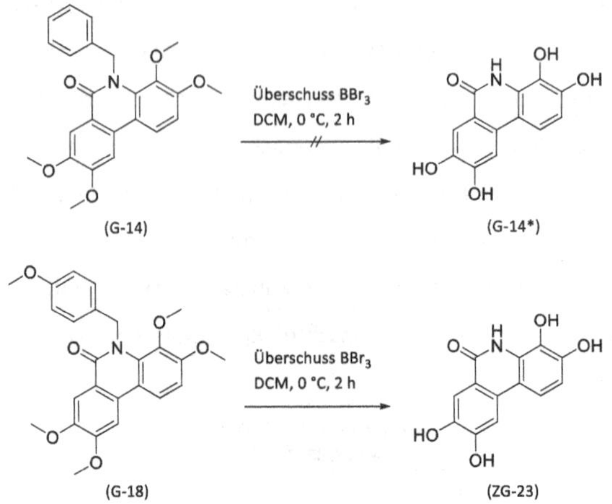

Abb. 88: Gegenüberstellung der Entschützungsreaktionen von Bn-geschützten (G-14) und PMB-geschützten (G-18) Substraten.

In der vorliegenden Dissertation konnten zwei geeignete Synthesewege zur Darstellung von zahlreichen Urolithinen (ZE) und Phenanthridinonen (ZG) entwickelt werden. Entsprechend der gesetzten Aufgabenstellung wurden die meisten dieser erfolgreich synthetisierten

Zielsubstanzen im nächsten Schritt auf ihre biologische Aktivität gegenüber dem Enzym Topoisomerase II-α untersucht, welche im Folgenden genauer beschrieben wird.

2 Biologische Untersuchungen

2.1 Hemmung der Topoisomerase II-α – Dekatenierungsassay

Bezug nehmend auf die einleitenden Kapitel I, 3.1 und 3.2, werden hydroxylierten Biphenylen wie den Urolithinen und ihren Stickstoff-Analoga, den Phenanthridinonen, belegt durch eine Vielzahl von *in vitro-* und *in vivo*-Studien vielfältige gesundheitsfördernde Wirkungen zugesprochen. Besonders die in Hinblick auf die Krebsforschung positiv aufgefallenen Ergebnisse veranlassten zahlreiche weitere Studien zur Untersuchung der zugrundeliegenden molekularen Mechanismen der beiden Stoffgruppen. So zeigten beispielsweise bisherige Arbeiten im Arbeitskreis von Prof. Gatto an unserer Kooperations-Universität in Padua (Pharmazeutisches Institut, Universität Padua, Italien), dass mehrfach hydroxylierte Urolithine in der Lage sind die Aktivität eines für zelluläre Vorgänge essentiellen Enzyms, der TOPO II, potent zu hemmen und schlussfolgernd die schnelle Proliferation von malignen Zellen zu reduzieren.[75] Anknüpfend an diese Ergebnisse bestand das große Interesse den bislang noch nicht untersuchten Zusammenhang zwischen der chemischen Struktur der oben genannten Biphenyle und ihrer Wirkungsstärke bezüglich der Inhibierung des Enzyms TOPO II in der vorliegenden Dissertation aufzuklären. Dazu wurden die in den vorherigen Kapiteln beschriebenen, durch systematische Variation des Substitutionsmusters dargestellten, Biphenyle mit einem Urolithin- bzw. einem Phenanthridinon-Grundgerüst auf ihre inhibitorische eigenschaften gegenüber TOPO II angewendet. Zur Bestimmung ihrer inhibitorischen Fähigkeiten wurde ein Dekatenierungsassay gewählt, bei dem eine verknotete kDNA als Substrat diente. Das Testprinzip des verwendeten Dekatenierungsassays sowie die erhaltenen Testergebnisse werden nachfolgend näher beleuchtet. Eine detaillierte Methodenbeschreibung kann im Anhang Kap. IV, 3.2.1 nachgeschlagen werden. Die notwendigen Voruntersuchungen bezüglich Substanzstabilität im wässrigen Puffer-Milieu wurden mit Hilfe von UV/vis Messungen geprüft und befinden sich ebenfalls im experimentellen Teil Kapitel V, 3.

Das Testprinzip des Dekatenierungsassays wird am Beispiel eines Tests in der Abb. 89 verdeutlicht.

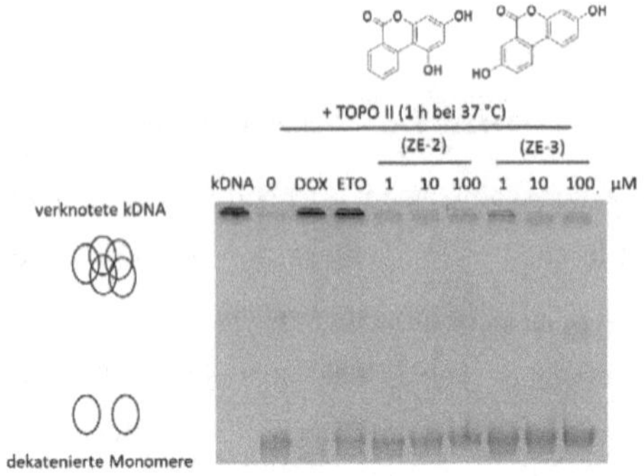

Abb. 89: Dekatenierungsassay am Beispiel von (ZE-2) und (ZE-3) mit TOPO II.

Die in den Dekatenierungsassays verwendete kDNA (Lauf 1, Abb. 89) bildet ein hochmolekulares Netzwerk aus einzelnen ineinander verknüpften DNA-Doppelstrangzirkeln, das aufgrund seiner hohen Molekulargröße nicht in das Agarosegel migrieren kann und als Kontrolle (Lauf 1) dient. In Anwesenheit des aktiven Enzyms TOPO II kann dieses verknotete Netzwerk durch einen transienten Doppelstrangbruch in die einzelnen DNA-Zirkel getrennt werden. Die freien DNA-Zirkel sind anschließend in der Lage in das Agarosegel zu migrieren, sodass keine kDNA mehr in der Tasche verbleibt (Lauf 2, Abb. 89). Die TOPO II Gifte Doxorubicin (DOX) (20 µM) und Etoposid (ETO) (100 µM) weisen eine vollständige Inhibierung des Enzyms auf und werden als Positivkontrollen (Abb 1, Lauf 3 und 4) mitgeführt. Die in diesem Dekatenierungsassay beispielhaft getesteten Substanzen (ZE-2) und (ZE-3) zeigen keine Hemmung des Enzyms und die aufgespaltene kDNA migrierte in das Gel (Abb. 89, Lauf 5-10). Da die beiden DNA-Formen (verknotet und dekateniert) ein unterschiedliches Wanderungsverhalten besitzen, lassen sie sich mittels Agarosegelelektrophorese trennen. Die quantitative Auswertung erfolgte anhand der gemessenen UV/vis Lichtintensität der verbleibenden kDNA in der jeweiligen Tasche im Verhältnis zum nicht migrierbaren kDNA Netzwerk aus dem Kontrolllauf 1 (100%). Um mögliche Fehler bei der Durchführung der Experimente auszuschließen, wurden die Substanzergebnisse durch mindestens dreifache Wiederholung der Dekatenierungsassays validiert.

Die Untersuchung zur Beeinflussung der katalytischen Aktivität von TOPO II wurde mit mono- bis tetrahydroxylierten Urolithinen (ZE-1), (ZE-2), (ZE-3) und (ZE-7) im Konzentrationsbereich von 1-100 µM begonnen. Nach der Behandlung der kDNA mit jeweils einem der oben genannten Biphenyle bzw. den Kontrollsubstanzen Doxorubicin (DOX) (20 µM) und Etoposid (ETO) (100 µM) unter Zugabe des Enzyms wurde das Stoffgemisch für 60 min bei 37 °C inkubiert. Der Aktivitätsnachweis erfolgte anschließend durch Trennung der verknoteten und der dekatenierten DNA-Formen mittels Agarosegelelektrophorese und ist in der Abb. 90 dargestellt.

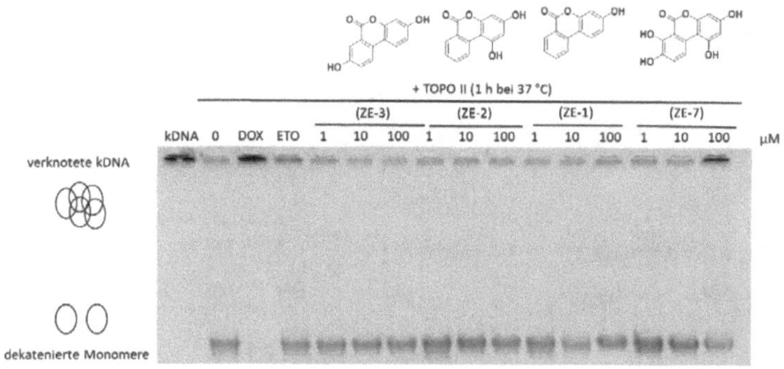

Abb. 90: Dekatenierungsassay für (ZE-1) – (ZE-3) und (ZE-7) bis zu einer Konzentration von 100 µM.

Wie zuvor erläutert befinden sich in den ersten vier Taschen die positiven und negativen Kontrollen. So verbleibt die unbehandelte kDNA (Abb. 90, Lauf 1) in der Tasche und die mit TOPO II behandelte kDNA migriert vollständig in das Agarosegel (Abb. 90, Lauf 2, neg. Kontrolle). Weiterhin erkennt man beim Doxorubicin eine Hemmung des Enzyms (Abb. 90, Lauf 3, pos. Kontrolle), während die zweite Kontrolle durch das Etoposid vermutlich aufgrund eines Pipettierfehlers positiv ausfällt. In diesem Fall konnte fast die gesamte kDNA durch das Enzym dekateniert werden. Die Testergebnisse der mono- und dihydroxylierten Urolithine (ZE-1), (ZE-2) und (ZE-3) zeigen im Bereich bis zu 100 µM wiederholt keine Aktivität und werden von weiteren Tests ausgeschlossen. Das tetrasubstituierte Urolithin (ZE-7) hemmte das Enzym bei der höchsten getesteten Konzentration von 100 µM und wurde nachfolgend genauer untersucht.

Infolge der anfänglichen Ergebnisse wurde der Dekatenierungsassay erneut mit dem aktiven Urolithin (ZE-7) sowie zwei weiteren tetrasubstituierten Konstitutionsisomeren (ZE-13) und (ZE-8) im gleichen Konzentrationsbereich (1, 10 und 100 µM) überprüft (Abb. 91). Da sich das Verbindung (ZE-7) diesmal aber als inaktiv zeigte, wurde der Test aufgrund des widersprüchlichen Ergebnisses für diese Substanz nochmal in der (Abb. 93) wiederholt. Die Urolithine (ZE-13) und (ZE-8) erwiesen sich als aktive TOPO II Inhibitoren ab 100 µM.

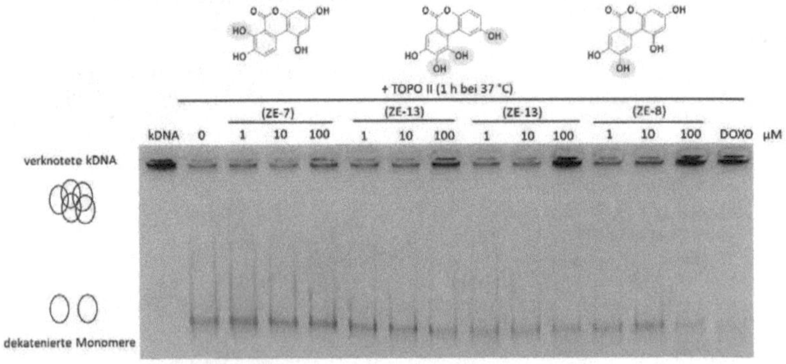

Abb. 91: Dekatenierungsassay für (ZE-7), (ZE-13) und (ZE-8) bis zu einer Konzentration von 100 µM.

Um die oben erhaltenen Ergebnisse zu verifizieren und den Konzentrationsbereich für die katalytische Aktivität von (ZE-7) und (ZE-8) gegenüber TOPO II genauer einzugrenzen, wurden die Tests nochmals bei niedrigen Konzentrationen durchgeführt. Somit konnte festgestellt werden, dass beide Moleküle trotz des unterchiedlichen Substitutionsmusters das Enzym TOPO II ab einer Konzentration von 75 µM hemmen (Abb. 92). Weitere Eingrenzungen für die Bestimmung der genauen Inhibierungskonzentration waren jedoch notwendig.

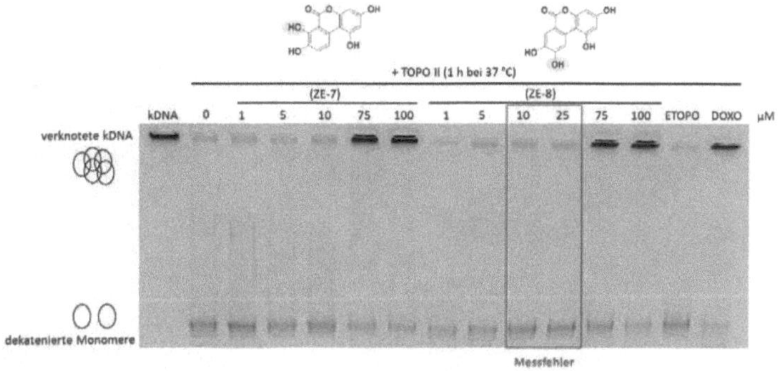

Abb. 92: Gegenüberstellung von Dekatenierungsassays für (ZE-7) und (ZE-8) bis zu einer Konzentration von 100 µM.

Anhand der in der Tasche verbliebenen kDNA-Banden aus der Abb. 93 wurde für das Substrat (ZE-7) ein IC_{50}-Wert von 43.1 ± 0.1 µM ermittelt. Der aus der Abb. 94 hervorgegangene IC_{50}-Wert von (ZE-13) lag im Vergleich dazu bei einer niedrigeren Konzentration von 27.5 ± 5.1 µM. Obwohl beide Verbindungen die gleiche Anzahl an Hydroxygruppen aufweisen, scheint die Positionierung dieser Gruppen (2'- vs. 4'-Position) ebenfalls einen großen Einfluss auf die katalytische Aktivität gegenüber dem Enzym auszuüben.

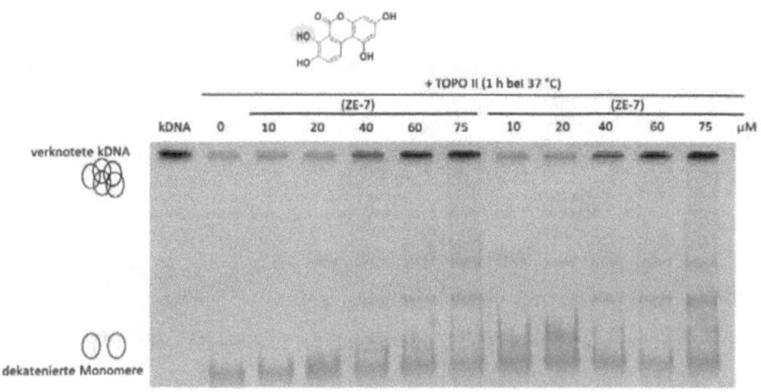

Abb. 93: Dekatenierungsassay zur Bestimmung des IC_{50}-Wertes für (ZE-7).

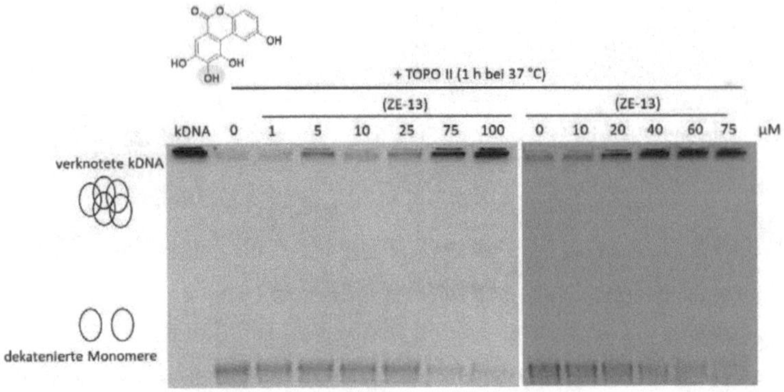

Abb. 94: Dekatenierungsassay zur Bestimmung des IC_{50}-Wertes für (ZE-13).

Darüber hinaus wurde eine tetrahydroxylierte Substanz (ZE-11) (Abb. 95, rechts und Abb. 96) mit einer Hydroxygruppe im B-Ring an der 7'-Position untersucht. Diese zeigte in Folge eine effektive Hemmung der TOPO II im niedrigen mikromolaren Bereich von IC_{50} = 1.6 ± 0.7 µM.

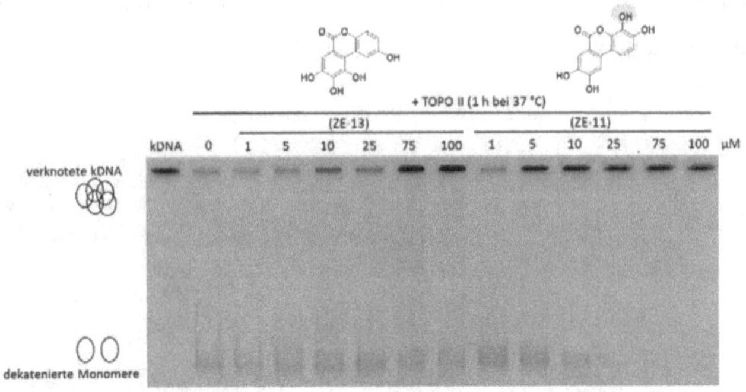

Abb. 95: Dekatenierungsassay für (ZE-13) und (ZE-11) bis zu einer Konzentration von 100 µM.

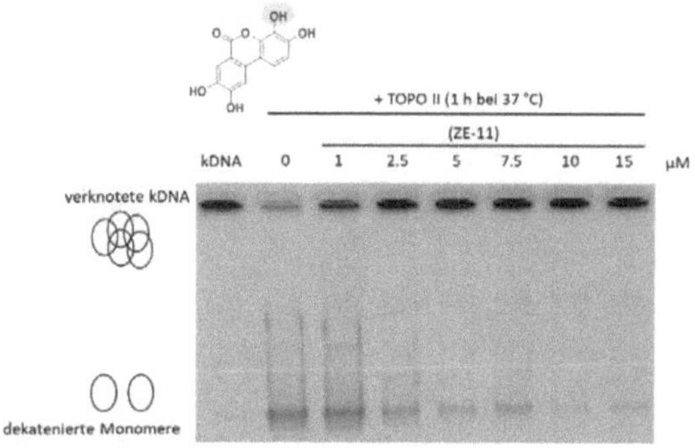

Abb. 96: Dekatenierungsassay zur Bestimmung des IC_{50}-Wertes für (ZE-11).

Die Gegenüberstellung der Ergebnisse von (ZE-11) und (ZE-8) verdeutlicht, dass die Verbindung (ZE-11) mit der OH-Gruppe an der 7'-Position eine stärkere Hemmwirkung (IC_{50} = 1.6 ± 0.7 µM, Abb. 96) gegenüber TOPO II besitzt als Verbindung (ZE-8) mit der OH-Gruppe an der Position 10' (IC_{50} = 9.5 ± 0.4 µM) (Abb. 97).

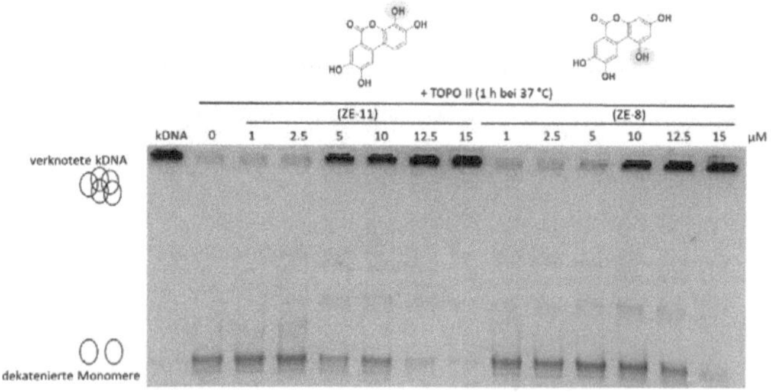

Abb. 97: Gegenüberstellung von Dekatenierungsassays für (ZE-11) und (ZE-8) in niedrig mikromolaren Konzentrationen bis zur 15 µM. Bestimmung des IC_{50}-Wertes für (ZE-11).

Ein Vergleich der tetrahydroxylierten Substanzen (ZE-11) und (ZE-7) ist in der Abb. 98 dargestellt. Auch hierbei erwies sich das Urolithin (ZE-11) mit OH-Gruppen an den Positionen 2' und 7' als ein deutlich stärkerer Enzyminhibitor (IC_{50} = 1.6 ± 0.7 µM) als die an den Positionen 4' und 10' hydroxylierte Substanz (ZE-7) (IC_{50} = 43.1 ± 0.1 µM, 5).

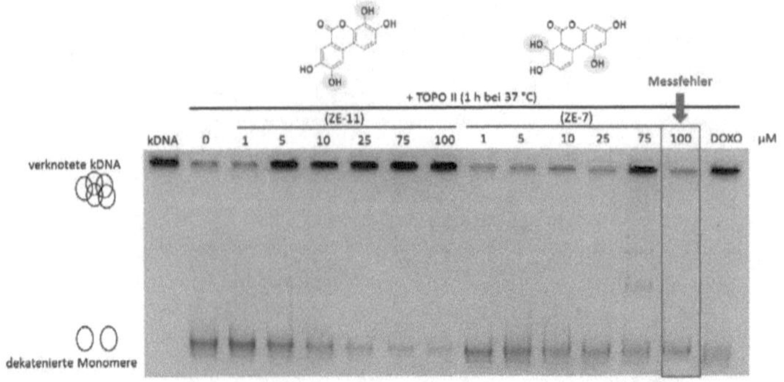

Abb. 98: Gegenüberstellung von Dekatenierungsassays für (ZE-11) und (ZE-7) bis zu einer Konzentration von 100 µM.

Außerdem stellte sich die Frage nach dem Einfluss von Methoxygruppen gegenüber den Hydroxygruppen. Dazu wurden die Zielmoleküle (ZE-11) und (ZE-8) jeweils mit ihren methoxylierten Vorläufern (E-24*) und (E-13) verglichen (Abb. 99 und Abb. 100). So wurde festgestellt, dass die freien OH-Gruppen in Positionen 2′ und 3′ zur stärkeren Hemmung des Enzyms beitragen (IC_{50}(ZE-11) = 1.6 ± 0.7 µM, Abb. 99, links) als ihr methoxylierter Vorläufer (IC_{50}(E-24*) = 31.7 ± 4.5 µM, Abb. 99, rechts). Erwähnenswert ist auch die Inaktivität des hier nicht abgebildeten, vollständig methoxylierten Vorläufermoleküls (E-25) im Konzentrationsbereich bis zu 100 µM. Als positiver Kontrolle diente in diesem Fall die Ellagsäure (EA).

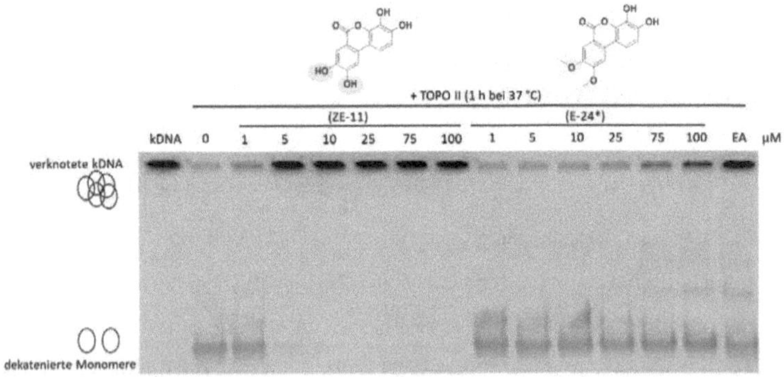

Abb. 99: Einfluss der Art der Substituenten (Hydroxy vs. Methoxy) auf die Inhibition von TOPO II am Vergleich der Urolithine (ZE-11) und (E-24*).

Ein anderes Verhalten wurde beim Vergleich der hydroxylierten Verbindung (ZE-8) und ihrem methoxylierten Vorläufer (E-11) beobachtet. Beide Substrate hatten in diesem Fall beinahe gleiche Konzentrationswerte bezüglich der spezifischen Inhibierung von TOPO II: IC_{50}(ZE-8) = 9.5 ± 0.4 µM, IC_{50}(E-11) = 8.0 ± 1.4 µM)) (Abb. 100).

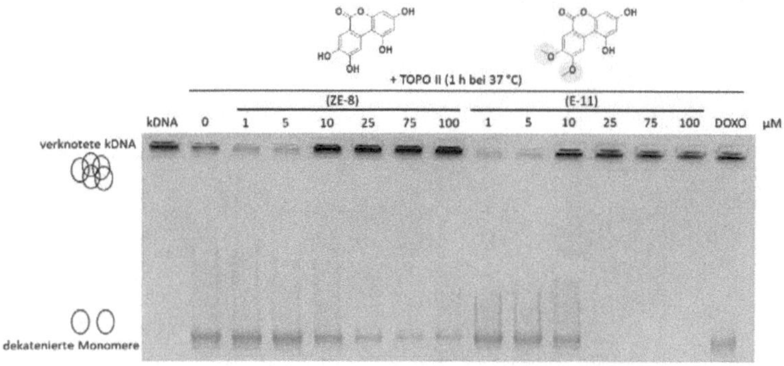

Abb. 100: Einfluss der Art der Substituenten (Hydroxy vs. Methoxy) auf die Inhibition von TOPO II am Vergleich der Substanzen (ZE-8) und (E-11).

Die teilmethoxylierten Vorläufer (E-24*) und (E-11) sind in der (Abb. 101) nochmals zum besseren Vergleich gegenübergestellt.

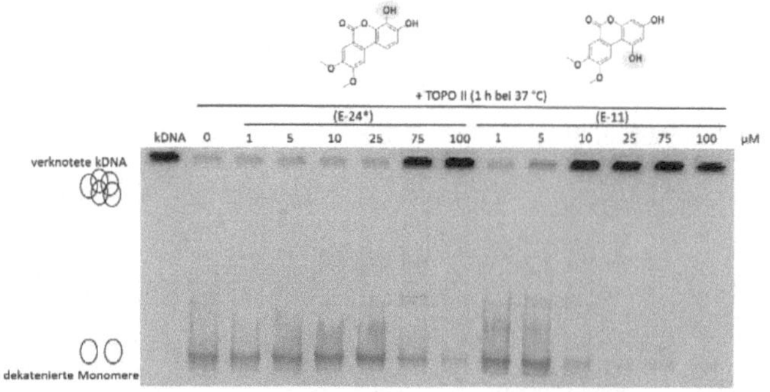

Abb. 101: Gegenüberstellung der Dekatenierungsassays der teilmethoxylierten Verbindungen (E-24*) und (E-11)

Zusätzlich zu den mono-, di- und tetrahydroxylierten Biphenylderivaten folgten Vergleiche zu den trisubstituierten Urolithinen (ZE-4), (ZE-9) und (ZE-10). Unter den drei erwähnten Urolithinen wies die Verbindung (ZE-9) mit IC_{50} = 8.7 ± 0.8 µM die höchste inhibitorische Wirkung auf, was auf die die OH-Gruppe in Position 7′ zurückzuführen ist. Die Verbindung (ZE-10) mit einem IC_{50}-Wert von 25.8 ± 4.3 µM deutet auf den positiven Einfluss der OH-Gruppe in der Position 9′ (Abb. 102).

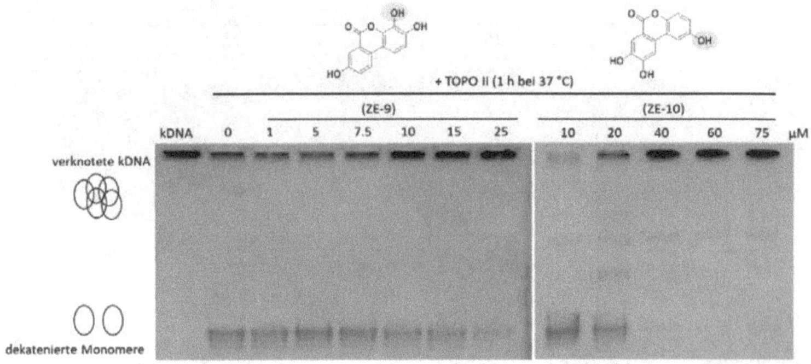

Abb. 102: Dekatenierungsassay zur Bestimmung des IC_{50}-Wertes für (ZE-9) und (ZE-10).

Die Verbindung (ZE-4) war dagegen in seiner Hemmaktivität gegenüber TOPO II weniger wirksam (IC_{50} = 79.3 ± 6.0 µM). Vergleicht man das letztgenannte Ergebnis mit dem der Substanz (ZE-11), wird eine wesentliche Verbesserung der Hemmung (um ca. zwei Größenordnungen, IC_{50}(ZE-11) = 1.6 ± 0.7 µM) durch eine zusätzliche OH-Gruppe in der Position 7′ erkennbar (Abb. 103).

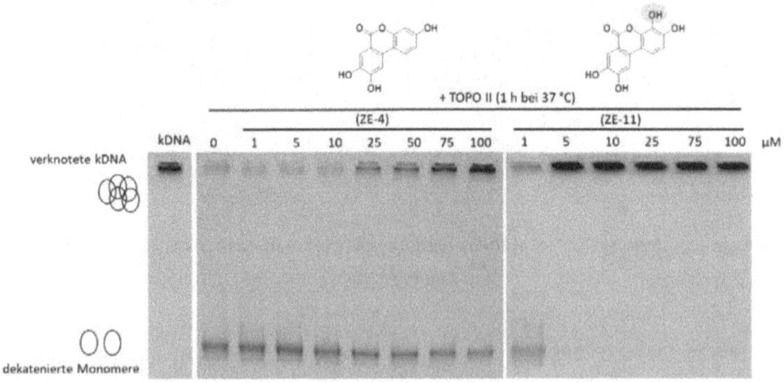

Abb. 103: Dekatenierungsassay zur Bestimmung des IC_{50}-Wertes für (ZE-4) und Gegenüberstellung mit (ZE-11).

Bei den vollständig geschützten Phenanthridinonen (G-12) und (G-8) war eine vorherige Behandlung im Ultraschallbad (30 min) zur Homogenisierung der Probe notwendig. Dennoch erwiesen sich beide Substanzen nach der anschließenden Inkubation bis zu einer Konzentration von 100 µM als unwirksam (Abb. 104).

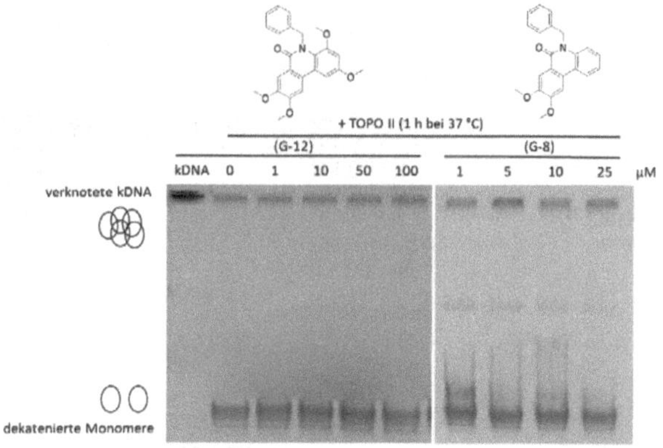

Abb. 104: Dekatenierungsassay für (G-12) und (G-8) nach einer Ultraschallbadbehandlung.

Ebenso unwirksam waren Phenanthridinon-1 und das Derivat (G-6) Derivate (Abb. 105). Die schwach hemmende Wirkung der methylethergeschützten Phenanthridinone (G-3) und (G-7) wurde erst in einem wiederholten Dekatenierungsassay erkannt (Abb. 106). Beide zeigen eine sichtbare Hemmung der katalytischen Aktivität bei einer hohen Konzentration von etwa 100 µM (IC_{50}(G-7) > 100 µM, IC_{50}(G-3) = 95.4 ± 8.7 µM).

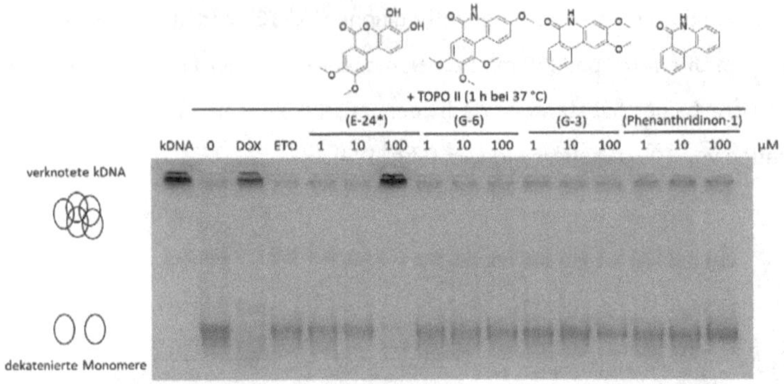

Abb. 105: Untersuchung der TOPO II Aktivität in Abhängigkeit von Phenanthridinonderivaten (G-6), (G-3) und (Phenanthridinon-1) anhand de Dekatenierungsassays bis zu einer Konzentration von 100 µM. (E-24*) dient als positive Kontrolle.

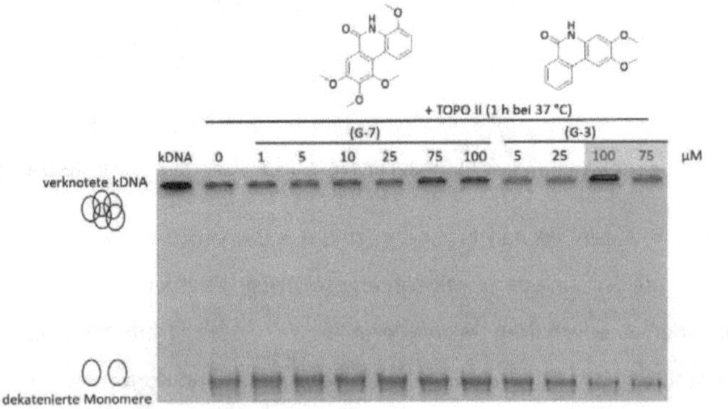

Abb. 106: Dekatenierungsassay für die Phenanthridinonderivate (G-7) und (G-3) bis zu einer Konzentration von 100 µM.

Nachdem keines der geschützten Phenanthridinone eine ausreichende Inhibierung der katalytischen Aktivität vorweisen konnte, sollte die hemmende Wirkung der vollständig entschützten Phenanthridinone untersucht werden. Zu diesem Zeitpunkt stand jedoch nur ein dihydroxyliertes Phenanthridinonderivat (ZG-1) zur Verfügung. Dieses zeigte vergleichbar zu seinen dimethoxylierten Urolithinanaloga (ZE-2 und ZE-3) sowohl in niedrigen Konzentrationen von 1 und 10 µM, als auch bei hoher Konzentration von 100 µM keine Hemmung des Enzyms (Abb. 107). Aufgrund der fehlenden Daten können Vergleichswerte der tri- und tetrahydroxylierten Phenanthridinone erst zukünftig vervollständigt werden.

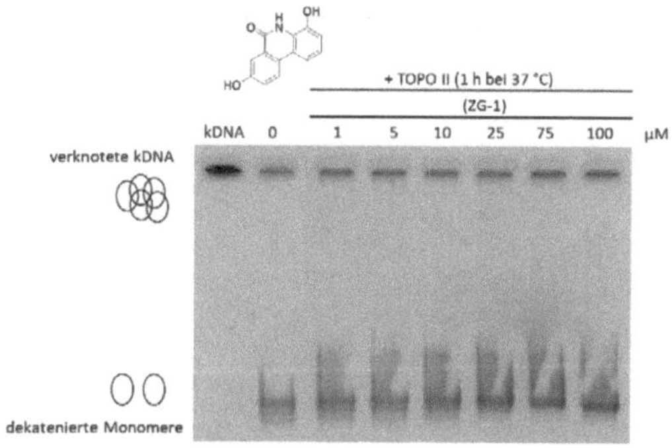

Abb. 107: Dekatenierungsassay für (ZG-1) bis zu einer Konzentration von 100 µM.

Alle in diesem Teil der Arbeit biologisch untersuchten Zielsubstanzen sind in der Tabelle 39 und Tabelle 40 zusammengefasst und anhand ihrer Aktivität gegenüber TOPO II als inaktiv oder aktiv eingeteilt.

Tab. 39: Übersicht der untersuchten Urolithine auf ihre inhibitorische Wirkung gegenüber TOPO II.

aktive Urolithine

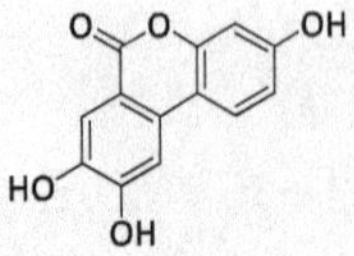

(ZE-4)

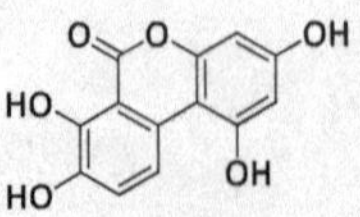

(ZE-7)

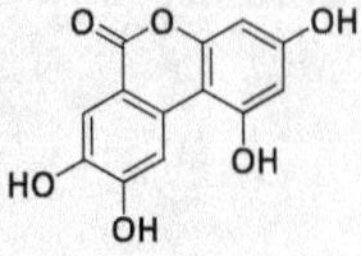

(ZE-8)

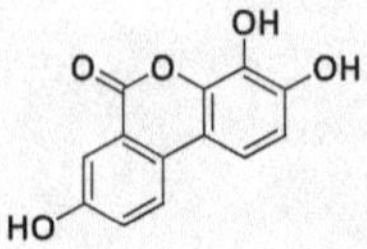

(ZE-9)

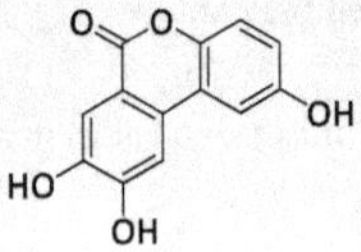

(ZE-10)

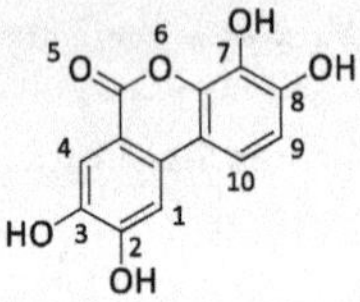

(ZE-11)

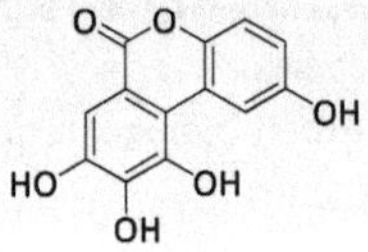

(ZE-13)

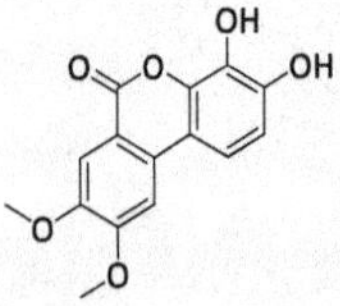

(E-24*)

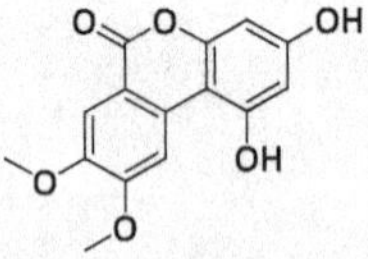

(E-11)

inaktive Urolithine

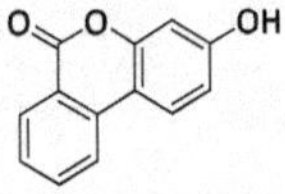

(ZE-1)

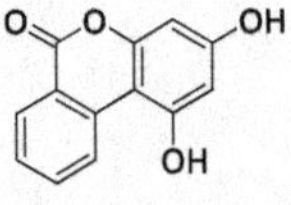

(ZE-2)

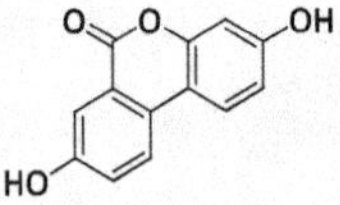

(ZE-3)

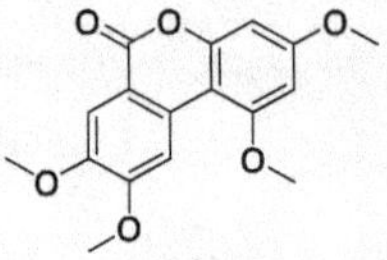

(E-25)

Tab. 40: Übersicht der untersuchten Phenanthridinone auf ihre inhibitorische Wirkung gegenüber TOPO II.

aktive Phenanthridinone

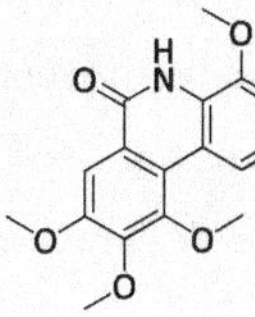

(G-7)

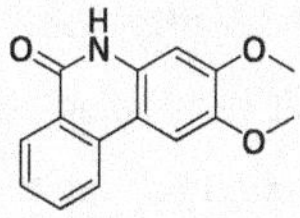

(G-3)

inaktive Phenanthridinone

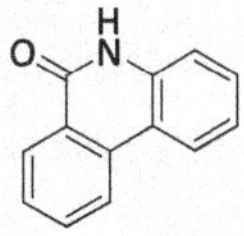

(Phenanthridinon-1)

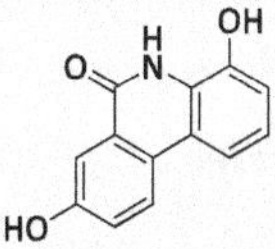

(ZG-1)

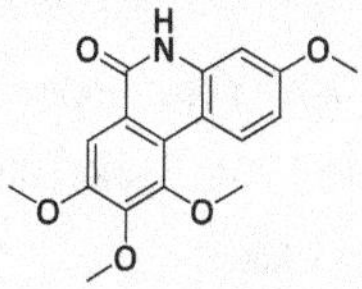

(G-6)

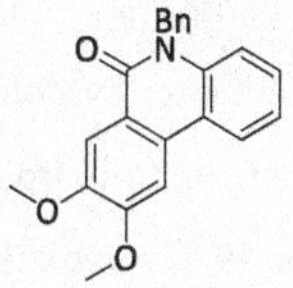

(G-8)

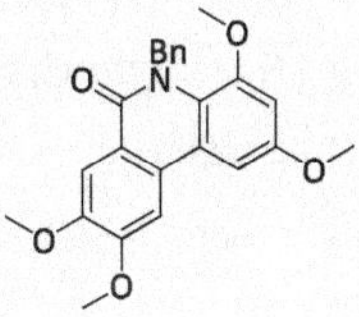

(G-12)

unlösliche Phenanthridinone. Keine Untersuchung mittels Dekatenierungsassay möglich.

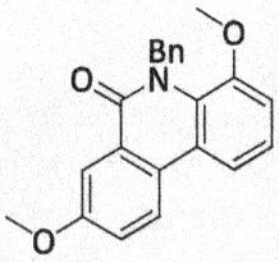

(G-15)

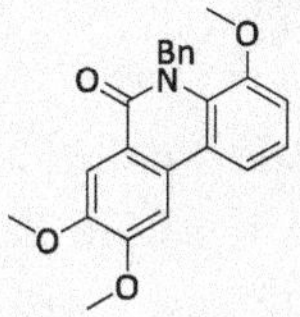

(G-9)

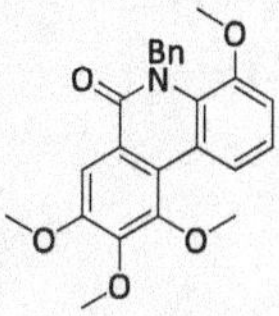

(G-16)

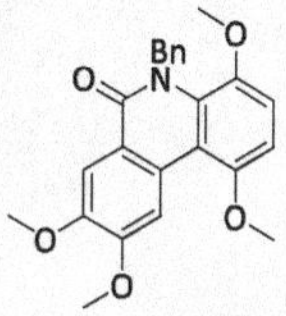

(G-13)

2.2 Aufklärung des Wirkmechanismus – Competitionassay

Wie aus den literaturbekannten Untersuchungen hervorgeht, werden Topoisomerasehemmstoffe aufgrund des jeweiligen Wirkmechanismus in katalytische Inhibitoren und Topoisomerasegifte (Kap. I, 2.2) unterteilt.[25,33] Die Bestimmung des jeweiligen Wirkmechanismus kann mit Hilfe verschiedener Methoden erfolgen. Eine davon ist der von Prof. Gatto (Pharmazeutisches Institut, Universität Padua, Italien) angewandte Competitionassay, welcher bei gleichen Bedingungen wie der Dekatenierungsassay, aber in diesem Fall mit steigender ATP-Konzentration (2.0 mM und 3.0 mM) durchgeführt wird.[75] Die Methode beruht dabei auf der ATP-abhängigen TOPO II Aktivität, die durch einige katalytische Inhibitoren wie Novobiocin oder Ellagsäure gehemmt werden kann. Als Ergebnis wird bei steigender ATP-Konzentration ein gleichzeitiger Anstieg der IC_{50}-Werte der eingesetzten Inhibitoren beobachtet. Auf diese Weise belegte Gatto *et al.*, dass eines der von ihr untersuchten Urolithine ebenfalls als katalytischer Inhibitor fungiert, indem es die Bindung bzw. Hydrolyse von ATP blockiert.

Um die Wirkungsweise der in der eigenen Arbeit dargestellten Urolithine zu prüfen, wurde der Competitionassay mit dem potentesten Urolithinderivat (ZE-11) durchgeführt. Analog zur Literatur wurde auch hier die TOPO II hemmende Wirkung des Urolithins (ZE-11) durch den zugeführten ATP-Gehalt beeinflusst. So induzierte ein Anstieg der ATP-Konzentration von standardmäßig eingesetzten 1 mM auf 3 mM, eine immer schwächer werdende TOPO II Inhibierung durch (ZE-11) (von 1.6 µM auf 5 µM) (Abb. 108, Abb. 109).

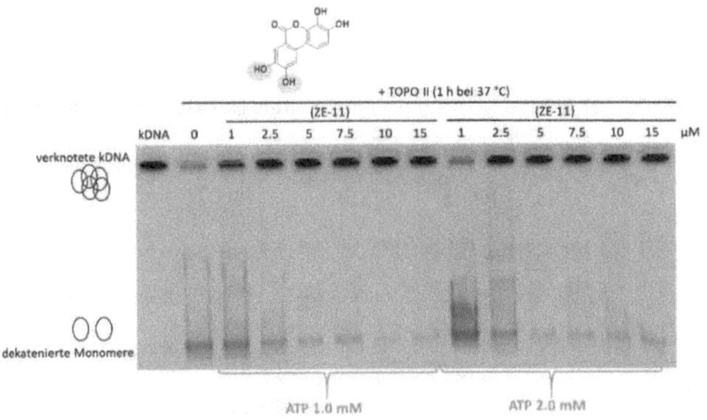

Abb. 108: Competitionsassay von (ZE-11) bei 2.0 mM ATP-Konzentration.

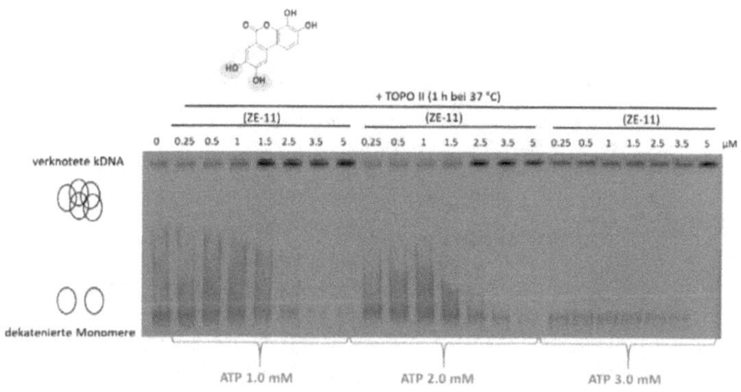

Abb. 109 Competitionsassay von (ZE-11) bei steigender ATP-Konzentration.

Bezogen auf dieses Ergebnis wurde die Hypothese der Konkurrenz um eine Bindungsstelle zwischen ATP und (ZE-11) und die daraus folgende Funktion des (ZE-11) als katalytischer TOPO II Hemmstoff bestätigt. Weitere polyhydroxylierte Urolithinregioisomere wurden nicht geprüft, da angenommen werden konnte, dass diese eine gleiche Hemmwirkung aufweisen.

2.3 Fazit: Struktur-Aktivitäts-Beziehungen der polyhydroxylierten Biphenyle als Topoisomerase II-α Hemmstoffe

Eine Übersicht der IC_{50}-Werte zur Inhibierung der TOPO II durch polyhydroxylierte Biphenyle ist in der Tab. 41 dargestellt. Es wurden insgesamt 24 Biphenyle getestet, wovon 11 eine hemmende Wirkung auf TOPO II im Konzentrationsbereich bis zu maximal 100 µM aufwiesen.

Tab. 41: Übersicht der durch Dekatenierungsassays ermittelten IC_{50}-Werte von TOPO II aktiven Biphenylen.

	IC_{50} / µM		IC_{50} / µM
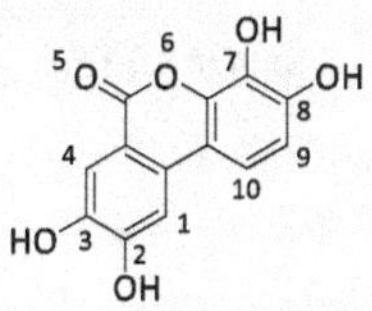 (ZE-11)	1.6 ± 0.7	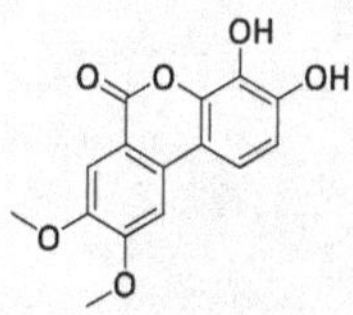 (E-24*)	31.7 ± 4.5

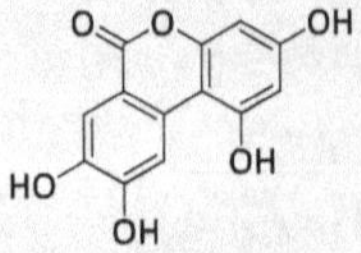 (ZE-8)	9.5 ± 0.4	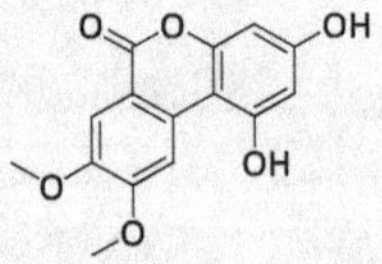 (E-11)	8.0 ± 1.4
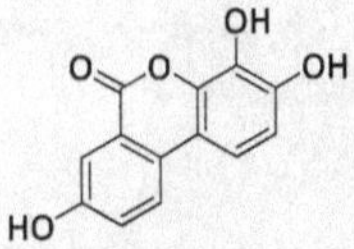 (ZE-9)	8.7 ± 0.8	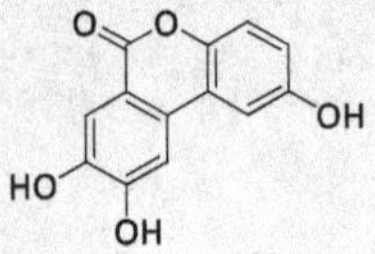 (ZE-10)	25.8 ± 4.3
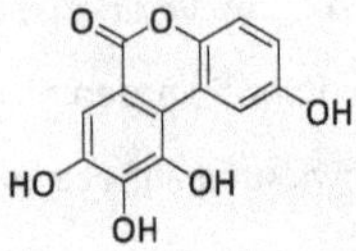 (ZE-13)	27.5 ± 5.1		
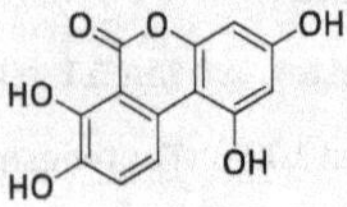 (ZE-7)	43.1 ± 0.1	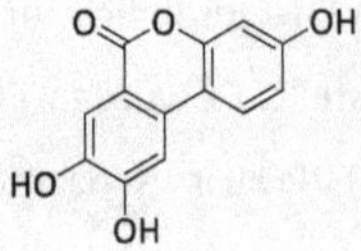 (ZE-4)	79.9 ± 6.0
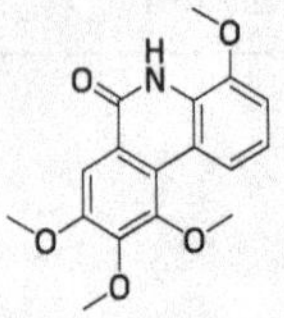 (G-7)	> 100 µM	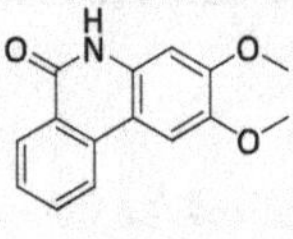 (G-3)	95.4 ± 8.7 µM

Bei Betrachtung der gemessenen IC_{50}-Werte, lässt sich zusammenfassend feststellen, dass die hemmende Wirkung auf das Enzym Topoisomerase II-α stark durch die Anzahl und die

Position der OH-Gruppen am Biphenylgrundgerüst beeinflusst werden kann. Während einfach und zweifach hydroxysubstituierte Biphenyle im Bereich bis 100 µM inaktiv sind, hängt die unterschiedlich starke Hemmwirkung der tri- und terasubstituierten Urolithine von der OH-Positionierung am Biphenylring ab. Besonders die OH-Gruppe in der Position-7′ bewirkt eine wesentliche TOPO II Hemmaktivität, die anhand der zwei innerhalb eigener Regioisomerenreihe potentesten Derivate (ZE-11) und (ZE-9) deutlich wird. Bemerkenswert ist außerdem, dass das trihydroxylierte (ZE-9) nicht nur potenter als sein Regioisomer (ZE-10) ist, sondern auch trotz des geringeren Hydroxylierungsgrades eine effektivere Inhibierung als dessen tetrahydroxylierte Urolithinderivate (ZE-7, ZE-8 und ZE-13) aufweist. Eine Hydroxylierung in 3′-Position ist bei jedem aktiven Urolithinderivat präsent und deshalb mit einem positiven Einfluss auf die Hemmwirkung verbunden. Einen ebenso positiven Effekt zeigt die Anwesenheit einer OH-Gruppe in den Positionen-10′ (Vgl. ZE-8 vs. ZE-4), -2′ (vgl. ZE-8 vs. ZE-7) und -9′ (vgl. ZE-10 vs. ZE-4). Die Präsenz einer OH-Gruppe in Position-1′ (vgl. ZE-10 vs. ZE-13) erbrachte dagegen keine Steigerung der Enzyminhibierung. Auch der Einsatz von OH-Gruppen an den Positionen 4′ und 8′ wies keine eindeutige Verbesserung der Topoisomerasehemmung auf.

Weiterhin wurde der Einfluss von Methoxygruppen im Vergleich zu Hydroxygruppen auf die Inhibierung der katalytischen TOPO II Aktivität geprüft. So wurde ein deutlicher Unterschied zwischen dem 2,3-Dimethoxy-Substrat (IC_{50}(E-24*) = 31.7 ± 4.5 µM) und dem 2,3-Dihydroxy-Substrat (IC_{50}(ZE-11) = 1.6 ± 0.7 µM) beobachtet. Wohingegen eine Methoxylierung der OH-Gruppen an den Positionen 2′ und 3′ (vgl. ZE-8 und E-11) keinen Einfluss auf die hemmende Wirkung ausübte. Anhand dieser zwei Gegenüberstellungen scheint sich die Methoxylierung der jeweiligen OH-Gruppen je nach ihrer Positionierung im Biphenylring unterschiedlich auf die Enzymaktivität auszuwirken.

Rückschlüsse auf die Struktur-Aktivitäts-Beziehungen der Phenanthridinone waren zum gegenwärtigen Zeitpunkt aufgrund der noch nicht vorliegenden biologischen Untersuchungen aus den Dekatenierungsassays nicht möglich.

2.4 Vitalitätstest – MTT Zytotoxizitätsassay

Zusätzlich zu den an der kDNA durchgeführten *in vitro* Experimenten, bestand darüber hinaus das Interesse zur Bestimmung der zytotoxischen Aktivität der dargestellten Biphenyle an stoffwechselaktiven und somit lebenden Krebszellen. Die Untersuchung wurde durch Caterina Carrero im Rahmen einer Kooperation mit der Arbeitsgruppe von Prof. Gatto (Pharmazeutisches Institut, Universität Padua, Italien) mit Hilfe eines MTT Assays an den Ovarialkarzinom 2008 Krebszellen und an Darmkrebszellen der Zelllinien HTC-15 durchgeführt. Als Biphenyl-Testsubstanzen verwendete man die laut Dekatenierungsassay wirkungsvollsten tetrahydroxylierten Urolithine (ZE-11) und (ZE-8) sowie ihre jeweils dimethoxylierten Derivate (E-24*) und (E-25). Außerdem wurde das, im Konzentrationsbereich bis 100 µM, inaktive Urolithin (ZE-3) getestet.

Die über den MTT Zytotoxizitätsassay ermittelten IC_{50}-Hemmkonzentrationen sowie die dazugehörigen IC_{50}-Werte aus dem Dekatenierungsassay sind in der Tabelle 42 im Überblick dargestellt. Vor der Diskussion dieser Ergebnisse wird zunächst das Prinzip der gewählten MTT Methode in Kürze erläutert.

- Das Prinzip des MTT Assays

Der MTT-Zytotoxizitätsassay ermöglicht eine Differenzierung von noch lebenden Zellen in Relation zur gesamten Zellzahl nach der durchgeführten Schadstoffinkubation von meist 72 Stunden. Dazu wird den Zellen *in vitro* der namensgebende gelbe Farbstoff MTT (3-(4,5-Dimethylthiazol-2-yl)-2,5-diphenyl-tetrazolium Bromid) zugesetzt. Dieses wasserlösliche Tetrazoliumsalz (MTT) dringt in die Zelle ein und wird durch intakte mitochondriale Dehydrogenasen in Anwesenheit von $NADH/H^+$ bzw. $NADPH/H^+$ zu dem blauen Formazan reduziert (Abb. 110).[167,168] Das wasserunlösliche Formazan verbleibt in der Zelle und wird nach der Lyse, welche durch den Zusatz von SDS-Puffer erfolgt, spektrophotometrisch bei 570 nm erfasst. Die Absorptionswerte des blauen Formazans sind direkt proportional zu der Anzahl der lebenden Zellen und stellen somit ein Maß für die Stoffwechselaktivität der Zellen nach der Schadstoffinkubation dar.

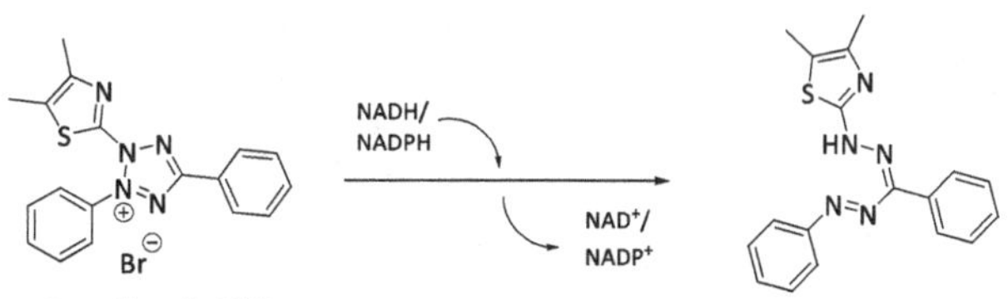

Tetrazoliumsalz: MTT
(gelb)

Formazan
(blau)

Abb. 110: Reduktion des Tetrazoliumrings zum Formazan durch den aktiven Metabolismus der Zelle.

Tab. 42: Gegenüberstellung der IC_{50}-Werte aus dem MTT Assay an Ovarialkarzinom 2008 Zellen und Darmkrebszellen HTC-15 sowie die dazugehörigen IC_{50}-Werte aus dem Dekatenierungsassay.

	MTT Zytotoxizitätsassay / IC_{50}		Dekatenierungsassay / IC_{50}
	Ovarialkarzinom 2008	Darmkrebszellen HTC-15	kDNA
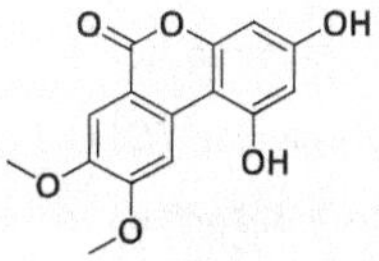 (E-25)	0.4 ± 0.1 µM	5.3 ± 0.1 µM	8.0 ± 1.4 µM
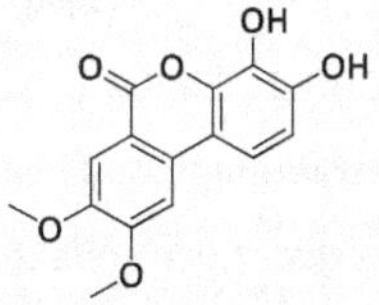 (E-24*)	1.7 ± 0.5 µM	2.6 ± 1.8 µM	31.7 ± 4.5 µM
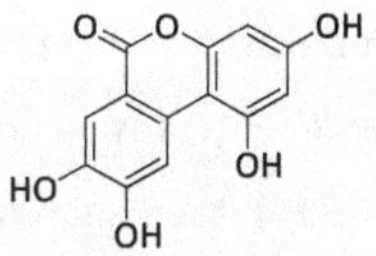 (ZE-8)	3.0 ± 0.2 µM	4.5 ± 1.4 µM	9.5 ± 0.4 µM

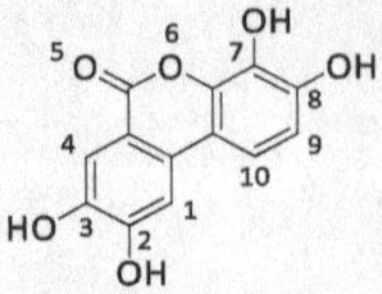 (ZE-11)	7.9 ± 1.0 µM	10.9 ± 3.7 µM	1.6 ± 0.7 µM
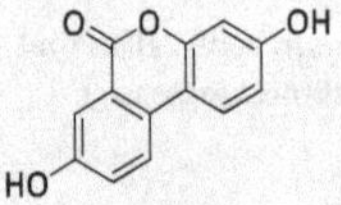 (ZE-3)	2.1 ± 1.4 µM	5.3 ± 3.3 µM	n.a

Bei der Gegenüberstellung der IC_{50}-Hemmkonzentrationen aus den MTT Zytotoxizitätsassays an Ovarialkarzinomzellen 2008 und Darmkrebszellen HTC-15 sowie den dazugehörigen IC_{50}-Werten aus dem Dekatenierungsassay an kDNA fiel auf, dass die beiden dimethoxylierten Urolithinderivate (E-25) und (E-24*) trotz ihrer schwächeren Inhibierung der TOPO II im Dekatenierungsassay, die höchste Zytotoxizität in oben genannten Krebszellen vorweisen. Ihre tetrahydroxylierten Derivate (ZE-8) und (ZE-11) waren dagegen weniger zytotoxisch. Besonders unerwartet war jedoch, dass im MTT-Assay die höchsten IC_{50}-Hemmkonzentrationen (IC_{50}(HTC-15) = 10.9 ± 3.7 µM und IC_{50}(2008) = 7.9 ± 1.0 µM) für den im Dekatenierungsassay potentesten (IC_{50}(kDNA) = 1.6 ± 0.7 µM) TOPO II Inhibitor (ZE-11) gemessen wurden. Interessanterweise zeigte außerdem das im Dekatenierungsassay bis zu 100 µM inaktive, dihydroxylierte Urolithinderivat (ZE-3) eine vergleichbar effektive Zytotoxizität an der Zelllinie Ovarialkarzinom 2008 (2.1 ± 1.4 µM) und an HTC-15 Zellen (5.3 ± 3.3 µM).

Diese Diskrepanzen zwischen den IC_{50}-Hemmkonzentrationen aus dem Dekatenierungsassay und dem MTT Assay könnten auf die Lipophilie und den damit verbundenen Transport der Urolithinsubstrate durch die Phospholipidschicht in den Zellkern zurückzuführen sein. Mit steigender Anzahl an Hydroxygruppen erreichen die Verbindungen nicht den Zellkern und können daher ihre inhibitorische Aktivität auf humane TOPO II nicht vollständig ausüben. Weitere denkbare Vorgänge, die den Schutz der Zellen gegenüber den eingesetzten

Substanzen bewirken könnten, stellen unter anderem die Metabolisierung oder die Ausfällung der Urolithinderivate auf dem Weg in den Zellkern dar. Zur Klärung dieses Phänomens sind allerdings Experimente zur direkten Aufnahme der Urolithine in den Zellkern erforderlich.

IV Zusammenfassung und Ausblick

Hydroxylierte Biphenyle sind biologisch aktive Verbindungen, welche mit unterschiedlichen gesundheitsfördernden Eigenschaften in Verbindung gebracht werden. Eine davon beruht auf ihrer inhibierenden Wirkung des für die Zellproliferation essentiellen Enzyms Topoisomerase II-α und macht diese Stoffklasse besonders für die Krebsforschung sehr wertvoll. Mit dem Wunsch die derzeitigen Forschungserkenntnisse in diesem Bereich zu erweitern, bestand daher das erste Ziel der vorliegenden Arbeit darin, eine möglichst große Substanzbibliothek aus diversen polyhydroxylierten Biphenylderivaten (Urolithinen, Phenanthridinonen) darzustellen. Um ein besseres Verständnis für die Struktur-Aktivitätsanforderungen dieser Verbindungen als Topoisomerasehemmstoffe ermitteln zu können, waren *in vitro* Untersuchungen hierzu der zweite Schwerpunkt dieser Dissertation.

1 Synthetische Untersuchungen

In dieser Arbeit ist es gelungen, ein inter- sowie ein intramolekulares Synthesekonzept für die Darstellung von zahlreichen lacton- und lactamverbrückten, polyhydroxylierten Biphenylderivaten zu entwickeln. Durch die Untersuchung des Synthesepotentials verschiedenster Methoden, erwiesen sich intramolekulare Pd(0)- und intermolekulare Cu(II)-Katalysen als die zwei am besten geeigneten Darstellungsmethoden, während oxidative und reduktive Kupplungsvarianten nicht zum gewünschten Resultat führten. Als Ausgangssubstanzen dienten jeweils preiswerte, kommerziell erhältliche Benzoesäuren (A), Phenole (B) und Aniline (C).

1.1 Intermolekulare Cu(II)-katalysierte Eintopfreaktion

Den Auftakt dieser Arbeit bildete die intermolekulare Cu(II)-katalysierten Synthese, welche die Bildung des lactonverbrückten Biphenylgrundgerüstes aus einer halogenierten Benzoesäure und einem 1,3-Dihydroxy- bzw. 1,3,5-Trihydroxybenzol in einem Schritt ermöglichte. Dazu wurden zunächst die methoxygeschützten Benzoesäurekomponenten in *ortho*-Stellung zur Carboxylgruppe halogeniert, um die Position der C-C-Knüpfung zwischen den zwei Aromaten vorzugeben. Eine Schützung der vicinalen, aromatischen OH-Gruppen der Benzoesäurekomponente erwies sich hierbei als notwendig, da diese andernfalls sofort zu den entsprechenden Chinonen oxidiert wurden. Weitere Vorraussetzung einer erfolgreichen

Cu(II)-katalysierten Eintopfreaktion war der 1,3-Abstand der freien Hydroxygruppen innerhalb der Phenolkomponente. Der Einsatz von weiteren Phenolderivaten führte entweder erwartungsgemäß zur sofortigen Oxidation unter Bildung von Chinonderivaten, welche die gewünschte Kupplung störten (Abb. 111, links) oder es fand keine Kupplungsreaktion statt (Abb. 111, rechts).

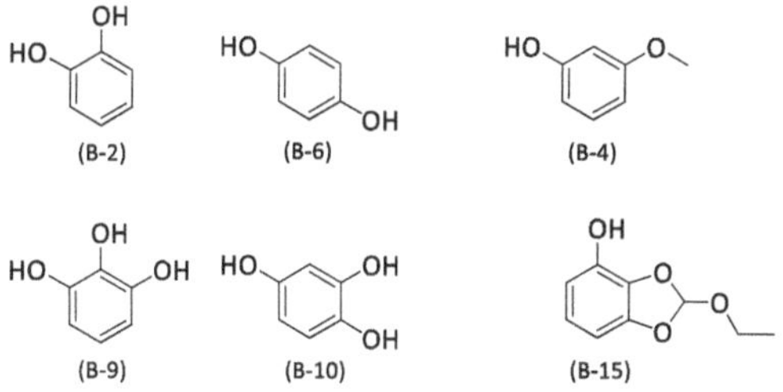

Abb. 111: Für die Cu(II)-Katalyse ungeeignete Phenolderivate.

Trotz einer höheren Produktausbeute durch iodierte Modellsubstanzen (ZE-1 = 50% und ZE-2 = 99%), wurde die gesamte Synthesereihe mit bromierten Benzoesäurederivaten, aufgrund ihrer einfachen Darstellung, durchgeführt. Der letzte Schritt bestand in der Freisetzung der Hydroxygruppen durch Abspaltung der Schutzgruppen unter (Lewis-)sauren Bedingungen und anschließender HPLC Aufreinigung.

Die Gesamtausbeuten über drei Schritte (Bromierung, Kupplung und Entschützung) sind in der Tabelle 43 zusammenfassend aufgelistet. Für die Berechnung der Gesamtausbeute wurden jeweils die Resultate der besseren Entschützungsmethode berücksichtigt, diese sind jeweils durch den zugehörigen Buchstaben gekennzeichnet.

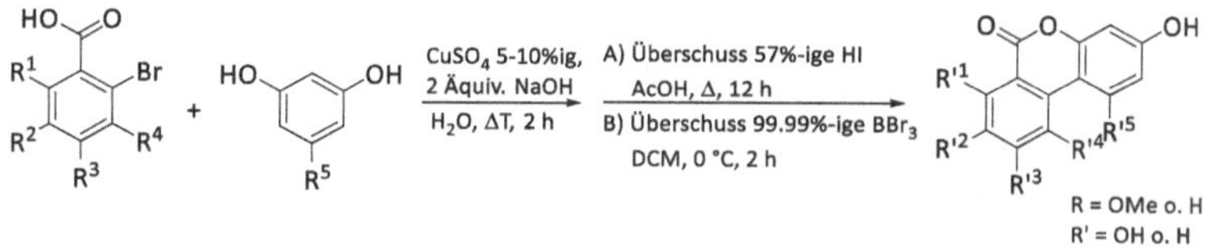

Abb. 112: Darstellung der Urolithine mittels Cu(II)-katalysierter Kupplung.

Tab. 43: Übersicht über die Gesamtausbeuten der Zielmoleküle (ZE-1) – (ZE-8).

Nr.	R'1	R'2	R'3	R'4	R'5	Produkt	Ges.Ausbeute
(1)	H	H	H	H	H	(ZE-1)	31%
(2)	H	H	H	H	OH	(ZE-2)	65%
(3)	H	OH	H	H	H	(ZE-3)	21%[b]
(4)	H	OH	OH	H	H	(ZE-4)	42%[b]
(5)	H	OH	OH	OH	H	(ZE-5)	27%[b]
(6)	H	OH	H	H	OH	(ZE-6)	11%[b]
(7)	OH	OH	H	H	OH	(ZE-7)	21%[a]
(8)	H	OH	OH	H	OH	(ZE-8)	47%[a]

Entschützung mit [a] HI, [b] BBr_3

Insgesamt stellt die Cu(II)-vermittelte Eintopfreaktion eine einfache, schnelle und günstige Synthesemöglichkeit zur Darstellung einiger lactonverbrückter Biphenyle in guter Ausbeute dar. Ein Nachteil dieser Reaktion ist jedoch die Beschränkung der Phenolkomponente auf Resorcinol und Phloroglucin, sodass nur eine begrenzte Anzahl an Urolithinderivaten hergestellt werden konnte. Außerdem war die Synthese der Phenanthridinone aufgrund der starken Kupfer-Stickstoff-Komplexierung ebenso nicht möglich. Um weitere Urolithin- sowie Phenanthridinonderivate zu zugänglich zu machen, wurde als Nächstes eine Pd(0)-katalysierte Syntheseroute angewandt.

1.2 Intramolekulares Konzept zur Darstellung von lactonverbrückten Biphenylen (Urolithinen)

Die polyhydroxylierten Derivate der Urolithine konnten ausgehend von Benzoesäurerederivaten in vier Synthesestufen mit einer Gesamtausbeute von 3-24% erhalten werden. Den Schlüsselschritt dieses mehrstufigen Syntheseweges stellt dabei die Bildung der Biarylachse mittels intramolekularer Pd(0)-Katalyse dar.

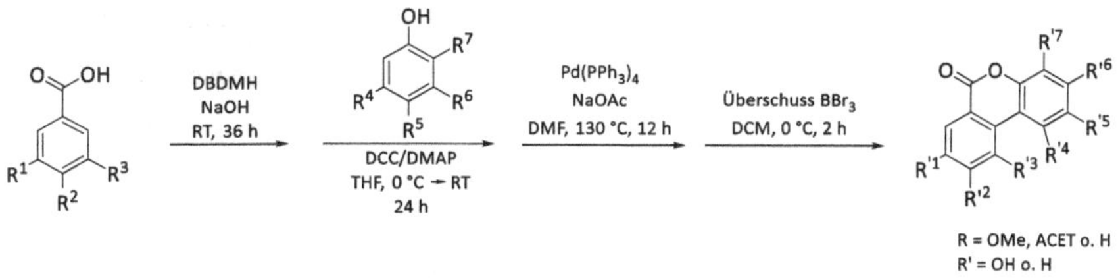

Abb. 113: Darstellung der Urolithine mittels Pd(0)-katalysierter Kupplung.

Tab. 44: Übersicht über die Gesamtausbeuten der Zielmoleküle (ZE-9) – (ZE-16).

Nr.	R'1	R'2	R'3	R'4	R'5	R'6	R'7	Produkt	Ges.Ausbeute
(9)	OH	H	H	H	H	OH	OH	(ZE-9)	6%
(10)	OH	OH	H	H	OH	H	H	(ZE-10)	5%
(11)	OH	OH	H	H	H	OH	OH	(ZE-11)	24%
(12)	OH	OH	H	OH	OH	OH	H	(ZE-12)	22%
(13)	OH	OH	OH	H	OH	H	H	(ZE-13)	11%
(14)	OH	OH	OH	OH	H	OH	H	(ZE-14)	11%
(15)	OH	OH	OH	H	H	OH	OH	(ZE-15)	6%
(16)	OH	OH	OH	OH	OH	OH	H	(ZE-16)	3%

Die bereits in *ortho*-Position zur Carboxylgruppe halogenierten Benzoesäurederivate wurden mit jeweils einer Phenolkomponente über eine Esterbrücke zu den entsprechenden Biphenylestern als Kupplungsvorläufer verknüpft. Die Vorfixierung der beiden Aromaten diente vor allem dazu, eine unerwünschte intermolekulare Homokupplung zu umgehen und stattdessen eine effiziente intramolekulare Kupplung zu ermöglichen. Die intramolekulare Kupplungsreaktion verlief über eine C-H-Aktivierung mittels Tetrakis(triphenylphosphin)palladium(0)-Katalysator in 5-55%-iger Ausbeute, wobei diese stark von dem sterischen Anspruch der Kupplungsvorläufer abhängig war (Tab. 44, Nr. 16).

Zur Optimierung der Kupplungsausbeute wurden sowohl iodierte als auch bromierte Biphenylester zur Reaktion gebracht. Da jedoch kein signifikanter Unterschied festgestellt werden konnte, erfolgten die meisten darauffolgenden Synthesen über die leicht darstellbaren, bromierten Kupplungsvorläufer. Weitere Optimierungsversuche beinhalteten eine Variation der Schutzgruppen an den aromatischen Hydroxylgruppen. Wärend die Acetal-

Gruppe den Reaktionsbedingungen nicht standhielt und TBDMS-Gruppen sterisch zu anspruchsvoll waren, konnten Methoxygruppen durch ihre Stabilität sowie geringe Sterik, aber auch durch ihre unkomplizierte, Lewissäure-induzierte Abspaltung überzeugen. Eine weitere, vergleichbar geeignete Schutzgruppe war die Acetonidgruppe.

Nach Abschluss dieser Syntheseroute lagen acht weitere, mittels HPLC aufgereinigte Urolithinderivate für die biologischen Untersuchungen vor.

1.3 Intramolekulares Konzept zur Darstellung von lactamverbrückten Biphenylen (Phenanthridinonen)

Die Darstellung der verschiedenen polyhydroxylierten Derivate der Phenanthridinone gelang analog zur Syntheseroute der Urolithine mittels Pd(0)-katalysierter Kupplung in fünf Stufen bei einer Gesamtausbeute von 13-29%.

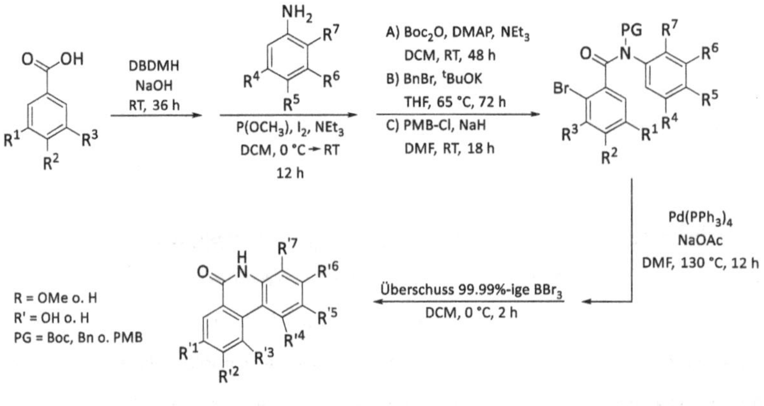

Abb. 114: Darstellung der Phenanthridinone mittels Pd(0)-katalysierter Kupplung.

Tab. 45: Übersicht über die Gesamtausbeuten der Zielmoleküle (ZG-1) – (ZG-5).

Nr.	R'1	R'2	R'3	R'4	R'5	R'6	R'7	Produkt	Ges.Ausbeute
(17)	OH	H	H	H	H	H	OH	(ZG-1)	27%
(18)	OH	OH	H	H	H	H	OH	(ZG-2)	13%
(19)	OH	OH	OH	H	H	H	OH	(ZG-3)	29%
(20)	OH	OH	H	H	OH	H	OH	(ZG-4)	26%
(21)	OH	OH	H	OH	H	H	OH	(ZG-5)	20%

Da sich bei den vorherigen Untersuchungen herausstellte, dass keine Ausbeuteunterschiede in der Synthese bei Verwendung von bromierten und iodierten Ausgangsverbindungen vorlagen, wurden die bromierten Benzoesäurederivate zur Darstellung der Phenanthridinone vorgezogen. Zu Beginn der Syntheseroute wurden bromierte Benzoesäurederivate und methoxylierte Aniline zu den entsprechenden Biphenylamiden verknüpft. Alle dabei verwendeten Arylkomponenten lagen, mit Ausnahme des Anilinderivats (C-11), bereits synthetisiert vor oder wurden käuflich erworben.

Als Nächstes folgte die Einführung einer Amidschutzgruppe, um mögliche Nebenreaktionen aufgrund der starken Bindungsaffinität zwischen Stickstoff und Palladium während der Kupplung zu vermeiden. Die Untersuchung von verschiedenen Schutzgruppen zeigte, dass die Boc-Schutzgruppe bei den gegebenen Kupplungsbedingungen durch ihre leichte Abspaltbarkeit zu einer niedrigen Kupplungsausbeute von 1-13% führte. Im Vergleich dazu erreichte man durch die Kupplungsreaktion der Bn-geschützten Biphenylamide eine gute bis teilweise vollständige Umsetzung, wie im Fall von (G-11). Den größten Nachteil der Bn-Schützung bildete jedoch die problematische Spaltung der C-N-Bindung nach der durchgeführten Kupplungsreaktion, so dass im letzten Schritt der Totalsynthese nur einige vollständig entschützte Phenanthridinone durch direkte Abspaltung der C-O- sowie C-N-Bindungen mit Hilfe eines BBr_3-Überschusses erhalten werden konnten. Reduktive Spaltungsversuche der C-N-Bindung mittels Pd- oder Rh-katalysierter atmosphärischer Hydrogenolyse erbrachten kein gewünschtes Resultat. Auf drastischere Bedingungen zur reduktiven Abspaltung der Benzylschutzgruppe, wie beispielsweise eine Erhöhung des Wasserstoffdrucks oder die Verwendung von elementarem Lithium in Kombination mit Naphthalin, wurde verzichtet, um eine unerwünschte Reduktion des gesamten Biarylsystems auszuschließen. Stattdessen griff man auf eine PMB-Schutzgruppe zurück. Diese hat den Vorteil, dass sie neben der reduktiven Abspaltoption ebenfalls oxidativ mittels DDQ[169,170] oder CAN[170] entfernt werden kann. Basierend auf massenspektrometrischen Analysen dieser Arbeit, wiesen die Entschützungsergebnisse der PMB-Gruppe positive Resulate auf, bedürfen aber weiterer Optimierungen besonders in Hinblick auf die spätere Produktisolierung. Des Weiteren könnte zukünftig die vorher erwähnte, aber bisher noch nicht angewendete, Wasserstoffdruckerhöhung zur katalytischen Hydrogenolyse erprobt werden.

Trotz des fehlenden Entschützungsschrittes sind alle erfolgreich synthetisierten Phenanthridinonderivate mit den dazugehörigen Gesamtausbeuten in Tabelle 46 zusammengestellt.

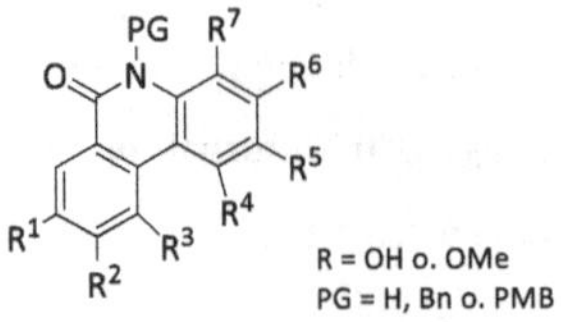

Abb. 115: Das Grundgerüst der Phenanthridinone.

Tab. 46: Übersicht über die Gesamtausbeuten der Phenanthridinone.

Nr.	R^1	R^2	R^3	R^4	R^5	R^6	R^7	PG	Produkt	AB*
(22)	OH	OH	H	OH	H	OH	H	Me	(ZG-6)	3%[3]
(23)	H	H	H	H	OMe	OMe	H	H	(G-3)	6%[3]
(24)	H	H	H	OMe	OMe	H	H	H	(G-4)	1%[4]
(25)	OMe	OMe	OMe	H	H	OMe	H	H	(G-6)	6%[4]
(26)	OMe	OMe	OMe	H	H	H	OMe	H	(G-7)	9%[4]
(27)	OMe	OMe	H	H	H	H	H	Bn	(G-8)	50%[4]
(28)	OMe	OMe	H	H	OMe	H	H	Bn	(G-11)	23%[4]
(29)	OMe	OMe	H	H	H	OMe	OMe	Bn	(G-14)	7%[4]
(30)	OMe	OMe	OMe	H	H	OMe	H	Bn	(G-17)	2%[4]
(31)	OMe	OMe	H	H	H	OMe	OMe	PMB	(G-18)	7%[5]
(32)	OMe	OMe	OMe	H	H	H	OMe	PMB	(G-19)	14%[4]

*AB = Gesamtausbeute über 3-6 Stufen. Die hochgestellten Suffixe deuten auf die Stufenanzahl hin.

2 Biologische Untersuchungen

Auf der Suche nach effektiven TOPO II Inhibitoren wurden die im ersten Teil dieser Arbeit, durch systematische Veränderung des OH-Substitutionsmusters am Biphenylgrundgerüst, dargestellten Urolithin- und Phenanthridinonderivate auf ihre hemmende Wirkung gegenüber des Enzyms TOPO II untersucht. Dazu wurde der Zusammenhang zwischen der chemischen Struktur dieser Biphenylderivate und ihrer Wirkungsstärke innerhalb von *in vitro*

Experimenten in einem Dekatenierungsassay aufgeklärt. Die daraus ermittelten IC_{50}-Werte weisen darauf hin, dass die hemmende Wirkung auf das Enzym TOPO II stark durch die Anzahl und die Position der OH-Gruppen am Biphenylgrundgerüst beeinflusst wird. So zeigten sich die mono- und dihydroxylierten Biphenyle im Bereich bis zu 100 µM als inaktiv. Die Aktivität der tri- und tetrahydroxylierten Biphenyle variierte je nach Hydroxylierungsmuster, wobei das tetrahydroxylierte Urolithinderivat (ZE-11) als potentester katalytischer TOPO II Hemmstoff mit einer Hemmkonzentration von IC_{50}(kDNA) = 1.6 ± 0.7 µM fungierte. Der starke Einfluss der Position der OH-Gruppen machte sich durch den Vergleich von tetra- zu trihydroxylierten Derivaten erkenntlich. So wies das trihydroxylierte (ZE-9) trotz des geringeren Hydroxylierungsgrades eine effektivere Inhibierung als dessen höher hydroxylierte Derivate auf. Von großem Interesse sind darüber hinaus die Ergebnisse aus den momentan in der Untersuchung befindlichen penta- und hexahydroxylierten Urolithinderivaten (ZE-12) – (ZE-16), welche in Hinblick auf das Hydroxylierungsmuster erfolgversprechend zu sein scheinen.

Analog zu den dihydroxylierten Urolithinderivaten bewirkten die dihydroxylierten Phenanthridinone keine hemmende Wirkung der katalytischen Aktivität von TOPO II bis zu einer Konzentration von 100 µM. Außerdem zeigten die bisher untersuchten teilweise geschützten Phenanthridinonderivate eine geringe hemmende TOPO II Wirkung ab etwa 100 µM. In diesem Bereich sind somit weiterführende biologische Untersuchungen notwendig. Besonders interessant wären die Gegenüberstellung der Ergebnisse von *N*- und *O*-Biphenylhomologen sowie die Ergebnisse zu den bereits dargestellten polyhydroxylierten Phenanthridinonen (ZG-2) – (ZG-6).

Die MTT-Zytotoxizitätsexperimente an den Ovarialkarzinom 2008 Krebszellen und an Darmkrebszellen der Zelllinien HTC-15 ergaben zusätzliche Hinweise auf einen positive Hemmwirkung der Methoxygruppen. Es wird vermutet, dass dieser Effekt auf den höheren lipophilen Charakter der methoxylierten Urolithinderivate gegenüber ihren hydroxylierten Derivaten beruht und somit zu einem schnelleren Transport durch die Phospholipidschicht in den Zellkern beiträgt.

In Anbetracht der geringen Datenlage sollten jedoch zusätzliche MTT-Tests mit weiteren Urolithin- sowie Phenanthridinonderivaten sowie Experimente zur direkten Aufnahme in den Zellkern durchgeführt werden, um eindeutige Rückschlüsse auf das zytotoxische Verhalten dieser Substanzen zu ziehen.

3 Ausblick

Als Ergebnis ist hervorzuheben, dass das gesetzte Ziel zur Darstellung von diversen Urolithin- (ZE) und Phanthridinonderivaten (ZG) im Rahmen der vorliegenden Dissertation erfolgreich mit Hilfe von Pd(0)- und Cu(II)-Kupplungsverfahren erreicht werden konnte. Aus einer Substanzbibliothek von insgesamt 32 verschiedenen Biphenylderivaten, wurden 24 auf ihre inhibitorische Wirkung gegenüber dem Enzym TOPO II getestet, während die restlichen Derivate sich noch in der Untersuchung befinden. Auf der Basis der vorliegenden biologischen *in vitro* Experimente wurden 11 Substanzen als aktive TOPO II Inhibitoren bis zu einer Konzentration von 100 µM identifiziert und die dazugehörigen Struktur-Wirkungs-Beziehungen aufgestellt. Zusammenfassend konnte festgestellt werden, dass die Urolithinderivate mit einer OH-Gruppe an Position 7′ den größten hemmenden Einfluss auf die katalytische Aktivität des Enzyms TOPO II besitzen. Zukünftig wären deshalb weitere Derivate mit Hydroxygruppe in dieser Position von besonderem Interesse.

Das Ziel der weiterführenden Forschungen könnte außerdem die Erhöhung des Hydroxylierungsgrades am Biphenylgrundgerüst sein, um so zur Steigerung der inhibitorischen Wirkung auf die TOPO II Aktivität beitragen. Interessante Möglichkeiten zur Einführung zusätzlicher Hydroxygruppen an das Biphenylgrundgerüst stellen vor allem die enzymatische Oxidation von bereits gekuppelten Zielmolekülen (ZE) und (ZG) durch Oxygenasen oder die Oxidation mittels Kupfer-Cluster-Komplexe[171–173] dar.

Darüber hinaus besteht das Interesse, die dargestellten Biphenylderivate hinsichtlich ihrer inhibitorischen Wirkung auf andere Enzyme wie zum Beispiel das Nukleokapsidprotein NC zukünftig zu analysieren und dadurch zur Erforschung möglicher HIV-Therapien beizutragen.[174]

V Experimenteller Teil

1 Allgemeines

1.1 Arbeitstechnik

In Versuchen, bei denen unter Schutzgasatmosphäre und trockenen Bedingungen gearbeitet wurde, kamen ausgeheizte Glasgeräte und getrocknete Lösungsmittel zum Einsatz. Als Inertgas wurde Argon bzw. Stickstoff verwendet.

1.2 Lösungsmittel und Reagenzien

Alle käuflichen Chemikalien wurden, soweit nicht anders vermerkt, ohne vorhergehende Reinigung eingesetzt. Die verwendeten Lösemittel Aceton, Chloroform, Diethylether, Dichlormethan, Ethylacetat, Methanol, Pentan, Tetrahydrofuran und ^{t}Butylmethylether wurden durch einfache Destillation gereinigt. Alle weiteren Lösungsmittel wurden ohne zusätzliche Reinigung eingesetzt.

Für Experimente unter Schutzgasatmosphäre kamen trockene Lösungsmittel zum Einsatz. Diese wurden entweder durch Erhitzen unter Rückfluss in Gegenwart eines geeigneten Trocknungsmittels erhitzt, destilliert und unter Argon aufbewahrt oder wurden der Lösemitteltrocknungsanlage SPS-800 der Firma MBRAUN (Garching) entnommen. Folgende Lösungs- und Trocknungsmittel wurden verwendet:

Dichlormethan:	Calciumhydrid
Tetrahydrofuran:	Lithiumaluminiumhydrid / Kalium
Toluol:	Natrium / Benzophenon

Methanol, TMEDA und Triethylamin wurden gemäß den gebräuchlichen Labormethoden unter Schutzgasatmosphäre gereinigt, getrocknet und unter Argon-Atmosphäre in einem Behälter über Molekularsieb (3 Å) aufbewahrt.

Methanol:	Magnesium
TMEDA:	Natrium
Triethylamin:	Calciumhydrid

Folgende Lösungsmittel wurden direkt vom Hersteller (Sigma Aldrich, Fisher Scientific) als trockene Lösungsmittel bezogen: Acetonitril, Dimethylformamid, Ethanol und 1,4-Dioxan.

Die verwendeten wässrigen, gesättigten Lösungen von NaCl, $NaHCO_3$ und NH_4Cl wurden über einem Bodensatz gesättigt und gelagert.

1.3 Säulenchromatographie

Zur präparativen säulenchromatographischen Reinigung wurde Kieselgel F_{254} 60, Korngröße 0.040-0.063 der Firma Merck verwendet. Die eingesetzten Laufmittelverhältnisse sind bei den jeweiligen Versuchen vermerkt. Die Kontrolle der Trennung erfolgte durch Dünnschichtchromatographie unter Verwendung von Kieselgelplatten der Firma Merck. Die Detektion erfolgte durch UV-Licht (λ = 254/ 366 nm) oder durch Anfärben mit Permanganat-Lösung (3 g $KMnO_4$, 5 mL 5%-ige NaOH-Lösung und 20 g K_2CO_3 in 300 mL dest. Wasser).

1.4 MPLC

Die automatisierte präparative MPLC-Reinigung wurde an dem Gerät ASP/UMa07 der Firma ARMEN INSTRUMENT (Saint-Avé) durchgeführt.

Zur Trennung wurden folgende Säulen verwendet:

Reveleris Silica Flash Cartridges, Firma GRACE (Düren)	12 g, 40 µm
Reveleris HP Silica Flash Cartridges, Firma GRACE (Düren)	12 g, 20 µm
puriFlash Silica STD, IR-50SI-F0012, Firma INTERCHIM (Frankreich)	12 g, 50 µm
puriFlash Silica STD, IR-30SI-F0012, Firma INTERCHIM (Frankreich)	12 g, 30 µm

1.5 HPLC

Die präparative und analytische HPLC wurde an der JLU Gießen von Herrn S. Bernhardt durchgeführt. Für die präparative HPLC wurde die Anlage Azura der Firma Knauer mit P2.1L Pumpe, UV-Detektor UVD 2.1L, RI-Detektor ERC Refracto Max 520 und einer Knauer Eurospher II Säule, C-18H, 250 x 8 mm verwendet. Die analytische HPLC erfolgte an der Anlage Dionex Ultimate mit LPG-3400A Pumpe, UV-Detektor VwD-3100, RI-Detektor Shodex RI-101, ELSD-Detektor Sedex 85 und einer Knauer Eurospher II Säule, C-18H, 250 x 4 mm.

1.6 Massenspektrometrie

Die hochaufgelösten, massenspektrometrischen Messungen wurden unter Verwendung der Elektronenspray-Ionisationsmethode (HR-MS-ESI) an der JLU Gießen teilweise selbst und teilweise von Herrn S. Wagner an einem Spektrometer MICROTOF LC der Firma Bruker im positiven bzw. negativen Ionenmodus aufgenommen. Die Massenkalibrierung erfolgte unmittelbar vor der Probenmessung an Natriumformiat-Clustern. Als Lösungsmittel wurde Methanol verwendet.

Die Gaschromatographische Massenspektrometrie (GC-MS) wurde an einem Gerät der Firma HEWLETT PACKARD durchgeführt (HP 6890 mit Detektor HP MSD5973 oder Detektor HP 5890). Für die GC/MS wurden Kapillarsäulen vom Typ OV-5 verwendet (5% Diphenyl-, 95% Dimethylpolysilan).

1.7 NMR – Spektroskopie

Alle Kernmagnetresonanz-Spektren wurden an der JLU Gießen mit den NMR-Spektrometern Avance II 200 MHz „Microbay" (^{1}H bei 200 MHz, ^{13}C bei 50 MHz), Avance II 400 MHz (^{1}H bei 400 MHz, ^{13}C bei 100 MHz), Avance III HD 400 MHz (^{1}H bei 400 MHz, ^{13}C bei 100 MHz) und Avance III HD 600 MHz (^{1}H bei 600 MHz, ^{13}C bei 150 MHz) der Firma Bruker durch Frau Dr. H. Hausmann, Frau Platt, Frau A. Bernhardt und Herrn F. Kuhnert standardmäßig bei einer Temperatur von 298 K aufgenommen. Die Angabe der chemischen Verschiebung (δ-Skala) erfolgt in ppm. Als Referenz dienten die Signale der Restprotonen der deuterierten Losungsmittel beziehungsweise deren Kohlenstoffatome.

Lösemittel	**^{1}H (δ / ppm)**	**^{13}C (δ / ppm)**
Chloroform-d_1	7.26	77.1
Dimethylsulfoxid-d_6	2.50	39.5
Methanol-d_4	3.31	49.0

Die Auswertung der NMR-Spektren wurde mit Hilfe des Programms MestReNova durchgeführt. Die hierbei ermittelten Daten sind im Falle der ^{1}H-Spektren in folgender Reihenfolge angegeben: chemische Verschiebung in ppm (Multiplizität, Kopplungskonstante(n) in Hertz, Integral, Zuordnung). Die Spinmultiplizitäten werden durch die folgenden Abkürzungen und deren Kombination beschrieben: s: Singulett, d: Dublett, t: Triplett, q: Quartett, m: Multiplett. Weiterhin wird das Aussehen der Signale gegebenenfalls durch das Präfix br (breit) beschrieben. Für die Signale der ^{13}C-Spektren sind der Wert der chemischen Verschiebung und die Zuordnung angegeben. Die Zuordnungen der ^{1}H- und ^{13}C-Signale wurden auf Basis von APT, C-H-Korrelation (HSQC und HMBC) und $^{1}H^{1}H$-Korrelation

(COSY und NOESY) ermittelt. Die Zuordnung der einzelnen Signale wurde nur für eindeutig bestimmbare Atome durchgeführt.

Die für die Auswertung der NMR-Spektren vorgenommene und daher im Syntheseteil angegebene Nummerierung stimmt nicht immer mit der Namensgebung der Moleküle überein.

1.8 Elementaranalyse

Die Elementaranalysen wurden an der JLU Gießen von Herrn S. Bernhardt an einem Thermo FlashEA – 1112 CHN-Analysator durchgeführt. Die Probeneinwaagen erfolgten an der UMX-2 Ultramikrowaage der Firma Mettler Toledo.

1.9 UV/vis – Spektroskopie

Die UV/vis-Spektren wurden am Institut für Pharmazeutische Chemie in Padua (Italien) an einem Zweistrahlspektrometer Lambda 20 der Firma Perkin Elmer in TN(1x) Puffer (MilliQ H_2O, 10 mM Tris-HCl, 20 mM NaCl, pH = 7.5) bei Raumtemperatur aufgenommen. Der Wellenlängenbereich betrug von 220 nm bis 700 nm. Zur Aufnahme von Lösungsspektren wurde eine Quarzglasküvette von 1 cm Länge verwendet. Für die Messung des Blanks wurde DMSO zu der TN(1x)-Lösung hinzugefügt.

1.10 Fluoreszenz – Spektroskopie

Die Aufnahme der Fluoreszenzspektren erfolgte am Institut für Pharmazeutische Chemie in Padua (Italien) an einem LS55-Lumineszenz-Einstrahlspektrometer der Firma Perkin Elmer und verlief analog zu den UV/vis-Untersuchungen in TN(1x) Puffer bei Raumtemperatur in einer Quarzglasküvette von 1 cm Länge. Die Anregungswellenlänge entsprach der maximalen Absorptionswellenlänge (λ_{max}) und der gemessene Wellenlängenbereich betrug 220 - 700 nm.

2 Synthesevorschriften und analytische Daten

2.1 Allgemeine Methode 1: Darstellung der Brombenzoesäuren

Zu einer 1.4 M NaOH-Lösung (1.1 Äquiv.) werden nacheinander das entsprechende Benzoesäurederivat (1.0 Äquiv.) und DBDMH (0.6 Äquiv.) zugegeben und 36 h bei RT gerührt. Anschließend wird mit 2 M HCl angesäuert, sodass ein farbloser Feststoff ausfällt. Der Feststoff wird mit Wasser gewaschen, abgesaugt und bis zur Gewichtskonstanz im Exsikkator über KOH getrocknet.

2.2 Allgemeine Methode 2: Steglich-Veresterung

In einem ausgeheizten Schlenkkolben werden unter Inertgas die substituierte Benzoesäure (1.0 Äquiv.), die Phenolkomponente (1.0 Äquiv.) und 4-DMAP (0.1 Äquiv.) in absolutem THF bei 0 °C gelöst. Anschließend wird DCC (1.1 Äquiv.) zugegeben und weitere 2 h bei 0 °C gerührt. Die Reaktionsmischung wird auf Raumtemperatur gebracht und weitere 12 h bis zur vollständigen Umsetzung gerührt. Der entstandene farblose Niederschlag wird durch Filtration über eine dünne Schicht Kieselgel abgetrennt und das Filtrat am Rotationsverdampfer eingeengt. Das Produkt wird nach säulenchromatographischer Reinigung (Pentan/DCM) isoliert.

2.3 Allgemeine Methode 3: Darstellung der Benzamide

In einer Lösung aus Trimethylphosphit (1.5 Äquiv.) in absolutem DCM werden 1.5 Äquivalente Iod bei 0 °C vollständig gelöst und mit dem geeigneten 2-Brom-benzoesäurederivat (1.5 Äquiv.) sowie Triethylamin (2.5 Äquiv.) versetzt. Nach 10 min bei 0 °C wird zu dem Reaktionsgemisch eine Anilinkomponente (1.0 Äquiv.) hinzugegeben. Nach weiteren 10 min wird das Eisbad entfernt und die Reaktionslösung bei RT über Nacht gerührt. Nach der Zugabe von gesättigter $NaHCO_3$-Lösung werden die Phasen getrennt und die wässrige Phase dreimal mit EtOAc extrahiert. Die vereinigten organischen Phasen werden nacheinander mit Wasser, 1 M HCl, erneut Wasser, gesättigter NaCl-Lösung gewaschen und über $MgSO_4$ getrocknet. Die erhaltene Lösung wird am Rotationsverdampfer eingeengt und das Produkt säulenchromatographisch gereinigt (EtOAc/Pentan) oder über Kieselgel filtriert und mit EtOAc eluiert.

2.4 Allgemeine Methode 4: Intramolekulare Palladium-katalysierte Kupplung

Ein substituierter Biphenylester (1.0 Äquiv.), Natriumacetat (2.0 Äquiv.) und je nach Substrat $Pd(PPh_3)_4$ oder $PdCl_2(dppe)_2$ (0.1-0.2 Äquiv.) werden zunächst 2 h bei 60 °C unter Vakuum gerührt. Anschließend werden die so getrockneten Komponenten in absolutem DMF gelöst und 12 h bei 130 °C unter Rückfluss erhitzt. Die Reaktionsmischung wird anschließend in EtOAc aufgenommen und mit 2 M HCl sowie gesättigter NaCl-Lösung gewaschen. Die vereinigten organischen Phasen werden über $MgSO_4$ getrocknet und das Lösemittel am Rotationsverdampfer entfernt. Das Produkt wird nach säulenchromatographischer Reinigung (EtOAc/DCM) isoliert.

2.5 Allgemeine Methode 5: Kupfer(II)-katalysierte Kupplung

Eine wässrige Lösung (6 mL) aus Brombenzoesäurederivat (1.0 Äquiv.), Resorcinol (2.0 Äquiv.) und NaOH (2.0 Äquiv.) wird 15 min bei 60 °C erhitzt. Danach erfolgt die Zugabe einer 5-10%-igen $CuSO_4$-Lösung (2.5 mL) und das Reaktionsgemisch wird anschließend 2 h unter Rückfluss erhitzt. Der entstandene Feststoff wird abfiltriert, mit kaltem Wasser gewaschen und im Exsikkator über Phosphorpentoxid getrocknet. Das Produkt kann bei Bedarf chromatographisch gereinigt werden.

2.6 Allgemeine Methode 6: Schützung der Aminofunktion

2.6.1 Allgemeine Methode 6.1: Boc-Schützung

Biarylamid (1.0 Äquiv.), Triethylamin (1.0 Äquiv.) und 4-DMAP (1.0 Äquiv.) werden in absolutem DCM aufgenommen und mit Di-*tert*-butyldicarbonat (Boc_2O) (2.0 Äquiv.) versetzt. Das Reaktionsgemisch wird 2 Tage bei RT gerührt und anschließend dreimal mit 1 N Natronlauge und zweimal mit Wasser gewaschen. Das Produkt wird durch säulenchromatographische Reinigung (EtOAc/Pentan) erhalten.

2.6.2 Allgemeine Methode 6.2: Benzyl-Schützung

Das Biarylamid (1.0 Äquiv.) wird in absolutem THF vorgelegt und die Lösung auf 0 °C abgekühlt. Nach Zugabe von Kalium-*tert*-Butanolat (1.5 Äquiv.) wird 15 min bei RT gerührt. Anschließend wird Benzylbromid (1.5 Äquiv.) hinzugefügt und die entstandene Suspension für 3 Tage bei 65 °C erhitzt. Das überschüssige ^{t}BuOK wird durch Zugabe von Wasser abgefangen und die Reaktionslösung mit gesättigter $NaHCO_3$-Lösung versetzt. Die wässrige Phase wird dreimal mit

EtOAc extrahiert und die vereinigten organischen Phasen mit Wasser, 1 M Salzsäure, erneut mit Wasser sowie gesättigter NaCl-Lösung gewaschen, und über $MgSO_4$ getrocknet. Das Produkt wird gegebenfalls säulenchromatographisch aufgereinigt (EtOAc/DCM).

2.6.3 Allgemeine Methode 6.3: PMB Schützung

Das Benzamid (1.0 Äquiv.) wird in absolutem THF bzw. DMF gelöst und mit Hilfe eines Eisbads auf 0 °C abgekühlt. Zu dieser Lösung werden portionsweise 1.4 Äquivalente NaH zugegeben und das Eisbad entfernt. Es wird für eine Stunde gerührt, danach wird das *p*-Methoxybenzylchlorid (1.3 Äquiv.) zugetropft und für weitere 18 h bei RT gerührt. Das Reaktionsgemisch wird mit Wasser versetzt und die klare Lösung dreimal mit EtOAc extrahiert. Die organische Phase wird je zweimal mit Wasser und ges. NaCl-Lösung gewaschen und über $MgSO_4$ getrocknet. Nach dem Entfernen des Lösungsmittels am Rotationsverdampfer wird das Produkt durch säulenchromatographische Reinigung (EtOAc/Pentan) erhalten.

2.7 Allgemeine Methode 7: Abspaltung der Schutzgruppen

2.7.1 Allgemeine Methode 7.1: Säure katalysiert Spaltung (HI)

Die Biarylkomponente (1.0 Äquiv.) wird in Aceton gelöst und mit einem Überschuss 57%-iger wässriger HI-Lösung versetzt. Die Reaktionsmischung wird für 3-7 Tage bei Raumtemperatur gerührt. Der ausfallende Feststoff wird filtriert, mehrmals mit kaltem Wasser gewaschen und im Exsikkator über KOH getrocknet.

2.7.2 Allgemeine Methode 7.2: Lewis-säure katalysierte Spaltung (BBr_3)

Die Biarylkomponente (1.0 Äquiv.) wird in absolutem DCM gelöst (oder das Lösemittel wird im Einzelfall ganz weggelassen) und mit einem Überschuss BBr_3 > 99% (6-50 Äquiv.) behandelt. Das Reaktionsgemisch wird für 2-5 Tage bei Raumtemperatur gerührt und anschließend vorsichtig auf Eis gegeben. Der ausfallende Feststoff wird filtriert, mehrmals mit kaltem Wasser gewaschen und im Exsikkator über KOH getrocknet.

2.8 Darstellung der Benzoesäurederivate

2.8.1 Darstellung von Methyl-2-ethoxybenzo[*d*][1,3]dioxol-5-carboxylat (A-14)

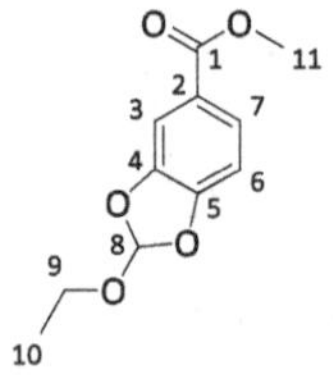

Es werden 2.5 g (15 mmol, 1.0 Äquiv.) Methyl-3,4-dihydroxybenzoat (**A-13**) und 100 mg Amberlyst-15 in 40 mL Benzol unter Zugabe von 6.6 g (7.4 mL, 45 mmol, 3 Äquiv.) Triethylorthoformiat gelöst und über Nacht in einer Dean-Stark-Apparatur unter Rückfluss erhitzt. Während der letzten 2 Stunden wird mehrfach das destillierte Benzol-Ethanol-Gemisch abgelassen. Die Reaktionslösung wird abgekühlt, der Ionenaustauscher abfiltriert und das Lösungsmittel sowie überschüssiges Reagenz am Rotationsverdampfer entfernt. Das Produkt (**A-14**) wird aus dem Rückstand nach säulenchromatographischer Reinigung (Pentan/TBME 3:1, $R_f = 0.87$) als farbloses Öl isoliert.

$M(C_{11}H_{12}O_5)$ = 224.21 g/mol

Ausbeute: 3.1 g (13.8 mmol, 92%)

^{1}H NMR (400 MHz, Chloroform-*d*) δ [ppm] = 7.69 (dd, *J* = 8.2, 1.2 Hz, 1H, **H-7**), 7.53 (d, *J* = 1.6 Hz, 1H, **H-3**), 6.93 (s, 1H, **H-8**), 6.89 (d, *J* = 8.2 Hz, 1H, **H-6**), 3.88 (s, 3H, **H-11**), 3.77 – 3.70 (m, 2H, **H-9**), 1.27 (m, 3H, **H-10**).

^{13}C NMR (100 MHz, Chloroform-*d*) δ [ppm] = 166.45 (**C-1**), 149.89 (**C-5**), 146.14 (**C-4**), 125.16 (**C-7**), 124.22 (**C-2**), 119.62 (**C-8**), 109.33 (**C-3**), 107.73 (**C-6**), 59.61 (**C-9**), 52.09 (**C-11**), 14.80 (**C-10**).

HRMS(ESI): *m/z* = 247.0564 $[M + Na]^+$ (berechnet für $[C_{11}H_{12}O_5 + Na]^+$ = 247.0582)

Die Reaktionsbedingungen werden gemäß den Literaturangaben gewählt.[146]

2.8.2 Darstellung von Methyl-2,2-dimethylbenzo[*d*][1,3]dioxol-5-carboxylat (A-15)

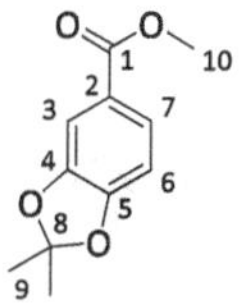

Eine Lösung aus 1.5 g (9.0 mmol, 1.0 Äquiv.) Methyl-3,4-dihydroxybenzoat (**A-13**) in 50 mL trockenem Chloroform wird mit 4.8 g (45 mmol, 5.0 Äquiv.) 2,2-Dimethoxypropan und einer katalytischen Menge Camphersulfonsäure versetzt und über Nacht zum Sieden erhitzt. Das Reaktionsgemisch wird abgekühlt und mit Triethylamin neutralisiert. Nach säulenchromatographischer Reinigung (Pentan/EtOAc 2:1, R_f = 0.63) wird das Produkt (**A-15**) als farbloser Feststoff isoliert.

$M(C_{11}H_{12}O_4)$ = 208.21 g/mol

Ausbeute: 330 mg (1.59 mmol, 18%)

^{1}H NMR (400 MHz, Chloroform-*d*) δ [ppm] = 7.61 (dd, *J* = 8.2, 1.7 Hz, 1H, **H-7**), 7.38 (d, *J* = 1.7 Hz, 1H, **H-3**), 6.74 (d, *J* = 8.1 Hz, 1H, **H-6**), 3.87 (s, 3H, **H-10**), 1.69 (s, 6H, **H-9**).

^{13}C NMR (100 MHz, Chloroform-*d*) δ [ppm] = 166.67 (**C-1**), 151.45 (**C-5**), 147.50 (**C-4**), 124.82 (**C-7**), 123.52 (**C-2**), 119.17 (**C-8**), 109.36 (**C-3**), 107.79 (**C-6**), 51.96 (**C-10**), 25.89 (**C-9**).

HRMS(ESI): *m/z* = 231.0641 $[M + Na]^+$ (berechnet für $[C_{11}H_{12}O_4 + Na]^+$ = 231.0633)

Die Reaktionsbedingungen werden gemäß den Literaturangaben gewählt.[144]

2.8.3 Darstellung von Methylbenzo[*d*][1,3]dioxol-5-carboxylat (A-16)

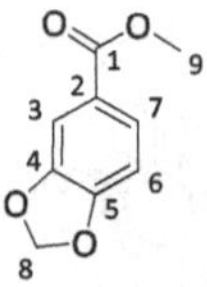

Eine Lösung aus 3.0 g (18 mmol, 1.0 Äquiv.) Methyl-3,4-dihydroxybenzoat (**A-13**) in 150 mL Aceton wird mit 24 g (7.2 mL, 90 mmol, 5.0 Äquiv.) Diiodmethan sowie 18 g (129 mmol, 7.0 Äquiv.) Kaliumcarbonat versetzt und über Nacht zum Sieden erhitzt. Die Reaktionslösung wird abgekühlt, das überschussige Kaliumcarbonat abfiltriert und das Lösungsmittel am Rotationsverdampfer eingeengt. Das Produkt (**A-16**) wird aus dem Rückstand nach säulenchromatographischer Reinigung (Pentan/EtOAc 9:1, R_f = 0.64) als farbloser Feststoff isoliert.

M($C_9H_8O_4$) = 180.16 g/mol

Ausbeute: 2.7 mg (15 mmol, 83%)

^{1}H NMR (400 MHz, Chloroform-*d*) δ [ppm] = 7.65 (dd, *J* = 8.2, 1.7 Hz, 1H, **H-7**), 7.47 (d, *J* = 1.6 Hz, 1H, **H-3**), 6.83 (d, *J* = 8.2 Hz, 1H, **H-6**), 6.04 (s, 2H, **H-8**), 3.88 (s, 3H, **H-9**).

^{13}C NMR (100 MHz, Chloroform-*d*) δ [ppm] = 166.47 (**C-1**), 151.58 (**C-5**), 147.72 (**C-4**), 125.33 (**C-7**), 124.19 (**C-2**), 109.52 (**C-3**), 107.97 (**C-6**), 101.78 (**C-8**), 52.06 (**C-9**).

HRMS(ESI): *m/z* = 203.0318 $[M + Na]^+$ (berechnet für $[C_9H_8O_4 + Na]^+$ = 203.0320)

Die Reaktionsbedingungen werden gemäß den Literaturangaben gewählt.[145]

2.8.4 Darstellung von 3,4-Di(*tert*-butyldimethylsilyloxy)-benzoesäure (A-17)

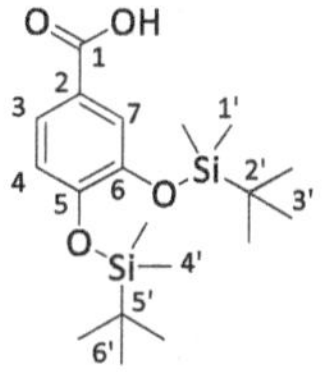

Zu einer Lösung aus 5.0 g (32 mmol, 1.0 Äquiv.) 4,5-Dihydroxybenzoesäure (**A-7**) und 15.6 g (104 mmol, 3.2 Äquiv.) *tert*-Butylchlordimethylsilan in 40 mL trockenem DMF werden unter Eiskühlung 14.9 g (20.0 mL, 115 mmol, 3.6 Äquiv.) *N,N*-Diisopropylethylamin zugetropft. Die Reaktionslösung wird 12 Stunden bei Raumtemperatur gerührt, mit 100 mL ges. NH_4Cl-Lösung versetzt und 3-mal mit Pentan extrahiert. Die vereinigten organischen Phasen werden über Na_2SO_4 getrocknet und das Lösungsmittel am Rotationsverdampfer entfernt. Der ölige Rückstand wird in 80 mL eines THF/Essigsäure/Wasser-Gemischs (4 : 3 : 1 (v/v)) gelöst, 2 Stunden bei Raumtemperatur gerührt und dann auf Eis gegeben. Das so erhaltene Gemisch wird erneut 3 mal mit Pentan/TBME (1 : 1 (v/v)) extrahiert und die vereinigten organischen Phasen 2-mal mit Wasser und 1-mal mit ges. NaCl-Lösung gewaschen. Die organischen Phasen werden vereint, über Na_2SO_4 getrocknet und das Lösungsmittel am Rotationsverdampfer entfernt. Das Produkt (**A-17**) wird als farbloser kristalliner Feststoff erhalten.

$M(C_{19}H_{34}O_4Si_2)$ = 382.65 g/mol

Ausbeute: 10.2 g (26.7 mmol, 83%)

^{1}H NMR (400 MHz, Chloroform-*d*) δ [ppm] = 7.51 (dd, *J* = 8.3, 2.2 Hz, 1H, **H-3**), 7.48 (d, *J* = 2.1 Hz, 1H, **H-7**), 6.77 (d, *J* = 8.4 Hz, 1H, **H-4**), 0.90 (s, 9H, **H-6'**), 0.89 (s, 9H, **H-3'**), 0.14 (s, 6H, **H-1'**), 0.13 (s, 6H, **H-4'**).

^{13}C NMR (100 MHz, Chloroform-*d*) δ [ppm] = 171.59 (**C-1**), 152.45 (**C-5**), 146.77 (**C-6**), 124.41 (**C-3**), 122.74 (**C-7**), 122.45 (**C-2**), 120.54 (**C-4**), 25.91 (**C-3'**), 25.85 (**C-6'**), 18.53 (**C-2'**), 18.46 (**C-5'**), -3.60 (**C-1'**), -4.05 (**C-4'**).

2.8.5 Darstellung von 3,4,5-Tris(*tert*-butyldimethylsilyloxy)-benzoesäure (A-18)

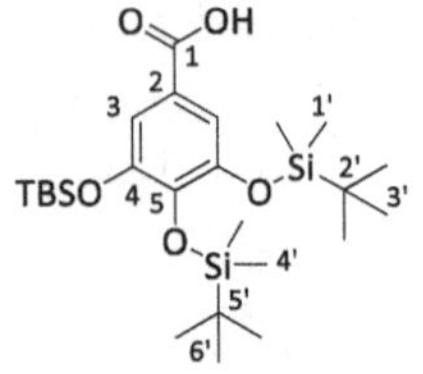

Zu einer Lösung aus 3.0 g (18 mmol, 1.0 Äquiv.) 3,4,5-Trihydroxybenzoesäure (**A-8**) und 11 g (71 mmol, 4.0 Äquiv.) *tert*-Butylchlordimethylsilan in 60 mL trockenem DMF werden unter Eiskühlung 8.6 g (126 mmol, 7.0 Äquiv.) Imidazol zugegeben. Die Reaktionslösung wird 12 Stunden bei Raumtemperatur gerührt, mit 50 mL ges. $NaCO_3$-Lösung versetzt und 3-mal mit Pentan extrahiert. Die vereinigten organischen Phasen werden mit ges. NaCl-Lösung gewaschen, über Na_2SO_4 getrocknet und das Lösungsmittel am Rotationsverdampfer entfernt. Der ölige Rückstand wird in 35 mL Methanol aufgenommen und über Nacht im Kühlfach zur Kristallisation gebracht. Das Produkt (**A-18**) wird als farbloser kristalliner Feststoff erhalten.

$M(C_{25}H_{48}O_5Si_3)$ = 512.28 g/mol

Ausbeute: 8.6 g (17 mmol, 94%)

^{1}H NMR (400 MHz, Chloroform-*d*) δ [ppm] = 7.22 (s, 2H, **H-3**), 0.99 (s, 9H, **H-6'**), 0.94 (s, 18H, **H-3'**), 0.23 (s, 12H, **H-1'**), 0.14 (s, 6H, **H-4'**).

^{13}C NMR (100 MHz, Chloroform-*d*) δ [ppm] = 166.34 (**C-1**), 148.32 (**C-4**), 143.11 (**C-5**), 123.26 (**C-2**), 115.95 (**C-3**), 26.18 (**C-3'**), 25.60 (**C-6'**), 18.82 (**C-2'**), 18.49 (**C-5'**), -3.64 (**C-1'**), -3.88 (**C-4'**).

Die gemessenen Daten stimmen mit den Literaturdaten überein.[175]

2.8.6 Darstellung von 2-Brom-5-methoxybenzoesäure (A_B-19)

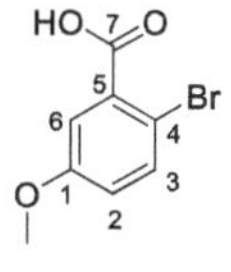

Methode A: Zu einer Lösung aus 2.7 g (18 mmol, 1.0 Äquiv.) 3-Methoxybenzoesäure (**A-1**) in 18 mL Essigsäure werden 2.8 g (0.9 mL, 17 mmol, 1.0 Äquiv.) Br_2 in 9 mL Essigsäure langsam zugetropft und 5 h zum Sieden erhitzt. Das Reaktionsgemisch wird auf Raumtemperatur abgekühlt und auf 5 g Eis gegeben. Der ausgefallene Feststoff wird filtriert, mit einem Wasser/Methanol-Gemisch (1:1) gewaschen und im Exsikkator über Phosphorpentoxid getrocknet. Das Produkt (**A_B-19**) wird als farbloser Feststoff erhalten.

Ausbeute: 2.2 g (9.5 mmol, 54%)

Methode B: Zu einer Lösung aus 7.3 g (48 mmol, 1.0 Äquiv.) 3-Methoxybenzoesäure (**A-1**) in 33 mL Essigsäure und 11 mL Acetonitril wird eine Suspension von 8.5 g (48 mmol, 1.0 Äquiv.) NBS in 51 mL Essigsäure und 17 mL Acetonitril zugetropft, und anschließend über Nacht auf 80 °C erhitzt. Am nächsten Tag wird das Lösungsmittel am Rotationsverdampfer entfernt und der Rückstand auf 50 mL Wasser gegeben. Das Reaktionsgemisch wird dreimal mit Ethylacetat extrahiert und die vereinigten organischen Phasen werden über $MgSO_4$ getrocknet. Nach dem Entfernen des Lösungsmittels am Rotationsverdampfer, wird der erhaltene Feststoff aus Wasser/Methanol (1:1) umkristallisiert und im Exsikkator über Phosphorpentoxid getrocknet. Das Produkt (**A_B-19**) wird als farbloser Feststoff erhalten.

$M(C_8H_7O_3Br)$ = 231.1 g/mol

Ausbeute: 8.6 g (37 mmol, 78%)

^{1}H NMR (400 MHz, DMSO-d_6) δ [ppm] = 13.39 (br. s, 1H, **OH**), 7.58 (d, J = 8.8 Hz, 1H, **H-3**), 7.26 (d, J = 3.1 Hz, 1H, **H-6**), 7.02 (dd, J = 8.8, 3.1 Hz, 1H, **H-2**), 3.78 (s, 3H, **OMe**).

^{13}C NMR (100 MHz, DMSO- d_6) δ [ppm] = 167.11 (**C-7**), 158.29 (**C-1**), 134.57 (**C-3**), 134.52 (**C-5**), 118.44 (**C-2**), 115.55 (**C-6**), 109.98 (**C-4**), 55.59 (**OMe**).

HRMS(ESI): m/z = 229.9574 $[M - H]^-$ (berechnet für $[C_8H_7O_3Br - H]^-$ = 228.9579)

2.8.7 Darstellung von 2-Brom-4,5-dimethoxybenzoesäure (A_B-20)

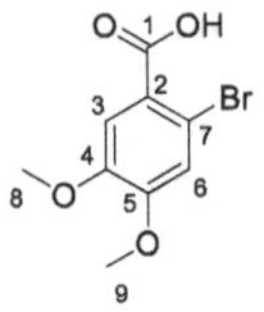

Die Durchführung erfolgt nach der *Allgemeinen Methode 1* mit 1.0 g (5.5 mmol) 3,4-Dimethoxybenzoesäure (**A-2**) und 0.9 g (3.3 mmol) DBDMH. Das Produkt (**A_B-20**) wird als farbloser Feststoff isoliert.

$M(C_9H_9O_4Br)$ = 261.1 g/mol

Ausbeute: 1.3 g (5.0 mmol, 92%)

^{1}H NMR (400 MHz, Chloroform-*d*) δ [ppm] = 10.31 (br. s, 1H, **OH**), 7.59 (s, 1H, **H-3**), 7.13 (s, 1H, **H-6**), 3.94 (s, 3H, **H-9**), 3.92 (s, 3H, **H-8**).

^{13}C NMR (100 MHz, Chloroform-*d*) δ [ppm] = 170.33 (**C-1**), 152.80 (**C-5**), 147.83 (**C-4**), 121.23 (**C-2**), 117.30 (**C-6**), 115.48 (**C-7**), 114.73 (**C-3**), 56.38 (**OMe**), 56.16 (**OMe**).

HRMS(ESI): *m/z* = 282.9583 $[M + Na]^+$ (berechnet für $[C_9H_9O_4Br + Na]^+$ = 282.9582)

2.8.8 Darstellung von 2-Brom-5,6-dimethoxybenzoesäure (A_B-21)

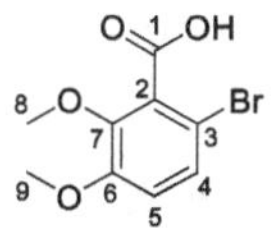

Die Durchführung erfolgt nach der *Allgemeinen Methode 1* mit 2.0 g (11 mmol) 2,3-Dimethoxybenzoesäure (**A-3**) und 1.9 g (6.6 mmol) DBDMH. Das Produkt (**A_B-21**) wird aus wässriger Lösung nach Extraktion mit EtOAc (dreimal) als farbloser Feststoff erhalten.

M($C_9H_9O_4Br$) = 261.1 g/mol

Ausbeute: 2.4 g (9.1 mmol, 82%)

^{1}H NMR (400 MHz, Chloroform-*d*) δ [ppm] = 7.17 (d, *J* = 8.8 Hz, 1H, **H-4**), 6.74 (d, *J* = 8.8 Hz, 1H, **H-5**), 3.82 (s, 3H, **H-8**), 3.79 (s, 3H, **H-9**).

^{13}C NMR (100 MHz, Chloroform-*d*) δ [ppm] = 169.94 (**C-1**), 152.15 (**C-6**), 147.07 (**C-7**), 130.48 (**C-2**), 128.15 (**C-4**), 114.91 (**C-5**), 108.69 (**C-3**), 61.90 (**C-8**), 56.17 (**C-9**).

HRMS(ESI): *m/z* = 282.9586 [M + Na]$^+$ (berechnet für [$C_9H_9O_4Br$ + Na]$^+$ = 282.9582)

2.8.9 Darstellung von 2-Brom-3,4,5-trimethoxybenzoesäure (A$_B$-22)

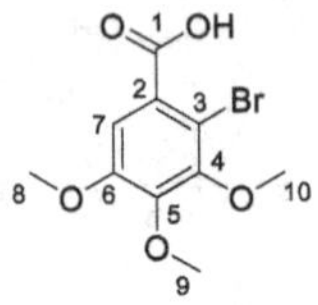

Die Durchführung erfolgt nach der *Allgemeinen Methode 1* mit 10.0 g (47.0 mmol) 3,4,5-Trimethoxybenzoesäure (**A-6**) und 8.1 g (28 mmol) DBDMH. Das Produkt (**A$_B$-22**) wird als farbloser Feststoff isoliert.

M($C_{10}H_{11}O_5Br$) = 291.1 g/mol

Ausbeute: 12.2 g (41.9 mmol, 89%)

^{1}**H NMR** (400 MHz, Chloroform-*d*) δ [ppm] = 9.86 (br. s, 1H, **OH**), 7.40 (s, 1H, **H-7**), 3.96 (s, 3H, **H-9**), 3.90 (s, 3H, **H-8**), 3.91 (s, 3H, **H-10**).

^{13}**C NMR** (100 MHz, Chloroform-*d*) δ [ppm] = 170.89 (**C-1**), 152.19 (**C-6**), 151.69 (**C-4**), 147.05 (**C-5**), 125.31 (**C-2**), 111.26 (**C-7**), 110.97 (**C-3**), 61.23 (**C-9**), 61.06 (**C-10**), 56.27 (**C-8**).

HRMS(ESI): *m/z* = 312.9687 [M + Na]$^+$ (berechnet für [$C_{10}H_{11}O_5Br$ + Na]$^+$ = 312.9688)

2.8.10 Darstellung von 2,3,4,5-Tetramethoxybenzoesäure (A-23)

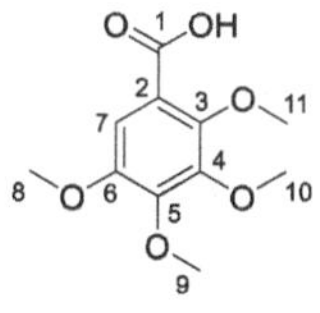

0.46 g (20.0 mmol, 3 Äquiv.) elementares Natrium wird in 26 mL absolutem Methanol gelöst und portionsweise mit 2.0 g (6.9 mmol, 1 Äquiv.) 2-Brom-3,4,5-trimethoxybenzoesäure (**A$_B$-22**) und 0.2 g (3.1 mmol, 0.45 Äquiv.) Kupferpulver versetzt. Das Reaktionsgemisch wird 18 h zum Sieden erhitzt, anschließend über Celite filtriert und das Lösemittel am Rotationsverdampfer eingeengt. Das Rohprodukt wird in angesäuertem Wasser bei pH 3 gelöst und dreimal mit DCM extrahiert. Die vereinigten organischen Phasen werden über $MgSO_4$ getrocknet, das Lösemittel entfernt und der Rückstand aus EtOAc/n-Pentan (1:1) umkristallisiert. Das Produkt (**A-23**) wird als farbloser Feststoff isoliert.

$M(C_{11}H_{14}O_6)$ = 242.23 g/mol

Ausbeute: 0.8 g (3.4 mmol, 49%)

^{1}H NMR (400 MHz, Chloroform-*d*) δ [ppm] = 7.42 (s, 1H, **H-7**), 4.08 (s, 3H, **H-9** o. **H-11**), 3.99 (s, 3H, **H-9** o. **H-11**), 3.93 (s, 3H, **H-8** o. **H-10**), 3.89 (s, 3H, **H-8** o. **H-10**).

^{13}C NMR (100 MHz, Chloroform-*d*) δ [ppm] = 164.91 (**C-1**), 150.08 (**C-3**), 147.99 (**C-6**), 147.15 (**C-5**), 145.99 (**C-4**), 115.64 (**C-2**), 108.99 (**C-7**), 62.69 (**C-11**), 61.43 (**C-9** o. **C-10**), 61.25 (**C-9** o. **C-10**), 56.27 (**C-8**).

HRMS(ESI): *m/z* = 265.0689 $[M + Na]^+$ (berechnet für $[C_{11}H_{14}O_6 + Na]^+$ = 265.0688)

Die Reaktionsbedingungen werden gemäß den Literaturangaben gewählt.[150]

Die gemessenen Daten stimmen mit den Literaturdaten überein.[150]

2.8.11 Darstellung von 2-Brom-3,4,5,6-tetramethoxybenzoesäure (A_B-24)

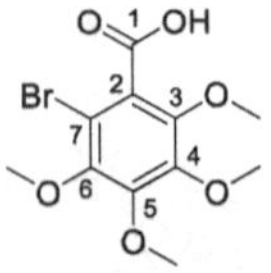

Die Durchführung erfolgt nach der *Allgemeinen Methode 1* mit 0.4 g (1.7 mmol) 2,3,4,5-Tetramethoxybenzoesäure (**A-23**) und 0.47 g (1.65 mmol) DBDMH. Nach dem Ansäuern fällt kein Feststoff aus, sodass die wässrige Phase dreimal mit EtOAc extrahiert wird. Die vereinigten organischen Phasen werden über $MgSO_4$ getrocknet, das Lösungsmittel am Rotationsverdampfer entfernt und das Produkt (**A_B-24**) als gelber Feststoff erhalten.

$M(C_{11}H_{13}O_6Br)$ = 321.12 g/mol

Ausbeute: 0.29 g (0.91 mmol, 55%)

^{1}H NMR (400 MHz, Chloroform-*d*) δ [ppm] = 3.96 (s, 3H, **3-OMe** o. **5-OMe**), 3.92 (m, 6H, **3-OMe** o. **5-OMe** u. **6-OMe**), 3.86 (s, 3H, **4-OMe**).

^{13}C NMR (100 MHz, Chloroform-*d*) δ [ppm] = 168.71 (**C-1**), 147.79 (**C-6**), 147.53 (**C-3**), 146.65 (**C-4**), 125.49 (**C-5**), 109.02 (**C-2**), 108.12 (**C-7**), 62.22 (**OMe**), 61.46 (**OMe**), 61.23 (**OMe**), 61.12 (**OMe**).

HRMS(ESI): *m/z* = 318.9602 $[M - H]^-$ (berechnet für $[C_{11}H_{13}O_6Br - H]^-$ = 318.9823)

2.8.12 Darstellung von 6-Iod-2,3,4-trimethoxybenzoesäure (A$_I$-35)

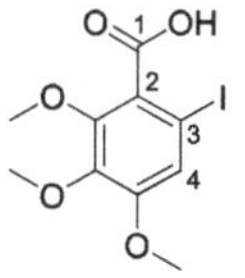

1.3 g (3.7 mmol, 1.0 Äquiv.) Methyl-6-iod-2,3,4-trimethoxybenzoat (**A-39**) wird vollständig in 30 mL 1,4-Dioxan gelöst, mit 20 mL 1 M NaOH-Lösung versetzt und über Nacht bei 80 °C erhitzt. Nach dem Abkühlen wird die Reaktionslösung mit verd. HCl-Lösung auf pH 1 angesäuert und zweimal mit 30 mL DCM extrahiert. Die vereinigten organischen Phasen werden über $MgSO_4$ getrocknet und das Lösungsmittel am Rotationsverdampfer entfernt. Das Produkt (**A$_I$-35**) wird als orangener, kristalliner Feststoff erhalten.

$M(C_{10}H_{11}O_5I)$ = 338.10 g/mol

Ausbeute: 1.1 g (3.2 mmol, 88%)

^{1}**H NMR** (400 MHz, Chloroform-*d*) δ [ppm] = 7.16 (s, 1H, **H-4**), 3.96 (s, 3H, **OMe**), 3.88 (s, 3H, **OMe**), 3.87 (s, 3H, **OMe**).

^{13}**C NMR** (100 MHz, Chloroform-*d*) δ [ppm] = 169.17 (**C-1**), 155.42 (**C-OMe**), 151.73 (**C-OMe**), 142.47 (**C-OMe**), 126.29 (**C-4**), 119.01 (**C-2** o. **C-3**), 84.78 (**C-2** o. **C-3**), 62.25 (**OMe**), 60.96 (**OMe**), 56.40 (**OMe**).

Die Reaktionsbedingungen werden in leicht abgewandelter Form entsprechend den Literaturangaben gewählt.[156]

2.8.13 Darstellung von 2-Iod-3,4,5-trimethoxybenzoesäure (A_I-36)

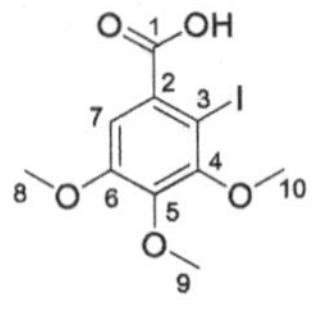

Zu einer Suspension aus 0.3 g (1.4 mmol, 1 Äquiv.) 3,4,5-Trimethoxybenzoesäure (**A-6**) und 0.35 g (1.7 mmol, 1.2 Äquiv.) Silbertrifluoracetat in 5 mL trockenem Chloroform wird über 1 h eine Chloroform-Lösung aus 0.4 g (1.7 mmol, 1.2 Äquiv.) Iod zugetropft und das Gemisch 36 h bei RT gerührt. Das ausgefallene Silberiodid wird abfiltriert und die Lösung mit Natriumthiosulfat gewaschen, mit $MgSO_4$ getrocknet und das Lösungsmittel am Rotationsverdampfer entfernt. Zur Reinigung wird das Produkt (**A_I-36**) bei Bedarf aus DCM/Cyclohexan (1:1) umkristallisiert um es als farblosen Feststoff zu erhalten.

$M(C_{10}H_{11}O_5I)$ = 338.1 g/mol

Ausbeute: 0.4 g (1.2 mmol, 85%)

^{1}H NMR (400 MHz, Chloroform-*d*) δ [ppm] = 7.45 (s, 1H, **H-7**), 3.95 (s, 3H, **H-8** o. **H-10**), 3.92 (s, 3H, **H-8** o. **H-10**), 3.89 (s, 3H, **H-9**).

^{13}C NMR (100 MHz, Chloroform-*d*) δ [ppm] = 168.77 (**C-1**), 154.10 (**C-6**), 153.23 (**C-4**), 145.84 (**C-5**), 128.58 (**C-2**), 111.68 (**C-7**), 85.23 (**C-3**), 61.11 (**C-9**), 60.86 (**C-8**), 56.29 (**C-10**).

HRMS(ESI): *m/z* = 360.9546 $[M+Na]^+$ (berechnet für $[C_{10}H_{11}O_5I + Na]^+$ = 360.9549)

Die Reaktionsbedingungen werden gemäß den Literaturangaben gewählt.[154]

Die analytischen Daten stimmen mit den Literaturwerten überein.[154]

2.8.14 Darstellung von 2-Iod-4,5-dimethoxybenzoesäure (A_I-37)

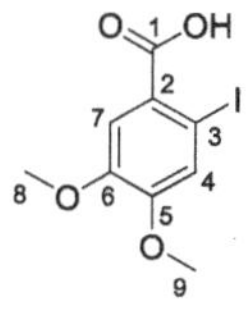

Unter Erwärmen (ca. 70 °C) werden 6.22 g (31.5 mmol, 1.0 Äquiv.) 2-Amino-4,5-dimethoxybenzoesäure (**A-9**) in 93 mL Wasser und 19 mL konz. HCl gelöst und auf 0 °C abgekühlt. Zu der violetten Lösung wird eine Lösung aus 2.28 g (33.1 mmol, 1.05 Äquiv.) Natriumnitrit in 13 mL Wasser gegeben und 15 min gerührt. Dann wird langsam eine Lösung aus 5.50 g (33.1 mmol, 1.05 Äquiv.) Kaliumiodid in 13 mL Wasser zugetropft und nach 15 min für weitere 15 min auf 50 °C erwärmt. Anschließend wird auf 80 °C erhitzt, bis keine Gasentwicklung mehr vorliegt. Das Reaktionsgemisch wird auf 0 °C abgekühlt und nach Zugabe von gesättigter Natriumthiosulfatlösung wird der ausgefallene Feststoff mit Hilfe einer Glasfritte abfiltriert und mit Eiswasser gewaschen. Das Rohprodukt wird im Exsikkator über Phosphorpentoxid getrocknet. Daraufhin wird es in wenig siedendem Ethanol gelöst und heiß über eine dünne Schicht Celite filtriert. Nachdem das Ethanol am Rotationsverdampfer entfernt wurde, wird der Rückstand in wenig Aceton gelöst und nach Zugabe von Aktivkohle unter Rückfluß erhitzt. Die Aktivkohle wird abfiltriert, das Lösungsmittel wird am Rotationsverdampfer entfernt und das Produkt (**A_I-37**) wird als gelber Feststoff erhalten.
$M(C_9H_9O_4I)$ = 308.1 g/mol
Ausbeute: 5.90 g (19.1 mmol, 60.7%)

^{1}H NMR (400 MHz, DMSO-d_6) δ [ppm] = 7.42 (s, 1H, **H-4**), 7.38 (s, 1H, **H-7**), 3.82 (s, 3H, **H-9**), 3.78 (s, 3H, **H-8**).

^{13}C NMR (100 MHz, DMSO- d_6) δ [ppm] = 166.91 (**C-1**), 151.31 (**C-5**), 148.22 (**C-6**), 127.24 (**C-2**), 123.16 (**C-4**), 113.59 (**C-7**), 84.60 (**C-3**), 55.93 (**OMe**), 55.53 (**OMe**).

Die Reaktionsbedingungen werden gemäß den Literaturangaben gewählt.[156]

2.8.15 Darstellung von Methyl-2,3,4-trimethoxybenzoat (A-39)

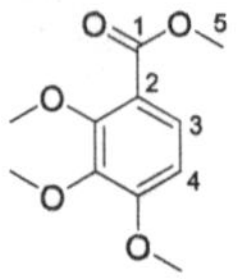

Zu einer Lösung aus 8.0 g (38 mmol, 1.0 Äquiv.) 2,3,4-Trimethoxybenzoesäure (**A-5**) in 40 mL Methanol werden 2 mL konz. H_2SO_4 (0.8 Äquiv.) hinzugegeben und 19 h auf 75 °C erhitzt. Nach dem Abkühlen wird das Lösemittel auf 10 mL eingeengt und die restliche Lösung mit 50 mL Eiswasser und 50 mL DCM versetzt. Die organische Phase wird abgetrennt und die wässrige Phase mit 50 mL DCM und zweimal mit 25 mL EtOAc extrahiert. Die vereinigten organischen Phasen werden mit 30 mL gesättigter Na_2CO_3-Lösung gewaschen, über $MgSO_4$ getrocknet und das Lösemittel anschließend am Rotationsverdampfer entfernt. Das Produkt (**A-39**) wird als farbloses Öl isoliert.

$M(C_{11}H_{14}O_5)$ = 226.23 g/mol

Ausbeute: 6.4 g (28 mmol 74%)

^{1}**H NMR** (400 MHz, Chloroform-*d*) δ = 7.61 (d, *J* = 8.9 Hz, 1H, **H-3**), 6.70 (d, *J* = 8.9 Hz, 1H, **H-4**), 3.94 (s, 3H, **H-5**), 3.91 (s, 3H, **OMe**), 3.89 (s, 3H, **OMe**), 3.88 (s, 3H, **OMe**).

^{13}**C NMR** (100 MHz, Chloroform-*d*) δ = 166.07 (**C-1**), 157.16 (**C-OMe**), 154.69 (**C-OMe**), 142.94 (**C-OMe**), 126.95 (**C-3**), 117.83 (**C-2**), 106.88 (**C-4**), 61.83 (**OMe**), 61.02 (**OMe**), 56.07 (**OMe**), 51.98 (**C-5**).

Die Reaktionsbedingungen werden gemäß den Literaturangaben gewählt.[156,157]

2.8.16 Darstellung von Methyl-2,3,4-trimethoxy-6-nitrobenzoat (A-40)

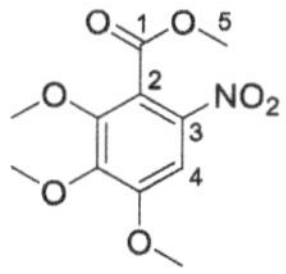

Zu einer eisgekühlten Lösung aus 6.35 g (28.1 mmol, 1.0 Äquiv.) Methyl-2,3,4-trimethoxybenzoat (**A-39**) in 15 mL Essigsäureanhydrid werden 3.2 mL konz. HNO_3-Lösung unter Rühren hinzugetropft und anschließend 1 h bei RT weiter gerührt. Zur Reaktionslösung werden 200 mL Eiswasser hinzugegeben und der entstandene orangefarbene Niederschlag filtriert. Nach Umkristallisation aus Methanol wird das Produkt (**A-40**) als orangefarbener, kristalliner Feststoff erhalten.

$M(C_{11}H_{13}NO_7)$ = 271.23 g/mol

Ausbeute: 4.07 g (15.0 mmol, 53%)

^{1}H NMR (400 MHz, Chloroform-*d*) δ [ppm] = 7.52 (s, 1H, **H-4**), 3.97 (s, 3H, **H-5**), 3.96 (s, 3H, **OMe**), 3.96 (s, 3H, **OMe**), 3.93 (s, 3H, **OMe**).

^{13}C NMR (100 MHz, Chloroform-*d*) δ [ppm] = 164.77 (**C-1**), 153.75 (**C-OMe**), 150.65 (**C-OMe**), 147.81 (**C-OMe**), 119.41 (**C-2**), 118.36 (**C-3**), 103.78 (**C-4**), 62.31 (**OMe**), 61.22 (**OMe**), 56.59 (**C-5**), 53.25 (**OMe**).

.

Die Reaktionsbedingungen werden gemäß den Literaturangaben gewählt.[156,157]

Die analytischen Daten stimmen mit den Literaturwerten überein.[156,157]

2.8.17 Darstellung von Methyl-6-amino-2,3,4-trimethoxybenzoat (A-41)

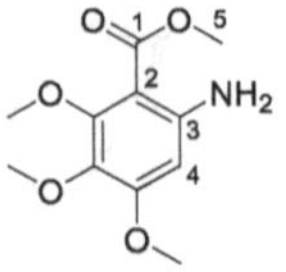

4.07 g (15.0 mmol, 1.0 Äquiv.) Methyl-2,3,4-trimethoxy-6-nitrobenzoat (**A-40**) werden mit 3 mL (73.9 mmol, 4.9 Äquiv.) Methanol und 8.02 g (67.6 mmol, 4.5 Äquiv.) Zinn in 15 mL konz. HCl-Lösung versetzt und bei RT 48 h gerührt. Zu der Reaktionslösung werden anschließend 20 mL konz. Ammoniak-Lösung hinzugegeben und der entstandene Niederschlag abfiltriert. Sowohl der Niederschlag als auch das Filtrat werden mit Diethylether extrahiert. Die vereinigten organischen Phasen werden mit Wasser gewaschen, über $MgSO_4$ getrocknet und das Lösungsmittel destillativ entfernt. Die erhaltenen, in Diethylether schlecht löslichen, gelben Kristalle werden mit Diethylether mazeriert bis sie farblos sind. Das Produkt (**A-41**) wird als farbloser, kristalliner Feststoff erhalten.

$M(C_{11}H_{15}NO_5)$ = 241.24 g/mol

Ausbeute: 3.37 g (13.9 mmol, 93%)

^{1}H NMR (400 MHz, Chloroform-*d*) δ [ppm] = 5.94 (s, 1H, **H-4**), 5.32 (s, 2H, **NH_2**), 3.88 (s, 3H, **H-5**), 3.86 (s, 3H, **OMe**), 3.82 (s, 3H, **OMe**), 3.76 (s, 3H, **OMe**).

^{13}C NMR (150 MHz, Chloroform-*d*) δ [ppm] = 168.30 (**C-1**), 157.47 (**C-OMe**), 154.97 (**C-OMe**), 147.45 (**C-3**), 134.37 (**C-OMe**), 100.84 (**C-2**), 94.90 (**C-4**), 61.61 (**OMe**), 61.10 (**OMe**), 55.71 (**OMe**), 51.72 (**C-5**).

HRMS(ESI): *m/z* = 264.0864 $[M+Na]^+$ (berechnet für $[C_{11}H_{15}NO_5 + Na]^+$ = 264.0848)

Die Reaktionsbedingungen werden gemäß den Literaturangaben gewählt.[156]

Die analytischen Daten stimmen mit den Literaturwerten überein.[157]

2.8.18 Darstellung von Methyl-6-iod-2,3,4-trimethoxybenzoat (A-42)

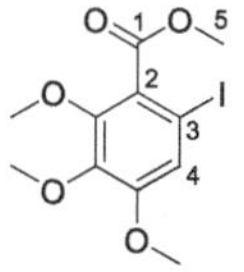

3.4 g (14 mmol, 1.0 Äquiv.) Methyl-6-amino-2,3,4-trimethoxybenzoat (**A-41**) werden in 25 mL verd. H_2SO_4 vollständig gelöst und bei 0 °C mit der Lösung aus 0.9 g (14 mmol, 1.0 Äquiv.) $NaNO_2$ in 8 mL Wasser versetzt. Das Reaktionsgemisch wird weitere 30 min bei 0 °C gerührt. Nach Zugabe einer Lösung aus 3.8 g (23 mmol, 1.6 Äquiv.) KI in 10 mL Wasser und 0.4 g (6.9 mmol, 0.5 Äquiv.) Cu-Pulver wird das Gemisch langsam auf 50 °C erwärmt und anschließend für 1 h bei 80 °C erhitzt. Die abgekühlte Reaktionslösung wird viermal mit 50 mL Chloroform extrahiert, die vereinigten organischen Phasen jeweils dreimal mit 40 mL gesättigter Na_2SO_3-Lösung und Wasser gewaschen, und über $MgSO_4$ getrocknet. Durch Umkristallisation aus Methanol wird das Produkt (**A-42**) als orangener, kristalliner Feststoff erhalten.

$M(C_{11}H_{13}O_5I)$ = 352.12 g/mol

Ausbeute: 1.3 g (3.7 mmol, 26%)

^{1}**H NMR** (400 MHz, Chloroform-*d*) δ [ppm] = 7.06 (s, 1H, **H-4**), 3.93 (s, 3H, **OMe**), 3.90 (s, 3H, **H-5**), 3.85 (s, 3H, **OMe**), 3.85 (s, 3H, **OMe**).

^{13}**C NMR** (100 MHz, Chloroform-*d*) δ [ppm] = 167.45 (**C-1**), 155.02 (**C-OMe**), 151.40 (**C-OMe**), 142.52 (**C-OMe**), 128.65 (**C-2**), 118.14 (**C-4**), 83.90 (**C-3**), 61.96 (**OMe**), 60.90 (**OMe**), 56.39 (**OMe**), 52.69 (**C-5**).

HRMS(ESI): *m/z* = 374.9700 $[M+Na]^+$ (berechnet für $[C_{11}H_{13}O_5I + Na]^+$ = 374.9705)

Die Reaktionsbedingungen werden gemäß den Literaturangaben gewählt.[156]

2.9 Darstellung der Phenolderivate

2.9.1 Darstellung von 2-Ethoxy-4-hydroxybenzo[d][1,3]dioxol (B-15)

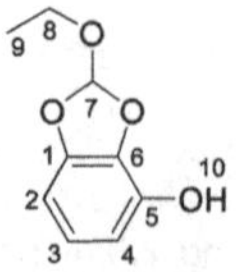

Es werden 10 g (79 mmol, 1.0 Äquiv.) Pyrogallol (**B-9**) und 200 mg Amberlyst-15 in 150 mL Benzol unter Zugabe von 35.3 g (39 mL, 238 mmol, 3 Äquiv.) Triethylorthoformiat gelöst und über Nacht in einer Dean-Stark-Apparatur unter Rückfluss erhitzt. Während der letzten 2 Stunden wird mehrfach das destillierte Benzol-Ethanol-Gemisch abgelassen. Die Reaktionslösung wird abgekühlt, der Ionenaustauscher abfiltriert und das Lösungsmittel sowie überschüssiges Reagenz am Rotationsverdampfer entfernt. Das Produkt (**B-15**) wird aus dem Rückstand nach säulenchromatographischer Reinigung (Pentan/TBME 3:1) als gelbes Öl isoliert.

$M(C_8H_8O_4)$ = 168.2 g/mol

Ausbeute: 9.5 g (57 mmol, 71%)

^{1}H NMR (400 MHz, Chloroform-*d*) δ [ppm] = 6.88 (s, 1H, **H-7**), 6.75 (dd, *J* = 8.5, 7.8 Hz, 1H, **H-2**), 6.51 (m, 2H, **H-3** u. **H-4**), 5.40 (br. s, 1H, **H-10**), 3.75 (q, *J* = 7.1 Hz, 2H, **H-8**), 1.27 (t, *J* = 7.1 Hz, 3H, **H-9**).

^{13}C NMR (100 MHz, Chloroform-*d*) δ [ppm] = 147.06 (**C-5**), 138.98 (**C-1**), 132.80 (**C-6**), 122.04 (**C-3**), 119.12 (**C-7**), 110.81 (**C-4**), 101.40 (**C-2**), 59.46 (**C-8**), 14.83 (**C-9**).

Die Reaktionsbedingungen werden gemäß den Literaturangaben gewählt.[146]

Die analytischen Daten stimmen mit denen der Literatur überein.[146]

2.9.2 Darstellung von 2,2-Dimethyl-1,3-benzodioxol-4-ol (B-16)

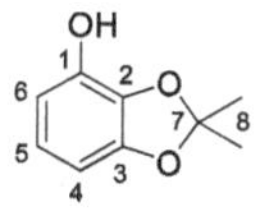

44 g (0.4 mol, 1 Äquiv.) Pyrogallol (**B-9**) wird in einem Zweihalskolben mit Tropftrichter und 50 cm Vigreuxkolonne in 150 mL abs. Toluol suspendiert. Die Suspension wird zum Sieden erhitzt und 70 mL 2,2-Dimethoxypropan hinzugefügt. In einem Abstand von jeweils 2 Stunden werden zweimal je 65 mL (insgesamt 170 g, 1.63 mol, 4.7 Äquiv.) 2,2-Dimethoxypropan zugegeben. Am Kolonnenkopf geht kontinuierlich bei 50-60°C ein Azeotrop aus Methanol, 2,2-Dimethoxypropan und Toluol über. Auf diese Weise wird die Lösung 60 h zum Sieden erhitzt. Anschließend wird das Lösungsmittel am Rotationsverdampfer entfernt. Der zähe Rückstand wird im Ölpumpenvakuum über einen Luftkühler destilliert, wobei das Produkt durch Erhitzen des Kühlers in den Vorlagekolben überführt werden muss. Das Produkt (**B-16**) wird als farbloser Feststoff gewonnen.

$M(C_9H_9O_3)$ = 166.2 g/mol

Ausbeute: 15.7 g (95.0 mmol, 27%)

^{1}H NMR (200 MHz, Methanol-d_4) δ [ppm] = 1.63 (s, 6 H, **H-8**), 4.88 (s, 1H, **OH**), 6.26 (d, *J* = 8.0 Hz, 1H, **H-6**), 6.34 (d, *J* = 8.4 Hz, 1H, **H-4**), 6.59 (t, *J* = 8.0 Hz, 1H, **H-5**).

^{13}C NMR (50 MHz, Methanol-d_4) δ [ppm] = 25.9 (**C-8**), 101.7 (**C-6**), 111.5 (**C-4**), 118.7 (**C-7**), 122.2 (**C-5**), 135.6 (**C2**), 142.2 (**C-1**), 150.0 (**C-3**).

HRMS(ESI): *m/z* = 189.0526 $[M+Na]^+$ (berechnet für $[C_9H_9O_3 + Na]^+$ = 189.0528)

Die Reaktionsbedingungen werden gemäß den Literaturangaben gewählt.[158]

Die gemessenen Daten stimmen mit den Literaturdaten überein.[158]

2.9.3 Darstellung von 1-Brom-2,3,4-trimethoxybenzol (B_B-21)

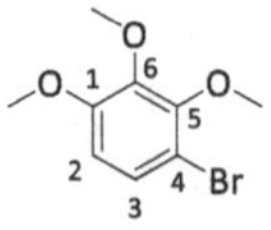

Es werden 1.0 g (6.0 mmol, 1.0 Äquiv.) 1,2,3-Trimethoxybenzol (**B-12**) in 10 mL absolutem THF bei 0 °C gelöst und portionsweise mit 1.3 g (7.1 mmol, 1.2 Äquiv.) NBS versetzt. Die Reaktionslösung wird für 1 h bei gleicher Temperatur gerührt. Das Lösungsmittel wird am Rotationsverdampfer entfernt und der Rückstand in EtOAc aufgenommen. Das Produkt (**B_B-21**) wird aus dem Rückstand nach säulenchromatographischer Reinigung (Pentan/DCM 9:1, R_f = 0.64) als farbloses Öl isoliert.

$M(C_9H_{11}O_3Br)$ = 245.99 g/mol

Ausbeute: 2.8 g (11 mmol, 92%)

^{1}H NMR (400 MHz, Chloroform-*d*) δ [ppm] = 7.20 (d, *J* = 8.9 Hz, 1H, **H-3**), 6.58 (d, *J* = 9.0 Hz, 1H, **H-2**), 3.90 (s, 3H, **OMe**), 3.88 (s, 3H, **OMe**), 3.84 (s, 3H, **OMe**).

^{13}C NMR (100 MHz, Chloroform-*d*) δ [ppm] = 153.37 (**C-1**), 151.03 (**C-5**), 143.57 (**C-6**), 126.78 (**C-3**), 108.65 (**C-2**), 108.42 (**C-4**), 61.13 (**OMe**), 61.05 (**OMe**), 56.20 (**OMe**).

HRMS(ESI): *m/z* = 268.9813 $[M+Na]^+$ (berechnet für $[C_9H_{11}O_3Br + Na]^+$ = 268.9789)

Die Reaktionsbedingungen werden entsprechend den Literaturangaben gewählt.[176]

Die analytischen Daten stimmen mit denen der Literatur überein.[176]

2.9.4 Darstellung von Ethyl-2,3-dimethoxyphenylcarbamat (C-10)

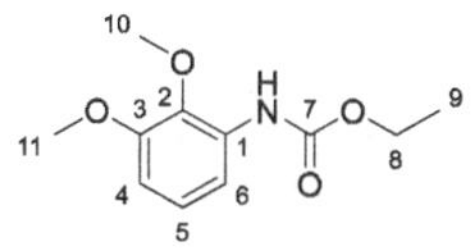

In einem ausgeheizten Schlenkkolben werden unter Schutzgasatmosphäre 6.0 mL Diphenylphosphorylazid (27 mmol, 1.1 Äquiv.) in 100 mL abs. THF vorgelegt. Anschließend werden 4.9 g (27 mmol, 1.0 Äquiv.) 2,3-Dimethoxybenzoesäure (**A-3**), 16 mL abs. EtOH und 4.4 mL (32 mmol, 1.2 Äquiv.) abs. Et_3N hinzugegeben und für 6 h bei 80 °C erhitzt. Nach Abkühlen des Reaktionsgemisches wird das Lösungsmittel am Rotationsverdampfer entfernt und der verbleibende Rückstand in dieser Reihenfolge zweimal mit ges. $NaHCO_3$-Lsg., zweimal mit 1 M HCl-Lsg. und zweimal mit ges. NaCl-Lsg. gewaschen. Die organische Phase wird über $MgSO_4$ getrocknet und das Lösungsmittel am Rotationsverdampfer entfernt. Das farblose Öl (**C-10**) wird nach säulenchromatographischer Reinigung (DCM/EtOAc 9:1, R_f = 0.67) als farbloser, kristalliner Feststoff erhalten.

$M(C_{11}H_{15}NO_4)$ = 225.24 g/mol

Ausbeute: 4.4 g (20 mmol, 72%)

^{1}H NMR (400 MHz, Chloroform-*d*) δ [ppm] = 7.73 (d, *J* = 8.4 Hz, 1H, **H-4**), 7.27 (br. s, 1H, **NH**), 7.02 (t, *J* = 8.4 Hz, 1H, **H-5**), 6.61 (dd, *J* = 8.4, 1.4 Hz, 1H, **H-6**), 4.23 (q, *J* = 7.1 Hz, 2H, **H-8**), 3.86 (s, 3H, **H-11**), 3.85 (s, 3H, **H-10**), 1.32 (t, *J* = 7.1 Hz, 3H, **H-9**).

^{13}C NMR (100 MHz, Chloroform-*d*) δ [ppm] = 153.50 (**C-7**), 152.08 (**C-3**), 136.94 (**C-2**), 132.27 (**C-1**), 124.22 (**C-5**), 110.91 (**C-4**), 106.47 (**C-6**), 61.20 (**C-8**), 60.65 (**OMe**), 55.80 (**OMe**), 14.56 (**C-9**).

Die Reaktionsbedingungen werden entsprechend den Literaturangaben gewählt.[160]

Die analytischen Daten stimmen mit denen der Literatur überein.[160]

2.9.5 Darstellung von 2,3-Dimethoxyanilin (C-11)

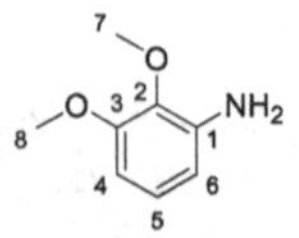

Es werden 4.4 g (20 mmol, 1.0 Äquiv.) Ethyl-2,3-dimethoxyphenylcarbamat (**C-10**) im Schutzgasgegenstrom in 140 mL EtOH gelöst und mit einer Lösung aus 12.04 g (0.216 mol, 11.0 Äquiv.) KOH in 70 mL EtOH versetzt. Das Reaktionsgemisch wird für 18 h bei 100 °C bis zum Sieden erhitzt. Nach Abkühlen des Reaktionsgemisches wird das Lösungsmittel am Rotationsverdampfer entfernt und der erhaltene braungelbe Feststoff in EtOAc gelöst. Die Lösung wird zweimal mit ges. NaCl-Lsg. gewaschen und die organische Phase über $MgSO_4$ getrocknet. Das Lösungsmittel wird am Rotationsverdampfer entfernt und das Produkt (**C-11**) als rotbraune, ölige Flüssigkeit erhalten.

$M(C_8H_{11}NO_2)$ = 153.18 g/mol

Ausbeute: 2.9 g (19 mmol, 98%)

^{1}H NMR (400 MHz, Chloroform-*d*) δ [ppm] = 6.84 (t, *J* = 8.1 Hz, 1H, **H-5**), 6.38 (dd, *J* = 8.1, 1.4 Hz, 1H, **H-6**), 6.34 (dd, *J* = 8.2, 1.4 Hz, 1H, **H-4**), 3.84 (s, 3H, **H-8**), 3.82 (s, 3H, **H-7**).

^{13}C NMR (100 MHz, Chloroform-*d*) δ [ppm] = 153.08 (**C-3**), 140.69 (**C-1**), 135.97 (**C-2**), 124.18 (**C-5**), 108.83 (**C-6**), 102.34 (**C-4**), 59.84 (**C-7**), 55.69 (**C-8**).

Die Reaktionsbedingungen werden gemäß den Literaturangaben gewählt.[160]

Die analytischen Daten stimmen mit denen der Literatur überein.[160]

2.10 Darstellung der Kupplungsvorläufern zu den Urolithinderivaten

2.10.1 Darstellung von 3-Methoxyphenyl-3-methoxybenzoat (D-1)

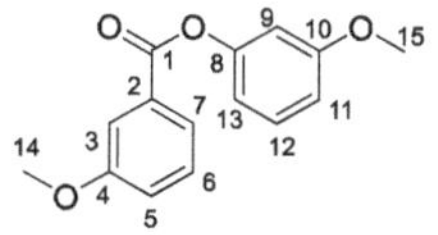

Die Durchführung erfolgt nach der *Allgemeinen Methode 2* aus 1.48 g (9.71 mmol) 2-Methoxybenzoesäure (**A-1**), 1.25 g (10.1 mmol) 3-Methoxyphenol (**B-4**), 124 mg (1.02 mmol) 4-DMAP und 2.26 g (10.9 mmol) DCC. Das Produkt (**D-1**) wird nach säulenchromatographischer Reinigung (Pentan/DCM 9:1, R_f = 0.54) als viskoses gelbliches Öl isoliert.

$M(C_{15}H_{14}O_4)$ = 258.27 g/mol

Ausbeute: 2.05 g (7.95 mmol, 82%)

^{1}H NMR (600 MHz, Chloroform-*d*) δ [ppm] = 7.80 (td, *J* = 7.7, 1.4 Hz, 1H, **H-7**), 7.70 (dd, *J* = 2.7, 1.5 Hz, 1H, **H-3**), 7.41 (t, *J* = 8.0 Hz, 1H, **H-6**), 7.32 (t, *J* = 8.2 Hz, 1H, **H-12**), 7.18 (ddd, *J* = 8.3, 2.7, 1.0 Hz, 1H, **H-5**), 6.85 – 6.80 (m, 2H, **H-11** u. **H-13**), 6.77 (t, *J* = 2.3 Hz, 1H, **H-9**), 3.88 (s, 3H, **H-14**), 3.82 (s, 3H, **H-15**).

^{13}C NMR (150 MHz, Chloroform-*d*) δ [ppm] = 165.00 (**C-1**), 160.58 (**C-10**), 159.71 (**C-4**), 151.94 (**C-8**), 130.84 (**C-2**), 129.90 (**C-12**), 129.62 (**C-6**), 122.62 (**C-7**), 120.22 (**C-5**), 114.49 (**C-3**), 113.92 (**C-11** o. **C-13**), 111.91 (**C-11** o. **C-13**), 107.67 (**C-9**), 55.54 (**OMe**), 55.47 (**OMe**).

2.10.2 Darstellung von 2-Bromphenyl-2-brombenzoat (D-3)

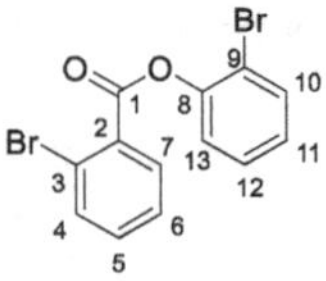

Die Durchführung erfolgt nach der *Allgemeinen Methode 2* aus 1.16 g (5.78 mmol) 2-Brombenzoesäure (**A$_B$-10**), 2.0 g (12 mmol) 2-Bromphenol (**B$_B$-14**), 7.0 mg (0.6 mmol) 4-DMAP und 1.3 g (6.4 mmol) DCC. Das Produkt (**D-3**) wird nach säulenchromatographischer Reinigung (Pentan/DCM 9:1, R_f = 0.67) als viskoses gelbliches Öl isoliert.

$M(C_{13}H_8O_2Br_2)$ = 356.01 g/mol

Ausbeute: 1.56 g (4.38 mmol, 76%)

^{1}H NMR (400 MHz, Chloroform-*d*) δ [ppm] = 8.18 (dd, *J* = 7.5, 2.0 Hz, 1H, **H-7**), 7.74 (dd, *J* = 7.8, 1.5 Hz, 1H, **H-4**), 7.66 (dd, *J* = 8.0, 1.5 Hz, 1H, **H-10**), 7.49 – 7.36 (m, 4H, **H-5, H-5, H-12**), 7.31 (dd, *J* = 8.1, 1.7 Hz, 1H, **H-13**), 7.17 (dt, *J* = 7.7, 1.5 Hz, 1H, **H-11**).

^{13}C NMR (100 MHz, Chloroform-*d*) δ [ppm] = 163.22 (**C-1**), 148.09 (**C-8**), 134.74 (**C-4**), 133.45 (**C-10** u. **C-5/6**), 132.17 (**C-7**), 130.42 (**C-2**), 128.58 (**C-12**), 127.61 (**C-11**), 127.35 (**C-5/6**), 123.89 (**C-13**), 122.69 (**C-3**), 116.19 (**C-9**).

HRMS(ESI): *m/z* = 376.8790 $[M+Na]^+$ (berechnet für $[C_{13}H_8O_2Br_2 + Na]^+$ = 376.8789)

2.10.3 Darstellung von 2-Bromphenyl-2-iodbenzoat (D-4)

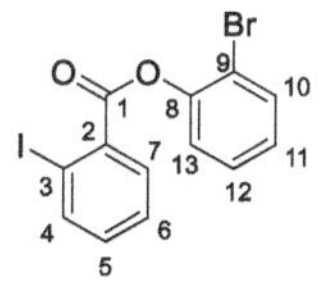

Die Durchführung erfolgt nach der *Allgemeinen Methode 2* aus 1.43 g (5.78 mmol) 2-Iodbenzoesäure (**A$_I$-11**), 2.0 g (12 mmol) 2-Bromphenol (**B$_B$-14**), 7.0 mg (0.6 mmol) 4-DMAP und 1.31 g (6.36 mmol) DCC. Das Produkt (**D-4**) wird nach säulenchromatographischer Reinigung (Pentan/DCM 9:1, R_f = 0.67) als farbloser Feststoff isoliert.

$M(C_{13}H_8O_2BrI)$ = 401.88 g/mol

Ausbeute: 0.82 g (2.04 mmol, 35%)

^{1}H NMR (400 MHz, Chloroform-*d*) δ [ppm] = 8.22 (dd, *J* = 7.8, 1.7 Hz, 1H, **H-7**), 8.09 (dd, *J* = 8.0, 1.2 Hz, 1H, **H-4**), 7.66 (dd, *J* = 8.0, 1.5 Hz, 1H, **H-10**), 7.51 (dt, *J* = 7.6, 1.2 Hz, 1H, **H-6**), 7.40 (dt, *J* = 8.8, 7.3, 1.5 Hz, 1H, **H-12**), 7.32 (dd, *J* = 8.1, 1.6 Hz, 1H, **H-13**), 7.28 – 7.22 (m, 1H, **H-5**), 7.21 – 7.15 (m, 1H, **H-11**).

^{13}C NMR (100 MHz, Chloroform-*d*) δ [ppm] = 163.73 (**C-1**), 148.18 (**C-8**), 141.85 (**C-4**), 133.54 (**C-5** o. **C-10**), 133.49 (**C-5** o. **C-10**), 133.24 (**C-2**), 131.92 (**C-7**), 128.61 (**C-12**), 128.15 (**C-6**), 127.64 (**C-11**), 123.94 (**C-13**), 116.24 (**C-9**), 95.10 (**C-3**).

HRMS(ESI): *m/z* = 424.8651 [M+Na]$^+$ (berechnet für $[C_{13}H_8O_2BrI + Na]^+$ = 424.8650)

2.10.4 Darstellung von 2-Bromphenyl-2-iod-4,5-dimethoxybenzoat (D-5)

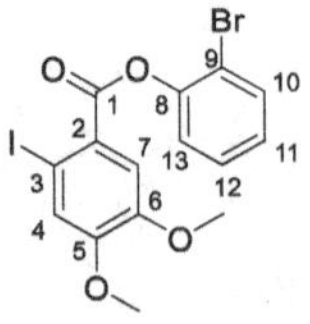

Die Durchführung erfolgt nach der *Allgemeinen Methode 2* aus 1.78 g (5.78 mmol) 2-Iod-4,5-dimethoxybenzoesäure (**A_I-37**), 1.0 g (5.8 mmol) 2-Bromphenol (**B_B-14**), 7.0 mg (0.6 mmol) 4-DMAP und 1.31 g (6.36 mmol) DCC. Das Produkt (**D-5**) wird nach säulenchromatographischer Reinigung (Pentan/DCM 9:1) als farbloser Feststoff isoliert.

M($C_{15}H_{14}O_4BrI$) = 463.07 g/mol

Ausbeute: 0.63 g (1.35 mmol, 23%)

^{1}H NMR (400 MHz, Chloroform-*d*) δ [ppm] = 7.84 (s, 1H, **H-7**), 7.65 (dd, *J* = 8.0, 1.2 Hz, 1H, **H-10**), 7.48 (s, 1H, **H-4**), 7.39 (td, *J* = 7.2, 1.2 Hz, 1H, **H-12**), 7.33 (dd, *J* = 8.1, 1.7 Hz, 1H, **H-13**), 7.20 – 7.14 (m, 1H, **H-11**), 3.96 (d, *J* = 1.2 Hz, 6H, 2x**OMe**).

^{13}C NMR (100 MHz, Chloroform-*d*) δ [ppm] = 162.68 (**C-1**), 152.73 (**C-5**), 148.81 (**C-6**), 148.25 (**C-8**), 133.40 (**C-10**), 128.55 (**C-12**), 127.46 (**C-11**), 124.21 (**C-4**), 124.12 (**C-2**), 124.08 (**C-13**), 116.23 (**C-9**), 114.64 (**C-7**), 86.24 (**C-3**), 56.40 (**OMe**), 56.16 (**OMe**).

HRMS(ESI): *m/z* = 484.8862 $[M+Na]^+$ (berechnet für $[C_{15}H_{14}O_4BrI + Na]^+$ = 484.8861)

Elementaranalyse: Ber.: C: 38.91, H: 2.61, N: 0.0

Gef.: C: 39.00, H: 2.41, N: 0.0

2.10.5 Darstellung von 4-Hydroxyphenyl-2-brom-5-methoxybenzoat (D-6A)

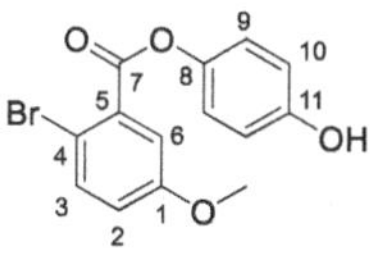

Die Durchführung erfolgt nach der *Allgemeinen Methode 2* mit 250 mg (1.08 mmol) 2-Brom-5-methoxybenzoesäure (**A_B-19**), 120 mg (1.08 mmol) Hydrochinon (**B-6**), 250 mg (1.19 mmol) DCC und 13 mg (0.1 mmol) 4-DMAP. Das Produkt (**D-6A**) wird nach Reinigung mittels Flash-Säulenchromatographie (Pentan/EtOAc 7:3) als farbloses Öl isoliert.

$M(C_{14}H_{11}O_4Br)$ = 323.14 g/mol

Ausbeute: 100 mg (0.31 mmol, 29%)

^{1}H NMR (400 MHz, Chloroform-*d*) δ [ppm] = 7.59 (d, J = 8.8 Hz, 1H, **H-3**), 7.50 (d, J = 3.1 Hz, 1H, **H-6**), 7.10 - 7.08 (m, 2H, **H-9**), 6.96 (dd, J = 8.8, 3.1 Hz, 1H, **H-2**), 6.85 - 6.82 (m, 2H, **H-10**), 5.44 (br. s, 1H, **OH**), 3.85 (s, 3H, **OMe**).

^{13}C NMR (100 MHz, Chloroform-*d*) δ [ppm] = 165.3 (**C-7**), 158.8 (**C-1**), 153.8 (**C-11**), 135.5 (**C-3**), 132.1 (**C-5**), 122.6 (**C-9**), 144.2 (**C-8**), 119.7 (**C-2**), 116.8 (**C-6**), 116.3 (**C-10**), 112.6 (**C-4**), 55.9 (**OMe**).

HRMS(ESI): m/z = 344.9738 $[M+Na]^+$ (berechnet für $[C_{14}H_{11}O_4Br + Na]^+$ = 344.9738)

2.10.6 Darstellung von 4-Methoxyphenyl-2-brom-5-methoxybenzoat (D-6)

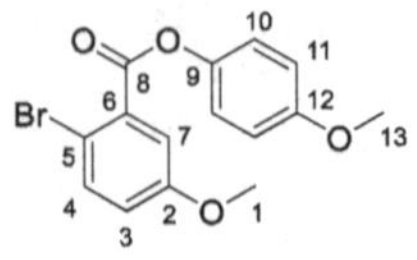

Zu einer Suspension aus 85 mg (0.3 mmol, 1.0 Äquiv.) 4-Hydroxyphenyl-2-brom-5-methoxybenzoat (**D-6A**) und 58 mg (0.4 mmol, 1.6 Äquiv.) Kaliumcarbonat in 4 mL Aceton werden 43 mg (0.3 mmol, 32 mL, 1.3 Äquiv.) Dimethylsulfat zugegeben und die Reaktionsmischung 4 h unter Rückfluss zum Sieden erhitzt. Das Lösungsmittel wird am Rotationsverdampfer entfernt und der Rückstand 1 h mit 5 mL einer 5%-igen wässrigen Ammoniaklösung gerührt. Das Gemisch wird dreimal mit TBME extrahiert und die vereinigten organischen Phasen erst mit 2 M Salzsäure und dann mit gesättigter $NaHCO_3$-Lösung gewaschen. Es wird über $MgSO_4$ getrocknet und das Lösemittel am Rotationsverdampfer entfernt. Das Produkt (**D-6**) wird als farbloses Öl isoliert.

$M(C_{15}H_{13}O_4Br)$ = 337.17 g/mol

Ausbeute: 68 mg (0.2 mmol, 77%)

^{1}**H NMR** (400 MHz, Chloroform-*d*) δ [ppm] = 7.59 (d, *J* = 8.8 Hz, 1H, **H-4**), 7.51 (d, *J* = 3.1 Hz, 1H, **H-7**), 7.15-7.20 (m, 2H, **H-10**), 6.92-6.97 (m, 3H, **H-11** u. **H-3**), 3.85 (s, 3H, **H-1**), 3.82 (s, 3H, **H-13**).

^{13}**C NMR** (100 MHz, Chloroform-*d*) δ [ppm] = 165.0 (**C-8**), 158.8 (**C-2**), 157.6 (**C-12**), 144.3 (**C-9**), 135.4 (**C-4**), 132.2 (**C-6**), 122.5 (**C-10**), 119.6 (**C-3**), 116.8 (**C-7**), 114.7 (**C-11**), 112.6 (**C-5**), 55.9 (**C-1**), 55.8 (**C-13**).

HRMS(ESI): *m/z* = 358.9864 $[M+Na]^+$ (berechnet für $[C_{15}H_{13}O_4Br + Na]^+$ = 358.9895)

2.10.7 Darstellung von 2,2-Dimethyl-1,3-benzodioxol-4-yl-2-brom-5-methoxybenzoat (D-7)

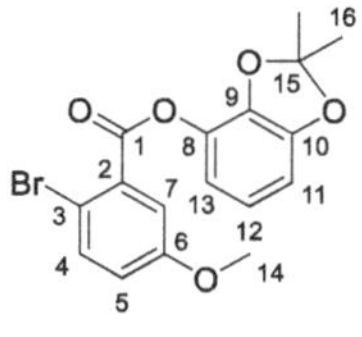

Die Darstellung erfolgt nach der *Allgemeinen Methode 2* aus 1.0 g (4.3 mmol) 2-Brom-5-methoxybenzoesäure (**A_B-19**), 0.72 g (0.43 mol) 2,2-Dimethyl-1,3-benzodioxol-4-ol (**B-16**), 0.05 mg (0.43 mmol) 4-DMAP und 0.98 mg (4.80 mmol) DCC. Das Produkt (**D-7**) wird nach säulenchromatographischer Reinigung (Pentan/DCM 1:9, R_f = 0.75) als farbloses Öl gewonnen.
$M(C_{17}H_{15}O_5Br)$ = 379.2 g/mol
Ausbeute: 699 mg (1.84 mmol, 43%)

^{1}H NMR (200 MHz, Chloroform-*d*) δ [ppm] = 7.60 (d, *J* = 8.8 Hz, 1H, **H-4**), 7.56 (d, *J* = 3.1 Hz, 1H, **H-7**), 6.96 (dd, *J* = 8.8, 3.1 Hz, 1H, **H-5**), 6.81 (dd, *J* = 8.4, 7.7 Hz, 1H, **H-12**), 6.73 (dd, *J* = 8.4, 1.2 Hz, 1H, **H-11** o. **H-13**), 6.68 (dd, *J* = 7.7, 1.2 Hz, 1H, **H-11** o. **H-13**), 3.86 (s, 3H, **H-14**), 1.71 (s, 6H, **H-16**).

^{13}C NMR (50 MHz, Chloroform-*d*) δ [ppm] = 162.97 (**C-1**), 158.61 (**C-6**), 149.26 (**C-10**), 138.80 (**C-9**), 135.38 (**C-4**), 133.32 (**C-8**), 131.33 (**C-2**), 120.99 (**C-12**), 119.68 (**C-5**), 119.48 (**C-15**), 117.15 (**C-7**), 115.31 (**C-11**/13), 112.87 (**C-3**), 106.47 (C-11/**13**), 55.77 (**C-14**), 25.84 (**C-16**).

HRMS(ESI): *m/z* = 401.0003 $[M+Na]^+$ (berechnet für $[C_{17}H_{15}O_5Br + Na]^+$ = 401.0001)

2.10.8 Darstellung von 4-Methoxyphenyl-2-brom-4,5-dimethoxybenzoat (D-8)

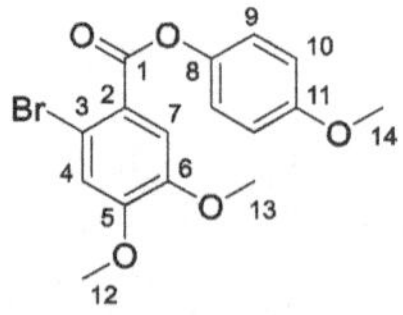

Die Durchführung erfolgt nach der *Allgemeinen Methode 2* aus 1.3 g (5.0 mmol) 2-Brom-4,5-dimethoxybenzoesäure (**A$_B$-20**), 62 mg (5.0 mmol) *p*-Methoxyphenol (**B-5**), 6.0 mg (0.5 mmol) 4-DMAP und 1.1 g (5.5 mmol) DCC. Das Produkt (**D-8**) wird nach säulenchromatographischer Reinigung (Pentan/DCM 1:9) als farbloser Feststoff isoliert.

M($C_{16}H_{15}O_5Br$) = 366.01 g/mol

Ausbeute: 1.1 g (2.8 mmol, 57%)

^{1}H NMR (400 MHz, Chloroform-*d*) δ [ppm] = 7.60 (s, 1H, **H-7**), 7.18 – 7.13 (m, 3H, **H-4** u. **H-9**), 6.94 (d, *J* = 9.0 Hz, 2H, **H-10**), 3.95 (s, 3H, **H-12** o. **H-13**), 3.94 (s, 3H, **H-12** o. **H-13**), 3.82 (s, 3H, **H-14**).

^{13}C NMR (100 MHz, Chloroform-*d*) δ [ppm] = 164.25 (**C-1**), 157.41 (**C-11**), 152.50 (**C-5** o. **C-6**), 147.93 (**C-5** o. **C-6**), 144.22 (**C-8**), 122.49 (**C-9** o. **C-10**), 122.12 (**C-2**), 117.17 (**C-4**), 115.08 (**C-3**), 114.52 (**C-9** o. **C-10**), 114.32 (**C-7**), 56.39 (**C-12** o. **C-13**), 56.25 (**C-12** o. **C-13**), 55.65 (**C-14**).

HRMS(ESI): *m/z* = 388.9995 $[M+Na]^+$ (berechnet für $[C_{16}H_{15}O_5Br + Na]^+$ = 389.0001)

2.10.9 Darstellung von 3-Methoxyphenyl-2-brom-4,5-dimethoxybenzoat (D-9)

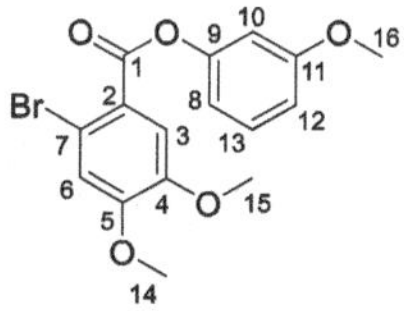

Die Durchführung erfolgt nach der *Allgemeinen Methode 2* mit 2.0 g (7.7 mmol) 2-Brom-4,5-dimethoxybenzoesäure (**A_B-20**), 0.95 g (7.7 mmol) 3-Methoxyphenol (**B-4**), 1.7 g (8.5 mmol) DCC und 90 mg (0.8 mmol) 4-DMAP. Das Produkt (**D-9**) wird nach Reinigung mittels Flash-Säulenchromatographie (Pentan/DCM 1:9, R_f = 0.30) als farbloser Feststoff gewonnen.

M($C_{16}H_{15}O_5Br$) = 367.20 g/mol

Ausbeute: 2.4 g (6.5 mmol, 86%)

^{1}H NMR (400 MHz, Chloroform-*d*) δ [ppm] = 7.60 (s, 1H, **H-3**), 7.32 (t, *J* = 8.2 Hz, 1H, **H-13**), 7.16 (s, 1H, **H-6**), 6.86 – 6.78 (m, 3H, **H-8, H-10, H-12**), 3.95 (s, 3H, **H-14**), 3.94 (s, 3H, **H-15**), 3.82 (s, 3H, **H-16**).

^{13}C NMR (100 MHz, Chloroform-*d*) δ [ppm] = 163.74 (**C-1**), 160.56 (**C-11**), 152.58 (**C-5**), 151.69 (**C-9**), 147.95 (**C-4**), 129.88 (**C-13**), 121.97 (**C-2**), 117.21 (**C-6**), 115.18 (**C-7**), 114.37 (**C-3**), 113.93 (**C-8** o. **C-10** o. **C-12**), 111.96 (**C-8** o. **C-10** o. **C-12**), 107.69 (**C-8** o. **C-10** o. **C-12**), 56.39 (**C-14** o. **C-15**), 56.25 (**C-14** o. **C-15**), 55.48 (**C-16**).

HRMS(ESI): *m/z* = 388.9995 $[M+Na]^+$ (berechnet für $[C_{16}H_{15}O_5Br + Na]^+$ = 389.0001)

Elementaranalyse: Ber.: C: 52.34, H: 4.12, N: 0.0
Gef.: C: 52.18, H: 4.12, N: 0.0

2.10.10 Darstellung von 2,2-Dimethyl-1,3-benzodioxol-4-yl-2-brom-4,5-dimethoxybenzoat (D-10)

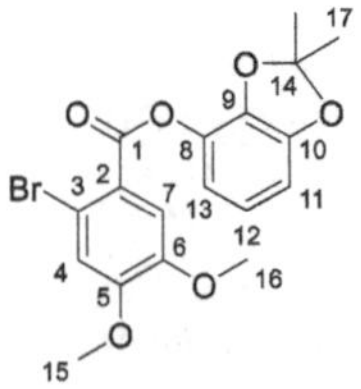

Die Durchführung erfolgt nach der *Allgemeinen Methode 2* aus 2.0 g (7.7 mmol) 2-Brom-4,5-dimethoxybenzoesäure (**A_B-20**), 1.3 g (7.7 mmol) 2,2-Dimethyl-1,3-benzodioxol-4-ol (**B-16**), 0.1 g (0.8 mmol) 4-DMAP und 1.7 g (8.4 mmol) DCC. Das Produkt (**D-10**) wird nach säulenchromatographischer Reinigung (Pentan/DCM 1:9, R_f = 0.40) als farbloser Feststoff isoliert.

M($C_{18}H_{17}O_6Br$) = 408.02 g/mol

Ausbeute: 1.8 g (4.5 mmol, 58%)

^{1}H NMR (400 MHz, Chloroform-*d*) δ [ppm] = 7.63 (s, 1H, **H-7**), 7.16 (s, 1H, **H-4**), 6.81 (dd, *J* = 8.5, 7.7 Hz, 1H, **H-12**), 6.71 (dd, *J* = 8.5, 1.2 Hz, 1H, **H-11** o. **H-13**), 6.69 (dd, *J* = 7.7, 1.2 Hz, 1H, **H-11** o. **H-13**), 3.95 (s, 3H, **H-15**), 3.94 (s, 3H, **H-16**), 1.71 (s, 6H, **H-17**).

^{13}C NMR (150 MHz, Chloroform-*d*) δ [ppm] = 162.41 (**C-1**). 152.66 (**C-5**), 149.22 (**C-10**), 147.90 (**C-6**), 138.90 (**C-9**), 133.43 (**C-8**), 121.52 (**C-2**), 120.99 (**C-12**), 119.39 (**C-14**), 117.23 (**C-4**), 115.51 (**C-11** o. **C-13**), 115.50 (**C-3**),114.64 (**C-7**), 106.37 (**C-11** o. **C-13**), 56.40 (**C-15** o. **C-16**), 56.29 (**C-15** o. **C-16**), 25.86 (**C-17**).

HRMS(ESI): *m/z* = 431.0109 [M+Na]$^+$ (berechnet für [$C_{18}H_{17}O_6Br$ + Na]$^+$ = 431.0106)

Elementaranalyse: Ber.: C: 52.83, H: 4.19, N: 0.0
Gef.: C: 52.73, H: 4.17, N: 0.0

2.10.11 Darstellung von 3,5-Dimethoxyphenyl-2-brom-4,5-dimethoxybenzoat (D-11)

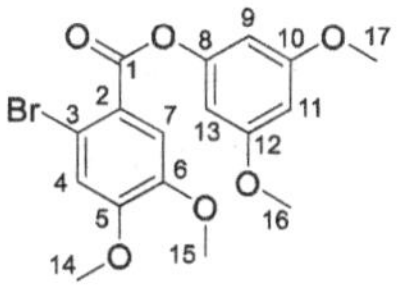

Die Durchführung erfolgt nach der *Allgemeinen Methode 2* unter Verwendung von 6.77 g (25.9 mmol) 2-Brom-4,5-dimethoxybenzoesäure (**A_B-20**), 4.0 g (26 mmol) 3,5-Dimethoxyphenol (**B-8**), 0.33 g (2.7 mmol) 4-DMAP und 6.31 g (30.6 mmol) DCC in 130 mL absolutem THF. Das Produkt (**D-11**) wird nach Umkristallisation aus 250 mL Methanol als farbloser Feststoff erhalten.

$M(C_{17}H_{17}O_6Br)$ = 397.2 g/mol

Ausbeute: 8.24 g (20.7 mmol, 80%)

^{1}H NMR (600 MHz, Chloroform-*d*) δ [ppm] = 7.59 (s, 1H, **H-7**), 7.16 (s, 1H, **H-4**), 6.43 – 6.40 (m, 2H, **H-9** u. **H-13**), 6.40 – 6.37 (m, 1H, **H-11**), 3.95 (s, 3H, **H-14**), 3.94 (s, 3H, **H-15**), 3.80 (s, 6H, **H-16** u. **H-17**).

^{13}C NMR (150 MHz, Chloroform-*d*) δ [ppm] = 163.64 (**C-1**), 161.20 (**C-10** u. **C-12**), 152.59 (**C-5**), 152.26 (**C-8**), 147.95 (**C-6**), 121.93 (**C-2**), 117.22 (**C-4**), 115.19 (**C-3**), 114.39 (**C-7**), 100.32 (**C-9** u. **C-13**), 98.53 (**C-11**), 56.39 (**C-14** o. **C-15**), 56.26 (**C-14** o. **C-15**), 55.55 (**C-16** u. **C-17**).

HRMS(ESI): *m/z* = 419.0108 $[M+Na]^+$ (berechnet für $[C_{17}H_{17}O_6Br + Na]^+$ = 419.0106)

Elementaranalyse: Ber.: C: 51.40, H: 4.31, N: 0.0

Gef.: C: 51.49, H: 4.36, N: 0.0

2.10.12 Darstellung von 3,4,5-Trimethoxyphenyl-2-brom-4,5-dimethoxybenzoat (D-12)

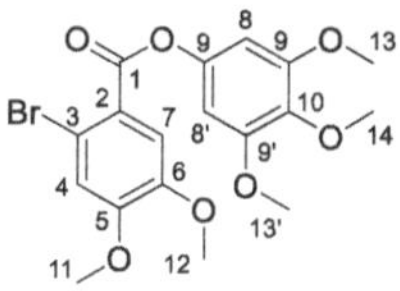

Die Durchführung erfolgt nach der *Allgemeinen Methode 2* mit 3.54 g (13.6 mmol) 2-Brom-4,5-dimethoxybenzoesäure (**A_B-20**), 2.50 g (13.6 mmol) 3,4,5-Trimethoxyphenol (**B-11**), 3.08 g (14.9 mmol) DCC und 0.17 g (1.36 mmol) 4-DMAP. Das Produkt (**D-12**) wird nach säulenchromatographischer Reinigung (DCM/EtOAc 8:2, R_f = 0.69) als leicht gelblicher Feststoff erhalten.

$M(C_{18}H_{19}O_7Br)$ = 427.25 g/mol

Ausbeute: 3.11 g (7.28 mmol, 54%),

^{1}H NMR (400 MHz, Chloroform-*d*) [ppm] = δ 7.60 (s, 1H, **H-7**), 7.17 (s, 1H, **H-4**), 6.48 (s, 2H, **H-8/8'**), 3.96 (s, 3H, **H-11**), 3.94 (s, 3H, **H-12**), 3.86 (s, 6H, **H-13/13'**), 3.85 (s, 3H, **H-14**).

^{13}C NMR (100 MHz, Chloroform-*d*) δ [ppm] = 163.87 (**C-1**), 153.57 (**C-9/9'**), 152.70 (**C-5**), 147.99 (**C-4**), 146.77 (**C-9/9'**), 135.97 (**C-10**), 121.74 (**C-2**), 117.29 (**C-6**), 115.30 (**C-3**), 114.42 (**C-7**), 99.31 (**C-8/8'**), 60.95 (**C-14**), 56.40 (**OMe**), 56.27 (**OMe**), 56.21 (2x **OMe**).

HRMS(ESI): *m/z* = 449.0206 $[M+Na]^+$ (berechnet für $[C_{18}H_{19}O_7Br + Na]^+$ = 451.0212)

2.10.13 Darstellung von *o*-Methoxyphenyl-2-iod-4,5-dimethoxybenzoat (D-13)

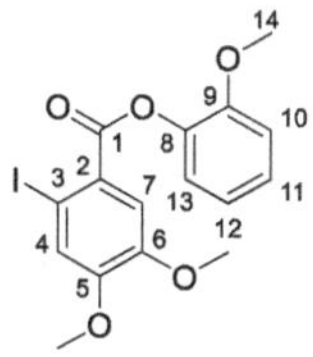

Die Durchführung erfolgt nach der *Allgemeinen Methode 2* aus 2.0 g (6.5 mmol) 2-Iod-4,5-dimethoxybenzoesäure (**A$_I$-37**), 81 mg (6.5 mmol) *o*-Methoxyphenol (**B-1**), 8.0 mg (0.6 mmol) 4-DMAP und 1.5 g (7.1 mmol) DCC. Das Produkt (**D-13**) wird nach säulenchromatographischer Reinigung (Pentan/DCM 1:9) als brauner Feststoff isoliert.

M($C_{16}H_{15}O_5I$) = 414.20 g/mol

Ausbeute: 0.5 g (1.2 mmol, 19%)

^{1}**H NMR** (400 MHz, Chloroform-*d*) δ [ppm] = 7.66 (s, 1H, **H-7**), 7.45 (s, 1H, **H-4**), 7.12-7.19 (m, 2H, **H-12** u. **H-13**), 6.91-6.96 (m, 2H, **H-10** u. **H-11**), 3.88 (s, 3H, **OMe**), 3.87 (s, 3H, **OMe**), 3.77 (s, 3H, **H-14**).

^{13}**C NMR** (100 MHz, Chloroform-*d*) δ [ppm] = 163.45 (**C-1**), 152.30 (**C-9**), 151.21 (**C-5** o. **C-6**), 148.73 (**C-5** o. **C-6**), 139.89 (**C-8**), 127.04 (**C-2**), 124.92 (**C-12**), 124.02 (**C-4**), 123.01 (**C-13**), 120.80 (**C-10** o. **C-11**), 114.56 (**C-7**), 112.57 (**C-10** o. **C-11**), 85.88 (**C-3**), 56.38 (**OMe**), 56.1 (**OMe**), 55.94 (**C-14**).

2.10.14 Darstellung von *p*-Methoxyphenol-2-iod-4,5-dimethoxybenzoat (D-14)

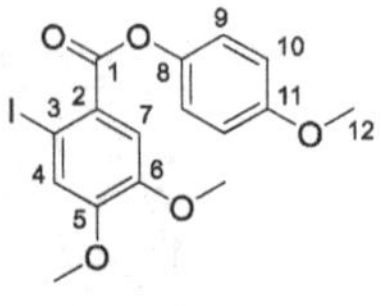

Die Durchführung erfolgt nach der *Allgemeinen Methode 2* aus 1.8 g (5.8 mmol) 2-Iod-4,5-dimethoxybenzoesäure (**A_I-37**), 73 mg (5.8 mmol) *p*-Methoxyphenol (**B-5**), 7.0 mg (0.6 mmol) 4-DMAP und 1.3 g (6.4 mmol) DCC. Das Produkt (**D-14**) wird nach säulenchromatographischer Reinigung (Pentan/DCM 1:9) als gelber Feststoff isoliert.

M($C_{16}H_{15}O_5I$) = 414.20 g/mol

Ausbeute: 1.74 g (4.20 mmol, 72%)

^{1}H NMR (400 MHz, Chloroform-*d*) δ [ppm] = 7.64 (s, 1H, **H-7**), 7.46 (s, 1H, **H-4**), 7.17-7.13 (m, 2H, **H-9**), 6.96-6.92 (m, 2H, **H-10**), 3.95 (s, 3H, **OMe**), 3.94 (s, 3H, **OMe**), 3.82 (s, 3H, **H-12**).

^{13}C NMR (100 MHz, Chloroform-*d*) δ [ppm] = 164.27 (**C-1**), 157.42 (**C-11**), 152.35 (**C-5** o. **C-6**), 148.79 (**C-5** o. **C-6**), 144.22 (**C-8**), 125.1 (**C-2**), 124.0 (**C-4**), 122.49 (**C-9** o. **C-10**), 114.25 (**C-9** o. **C-10**), 114.52 (**C-7**), 85.5 (**C-3**), 56.36 (**OMe**), 56.14 (**OMe**), 55.65 (**C-12**).

HRMS(ESI): *m/z* = 436.9865 $[M+Na]^+$ (berechnet für $[C_{16}H_{15}O_5I + Na]^+$ = 436.9862)

2.10.15 Darstellung von 2,2-Dimethyl-1,3-benzodioxol-4-yl-2-iod-4,5-dimethoxybenzoat (D-15)

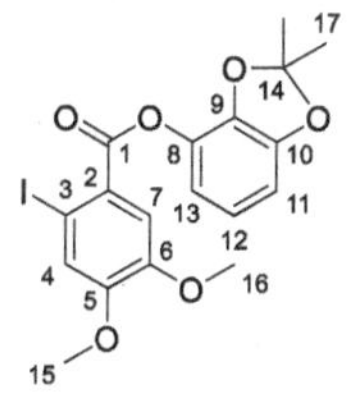

Die Darstellung erfolgt nach der *Allgemeinen Methode 2* aus 2.0 g (6.5 mmol) 2-Iod-4,5-dimethoxybenzoesäure (**A$_I$-37**), 1.08 g (6.50 mmol) 2,2-Dimethyl-1,3-benzodioxol-4-ol (**B-16**), 0.08 g (0.65 mmol) 4-DMAP und 1.47 g (7.14 mmol) DCC. Das Produkt (**D-15**) wird nach säulenchromatographischer Reinigung (Pentan/DCM 1:9, R_f = 0.40) als gelblicher Feststoff gewonnen.

$M(C_{18}H_{17}O_6I)$ = 456.2 g/mol

Ausbeute: 1.9 g (4.2 mmol, 64.8%)

^{1}H NMR (400 MHz, Chloroform-*d*) δ [ppm] = 7.67 (s, 1H, **H-7**), 7.46 (s, 1H, **H-4**), 6.81 (dd, *J* = 8.5, 7.7 Hz, 1H, **H-12**), 6.71 (dd, *J* = 8.5, 1.2 Hz, 1H, **H-11** o. **H-13**), 6.67 (dd, *J* = 7.7, 1.2 Hz, 1H, **H-11** o. **H-13**), 3.95 (s, 3H, **H-15/16**), 3.94 (s, 3H, **H-15/16**), 1.71 (s, 6H, **H-17**).

^{13}C NMR (100 MHz, Chloroform-*d*) δ [ppm] = 162.57 (**C-1**), 152.51 (**C-5**), 149.23 (**C-10**), 148.74 (**C-6**), 138.89 (**C-9**), 133.46 (**C-8**), 124.59 (**C-2**), 124.09 (**C-4**), 120.98 (**C-12**), 119.40 (**C-14**), 115.53 (**C-11** o. **C-13**), 114.56 (**C-7**), 106.37 (**C-11** o. **C-13**), 85.98 (**C-3**), 56.36 (**C-15** o. **C-16**), 56.17 (**C-15** o. **C-16**), 25.86 (**C-17**).

2.10.16 Darstellung von 4-Methoxyphenyl-2-brom-3,4,5-trimethoxybenzoat (D-17)

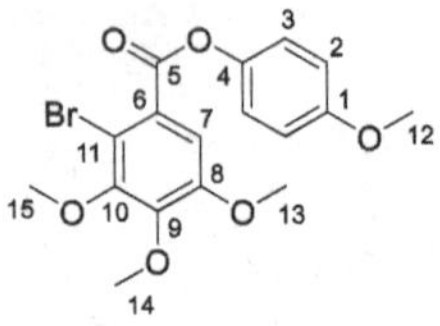

Die Durchführung erfolgt nach der *Allgemeinen Methode 2* mit 2.0 g (6.8 mmol) 2-Brom-3,4,5-trimethoxybenzoesäure (**A$_B$-22**), 0.85 mg (6.80 mmol) 4-Methoxyphenol (**B-5**), 1.6 g (7.6 mmol) DCC und 84 mg (0.7 mmol) 4-DMAP. Das Produkt (**D-17**) wird nach Reinigung mittels Flash-Säulenchromatographie (Pentan/DCM 1:9, R_f = 0.52) als gelbes Öl isoliert.

M($C_{17}H_{17}O_6Br$) = 397.2 g/mol

Ausbeute: 1.8 g (4.5 mmol, 66%)

^{1}H NMR (400 MHz, Chloroform-*d*) δ [ppm] = 7.34 (s, 1H, **H-7**), 7.15-7.20 (m, 2H, **H-3**), 6.92-6.98 (m, 2H, **H-2**), 3.97 (s, 3H, **H-14**), 3.93 (s, 3H, **H-13** o. **H-15**), 3.92 (s, 3H, **H-13** o. **H-15**), 3.83 (s, 3H, **H-12**).

^{13}C NMR (100 MHz, Chloroform-*d*) δ [ppm] = 164.9 (**C-5**), 157.5 (**C-1**), 152.5 (**C-8** o. **C-10**), 151.7 (**C-8** o. **C-10**), 146.5 (**C-9**), 144.2 (**C-4**), 126.8 (**C-6**), 122.4 (**C-3**), 114.6 (**C-2**), 110.5 (**C-7**), 110.2 (**C-11**), 61.3 (**C-14**), 61.1(**C-13** o. **C-15**), 56.4 (**C-13** o. **C-15**), 55.7 (**C-12**).

HRMS(ESI): *m/z* = 419.0108 $[M+Na]^+$ (berechnet für $[C_{17}H_{17}O_6Br + Na]^+$ = 419.0106)

Elementaranalyse: Ber.: C: 51.40, H: 4.31, N: 0.0
Gef.: C: 51.39, H: 4.32, N: 0.0

2.10.17 Darstellung von *m*-Methoxyphenyl-2-bromo-3,4,5-trimethoxybenzoat (D-18)

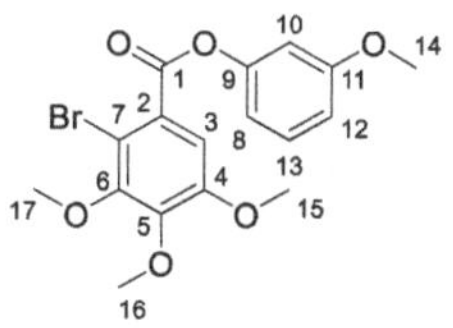

Die Darstellung erfolgt nach der *Allgemeinen Methode 2* aus 2.0 g (6.9 mmol) 2-Brom-3,4,5-trimethoxybenzoesäure (**A$_B$-22**), 0.85 mg (6.90 mmol) *m*-Methoxyphenol (**B-4**), 84 mg (0.7 mmol) 4-DMAP und 1.6 g (7.6 mmol) DCC. Das Produkt (**D-18**) wird nach säulenchromatographischer Reinigung (Pentan/DCM 1:9, R_f = 0.52) als farbloser Feststoff gewonnen.

M($C_{17}H_{17}O_6Br$) = 397.2 g/mol

Ausbeute: 1.6 g (4.0 mmol, 58%)

^{1}H NMR (400 MHz, Chloroform-*d*) δ [ppm] = 7.35 (s, 1H, **H-3**), 7.32 (t, *J* = 8.1 Hz, 1H, **H-13**), 6.88 – 6.79 (m, 3H, **H-8, H-10, H-12**), 3.97 (s, 3H, **OMe**), 3.93 (s, 3H, **OMe**), 3.92 (s, 3H, **OMe**), 3.83 (s, 3H, **H-14**).

^{13}C NMR (100 MHz, Chloroform-*d*) δ [ppm] = 164.38 (**C-1**), 160.59 (**C-11**), 152.46 (**C-4** o. **C-6**), 151.72 (**C-9**), 151.66 (**C-4** o. **C-6**), 146.63 (**C-5**), 129.94 (**C-13**), 126.58 (**C-2**), 113.79 (**C-8** o. **C-12**), 111.99 (**C-8** o. **C-12**), 110.61 (**C-3**), 110.30 (**C-7**), 107.63 (**C-10**), 61.25 (**OMe**), 61.10 (**OMe**), 56.37 (**OMe**), 55.50 (**C-14**).

HRMS(ESI): *m/z* = 419.0104 $[M+Na]^+$ (berechnet für $[C_{17}H_{17}O_6Br + Na]^+$ = 419.0106)

Elementaranalyse: Ber.: C: 51.40, H: 4.31, N: 0.0

Gef.: C: 51.35, H: 4.44, N: 0.0

2.10.18 Darstellung von 3,5-Dimethoxyphenyl-2-brom-3,4,5-trimethoxybenzoat (D-19)

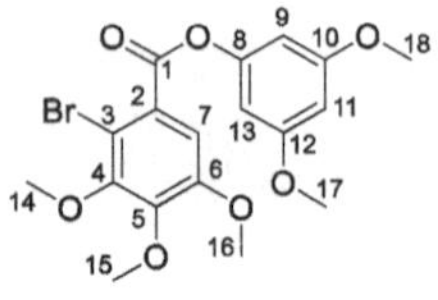

Die Durchführung erfolgt nach der *Allgemeinen Methode 2* mit 3.85 g (13.2 mmol) 2-Brom-3,4,5-trimethoxybenzoesäure (**A$_B$-22**), 2.04 g (13.2 mmol) 3,5-Dimethoxyphenol (**B-8**), 0.16 g (1.34 mmol) 4-DMAP und 3.47 g (16.8 mmol) DCC in 60 mL trockenem THF. Das Produkt (**D-19**) wird nach Umkristallisation aus Methanol als farbloser Feststoff erhalten.

$M(C_{18}H_{19}O_7Br)$ = 427.25 g/mol

Ausbeute: 4.26 g (9.97 mmol, 75%)

^{1}H NMR (400 MHz, Chloroform-*d*) δ [ppm] = 7.34 (s, 1H, **H-7**), 6.43 (d, *J* = 2.2 Hz, 2H, **H-9** u. **H-13**), 6.39 (t, *J* = 2.2 Hz, 1H, **H-11**), 3.97 (s, 3H, **H-15**), 3.93 (s, 3H, **H-14** o. **H-16**), 3.92 (s, 3H, **H-14** o. **H-16**), 3.80 (s, 6H, **H-17** u. **H-18**).

^{13}C NMR (100 MHz, Chloroform-*d*) δ [ppm] = 164.24 (**C-1**), 161.23 (**C-10** u. **C-12**), 152.45 (**C-4** o. **C-6**), 152.23 (**C-4** o. **C-6**), 151.72 (**C-8**), 146.66 (**C-5**), 126.55 (**C-2**), 110.66 (**C-7**), 110.31 (**C-3**), 100.23 (**C-9** u. **C-13**), 98.54 (**C-11**), 61.23 (**OMe**), 61.08 (**OMe**), 56.38 (**OMe**), 55.55 (**C-17** u. **C-18**).

HRMS(ESI): *m/z* = 451.0188 $[M+Na]^+$ (berechnet für $[C_{18}H_{19}O_7Br + Na]^+$ = 451.0212)

Elementaranalyse: Ber.: C: 50.60, H: 4.48, N: 0.0
Gef.: C: 50.96, H: 4.41, N: 0.0

2.10.19 Darstellung von 2,2-Dimethyl-[1,3]-benzodioxol-4-yl-2-brom-3,4,5-trimethoxybenzoat (D-20)

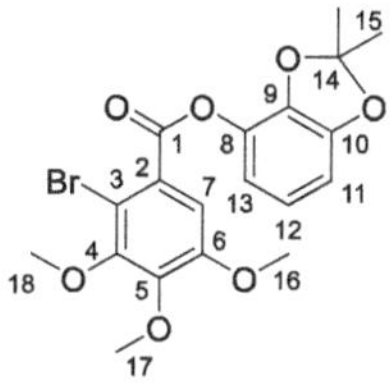

Die Darstellung erfolgt nach der *Allgemeinen Methode 2* aus 2.0 g (6.8 mmol) 2-Brom-3,4,5-trimethoxybenzoesäure (**A$_B$-22**), 1.1 g (6.8 mmol) 2,2-Dimethyl-1,3-benzodioxol-4-ol (**B-16**), 0.08 mg (0.68 mmol) 4-DMAP und 1.6 g (7.5 mmol) DCC. Das Produkt (**D-20**) wird nach säulenchromatographischer Reinigung (Pentan/DCM 1:9, R_f = 0.54) als gelblicher Feststoff gewonnen.

M($C_{19}H_{19}O_7Br$) = 439.26 g/mol

Ausbeute: 0.7 g (1.6 mmol, 23%)

^{1}H NMR (200 MHz, Chloroform-*d*) δ [ppm] = 7.41 (s, 1H, **H-7**), 6.81 (dd, *J* = 8.5, 7.7 Hz, 1H, **H-12**), 6.73 (dd, *J* = 8.5, 1.2 Hz, 1H**, H-11** u. **H-13**), 6.68 (dd, *J* = 7.7, 1.2 Hz, 1H, **H-11** u. **H-13**), 3.96 (s, 3H, **H-17**), 3.93 (s, 3H, **H-16**), 3.91 (s, 3H, **H-18**), 1.71 (s, 6H, **H-15**).

^{13}C NMR (50 MHz, Chloroform-*d*) δ [ppm] = 162.91 (**C-1**), 152.36 (**C-6**), 151.78 (**C-4**), 149.26 (**C-10**), 146.82 (**C-5**), 138.81 (**C-9**), 133.38 (**C-8**), 125.87 (**C-2**), 121.01 (**C-12**), 119.46 (**C-14**), 115.32 (**C-11** o. **C-13**), 111.06 (**C-7**), 110.82 (**C-3**), 106.46 (**C-11** o. **C-13**), 61.26 (**OMe**), 61.09 (**OMe**), 56.40 (**OMe**), 25.85 (**C-15**).

2.10.20 Darstellung von 2-Ethoxybenzo[d][1,3]dioxol-4-yl 2-brom-3,4,5-trimethoxybenzoat (D-21)

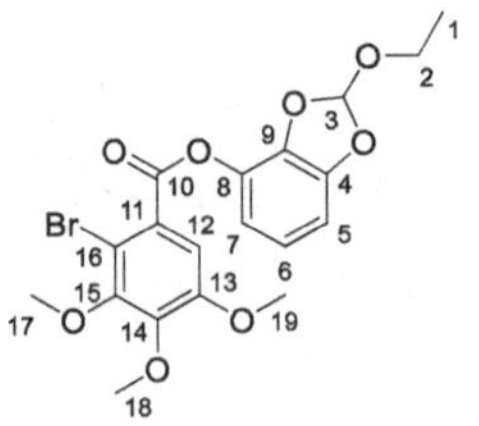

Die Durchführung erfolgt nach der *Allgemeinen Methode 2* mit 5.0 g (28 mmol) 2-Brom-3,4,5-trimethoxybenzoesäure (**A$_B$-22**), 8.0 g (28 mmol) 2-Ethoxy-4-hydroxybenzo[d][1,3]dioxol (**B-15**), 6.2 g (30 mmol) DCC und 0.36 g (0.03 mol) 4-DMAP. Das Produkt (**D-21**) wird nach Reinigung mittels Flash-Säulenchromatographie (Pentan/DCM 1:9, R_f = 0.43) als gelbes Öl isoliert.

M($C_{19}H_{19}O_8Br$) = 455.25 g/mol

Ausbeute: 9.6 g (21 mmol, 77%)

^{1}H NMR (400 MHz, Chloroform-*d*) δ [ppm] = 7.41 (s, 1H, **H-12**), 6.96 (s, 1H, **H-3**), 6.91 (t, *J* = 8.1 Hz, 1H, **H-6**), 6.79-6.84 (m, 2H, **H-5** u. **H-7**), 3.97 (s, 3H, **H-18**), 3.94 (s, 3H, **H-19**), 3.92 (s, 3H, **H-17**), 3.70-3.82 (m, 2H, **H-2**), 1.27 (t, *J* = 7.1 Hz, 3H, **H-1**).

^{13}C NMR (100 MHz, Chloroform-*d*) δ [ppm] = 162.9 (**C-10**), 152.5 (**C-13**), 151.9 (**C-15**), 148.0 (**C-8**), 147.0 (**C-14**), 137.6 (**C-4** o. **C-9**), 132.9 (**C-4** o. **C-9**), 125.7 (**C-16**), 121.8 (**C-6**), 119.7 (**C-3**), 116.0 (**C-5** o. **C-7**), 111.1 (**C-12**), 106.4 (**C-5** o. **C-7**), 61.4 (**C-17** o. **C-18**), 61.2 (**C-17** o. **C-18**), 59.3 (**C-2**), 56.5 (**C-19**), 14.9 (**C-1**).

HRMS(ESI): *m/z* = 477.0166 [M+Na]$^+$ (berechnet für [$C_{19}H_{19}O_8Br$ + Na]$^+$ = 477.0161)

2.10.21 Darstellung von 3,4,5-Trimethoxyphenyl-2-brom-3,4,5-trimethoxybenzoat (D-22)

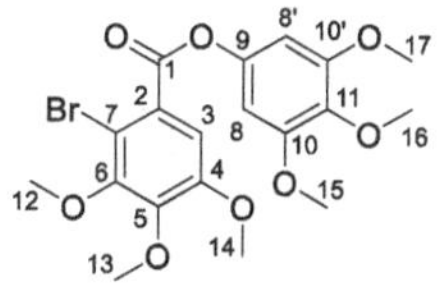

Die Durchführung erfolgt nach der *Allgemeinen Methode 2* mit 2.37 g (8.14 mmol) 2-Brom-3,4,5-trimethoxybenzoesäure (**A_B-22**), 1.5 g (8.1 mmol) 3,4,5-Trimethoxyphenol (**B-11**), 1.85 g (8.96 mmol) DCC und 0.1 g (0.8 mmol) 4-DMAP. Das Produkt (**D-22**) wird nach säulenchromatographischer Reinigung (DCM/EtOAc 8:2, R_f = 0.63) als leicht gelblicher Feststoff erhalten.

M($C_{19}H_{21}O_8Br$) = 457.27 g/mol

Ausbeute: 2.38 g (5.20 mmol, 65%),

^{1}H NMR (400 MHz, Chloroform-*d*) δ [ppm] = 7.36 (s, 1H, **H-3**), 6.49 (s, 2H, **H-8** u. **H-8'**), 3.98 (s, 3H, **H-13**), 3.94 (s, 3H, **H-14**), 3.92 (s, 3H, **H-12**), 3.87 (s, 6H, **H-15** u. **H-17**), 3.85 (s, 3H, **H-16**).

^{13}C NMR (100 MHz, Chloroform-*d*) δ [ppm] = 164.47 (**C-1**), 153.59 (**C-10** u. **C-10'**), 152.45 (**C-4**), 151.75 (**C-6**), 146.76 (**C-5**), 136.06 (**C-11**), 126.28 (**C-2**), 110.71 (**C-3**), 110.46 (**C-7**), 99.16 (**C-8**), 61.25 (**OMe**), 61.10 (**OMe**), 60.95 (**OMe**), 56.39 (**OMe**), 56.23 (**OMe**).

HRMS(ESI): *m/z* = 479.0320 $[M+Na]^+$ (berechnet für $[C_{19}H_{21}O_8Br + Na]^+$ = 479.0317)

Elementaranalyse: Ber.: C: 49.91, H: 4.63, N: 0.0

Gef.: C: 50.39, H: 5.17, N: 0.0

2.10.22 Darstellung von *m*-Methoxyphenyl-2-iod-3,4,5-trimethoxybenzoat (D-23)

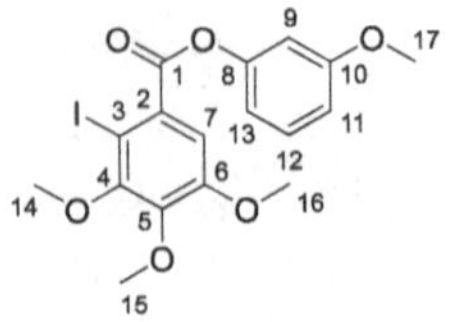

Die Darstellung erfolgt nach der *Allgemeinen Methode 2* aus 0.5 g (1.5 mmol) 2-Iod-3,4,5-trimethoxybenzoesäure (**A_I-36**), 184 mg (1.48 mmol) *m*-Methoxyphenol (**B-4**), 18 mg (0.2 mmol) 4-DMAP und 336 mg (1.63 mmol) DCC. Das Produkt (**D-23**) wird nach säulenchromatographischer Reinigung (Pentan/DCM 1:9, R_f = 0.67) als farbloser Feststoff gewonnen.

M($C_{17}H_{17}O_6I$) = 444.2 g/mol

Ausbeute: 317 mg (0.71 mmol, 48%)

^{1}H NMR (400 MHz, Chloroform-*d*) δ [ppm] = 7.39 (s, 1H, **H-7**), 7.34 (t, *J* = 8.1 Hz, 1H, **H-12**), 6.90 – 6.80 (m, 3H, **H-9**, **H-11**, **H-13**), 3.95 (s, 3H, **OMe**), 3.93 (s, 3H, **OMe**), 3.90 (s, 3H, **OMe**), 3.83 (s, 3H, **H-17**).

^{13}C NMR (100 MHz, Chloroform-*d*) δ [ppm] = 164.81 (**C-1**), 160.57 (**C-10**), 154.08 (**C-4** o. **C-6**), 153.49 (**C-4** o. **C-6**), 151.67 (**C-8**), 145.46 (**C-5**), 129.98 (**C-2**), 129.92 (**C-12**), 113.80 (**C-11** o. **13**), 111.96 (**C-11** o. **C-13**), 111.07 (**C-7**), 107.65 (**C-9**), 84.64 (**C-3**), 61.13 (**OMe**), 60.91 (**OMe**), 56.38 (**OMe**), 55.50 (**C-17**).

HRMS(ESI): *m/z* = 466.9972 $[M+Na]^+$ (berechnet für $[C_{17}H_{17}O_6I + Na]^+$ = 466.9968)

2.10.23 Darstellung von 2,2-Dimethyl-1,3-benzodioxol-4-yl-2-iod-3,4,5-trimethoxybenzoat (D-24)

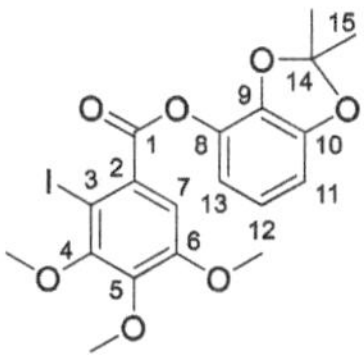

Die Darstellung erfolgt nach der *Allgemeinen Methode 2* aus 0.5 g (1.5 mmol) 2-Iod-3,4,5-trimethoxybenzoesäure (**A$_I$-36**), 246 mg (1.48 mmol) 2,2-Dimethyl-1,3-benzodioxol-4-ol (**B-16**), 0.02 g (0.15 mmol) 4-DMAP und 336 mg (1.63 mmol) DCC. Das Produkt (**D-24**) wird nach säulenchromatographischer Reinigung (Pentan/DCM 1:9, R_f = 0.43) als gelbliches Öl gewonnen.

$M(C_{19}H_{19}O_7I)$ = 486.3 g/mol

Ausbeute: 292 mg (0.58 mmol, 39%)

^{1}**H NMR** (200 MHz, Chloroform-*d*) δ [ppm] = 7.46 (s, 1H, **H-7**), 6.87 – 6.77 (m, 1H, **H-12**), 6.77 – 6.64 (m, 2H, **H-11** u. **H-13**), 3.95 (s, 3H, **OMe**), 3.94 (s, 3H, **OMe**), 3.89 (s, 3H, **OMe**), 1.71 (s, 6H, **H-15**).

^{13}**C NMR** (50 MHz, Chloroform-*d*) δ [ppm] = 163.36 (**C-1**), 154.18 (**C-4** o. **C-6**), 153.40 (**C-4** o. **C-6**), 149.27 (**C-10**), 145.67 (**C-5**), 139.41 (**C-9**), 133.43 (**C-8**), 129.21 (**C-2**), 121.01 (**C-12**), 119.47 (**C-14**), 115.35 (**C-11** o. **C-13**), 111.54 (**C-7**), 106.46 (**C-11** o. **C-13**), 85.23 (**C-3**), 61.14 (**OMe**), 60.90 (**OMe**), 56.42 (**OMe**), 25.87 (**C-15**).

2.11 Darstellung der Urolithinderivate

2.11.1 Darstellung von 3-Hydroxy-6*H*-benzo[*c*]chromen-6-on (ZE-1)

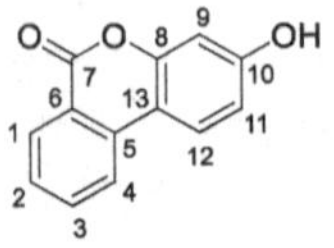

A)

Die Durchführung erfolgt nach der *Allgemeinen Methode 5* unter Verwendung von 1.5 g (7.5 mmol) 2-Brombenzoesäure (**A_B-10**), 1.6 g (15 mmol) Resorcinol (**B-3**), 0.6 g (15 mmol) NaOH und 6 mL einer 5%-igen wässrigen $CuSO_4$-Lösung. Das Produkt (**ZE-1**) wird nach Reinigung mittels Flash-Säulenchromatographie (Chloroform/Methanol 9:1, R_f = 0.81) als farbloser, blau fluoreszierender Feststoff isoliert.

$M(C_{13}H_8O_3)$ = 212.20 g/mol

Ausbeute: 0.5 g (2.4 mmol, 31%)

B)

Die Durchführung erfolgt nach der **Allgemeinen Methode F (2.5)** unter Verwendung von 1 g (4 mmol) 2-Iodbenzoesäure (**A_I-11**), 0.9 g (8.0 mmol) Resorcinol (**B-3**), 0.3 g (8.0 mmol) NaOH und 2 mL einer 10%-igen wässrigen $CuSO_4$-Lösung. Das Produkt (**ZE-1**) wird als rötlicher, blau fluoreszierender Feststoff isoliert.

Ausbeute: 0.4 g (1.9 mmol, 50%)

^{1}H NMR (200 MHz, DMSO-*d*$_6$) δ [ppm] = 10.36 (br. s, 1H, **OH**), 8.24 (d, *J* = 8.1 Hz, 1H, **H-4**), 8.18 (dd, *J* = 7.9, 1.1 Hz, 1H, **H-1**), 8.15 (d, *J* = 8.7 Hz, 1H, **H-12**), 7.80-7.94 (m, 1H, **H-3**), 7.49 -7.61 (m, 1H, **H-2**), 6.84 (dd, *J* = 8.7, 2.3 Hz, 1H, **H-11**), 6.75 (d, *J* = 2.3 Hz, 1H, **H-9**).

^{13}C NMR (50 MHz, DMSO-*d*$_6$) δ [ppm] = 160.6 (**C-7**), 159.9 (**C-10**), 152.1 (**C-8**), 135.3 (**C-3**), 135.1 (**C-5**), 129.7 (**C-1**), 127.7 (**C-2**), 124.8 (**C-12**), 121.6 (**C-4**), 119.0 (**C-6**), 113.2 (**C-11**), 109.4 (**C-13**), 103.0 (**C-9**).

2.11.2 Darstellung von 3-Hydroxy-8-methoxy-6*H*-benzo[*c*]chromen-6-on (E-4)

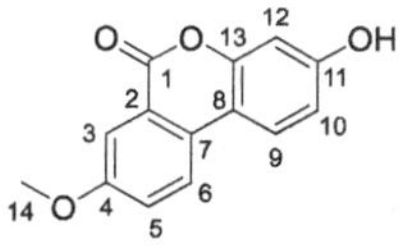

Die Durchführung erfolgt nach der *Allgemeinen Methode 5* unter Verwendung von 3.4 g (15 mmol) 2-Brom-5-methoxybenzoesäure (**A_B-19**), 3.2 g (30 mmol) Resorcinol (**B-3**), 1.2 g (30 mmol) NaOH und 6.2 mL einer 5%-igen wässrigen $CuSO_4$-Lösung. Das Produkt (**E-4**) wird als rosafarbener, blau fluoreszierender Feststoff isoliert.

$M(C_{14}H_{10}O_4)$ = 242.23 g/mol

Ausbeute: 1.4 g (5.9 mmol, 40%)

^{1}H NMR (400 MHz, DMSO-d_6) δ [ppm] = 10.22 (br. s, 1H, **OH**), 8.16 (d, *J* = 8.8 Hz, 1H, **H-6**), 8.05 (d, *J* = 8.6 Hz, 1H, **H-9**), 7.57 (d, *J* = 2.6 Hz, 1H, **H-3**), 7.46 (dd, *J* = 8.8, 2.6 Hz, 1H, **H-5**), 6.81 (d, *J* = 8.6 Hz, 1H, **H-10**), 6.73 (s, 1H, **H-12**), 3.87 (s, 3H, **H-14**).

^{13}C NMR (100 MHz, DMSO-d_6) δ [ppm] = 160.5 (**C-1**), 159.0 (**C-11**), 158.5 (**C-4**), 151.2 (**C-13**), 128.5 (**C-7**), 124.1 (**C-9**), 123.9 (**C-5**), 123.6 (**C-6**), 120.0 (**C-8**), 113.1 (**C-10**), 110.8 (**C-3**), 109.5 (**C-2**), 102.8 (**C-12**), 55.6 (**C-14**),

HRMS(ESI): *m/z* = 265.0477 $[M+Na]^+$ (berechnet für $[C_{14}H_{10}O_4 + Na]^+$ = 265.0477)

2.11.3 Darstellung von 3-Hydroxy-8,9-dimethoxy-6*H*-benzo[*c*]chromen-6-on (E-6)

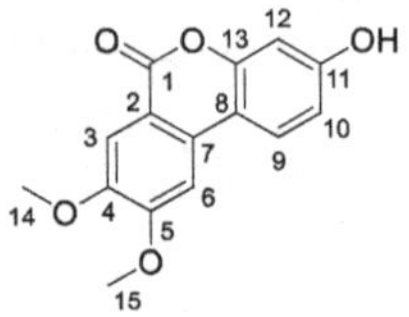

Die Durchführung erfolgt nach der *Allgemeinen Methode 5* unter Verwendung von 2.6 g (10 mmol) 2-Brom-4,5-dimethoxybenzoesäure (**A_B-20**), 2.2 g (20 mmol) Resorcinol (**B-3**), 0.8 g (20 mmol) NaOH und 5 mL einer 5%-igen wässrigen $CuSO_4$-Lösung. Das Produkt (**E-6**) wird als rosafarbener, blau fluoreszierender Feststoff isoliert.

$M(C_{15}H_{12}O_5)$ = 272.25 g/mol

Ausbeute: 1.4 g (5.1 mmol, 52%)

^{1}H NMR (400 MHz, DMSO-d_6) δ [ppm] = 10.27 (br. s, 1H, **OH**), 8.14 (d, *J* = 8.7 Hz, 1H, **H-9**), 7.61 (s, 1H, **H-6**), 7.49 (s, 1H, **H-3**), 6.80 (dd, *J* = 8.7, 1.1 Hz, 1H, **H-10**), 6.70 (d, *J* = 1.1 Hz, 1H, **H-12**), 3.99 (s, 3H, **H-15**), 3.86 (s, 3H, **H-14**).

^{13}C NMR (100 MHz, DMSO-d_6) δ [ppm] = 160.3 (**C-1**), 159.2 (**C-11**), 155.2 (**C-5**), 151.7 (**C-13**), 148.8 (**C-4**), 130.5 (**C-7**), 124.7 (**C-9**), 112.8 (**C-10**), 111.5 (**C-2**), 109.6 (**C-3**), 109.6 (**C-8**), 103.3 (**C-6**), 102.7 (**C-12**), 56.3 (**C-15**), 56.6 (**C-14**).

HRMS(ESI): *m/z* = 295.0582 $[M+Na]^+$ (berechnet für $[C_{15}H_{12}O_5 + Na]^+$ = 295.0582)

2.11.4 Darstellung von 3-Hydroxy-8,9,10-trimethoxy-6*H*-benzo[*c*]chromen-6-on (E-7)

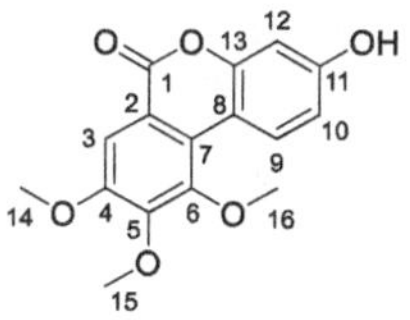

Die Durchführung erfolgt nach der *Allgemeinen Methode 5* unter Verwendung von 6.0 g (21 mmol) 2-Brom-3,4,5-trimethoxybenzoesäure (**A$_B$-22**), 4.5 g (42 mmol) Resorcinol (**B-3**), 1.7 g (42 mmol) NaOH und 7 mL 5%-igen wässrigen $CuSO_4$-Lösung. Das Produkt (**E-7**) wird als rosafarbener, gelb fluoreszierender Feststoff isoliert.

$M(C_{16}H_{14}O_6)$ = 302.28 g/mol

Ausbeute: 3.3 g (11 mmol, 52%)

^{1}H NMR (400 MHz, DMSO-d_6) δ [ppm] = 10.26 (br. s, 1H, **OH**), 8.57 (d, *J* = 9.0 Hz, 1H, **H-9**), 7.57 (s, 1H, **H-3**), 6.82 (dd, *J* = 9.0, 2.4 Hz, 1H, **H-10**), 6.73 (d, *J* = 2.4 Hz, 1H, **H-12**), 3.93 (s, 3H, **H-14** o. H-**16**), 3.92 (s, 3H, **H-15**), 3.88 (s, 3H, **H-14** o. H-**16**).

^{13}C NMR (100 MHz, DMSO-d_6) δ [ppm] = 160.1 (**C-1**), 158.7 (**C-11**), 152.5 (**C-5**), 151.3 (**C-13**), 149.8 (**C-4** o. **C-6**), 148.7 (**C-4** o. **C-6**), 127.5 (**C-9**), 122.7 (**C-7**), 115.1 (**C-2**), 113.1 (**C-10**), 108.6 (**C-8**), 107.8 (**C-3**), 102.9 (**C-12**), 60.8 (**C-14** o. **C-16**), 60.4 (**C-14** o. **C-16**), 56.0 (**C-15**).

HRMS(ESI): *m/z* = 325.0687 [M+Na]$^+$ (berechnet für $[C_{16}H_{14}O_6 + Na]^+$ = 325.0688)

2.11.5 Darstellung von 1,3-Dihydroxy-6*H*-benzo[*c*]chromen-6-on (ZE-2)

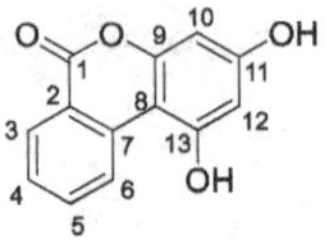

A)

Die Durchführung erfolgt nach der *Allgemeinen Methode 5* unter Verwendung von 1.5 g (7.5 mmol) 2-Brombenzoesäure (**A_B-10**), 2.4 g (15 mmol) Phloroglucinol (**B-7**), 0.6 g (15 mmol) NaOH und 2 mL einer 10%-igen wässrigen $CuSO_4$-Lösung. Das Produkt (**ZE-2**) wird als rötlicher, blau fluoreszierender Feststoff isoliert.

$M(C_{14}H_{10}O_5)$ = 228.04 g/mol

Ausbeute: 1.1 g (4.8 mmol, 65%)

B)

Die Durchführung erfolgt nach der **Allgemeinen Methode F (2.5)** unter Verwendung von 1.0 g (4.0 mmol) 2-Iodbenzoesäure (**A_I-11**), 1.3 g (8.0 mmol) Phloroglucinol (**B-7**), 0.3 g (8.0 mmol) NaOH und 2 mL einer 10%-igen wässrigen $CuSO_4$-Lösung. Das Produkt (**ZE-2**) wird als rötlicher, blau fluoreszierender Feststoff isoliert.

Ausbeute: 0.9 g (3.9 mmol, 99%)

^{1}H NMR (600 MHz, DMSO-d_6) δ [ppm] = 10.90 (br. s, 1H, **OH**), 10.17 (br. s, 1H, **OH**), 8.95 (d, *J* = 8.0 Hz, 1H, **H-6**), 8.17 (d, *J* = 7.6 Hz, 1H, **H-3**), 7.84 – 7.74 (m, 1H, **H-5**), 7.45 (t, *J* = 7.4 Hz, 1H, **H-4**), 6.41 (s, 1H, **H-10**), 6.27 (s, 1H, **H-12**).

^{13}C NMR (151 MHz, DMSO-d_6) δ [ppm] = 161.21 (**C-1**), 159.66 (**C-11** o. **C-13**), 158.18 (**C-11** o. **C-13**), 153.76 (**C-9**), 135.83 (**C-7**), 135.40 (**C-5**), 129.78 (**C-3**), 126.80 (**C-4**), 126.27 (**C-6**), 118.88 (**C-2**), 100.30 (**C-10**), 99.13 (**C-8**), 95.46 (**C-12**).

HRMS(ESI): *m/z* = 251.0323 $[M+Na]^+$ (berechnet für $[C_{14}H_{10}O_5 + Na]^+$ = 251.0321)

2.11.6 Darstellung von 1,3-Dihydroxy-8-methoxy-6*H*-benzo[*c*]chromen-6-on (E-9)

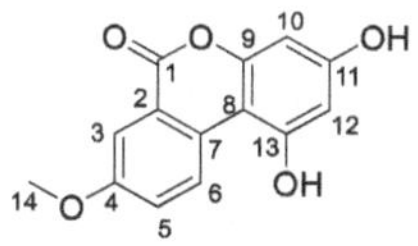

Die Durchführung erfolgt nach der *Allgemeinen Methode 5* unter Verwendung von 1.0 g (4.3 mmol) 2-Brom-5-methoxybenzoesäure (**A$_B$-19**), 1.4 g (8.7 mmol) Resorcinol (**B-7**), 0.4 g (8.7 mmol) NaOH und 2 mL einer 10%-igen wässrigen $CuSO_4$-Lösung. Das Produkt (**E-9**) wird als rötlicher, blau fluoreszierender Feststoff isoliert.

$M(C_{14}H_{10}O_5)$ = 258.23 g/mol

Ausbeute: 0.6 g (1.9 mmol, 56%)

^{1}H NMR (600 MHz, DMSO-d_6) δ [ppm] = 10.79 (br. s, 1H, **OH**), 10.02 (br. s, 1H, **OH**), 8.89 (d, *J* = 9.1 Hz, 1H, **H-6**), 7.61 (d, *J* = 3.0 Hz, 1H, **H-3**), 7.44 (dd, *J* = 9.1, 3.0 Hz, 1H, **H-5**), 6.39 (d, *J* = 2.4 Hz, 1H, **H-10**), 6.26 (d, *J* = 2.4 Hz, 1H, **H-12**), 3.86 (s, 3H, **H-14**).

^{13}C NMR (151 MHz, DMSO-d_6) δ [ppm] = 161.12 (**C-1**), 158.79 (**C-11** o. **C-13**), 157.79 (**C-4**), 157.26 (**C-9**), 152.90 (**C-11** o. **C-13**), 129.30 (**C-7**), 128.17 (**C-6**), 123.72 (**C-5**), 120.13 (**C-2**), 111.32 (**C-3**), 100.23 (**C-10**), 99.19 (**C-8**), 95.38 (**C-12**), 55.86 (**C-14**).

HRMS(ESI): *m/z* = 281.0442 $[M+Na]^+$ (berechnet für $[C_{14}H_{10}O_5 + Na]^+$ = 281.0426)

2.11.7 Darstellung von 1,3-Dihydroxy-7,8-dimethoxy-6*H*-benzo[*c*]chromen-6-on (E-10)

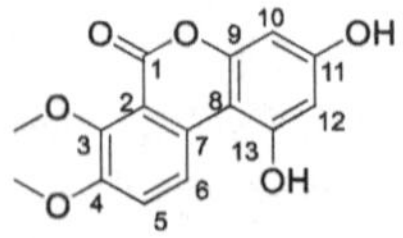

Die Durchführung erfolgt nach der *Allgemeinen Methode 5* unter Verwendung von mit 1.0 g (3.8 mmol) 2-Brom-4,5-dimethoxybenzoesäure (**A_B-21**), 1.2 g (7.7 mmol) Phloroglucinol (**B-7**), 0.3 g (7.7 mmol) NaOH und 2.0 mL einer 5%-igen wässrigen $CuSO_4$-Lösung. Das Produkt (**E-10**) wird als rosafarbener, blau fluoreszierender Feststoff isoliert.

M($C_{15}H_{12}O_6$) = 288.26 g/mol

Ausbeute: 0.27 g (0.94 mmol, 27%)

^{1}H NMR (600 MHz, DMSO-*d*$_6$) δ [ppm] = 10.74 (br. s, 1H, **OH**), 9.98 (br. s, 1H, **OH**), 8.74 (d, *J* = 9.1 Hz, 1H, **H-6**), 7.57 (d, *J* = 9.1 Hz, 1H, **H-5**), 6.34 (s, 1H, **H-10**), 6.17 (s, 1H, **H-12**), 3.87 (s, 3H, **OMe**), 3.76 (s, 3H, **OMe**).

^{13}C NMR (151 MHz, DMSO-*d*$_6$) δ [ppm] = 159.35 (**C-1**), 158.76 (**C-11** o. **C-13**), 157.41 (**C-11** o. **C-13**), 153.04 (**C-3** o. **C-4**), 151.52 (**C-9**), 150.50 (**C-3** o. **C-4**), 130.50 (**C-7**), 122.32 (**C-5** o. **C-6**), 120.41 (**C-5** o. **C-6**), 113.71 (**C-2**), 100.14 (**C-10**), 99.01 (**C-8**), 94.87 (**C-12**), 61.04 (**OMe**), 56.61 (**OMe**).

HRMS(ESI): *m/z* = 311.0576 $[M+Na]^+$ (berechnet für $[C_{15}H_{12}O_6 + Na]^+$ = 311.0532)

2.11.8 Darstellung von 1,3-Dihydroxy-8,9-dimethoxy-6*H*-benzo[*c*]chromen-6-on (E-11)

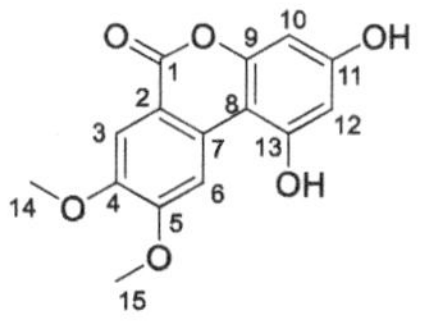

Die Durchführung erfolgt nach der *Allgemeinen Methode 5* unter Verwendung von mit 1.0 g (3.8 mmol) 2-Brom-4,5-dimethoxybenzoesäure (**A$_B$-20**), 1.2 g (7.7 mmol) Phloroglucinol (**B-7**), 0.3 g (7.7 mmol) NaOH und 2.0 mL einer 5%-igen wässrigen $CuSO_4$-Lösung. Das Produkt (**E-11**) wird als rosafarbener, blau fluoreszierender Feststoff isoliert.

$M(C_{15}H_{12}O_6)$ = 288.26 g/mol

Ausbeute: 0.65 g (2.3 mmol, 59%)

^{1}H NMR (600 MHz, DMSO-d_6) δ [ppm] = 10.79 (br. s, 1H, **OH**), 9.98 (br. s, 1H, **OH**), 8.51 (s, 1H, **H-6**), 7.53 (s, 1H, **H-3**), 6.35 (s, 1H, **H-10**), 6.22 (s, 1H, **H-12**), 3.88 (s, 3H, **H-15**), 3.84 (s, 3H, **H-14**).

^{13}C NMR (151 MHz, DMSO-d_6) δ [ppm] = 160.29 (**C-1**), 158.43 (**C-11** o. **C-13**), 156.71 (**C-11** o. **C-13**), 154.22 (**C-5**), 153.03 (**C-9**), 147.48 (**C-4**), 130.73 (**C-7**), 111.24 (**C-2**), 109.74 (**C-3**), 107.60 (**C-6**), 99.62 (**C-10**), 98.84 (**C-8**), 94.92 (**C-12**), 55.49 (**OMe**), 55.43 (**OMe**).

HRMS(ESI): *m/z* = 311.0534 $[M+Na]^+$ (berechnet für $[C_{15}H_{12}O_6 + Na]^+$ = 311.0532)

2.11.9 Darstellung von 2,8-Dimethoxy-6*H*-benzo[*c*]chromen-6-on (E-19)

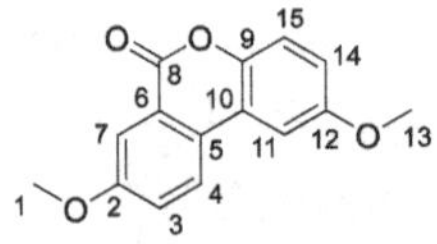

Die Durchführung erfolgt nach der *Allgemeinen Methode 4* mit 75 mg (0.2 mmol) 4-Methoxyphenyl-2-brom-5-methoxybenzoat (**D-6**), 36.5 mg (0.45 mmol) Natriumacetat, 26.0 mg (0.02 mmol) $Pd(PPh_3)_4$ in 4 mL DMF. Das Produkt (**E-19**) wird nach Reinigung mittels Flash-Säulenchromatographie (Pentan/EtOAc 7:3, R_f = 0.63) als farbloser Feststoff isoliert.

$M(C_{15}H_{12}O_4)$ = 256.25 g/mol

Ausbeute: 20 mg (0.1 mmol, 35%)

^{1}H NMR (400 MHz, Chloroform-*d*) δ [ppm] = 7.97 (d, *J* = 8.8 Hz, 1H, **H-4**), 7.80 (d, *J* = 2.7 Hz, 1H, **H-7**), 7.40 (d, *J* = 2.8 Hz, 1H, **H-11**), 7.38 (dd, *J* = 8.8, 2.7 Hz, 1H, **H-3**), 7.28 (d, *J* = 8.9 Hz, 1H, **H-15**), 6.99 (dd, *J* = 8.9, 2.8 Hz, 1H, **H-14**), 3.94 (s, 3H, **H-1**), 3.90 (s, 3H, **H-13**).

^{13}C NMR (100 MHz, Chloroform-*d*) δ [ppm] = 161.5 (**C-8**), 160.2 (**C-2**), 156.5 (**C-12**), 144.9 (**C-9**), 128.1(**C-10**), 124.2 (**C-3**), 123.6 (**C-4**), 122.7 (**C-6**), 118.8 (**C-5**), 118.6 (**C-15**), 116.0 (**C-14**), 111.4 (**C-7**), 106.0 (**C-11**), 55.9 (**C-1** u. **C-13**).

HRMS(ESI): *m/z* = 279.0634 [M+Na]$^+$ (berechnet für $[C_{15}H_{12}O_4 + Na]^+$ = 279.0633)

2.11.10 Darstellung von 3,4,8-Trimethoxy-6*H*-benzo[*c*]chromen-6-on (E-20)

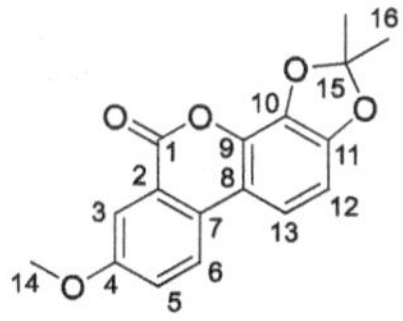

Die Durchführung erfolgt nach der *Allgemeinen Methode 4* aus 0.47 g (1.25 mmol) 2,2-Dimethyl-1,3-benzodioxol-4-yl-2-brom-5-methoxybenzoat (**D-7**) BKR_32, 0.14 g (0.13 mmol) $Pd(PPh_3)_4$ und 0.2 g (2.5 mmol) Natriumacetat. Das Produkt (**E-20**) wird nach säulenchromatographischer Reinigung (Pentan/EtOAc 2:1) als farbloser Feststoff isoliert.

$M(C_{17}H_{14}O_5)$ = 298.29 g/mol

Ausbeute: 0.10 mg (0.03 mmol, 26%)

^{1}H NMR (600 MHz, Chloroform-*d*) δ [ppm] = 7.88 (d, *J* = 8.9 Hz, 1H, **H-6**), 7.75 (d, *J* = 2.9 Hz, 1H, **H-3**), 7.40 (d, *J* = 8.4 Hz, 1H, **H-13**), 7.33 (dd, *J* = 8.9, 2.9 Hz, 1H, **H-5**), 6.75 (d, *J* = 8.4 Hz, 1H, **H-12**), 3.90 (s, 3H, **H-14**), 1.77 (s, 6H, **H-16**).

^{13}C NMR (150 MHz, Chloroform-*d*) δ [ppm] = 160.56 (**C-1**), 159.32 (**C-4**), 149.01 (**C-9**), 135.31 (**C-11**), 134.47 (**C-10**), 129.09 (**C-7**), 121.00 (**C-15**), 118.61 (**C-2** o. **C-8**), 114.62 (**C-13**), 113.51 (**C-2** o. **C-8**), 111.46 (**C-3**), 110.35 (**C-5**), 105.49 (**C-12**), 101.86 (**C-6**), 55.83 (**C-14**), 25.99 (**C-16**).

HRMS(ESI): *m/z* = 321.0752 $[M+Na]^+$ (berechnet für $[C_{17}H_{14}O_5 + Na]^+$ = 321.0739)

2.11.11 Darstellung von 4,8,9-Trimethoxy-6*H*-benzo[*c*]chromen-6-on (E-21)

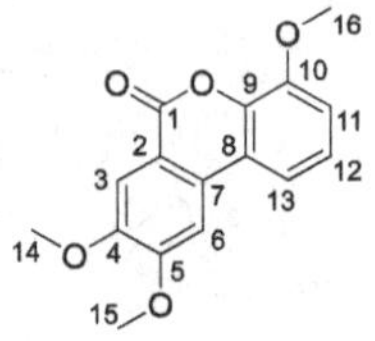

Die Durchführung erfolgt nach der *Allgemeinen Methode 4* aus 200 mg (0.48 mmol) *o*-Methoxyphenyl-2-iod-4,5-dimethoxybenzoat (**D-13**), 0.06 mg (0.05 mmol) $Pd(PPh_3)_4$ und 0.08 mg (0.97 mmol) Natriumacetat. Das Produkt (**E-21**) wird nach Reinigung mittels Flash-Säulenchromatographie (Pentan/EtOAc R_f = 0.63) als brauner Feststoff isoliert.

$M(C_{16}H_{14}O_5)$ = 286.28 g/mol

Ausbeute: 0.042 g (0.146 mmol, 30%)

^{1}H NMR (400 MHz, Chloroform-*d*) δ [ppm] = 7.78 (s, 1H, **H-3**), 7.53 (dd, *J* = 8.3, 1.3 Hz, 1H, **H-13**), 7.43 (s, 1H, **H-6**), 7.25 (t, *J* = 8.1 Hz, 1H, **H-12**), 7.00 (dd, *J* = 8.1, 1.3 Hz, 1H, **H-11**), 4.09 (s, 3H, **H-15**), 4.01 (s, 3H, **H-14**), 3.98 (s, 3H, **H-16**).

^{13}C NMR (100 MHz, Chloroform-*d*) δ [ppm] = 160.49 (**C-1**), 155.03 (**C-5**), 150.18 (**C-4**), 148.03 (**C-10**), 140.80 (**C-9**), 130.04 (**C-7**), 124.00 (**C-12**), 118.83 (**C-8**), 114.56 (**C-2**), 113.60 (**C-13**), 111.35 (**C-11**), 110.54 (**C-3**), 103.15 (**C-6**), 56.32 (**OMe**), 56.30 (**OMe**), 56.18 (**OMe**).

2.11.12 Darstellung von 2,8,9-Trimethoxy-6*H*-benzo[*c*]chromen-6-on (E-22)

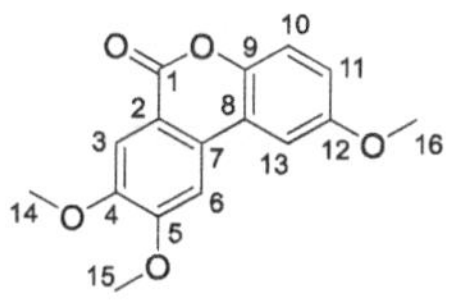

Die Durchführung erfolgt nach der *Allgemeinen Methode 4* aus 200 mg (0.48 mmol) *p*-Methoxyphenol-2-iod-4,5-dimethoxybenzoat (**D-14**), 0.06 mg (0.05 mmol) $Pd(PPh_3)_4$ und 0.08 mg (0.97 mmol) Natriumacetat. Das Produkt (**E-22**) wird nach säulenchromatographischer Reinigung (DCM/TBME 1:1, R_f = 0.63) als orangener Feststoff isoliert.

$M(C_{16}H_{14}O_5)$ = 286.08 g/mol

Ausbeute: 40 mg (0.1 mmol, 29%)

^{1}H NMR (400 MHz, Chloroform-*d*) δ [ppm] = 7.78 (s, 1H, **H-3**), 7.39 (d, *J* = 2.8 Hz, 1H, **H-13**), 7.38 (s, 1H, **H-6**), 7.31 (d, *J* = 9.0 Hz, 1H, **H-10**), 7.02 (dd, *J* = 9.0, 2.8 Hz, 1H, **H-11**), 4.10 (s, 3H, **H-15**), 4.02 (s, 3H, **H-14**), 3.92 (s, 3H, **H-16**).

^{13}C NMR (100 MHz, Chloroform-*d*) δ [ppm] = 161.21 (**C-1**), 156.24 (**C-12**), 155.04 (**C-5**), 150.28 (**C-4**), 145.44 (**C-9**), 129.73 (**C-7**), 118.72 (**C-8**), 118.59 (**C-10**), 115.61(**C-11**), 114.76 (**C-2**), 110.70 (**C-3**), 106.53 (**C-13**), 102.78 (**C-6**), 56.35 (**14** u. **15-OMe**), 55.96 (**16-OMe**).

HRMS(ESI): *m/z* = 309.0727 $[M+Na]^+$ (berechnet für $[C_{16}H_{14}O_5 + Na]^+$ = 309.0739)

2.11.13 Darstellung von 3,8,9-Trimethoxy-6*H*-benzo[*c*]chromen-6-on (E-23)

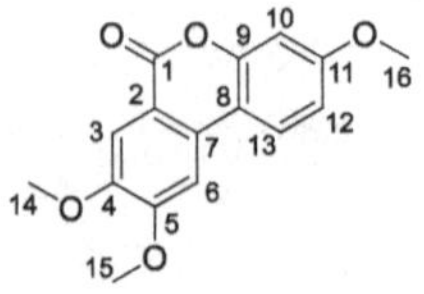

Die Durchführung erfolgt nach der *Allgemeinen Methode 4* mit 0.4 g (1.1 mmol) 3-Methoxyphenyl-2-brom-4,5-dimethoxybenzoat (**D-9**), 0.18 mg (2.20 mmol) Natriumacetat und 0.13 g (0.10 mmol) $Pd(PPh_3)_4$ in 22 mL DMF. Das Produkt (**E-23**) wird nach Reinigung mittels Flash-Säulenchromatographie (Pentan/EtOAc 6:4) als farbloser Feststoff isoliert.

$M(C_{16}H_{14}O_5)$ = 286.28 g/mol

Ausbeute: 82 mg (0.3 mmol, 27%)

^{1}H NMR (400 MHz, Chloroform-*d*) δ [ppm] = 7.81 (d, *J* = 8.8 Hz, 1H, **H-13**), 7.68 (s, 1H, **H-3**), 7.30 (s, 1H, **H-6**), 6.89 (dd, *J* = 8.8, 2.5 Hz, 1H, **H-12**), 6.83 (d, *J* = 2.5 Hz, 1H, **H-10**), 4.08 (s, 3H, **H-15**), 3.99 (s, 3H, **H-14**), 3.87 (s, 3H, **H-16**).

^{13}C NMR (100 MHz, Chloroform-*d*) δ [ppm] = 161.37 (**C-1**), 160.88 (**C-11**), 155.23 (**C-5**), 152.29 (**C-9**), 149.35 (**C-4**), 130.48 (**C-7**), 123.10 (**C-13**), 113.04 (**C-2**), 112.32 (**C-12**), 111.23 (**C-8**), 110.46 (**C-3**), 102.12 (**C-6**), 101.54 (**C-10**), 56.27 (**OMe**), 56.24 (**OMe**), 55.67 (**OMe**).

HRMS(ESI): *m/z* = 309.0713 $[M+Na]^+$ (berechnet für $[C_{16}H_{14}O_5 + Na]^+$ = 309.0739)

2.11.14 Darstellung von 8,9-Dimethoxy-2,2-dimethyl-6*H*-benzo[*c*][1,3]dioxol-[4,5]chromen-6-on (E-24)

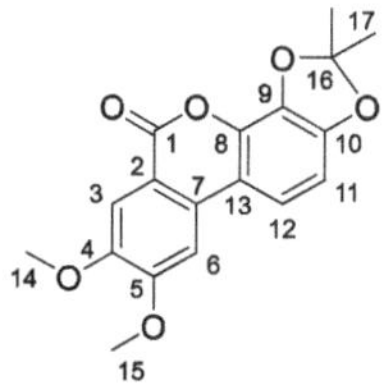

Die Durchführung erfolgt nach der *Allgemeinen Methode 4* aus 200 mg (0.44 mmol) 2,2-Dimethyl-1,3-benzodioxol-4-yl-2-iod-4,5-dimethoxybenzoat (**D-15**), 0.05 mg (0.04 mmol) $Pd(PPh_3)_4$ und 0.07 mg (0.88 mmol) Natriumacetat. Das Produkt (**E-24**) wird nach Reinigung mittels Gradienten-Flash-Säulenchromatographie (Pentan/DCM/EtOAc 98:1:1 - 1:98:1 – 1:1:98, R_f = 0.36) als bräunlicher Feststoff gewonnen.

M($C_{18}H_{16}O_6$) = 328.09 g/mol

Ausbeute: 0.08 g (0.24 mmol, 55%)

^{1}H NMR (600 MHz, Chloroform-*d*) δ [ppm] = 7.66 (s, 1H, **H-3**), 7.37 (d, *J* = 8.4 Hz, 1H, **H-12**), 7.28 (s, 1H, **H-6**), 6.74 (d, *J* = 8.4 Hz, 1H, **H-11**), 4.06 (s, 3H, **H-15**), 3.97 (s, 3H, **H-14**), 1.77 (s, 6H, **H-17**).

^{13}C NMR (150 MHz, Chloroform-*d*) δ [ppm] = 160.13 (**C-1**), 155.20 (**C-5**), 149.41 (**C-4**), 149.07 (**C-8**), 135.81 (**C-10**), 134.41 (**C-9**), 130.76 (**C-7**), 120.88 (**C-16**), 114.53 (**C-12**), 113.35 (**C-13**), 113.01 (**C-2**), 110.76 (**C-3**), 105.16 (**C-11**), 102.53 (**C-6**), 56.29 (**C-15**), 56.22 (**C-14**), 25.92 (**C-17**).

HRMS(ESI): *m/z* = 351.0845 $[M+Na]^+$ (berechnet für $[C_{18}H_{16}O_6 + Na]^+$ = 351.0864)

2.11.15 Darstellung von 3,4-Dihydroxy-8,9-dimethoxy-6*H*-benzo[*c*]chromen-6-on (E-24*)

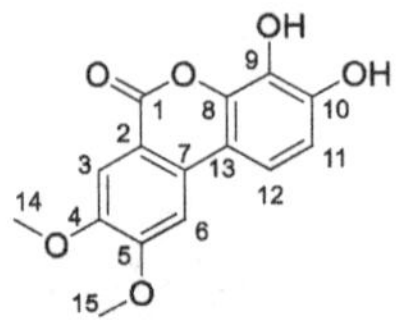

Die Durchführung erfolgt nach der *Allgemeinen Methode 7.2* mit 0.08 g (0.27 mmol) (**E-24**) und 1.4 mL (0.45 g, 1.8 mmol, 6 Äquiv.) BBr_3 in 3 mL abs. DCM. Das Produkt (**E-24***) wird nach der Reinigung mittels HPLC (Methanol/TBME/H_2O) als gräulicher Feststoff erhalten.

$M(C_{15}H_{12}O_6)$ = 288.26 g/mol

Ausbeute: 0.05 g (0.20 mmol, 74%)

^{1}H NMR (600 MHz, DMSO-d_6) δ = 7.66 (d, *J* = 8.6 Hz, 1H, **H-12**), 7.63 (s, 1H, **H-6**), 7.55 (s, 1H, **H-3**), 6.83 (d, *J* = 8.6 Hz, 1H, **H-11**), 4.00 (s, 3H, **H-15**), 3.88 (s, 3H, **H-14**).

^{13}C NMR (150 MHz, DMSO-d_6) δ = 160.70 (**C-1**), 155.69 (**C-5**), 149.31 (**C-4**), 147.70 (**C-8**), 141.16 (**C-10**), 133.10 (**C-9**), 131.47 (**C-7**), 113.74 (**C-12**), 112.63 (**C-11**), 111.87 (**C-2**), 110.88 (**C-13**), 110.12 (**C-3**), 104.01 (**C-6**), 56.73 (**C-15**), 56.12 (**C-14**).

HRMS(ESI): *m/z* = 311.0518 $[M + Na]^+$ (berechnet für $[C_{15}H_{12}O_6 + Na]^+$ = 311.0532)

HRMS(ESI): *m/z* = 287.0525 $[M - H]^-$ (berechnet für $[C_{15}H_{12}O_6 - H]^-$ = 287.0561)

2.11.16 Darstellung von 1,3,8,9-Tetramethoxy-6*H*-benzo[*c*]chromen-6-on (E-25)

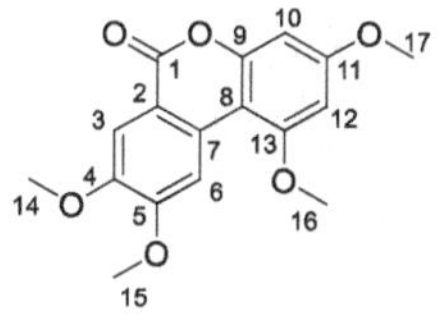

Die Durchführung erfolgt nach der *Allgemeinen Methode 4* unter Verwendung von 3.01 g (7.59 mmol) 3,5-Dimethoxyphenyl-2-brom-4,5-dimethoxybenzoat (**D-11**), 0.44 g Pd(dppe)Cl_2 (0.76 mmol) und 1.25 g wasserfreiem Natriumacetat (15.2 mmol) in 120 mL trockenem DMF. Das Produkt (**E-25**) wird nach säulenchromatographischer Reinigung (Pentan/DCM/EtOAc/NEt_3 10:5:6:0.3) als leicht gelblicher Feststoff erhalten.

$M(C_{17}H_{16}O_6)$ = 316.31 g/mol

Ausbeute: 671 mg (2.12 mmol, 28%)

^{1}H NMR (600 MHz, Chloroform-*d*) δ [ppm] = 8.35 (s, 1H, **H-6**), 7.71 (s, 1H, **H-3**), 6.48 (d, *J* = 2.5 Hz, 1H, **H-10**), 6.38 (d, *J* = 2.5 Hz, 1H, **H-12**), 4.02 (s, 3H, **H-15**), 3.98 (s, 3H, **H-16**), 3.97 (s, 3H, **H-14**), 3.84 (s, 3H, **H-17**).

^{13}C NMR (150 MHz, Chloroform-*d*) δ [ppm] = 161.40 (**C-1**), 160.37 (**C-11**), 158.40 (**C-13**), 154.28 (**C-5**), 153.41 (**C-9**), 148.19 (**C-4**), 130.37 (**C-7**), 112.85 (**C-2**), 110.18 (**C-3**), 107.93 (**C-6**), 102.09 (**C-8**), 95.81 (**C-12**), 93.94 (**C-10**), 56.05 (**-OMe**), 56.04 (**-OMe**), 55.88 (**-OMe**), 55.58 (**C-17**).

HRMS(ESI): *m/z* = 339.0872 $[M+Na]^+$ (berechnet für $[C_{17}H_{16}O_6 + Na]^+$ = 339.0845)

2.11.17 Darstellung von 1,2,3,8,9-Pentamethoxy-6*H*-benzo[*c*]chromen-6-on (E-26)

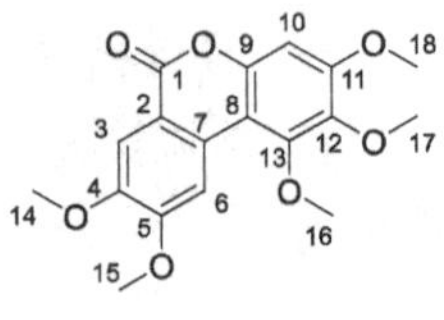

Die Durchführung erfolgt nach der *Allgemeinen Methode 4* mit 1.5 g (3.5 mmol) 3,4,5-Trimethoxyphenyl-2-brom-4,5-dimethoxybenzoat (**D-12**), 0.58 g (7.06 mmol) Natriumacetat und 0.59 g (0.53 mmol) $Pd(PPh_3)_4$. Das Produkt (**E-26**) wird nach säulenchromatographischer Reinigung (DCM/TBME 9:1, R_f = 0.53) als gelblicher Feststoff erhalten.

$M(C_{18}H_{18}O_7)$ = 346.34 g/mol

Ausbeute: 0.62 g (1.79 mmol, 51%)

^{1}H NMR (400 MHz, Chloroform-*d*) δ [ppm] = 8.45 (s, 1H, **H-6**), 7.78 (s, 1H, **H-3**), 6.73 (s, 1H, **H-10**), 4.07 (s, 3H, **H-15**), 4.03 (s, 3H, **H-16**), 4.01 (s, 3H, **H-14**), 3.93 (s, 6H, **H-17** u. **H-18**).

^{13}C NMR (100 MHz, Chloroform-*d*) δ [ppm] = 161.26 (**C-1**), 154.72 (**C-5**), 154.04 (**C-11**), 151.34 (**C-13**), 148.83 (**C-4**), 148.06 (**C-9**), 139.72 (**C-12**), 129.99 (**C-7**), 113.48 (**C-2**), 110.45 (**C-3**), 106.95 (**C-6**), 105.64 (**C-8**), 97.10 (**C-10**), 61.24 (**17** o. **18-OMe**), 60.79 (**14-OMe**), 56.15 (**OMe**), 56.13 (**OMe**), 56.07 (**OMe**).

HRMS(ESI): *m/z* = 369.0954 $[M+Na]^+$ (berechnet für $[C_{18}H_{18}O_7 + Na]^+$ = 369.0950)

Elementaranalyse: Ber.: C: 62.42, H: 5.24, N: 0.0
Gef.: C: 61.95, H: 4.90, N: 0.0

2.11.18 Darstellung von 9-Hydroxy-2,8,10-trimethoxy-6*H*-benzo[*c*]chromen-6-on und 2,8,9,10-Tetramethoxy-6*H*-benzo[*c*]chromen-6-on (E-27)

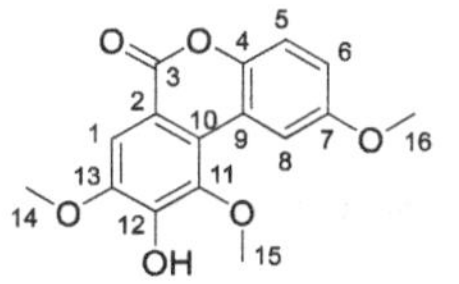

A

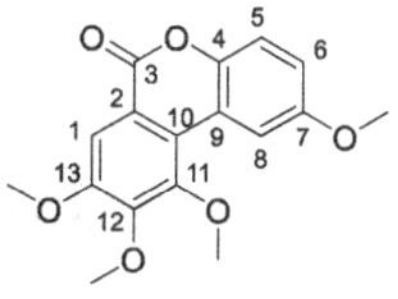

B

Die Durchführung erfolgt nach der *Allgemeinen Methode 4* mit 0.2 g (0.5 mmol) 4-Methoxyphenyl-2-brom-3,4,5-trimethoxybenzoat (**D-17**), 83 mg (1.0 mmol) Natriumacetat und 0.06 g (0.05 mmol) $Pd(PPh_3)_4$ in 10 mL DMF. Die Produkte (**E-27**) und (18B) werden nach Reinigung mittels Flash-Säulenchromatographie (Pentan/EtOAc 6:4, $R_{f(A)}$ = 0.54, $R_{f(B)}$ = 0.59) als braunes Öl (18A) und farbloser Feststoff (18B) isoliert.

A) **Ausbeute**: 40 mg (0.1 mmol, 26%), $M(C_{16}H_{14}O_6)$ = 302.28 g/mol

^{1}H NMR (400 MHz, DMSO-*d*$_6$) δ [ppm] = 10.37 (br. s, 1H, **OH**), 8.32 (d, *J* = 3.0 Hz, 1H, **H-8**), 7.57 (s, 1H, **H-1**), 7.30 (d, *J* = 8.9 Hz, 1H, **H-5**), 7.09 (dd, *J* = 8.9, 3.0 Hz, 1H, **H-6**), 3.95 (s, 3H, **H-16**), 3.86 (s, 3H, **H-15**), 3.82 (s, 3H, **H-14**).

^{13}C NMR (100 MHz, DMSO-*d*$_6$) δ [ppm] = 160.2 (**C-3**), 155.7 (**7-OMe**), 149.5 (**13-OMe**), 147.1 (**C-12**), 144.5 (**11-OMe**), 144.2 (**C-4**), 121.7 (**C-10**), 117.8 (**C-5**), 117.7 (**C-9**), 115.9 (**C-6**), 112.1 (**C-2**), 109.7 (**C-8**), 107.4 (**C-1**), 59.6 (**C-15**), 56.1 (**C-16**), 55.5 (**C-14**).

HRMS(ESI): *m/z* = 325.0692 $[M+Na]^+$ (berechnet für $[C_{16}H_{14}O_6 + Na]^+$ = 325.0688)

B) **Ausbeute**: 0.01 mg (0.03 mmol, 6%), $M(C_{17}H_{16}O_6)$ = 316.31 g/mol

^{1}H NMR (400 MHz, Chloroform-*d*) δ [ppm] = 8.43 (d, *J* = 3.0 Hz, 1H, **H-8**), 7.78 (s, 1H, **H-1**), 7.29 (d, *J* = 9.0 Hz, 1H, **H-5**), 7.02 (dd, *J* = 9.0, 3.0, 1H, **H-6**), 4.05 (s, 3H, **OMe**), 4.00 (s, 3H, **OMe**), 3.99 (s, 3H, **OMe**), 3.89 (s, 3H, **OMe**).

^{13}C NMR (100 MHz, Chloroform-*d*) δ [ppm] = 161.2 (**C-3**), 156.2 (**C-7**), 153.9 (**C-12**), 151.3 (**C-13**), 147.7 (**C-11**), 144.8 (**C-4**), 122.6 (**C-10**), 118.0 (**C-5**), 117.6 (**C-9**), 116.1 (**C-6**), 110.2 (**C-8**), 108.4 (**C-1**), 61.2 (**OMe**), 60.6 (**OMe**), 56.3 (**OMe**), 55.7 (**OMe**).

2.11.19 Darstellung von 1,3,8,9,10-Pentamethoxy-6*H*-benzo[*c*]chromen-6-on (E-28)

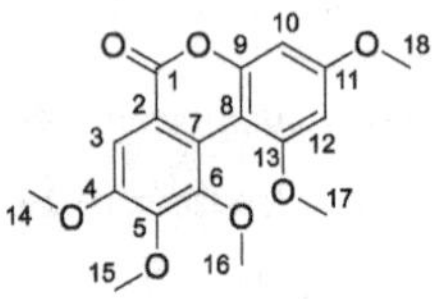

Die Durchführung erfolgt nach der *Allgemeinen Methode 4* mit 0.7 g (1.6 mmol) 3,5-Dimethoxyphenyl-2-brom-3,4,5-trimethoxybenzoat (**D-19**), 0.3 g (3.3 mmol) Natriumacetat und 0.37 g (0.33 mmol) $Pd(PPh_3)_4$. Das Produkt (**E-28**) wird nach säulenchromatographischer Reinigung (DCM/TBME 9:1, R_f = 0.61) als gelblicher Feststoff erhalten.

M($C_{18}H_{18}O_7$) = 346.34 g/mol

Ausbeute: 0.22 g (0.64 mmol, 31%)

^{1}H NMR (400 MHz, Chloroform-*d*) δ [ppm] = 7.62 (s, 1H, **H-3**), 6.51 (d, *J* = 2.5 Hz, 1H, **H-10**), 6.43 (d, *J* = 2.5 Hz, 1H, **H-12**), 4.00 (s, 3H, **H-15**), 3.97 (s, 3H, **H-14**), 3.94 (s, 3H, **H-17**), 3.87 (s, 3H, **H-18**), 3.78 (s, 3H, **H-16**).

^{13}C NMR (100 MHz, Chloroform-*d*) δ [ppm] = 161.70 (**C-1**), 160.99 (**C-11**), 157.95 (**C-13**), 152.82 (**C-4**), 152.33 (**C-9**), 150.45 (**C-6**), 148.74 (**C-5**), 121.76 (**C-7**), 117.50 (**C-2**), 107.11 (**C-3**), 101.30 (**C-8**), 95.79 (**C-12**), 93.29 (**C-10**), 61.19 (**C-15**), 60.84 (**C-16**), 56.30 (**C-14**), 56.16 (**C-17**), 55.66 (**C-18**).

HRMS(ESI): *m/z* = 369.0959 $[M+Na]^+$ (berechnet für $[C_{18}H_{18}O_7 + Na]^+$ = 369.0950)

2.11.20 Darstellung von 8,9,10-Trimethoxy-2,2-dimethyl-*6H*-benzo[*c*][1,3]dioxol[4,5]chromen-6-on (E-29)

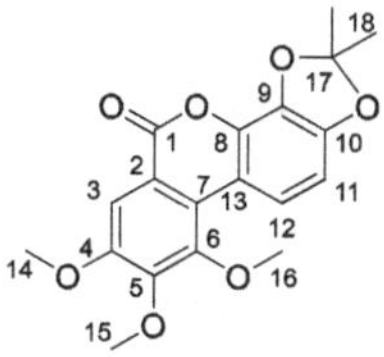

Die Darstellung erfolgt nach der *Allgemeinen Methode 4* aus 282 mg (0.58 mmol) 2,2-Dimethyl-1,3-benzodioxol-4-yl-2-iod-3,4,5-trimethoxybenzoat (**D-24**), 0.07 g (0.06 mmol) $Pd(PPh_3)_4$ und 0.09 g (1.16 mmol) Natriumacetat. Das Produkt (**E-29**) wird nach säulenchromatographischer Reinigung (DCM/TBME 9:1, R_f = 0.57) als bräunlicher Feststoff gewonnen.

M($C_{19}H_{18}O_7$) = 358.3 g/mol

Ausbeute: 81 mg (0.2 mmol, 39%)

^{1}H NMR (400 MHz, Chloroform-*d*) δ [ppm] = 8.27 (d, *J* = 8.7 Hz, 1H, **H-12**), 7.64 (s, 1H, **H-3**), 6.69 (d, *J* = 8.7 Hz, 1H, **H-11**), 3.94 (s, 3H, **H-16**), 3.86 (s, 3H **H-14** u. **H-15**), 1.69 (s, 6H, **H-18**).

^{13}C NMR (100 MHz, Chloroform-*d*) δ [ppm] = 160.47 (**C-1**), 148.74 (**C-8**), 147.29 (**C-6**), 145.87 (**C-4** o. **C-5**), 143.45 (**C-4** o. **C-5**), 135.66 (**C-10**), 134.26 (**C-9**), 124.04 (**C-7**), 120.71 (**C-17**), 119.38 (**C-12**), 112.59 (**C-2**), 112.43 (**C-13**), 107.85 (**C-3**), 105.36 (**C-11**), 60.07 (**C-4** o. **C-5**), 56.64 (**C-4** o. **C-5** u. **C-6**), 26.03 (**C-18**).

HRMS(ESI): *m/z* = 381.0954 $[M+Na]^+$ (berechnet für $[C_{19}H_{18}O_7 + Na]^+$ = 381.0950)

2.11.21 1,2,3,8,9,10-Hexamethoxy-6*H*-benzo[*c*]chromen-6-on (E-30)

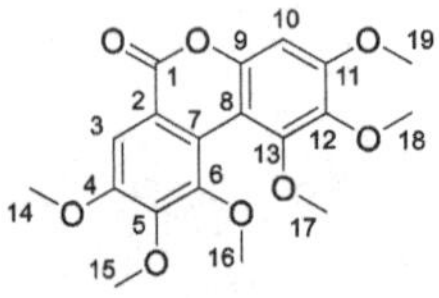

Die Durchführung erfolgt nach der *Allgemeinen Methode 4* mit 1.5 g (3.3 mmol) 3,4,5-Trimethoxyphenyl-2-brom-3,4,5-trimethoxybenzoat (**D-22**), 0.54 g (6.56 mmol) Natriumacetat und 0.55 g (4.92 mmol) $Pd(PPh_3)_4$. Das Produkt (**E-30**) wird nach mehrfacher säulenchromatographischer Reinigung (DCM/TBME 8:2 und DCM/TBME/Pentan 7:2:1, $R_{f(DCM/TBME/Pentan}$ = 0.60) als leicht gelblicher Feststoff erhalten.

$M(C_{19}H_{20}O_8)$ = 376.36 g/mol

Ausbeute: 0.06 g (0.16 mmol, 5%)

^{1}**H NMR** (400 MHz, Chloroform-*d*) δ [ppm] = 7.64 (s, 1H, **H-3**), 6.68 (s, 1H, **H-10**), 4.04 (s, 3H, **H-15**), 3.98 (s, 3H, **H-14**), 3.92 (s, 3H, **H-19**), 3.90 (s, 3H, **H-18**), 3.81 (s, 3H, **H-17**), 3.75 (s, 3H, **H-16**).

^{13}**C NMR** (100 MHz, Chloroform-*d*) δ [ppm] = 161.44 (**C-1**), 154.22 (**C-11**), 153.09 (**C-4**), 151.64 (**C-13**), 150.68 (**C-6**), 148.67 (**C-5**), 147.21 (**C-9**), 139.66 (**C-12**), 121.83 (**C-7**), 117.54 (**C-2**), 107.25 (**C-3**), 104.50 (**C-8**), 95.85 (**C-10**), 61.32 (**OMe**), 61.26 (**OMe**), 61.21 (**OMe**), 56.33 (**OMe**), 56.18 (**OMe**), 56.13 (**OMe**).

HRMS(ESI): *m/z* = 399.1028 $[M+Na]^+$ (berechnet für $[C_{19}H_{20}O_8 + Na]^+$ = 399.1056)

2.11.22 Darstellung von 3,4,8-Trihydroxy-6*H*-benzo[*c*]chromen-6-on (ZE-3)

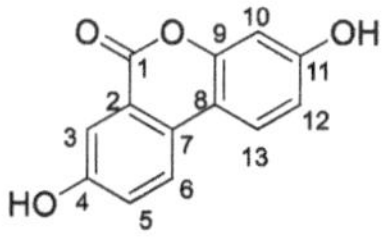

Die Durchführung erfolgt nach der *Allgemeinen Methode 7.1* mit 0.45 g (1.86 mmol) (**E-4**) und 6 mL 57%-iger wässriger HI-Lösung in 20 mL Essigsäure (0.07 M Lösung). Das Produkt (**ZE-3**) wird als brauner Feststoff erhalten.

$M(C_{13}H_8O_4)$ = 228.20 g/mol

Ausbeute: 0.06 g (0.26 mmol, 14%)

^{1}H NMR (400 MHz, Methanol-d_4) δ [ppm] = 8.04 (d, *J* = 8.8 Hz, 1H, **H-6**), 7.96 (d, *J* = 8.8 Hz, 1H, **H-13**), 7.62 (d, *J* = 2.7 Hz, 1H, **H-3**), 7.34 (dd, *J* = 8.8, 2.7 Hz, 1H, **H-5**), 6.84 (dd, *J* = 8.8, 2.4 Hz, 1H, **H-12**), 6.74 (d, *J* = 2.4 Hz, 1H, **H-10**).

^{13}C NMR (100 MHz, Methanol-d_4) δ [ppm] = 162.09 (**C-1**), 158.80 (**C-4** o. **C-11**), 157.18 (**C-4** o. **C-11**), 151.29 (**C-9**), 127.72 (**C-7**), 123.96 (**C-6**), 123.16 (**C-13**), 122.85 (**C-5**), 120.33 (**C-2**), 113.52 (**C-3**), 112.87 (**C-12**), 110.34 (**C-8**), 102.68 (**C-10**).

HRMS(ESI): *m/z* = 251.0319 [M+Na]$^+$ (berechnet für $[C_{13}H_8O_4 +Na]^+$ = 251.0320)

2.11.23 Darstellung von 3,8,9-Trihydroxy-6*H*-benzo[*c*]chromen-6-on (ZE-4)

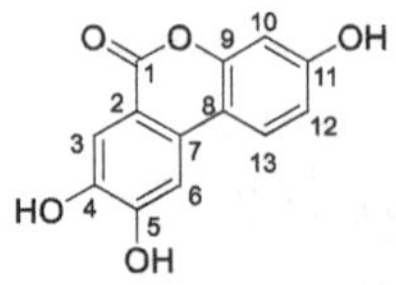

Die Durchführung erfolgt nach der *Allgemeinen Methode 7.1* mit 0.1 g (0.4 mmol) (**E-6**) und 4 mL 57%-iger wässriger HI-Lösung in 8 mL Essigsäure (0.03 M Lösung). Das Produkt (**ZE-4**) wird als bräunlicher Feststoff erhalten.

$M(C_{13}H_8O_5)$ = 244.20 g/mol

Ausbeute: 56 mg (0.2 mmol, 58%)

^{1}H NMR (400 MHz, DMSO-d_6) δ [ppm] = 10.34 (br. s, 1H, **OH**), 10.09 (br. s, 2H, **OH**), 7.85 (d, *J* = 8.6 Hz, 1H, **H-13**), 7.51 (s, 1H, **H-3**), 7.44 (s, 1H, **H-6**), 6.79 (dd, *J* = 8.6, 2.4 Hz, 1H, **H-12**), 6.70 (d, *J* = 2.4 Hz, 1H, **H-10**).

^{13}C NMR (101 MHz, DMSO-d_6) δ [ppm] = 160.77 (**C-1**), 159.03 (**C-11**), 153.89 (**C-5**), 151.92 (**C-9**), 146.58 (**C-4**), 129.64 (**C-7**), 124.18 (**C-13**), 114.67 (**C-12**), 113.32 (**C-3**), 111.35 (**C-2**), 110.25 (**C-8**), 107.31 (**C-6**), 103.25 (**C-10**).

HRMS(ESI): *m/z* = 267.0299 [M+Na]$^+$ (berechnet für [$C_{13}H_8O_5$ +Na]$^+$ = 267.0269)

2.11.24 Darstellung von 3,8,9,10-Tetrahydroxy-6*H*-benzo[*c*]chromen-6-on (ZE-5)

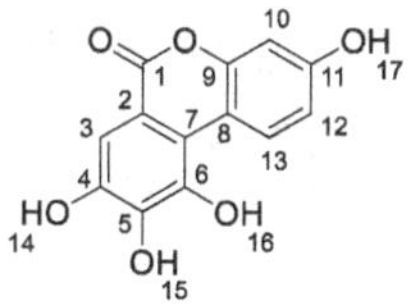

Die Durchführung erfolgt nach der *Allgemeinen Methode 7.2* mit 0.10 g (0.33 mmol) (**E-7**) und 1.0 mL (2.64 g, 10.5 mmol, 32 Äquiv.) BBr_3. Das Produkt (**ZE-5**) wird als brauner Feststoff erhalten.

$M(C_{13}H_8O_6)$ = 260.20 g/mol

Ausbeute: 0.05 g (0.19 mmol, 58%)

^{1}H NMR (400 MHz, DMSO-d_6) δ [ppm] = 8.80 (d, *J* = 8.9 Hz, 1H, **H-13**), 7.28 (s, 1H, **H-3**), 6.75 (dd, *J* = 8.9, 2.5 Hz, 1H, **H-12**), 6.68 (d, *J* = 2.5 Hz, 1H, **H-10**).

^{13}C NMR (100 MHz, DMSO-d_6) δ [ppm] = δ 161.28 (**C-1**), 157.75 (**C-11**), 151.12 (**C-9**), 145.76 (**C-4** o. **C-6**), 142.94 (**C-5**), 140.80 (**C-4** o. **C-6**), 128.50 (**C-13**), 116.46 (**C-7**), 112.51 (**C-3**), 111.05 (**C-2**), 110.68 (**C-8**), 107.28 (**C-12**), 103.04 (**C-10**).

HRMS(ESI): *m/z* = 259.0250 [M - H]$^-$ (berechnet für $[C_{13}H_8O_6 - H]^-$ = 259.0243)

2.11.25 Darstellung von 1,3,8-Trihydroxy-6*H*-benzo[*c*]chromen-6-on (ZE-6)

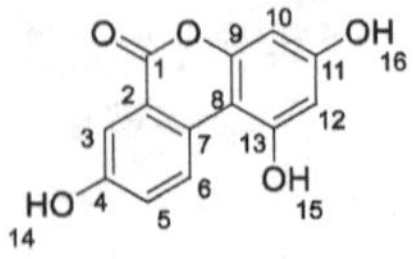

Die Durchführung erfolgte nach der *Allgemeinen Methode 7.2* mit 0.10 g (0.38 mmol) (**E-9**) und 1.0 mL (2.64 g, 10.5 mmol, 27 Äquiv.) BBr_3. Das Produkt (**ZE-6**) wird als gräulicher Feststoff erhalten.

$M(C_{13}H_8O_5)$ = 244.20 g/mol

Ausbeute: 0.03 g (0.1 mmol, 26%)

^{1}H NMR (400 MHz, DMSO-d_6) δ [ppm] = 10.32 (s, 3H, **OH**), 8.84 (d, *J* = 9.0 Hz, 1H, **H-6**), 7.55 (d, *J* = 2.9 Hz, 1H, **H-3**), 7.28 (dd, *J* = 9.0, 2.9 Hz, 1H, **H-5**), 6.39 (d, *J* = 2.4 Hz, 1H, **H-10**), 6.24 (d, *J* = 2.4 Hz, 1H, **H-12**).

^{13}C NMR (101 MHz, DMSO-d_6) δ [ppm] = 161.21 (**C-1**), 158.42 (**C-9**), 157.25 (**C-13**), 156.20 (**C-4**), 152.66 (**C-11**), 128.24 (**C-6**), 127.77 (**C-7**), 123.99 (**C-5**), 120.19 (**C-2**), 114.00 (**C-3**), 100.23 (**C-10**), 99.46 (**C-8**), 95.20 (**C-12**).

HRMS(ESI): *m/z* = 243.0305 $[M - H]^-$ (berechnet für $[C_{13}H_8O_5 - H]^-$ = 243.0299)

2.11.26 Darstellung von 1,3,7,8-Tetrahydroxy-6*H*-benzo[*c*]chromen-6-on (ZE-7)

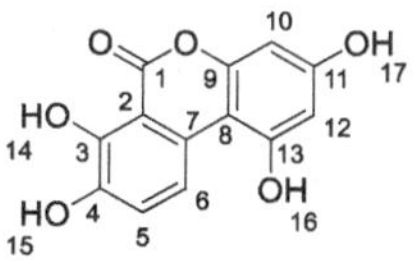

Die Durchführung erfolgt nach der *Allgemeinen Methode 7.2* mit 0.10 g (0.35 mmol) (**E-10**) und 1.0 mL (2.64 g, 10.5 mmol, 30 Äquiv.) BBr_3. Das Produkt (**E-7**) wird als brauner Feststoff erhalten.

M($C_{13}H_8O_6$) = 260.20 g/mol

Ausbeute: 0.04 g (0.15 mmol, 43%)

^{1}H NMR (400 MHz, DMSO-*d*$_6$) δ = 11.38 (s, 1H, **OH**), 10.74 (s, 1H, **OH**), 10.02 (s, 1H, **OH**), 9.55 (s, 1H, **OH**), 8.28 (d, *J* = 8.7 Hz, 1H, **H-6**), 7.28 (d, *J* = 8.7 Hz, 1H, **H-5**), 6.39 (d, *J* = 2.2 Hz, 1H, **H-10**), 6.26 (d, *J* = 2.2 Hz, 1H, **H-12**).

^{13}C NMR (100 MHz, DMSO-*d*$_6$) δ = 166.15 (**C-1**), 158.38 (**C-11** o. **C-13**), 157.36 (**C-9**), 152.12 (**C-11** o. **C-13**), 149.68 (**C-3** o. **C-4**), 143.60 (**C-3** o. **C-4**), 126.91 (**C-7**), 124.42 (**C-5**), 116.93 (**C-6**), 105.03 (**C-2**), 100.73 (**C-10**), 99.89 (**C-8**), 95.31 (**C-12**).

HRMS(ESI): *m/z* = 259.0244 $[M - H]^-$ (berechnet für $[C_{13}H_8O_6 - H]^-$ = 259.0243)

2.11.27 Darstellung von 1,3,8,9-Tetrahydroxy-6*H*-benzo[*c*]chromen-6-on (ZE-8)

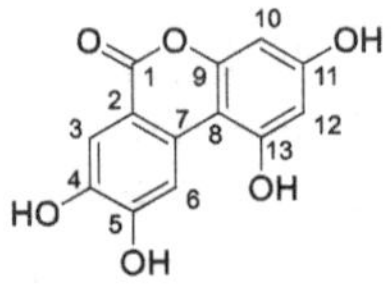

A)

Die Durchführung erfolgt nach der *Allgemeinen Methode 7.2* mit 0.04 g (0.13 mmol) 1,3-Dihydroxy-8,9-dimethoxy-6-*H*-benzo[*c*]chromen-6-on (**E-11**) und 0.60 mL (1.58 g, 6.32 mmol, 50 Äquiv.) BBr_3 in 5 mL abs. DCM. Das Produkt (**ZE-8**) wird als grauer Feststoff erhalten.

$M(C_{13}H_8O_6)$ = 262.20 g/mol

Ausbeute: 0.02 g (0.08 mmol, 62%)

B)

Die Durchführung erfolgt nach der *Allgemeinen Methode 7.1* unter Verwendung von 1.3 g (4.5 mmol) 1,3-Dihydroxy-8,9-dimethoxy-6-*H*-benzo[*c*]chromen-6-on (**E-11**) (4.5 mmol) in 100 mL AcOH und 40 mL 57%-iger HI-Lösung. Das Reaktionsgemisch wird 6 Stunden zum Sieden erhitzt und anschließend über Nacht im Tiefkühlfach zur Kristallisation gebracht. Das Produkt (**ZE-8**) wird als grauer Feststoff isoliert.

Ausbeute: 1.02 g (3.89 mmol, 87%)

^{1}**H NMR** (400 MHz, DMSO-d_6) δ [ppm] = 10.61 (br. s, 1H, **OH**), 8.38 (s, 1H, **H-6**), 7.50 (s, 1H, **H-3**), 6.34 (d, *J* = 2.4 Hz, 1H, **H-10**), 6.20 (d, *J* = 2.4 Hz, 1H, **H-12**).

^{13}**C NMR** (100 MHz, DMSO) δ [ppm] = 160.88 (**C-1**), 158.33 (**C-11**), 156.99 (**C-9**), 153.25 (**C-13**), 152.96 (**C-5**), 145.23 (**C-4**), 129.78 (**C-7**), 114.82 (**C-3**), 112.45 (**C-6**), 111.03 (**C-2**), 99.93 (**C-10**), 99.62 (**C-8**), 95.28 (**C-12**).

HRMS(ESI): *m/z* = 259.0246 $[M - H]^-$ (berechnet für $[C_{13}H_8O_6 - H]^-$ = 259.0243)

2.11.28 Darstellung von 3,4,8-Trihydroxy-6*H*-benzo[*c*]chromen-6-on (ZE-9)

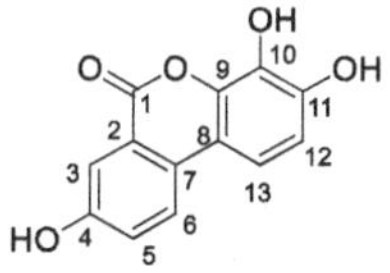

Die Durchführung erfolgt nach der *Allgemeinen Methode 7.2* mit 0.08 g (0.27 mmol) (**E-20**) und 0.2 mL (0.45 g, 1.80 mmol, 6 Äquiv.) BBr_3 in 3 mL abs. DCM. Das Produkt (**ZE-9**) wird als gräulicher Feststoff erhalten.

M($C_{13}H_8O_5$) = 244.20 g/mol

Ausbeute: 0.05 g (0.20 mmol, 74%)

^{1}H NMR (400 MHz, Methanol-d_4) δ [ppm] = 8.02 (d, *J* = 8.7 Hz, 1H, **H-6**), 7.62 (d, *J* = 2.6 Hz, 1H, **H-3**), 7.46 (d, *J* = 8.6 Hz, 1H, **H-13**), 7.32 (dd, *J* = 8.7, 2.6 Hz, 1H, **H-5**), 6.84 (d, *J* = 8.6 Hz, 1H, **H-12**).

^{13}C NMR (101 MHz, Methanol-d_4) δ [ppm] = 161.65 (**C-1**), 157.08 (**C-4**), 146.43 (**C-11**), 139.86 (**C-9**), 132.59 (**C-10**), 128.18 (**C-7**), 123.85 (**C-6**), 123.21 (**C-5**), 120.17 (**C-2**), 113.48 (**C-3**), 112.15 (**C-13**), 112.00 (**C-12**), 111.19 (**C-8**).

HRMS(ESI): *m/z* = 243.0267 [M - H]$^-$ (berechnet für [$C_{13}H_8O_5$ - H]$^-$ = 243.0299)

2.11.29 Darstellung von 2,8,9-Trihydroxy-6*H*-benzo[*c*]chromen-6-on (ZE-10)

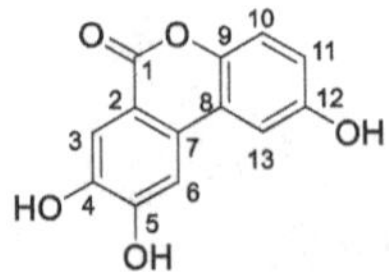

Die Durchführung erfolgt nach der *Allgemeinen Methode 7.2* mit 0.01 g (0.03 mmol) (**E-22**) und 0.11 mL (0.30 g, 1.20 mmol, 40 Äquiv.) BBr_3 in 3 mL abs. DCM. Das Produkt (**ZE-10**) wird als gräulicher Feststoff erhalten.

M($C_{13}H_8O_5$) = 244.20 g/mol

Ausbeute: 0.003 g (0.01 mmol, 33%)

^{1}H NMR (400 MHz, Methanol-*d*$_4$) δ [ppm] = 7.53 (s, 1H, **H-3**), 7.36 (s, 1H, **H-6**), 7.26 (d, *J* = 2.8 Hz, 1H, **H-13**), 7.07 (d, *J* = 8.9 Hz, 1H, **H-10**), 6.80 (dd, *J* = 8.9, 2.8 Hz, 1H, **H-11**).

^{13}C NMR (100 MHz, Methanol-*d*$_4$) δ [ppm] = 162.17 (**C-1**), 154.13 (**C-OH**), 147.35 (**C-OH**), 144.06 (**C-OH**), 140.31, 129.30, 118.97, 117.66 (**C-10**), 116.58 (**C-11**), 113.94 (**C-3**), 112.62, 106.91 (**C-6** o. **C-13**), 106.86 (**C-6** o. **C-13**).

Aufgrund des fehlenden HMBC Spektrums konnte keine eindeutige Zuordnung aller ^{13}C-Signale vorgenommen werden.

2.11.30 Darstellung von 3,4,8,9-Tetrahydroxy-6*H*-benzo[*c*]chromen-6-on (ZE-11)

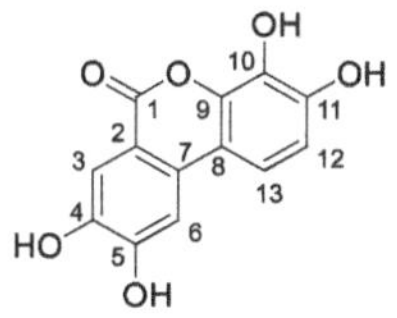

Die Durchführung erfolgt nach der *Allgemeinen Methode 7.2* mit 0.12 g (0.04 mol) (**E-24**) und 1.4 mL (3.63 g, 0.02 mol, 40 Äquiv.) BBr_3 in 6 mL abs. DCM. Das Produkt (**ZE-11**) wird als gräulicher Feststoff erhalten.

$M(C_{13}H_8O_6)$ = 260.20 g/mol

Ausbeute: 0.05 g (0.20 mmol, 74%)

^{1}H NMR (400 MHz, Methanol-d_4) δ = 7.61 (s, 1H, **H-3**), 7.43 (s, 1H, **H-6**), 7.37 (d, J = 8.5 Hz, 1H, **H-13**), 6.83 (d, J = 8.5 Hz, 1H, **H-12**).

^{13}C NMR (100 MHz, Methanol-d_4) δ = 161.79 (**C-1**), 153.50 (**C-5**), 146.48 (**C-11**), 146.01 (**C-4**), 140.33 (**C-9**), 132.52 (**C-10**), 130.68 (**C-7**), 113.90 (**C-3**), 112.21 (**C-13**), 111.84 (**C-12**), 111.16 (**C-2** o. **C-8**), 111.12 (**C-2** o. **C-8**), 106.32 (**C-6**).

HRMS(ESI): m/z = 259.0247 $[M - H]^-$ (berechnet für $[C_{13}H_8O_6 - H]^-$ = 259.0243)

2.11.31 Darstellung von 1,2,3,8,9-Pentahydroxy-6*H*-benzo[*c*]chromen-6-on (ZE-12)

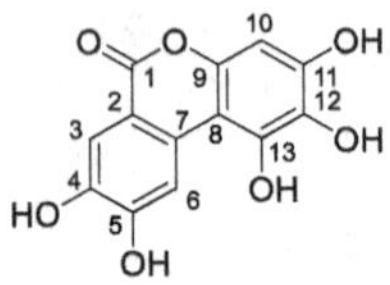

Die Durchführung erfolgt nach der *Allgemeinen Methode 7.2* mit 0.2 g (0.6 mmol) (**E-26**) und 2.74 mL (7.23 g, 28.9 mmol, 50 Äquiv.) BBr_3 in 10 mL abs. DCM. Das Produkt (**ZE-12**) wird als grauer Feststoff erhalten.

M($C_{13}H_8O_7$) = 276.20 g/mol

Ausbeute: 0.14 g (0.51 mmol, 88%)

^{1}H NMR (400 MHz, DMSO-*d*$_6$) δ [ppm] = 8.50 (s, 1H, **H-6**), 7.57 (s, 1H, **H-3**), 6.39 (s, 1H, **H-10**).

^{13}C NMR (100 MHz, DMSO-*d*$_6$) δ [ppm] = 161.10 (**C-1**), 152.82 (**C-5**), 147.14 (**C-9**), 145.28 (**C-4**), 145.01 (**C-11** o. **C-13**), 144.92 (**C-11** o. **C-13**), 130.02 (**C-7** o. **C-12**), 129.84 (**C-7** o. **C-12**), 114.84 (**C-3**), 112.40 (**C-6**), 111.34 (**C-2**), 100.00 (**C-8**), 94.98 (**C-10**).

HRMS(ESI): *m/z* = 275.0200 $[M - H]^-$ (berechnet für $[C_{13}H_8O_7 - H]^-$ = 275.0197)

2.11.32 Darstellung von 2,8,9,10-Tetrahydroxy-6*H*-benzo[*c*]chromen-6-on (ZE-13)

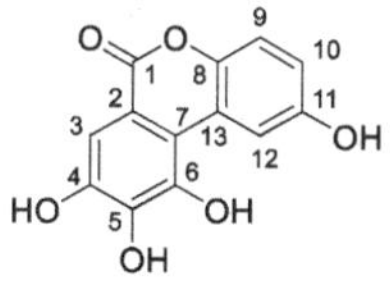

A)

Die Durchführung erfolgt nach der *Allgemeinen Methode 7.1* unter Verwendung von 0.1 g (0.3 mmol) 2,8,9,10-Tetramethoxy-6-*H*-benzo[*c*]chromen-6-on (**E-27**) in 8 mL Essigsäure und 4 mL 57%-iger HI-Lösung. Das Reaktionsgemisch wird 6 Stunden zum Sieden erhitzt und anschließend über Nacht im Tiefkühlfach zur Kristallisation gebracht. Das Produkt (**ZE-13**) wird als grauer Feststoff isoliert.

M($C_{13}H_8O_6$) = 260.20 g/mol

Ausbeute: 55 mg (0.2 mmol, 67%)

B)

Die Durchführung erfolgt nach der *Allgemeinen Methode 7.1* unter Verwendung von 0.12 g (0.38 mmol) 2,8,9,10-Tetramethoxy-6-H-benzo[*c*]chromen-6-on (**E-27**) in 10 mL absolutem DCM und 1M BBr_3-Lösung (3.8 mmol, 10 Äquiv.). Nach wässriger Aufarbeitung wird das Produkt (**ZE-13**) aus EtOAc extrahiert und als gelblicher Feststoff isoliert.

Ausbeute: 71 mg (0.27 mmol, 71%)

^{1}H NMR (400 MHz, DMSO-d_6) δ [ppm] = 10.37 (br. s, 1H, **OH**), 9.99 (br. s, 1H, **OH**), 9.68 (br. s, 1H, **OH**), 9.42 (br. s, 1H, **OH**), 8.46 (d, *J* = 2.8 Hz, 1H, **H-12**), 7.34 (s, 1H, **H-3**), 7.14 (d, *J* = 8.8 Hz, 1H, **H-9**), 6.81 (dd, *J* = 8.8, 2.8 Hz, 1H, **H-10**).

^{13}C NMR (100 MHz, DMSO-d_6) δ [ppm] = 161.14 (**C-1**), 153.81 (**C-11**), 146.71 (**C-OH**), 144.26 (**C-OH**), 143.05 (**C-OH**), 140.45 (**C-8**), 119.47 (**C-7**), 117.36 (**C-9**), 115.68 (**C-10**), 115.45 (**C-13**), 112.92 (**C-12**), 112.72 (**C-2**), 107.59 (**C-3**).

HRMS(ESI): *m/z* = 259.0245 $[M - H]^-$ (berechnet für $[C_{13}H_8O_6 - H]^-$ = 259.0243)

2.11.33 Darstellung von 1,3,8,9,10-Pentahydroxy-6*H*-benzo[*c*]chromen-6-on (ZE-14)

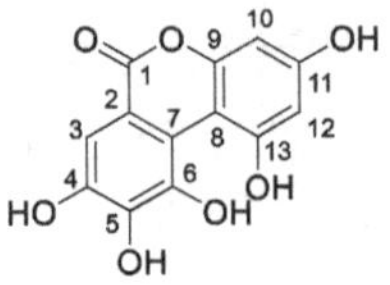

Die Durchführung erfolgt nach der *Allgemeinen Methode 7.2* mit 0.09 g (0.26 mmol) (**E-28**) und 0.99 mL (2.60 g, 10.4 mmol, 40 Äquiv.) BBr_3 in 7 mL abs. DCM. Das Produkt (**ZE-14**) wird als beiger Feststoff erhalten.

M($C_{13}H_8O_7$) = 276.20 g/mol

Ausbeute: 0.04 g (0.14 mmol, 54%)

^{1}H NMR (400 MHz, DMSO-d_6) δ [ppm] = 7.33 (s, 1H, **H-3**), 6.35 (d, *J* = 2.6 Hz, 1H, **H-10**), 6.30 (d, *J* = 2.6 Hz, 1H, **H-12**).

^{13}C NMR (100 MHz, DMSO-d_6) δ [ppm] = 160.86 (**C-1**), 158.61 (**C-11**), 153.06 (**C-9**), 152.41 (**C-13**), 145.80 (**C-4**), 142.21 (**C-5**), 140.02 (**C-6**), 115.84 (**C-7**), 111.11 (**C-2**), 109.41 (**C-3**), 100.92 (**C-10**), 99.80 (**C-8**), 96.86 (**C-12**).

HRMS(ESI): *m/z* = 275.0200 $[M - H]^-$ (berechnet für $[C_{13}H_8O_7 - H]^-$ = 275.0197)

2.11.34 Darstellung von 3,4,8,9,10-Pentahydroxy-6*H*-benzo[*c*]chromen-6-on (ZE-15)

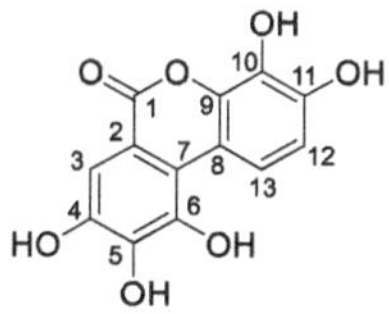

Die Durchführung erfolgt nach der *Allgemeinen Methode 7.2* mit 0.09 g (0.25 mmol) (**E-29**) und 0.95 mL (2.52 g, 10.0 mmol, 40 Äquiv.) BBr_3 in 5 mL abs. DCM. Das Produkt (**ZE-15**) wird als dunkelgrauer Feststoff erhalten.

$M(C_{13}H_8O_7)$ = 276.20 g/mol

Ausbeute: 0.03 g (0.11 mmol, 44%)

^{1}H NMR (600 MHz, Methanol-*d*$_4$) δ [ppm] = 8.47 (d, *J* = 9.0 Hz, 1H, **H-13**), 7.40 (s, 1H, **H-3**), 6.78 (d, *J* = 9.0 Hz, 1H, **H-12**).

^{13}C NMR (100 MHz, Chloroform-*d*) δ [ppm] = 161.15 (**C-1**), 146.16 (**C-11**), 145.71 (**C-4**), 143.25 (**C-6**), 140.73 (**C-5**), 140.25 (**C-9**), 132.72 (**C-10**), 117.51 (**C-13**), 116.90 (**C-7**), 111.81 (**C-12**), 111.45 (**C-8**), 111.01 (**C-2**), 107.28 (**C-3**).

HRMS(ESI): *m/z* = 299.0167 [M+Na]$^+$ (berechnet für $[C_{13}H_8O_7 + Na]^+$ = 299.0168)

2.11.35 Darstellung von 1,2,3,8,9,10-Hexahydroxy-6*H*-benzo[*c*]chromen-6-on (ZE-16)

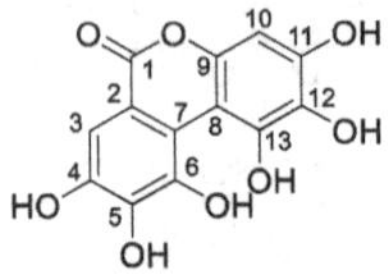

Die Durchführung erfolgt nach der *Allgemeinen Methode 7.2* mit 0.04 g (0.11 mmol) (**E-30**) und 0.47 mL (1.24 g, 5.00 mmol, 45 Äquiv.) BBr_3 in 3 mL abs. DCM. Das Produkt (**ZE-16**) wird als dunkelgrauer Feststoff erhalten.

$M(C_{13}H_8O_8)$ = 292,20 g/mol

Ausbeute: 0.03 g (0.10 mmol, 91%)

^{1}H NMR (400 MHz, DMSO- d_6) δ [ppm] = 7.35 (s, 1H, **H-3**), 6.39 (s, 1H, **H-10**).

^{13}C NMR (100 MHz, DMSO-d_6) δ [ppm] = 161.12 (**C-1**), 147.01 (**C-11**), 145.73 (**C-4**), 143.71 (**C-12**), 142.01 (**C-5**), 140.88 (**C-6** o. **C-13**), 139.89 (**C-6** o. **C-13**), 131.49 (**C-9**), 116.23 (**C-7**), 111.44 (**C-2**), 109.47 (**C-3**), 100.27 (**C-8**), 96.83 (**C-10**).

HRMS(ESI): *m/z* = 291.0143 $[M - H]^-$ (berechnet für $[C_{13}H_8O_8 - H]^-$ = 291.0146)

2.12 Darstellung der Kupplungsvorläufer zu den Phenanthridinonderivaten

2.12.1 Darstellung von *N*-(3,4-Dimethoxyphenyl)-2-brombenzamid (F-3)

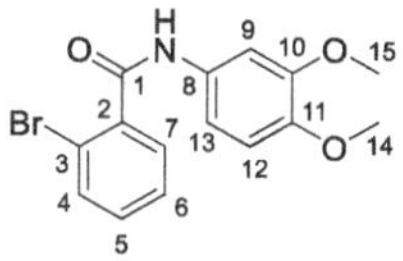

Die Durchführung erfolgt nach der *Allgemeinen Methode 3* aus 1.52 g (9.95 mmol) 3,4-Dimethoxyanilin (**C-6**), 3.0 g (15 mmol) 2-Brombenzoesäure (**A$_B$-10**) sowie 1.8 mL (1.85 g, 14.9 mmol) Trimethylphosphit, 3.79 g (14.9 mmol) Iod und 3.5 mL (2.52 g, 24.8 mmol) Triethylamin in 30 mL absolutem DCM. Das Produkt (**F-3**) wird nach Filtration über Kieselgel mit EtOAc als Elutionsmittel als gräulich-weißer Feststoff erhalten.

M($C_{15}H_{14}NO_3Br$) = 336.19 g/mol

Ausbeute: 2.91 g (8.64 mmol, 87%)

^{1}H NMR (400 MHz, Chloroform-*d*) *δ* [ppm] = 7.74 (s, 1H, **NH**), 7.63-7.59 (m, 2H, **H-4** u. **H-7**), 7.46 (d, *J* = 2.4 Hz, 1H, **H-9**), 7.38 (dt, *J* = 7.5 Hz, 1H, **H-6**), 7.30 (dt, *J* = 7.7, 1.7 Hz, 1H, **H-5**), 7.01 (dt, *J* = 8.6, 2.4 Hz, 1H, **H-12**), 6.84 (d, *J* = 8.6 Hz, 1H, **H-13**), 3.90 (s, 3H, **H-14**), 3.87 (s, 3H, **H-15**).

^{13}C NMR (100 MHz, Chloroform-*d*) *δ* [ppm] = 165.43 (**C-1**), 149.14 (**C-11**), 146.26 (**C-10**), 137.85 (**C-2**), 133.49 (**C-4** o. **C-7**), 131.57 (**C-5**), 131.19 (**C-8**), 129.73 (**C-4** o. **C-7**), 127.71 (**C-6**), 119.29 (**C-3**), 112.06 (**C-12**), 111.36 (**C-13**), 104.97 (**C-9**), 56.15 (**OMe**), 55.98 (**OMe**).

2.12.2 Darstellung von *N*-(Phenyl)-2-brom-4,5-dimethoxybenzamid (F-4)

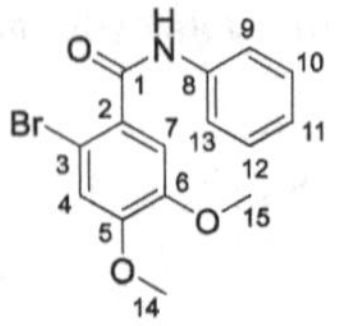

Die Durchführung erfolgt nach der *Allgemeinen Methode 3* aus 0.4 mL (0.36 g, 3.83 mmol) Anilin (**C-1**), 1.50 g (5.75 mmol) 2-Brom-4,5-dimethoxybenzoesäure (**A_B-20**) sowie 0.7 mL (0.71 g, 5.75 mmol) Trimethylphosphit, 1.46 g (5.75 mmol) Iod und 1.3 mL (0.97 g, 9.56 mmol) Triethylamin in 20 mL absolutem DCM. Das Produkt (**F-4**) wird nach säulenchromatographischer Reinigung (Pentan/EtOAc 1:9, R_f = 0.71) als gelber Feststoff erhalten.

M($C_{15}H_{14}NO_3Br$) = 336.19 g/mol

Ausbeute: 1.15 g (3.42 mmol, 89%)

^{1}H NMR (400 MHz, Chloroform-*d*) δ [ppm] = 8.09 (br. s, 1H, **NH**), 7.68 – 7.62 (m, 2H, **H-9** u. **H-13**), 7.41 – 7.33 (m, 2H, **H-10** u. **H-12**), 7.24 (s, 1H, **H-7**), 7.19 – 7.12 (m, 1H, **H-11**), 7.00 (s, 1H, **H-4**), 3.90 (s, 3H, **H-14**), 3.87 (s, 3H, **H-15**).

^{13}C NMR (100 MHz, Chloroform-*d*) δ [ppm] = 165.01 (**C-1**), 151.18 (**C-5**), 148.62 (**C-6**), 137.79 (**C-8**), 129.30 (**C-2**), 129.22 (**C-10** u. **C-12**), 124.84 (**C-11**), 120.11 (**C-9** u. **C-13**), 115.87 (**C-4**), 113.10 (**C-7**), 109.99 (**C-3**), 56.43 (**OMe**), 56.26 (**OMe**).

HRMS(ESI): *m/z* = 358.0056 $[M+Na]^+$ (berechnet für $[C_{15}H_{14}NO_3Br + Na]^+$ = 358.0055)

2.12.3 Darstellung von *N*-(2-*M*ethoxyphenyl)-2-brom-5-methoxybenzamid (F-5)

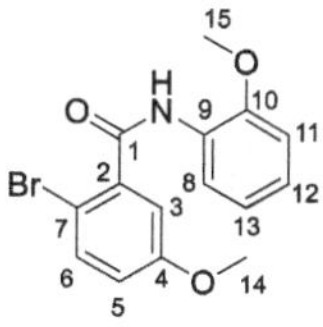

Die Durchführung erfolgt nach der *Allgemeinen Methode 3* aus 0.65 mL (0.71 g, 5.76 mmol) 2-Methoxyanilin (**C-2**), 2.0 g (8.7 mmol) 2-Brom-5-methoxybenzoesäure (**A_B-19**) sowie 1.01 mL (8.66 mmol) Trimethylphosphit, 2.20 g (8.66 mmol) Iod und 2.03 mL (14.4 mmol) Triethylamin in 25 mL absolutem DCM. Das Produkt (**F-5**) wird nach säulenchromatographischer Reinigung (Pentan/EtOAc 1:9, R_f = 0.61) als farbloser Feststoff erhalten.

M($C_{15}H_{14}NO_3Br$) = 336.19 g/mol

Ausbeute: 1.15 g (3.42 mmol, 59%)

^{1}H NMR (600 MHz, Chloroform-*d*) δ [ppm] = 8.53 (dd, *J* = 8.0, 1.7 Hz, 1H, **H-11**), 8.37 (br. s, 1H, **NH**), 7.51 (d, *J* = 8.8 Hz, 1H, **H-6**), 7.20 (d, *J* = 3.1 Hz, 1H, **H-3**), 7.10 (dt, *J* = 7.9, 1.7 Hz, 1H, **H-13**), 7.03 (dt, *J* = 7.9, 1.3 Hz, 1H, **H-12**), 6.92 (dd, *J* = 8.0, 1.3 Hz, 1H, **H-8**), 6.88 (dd, *J* = 8.8, 3.1 Hz, 1H, **H-5**), 3.88 (s, 3H, **H-15**), 3.83 (s, 3H, **H-14**).

^{13}C NMR (150 MHz, Chloroform-*d*) δ [ppm] = 165.05 (**C-1**), 159.02 (**C-4**), 148.21 (**C-10**), 138.78 (**C-2**), 134.38 (**C-6**), 127.43 (**C-9**), 124.31 (**C-13**), 121.19 (**C-12**), 119.98 (**C-11**), 118.02 (**C-5**), 114.90 (**C-3**), 110.13 (**C-8**), 109.49 (**C-7**), 55.83 (**OMe**), 55.71 (**OMe**).

2.12.4 Darstellung von *N*-(2-Methoxyphenyl)-2-brom-4,5-dimethoxybenzamid (F-6)

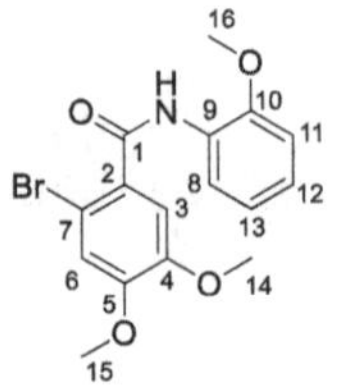

Die Durchführung erfolgt nach der *Allgemeinen Methode 3* aus 0.3 mL (0.34 g, 2.76 mmol) 2-Methoxyanilin (**C-2**), 1.08 g (4.14 mmol) 2-Brom-4,5-methoxybenzoesäure (**A_B-20**) sowie 0.5 mL (0.5 g, 4.1 mmol) Trimethylphosphit, 1.04 g (4.1 mmol) Iod und 1.0 mL (0.7 g, 6.9 mmol) Triethylamin in 20 mL absolutem DCM. Das Produkt (**F-6**) wird als farbloser Feststoff erhalten.

$M(C_{16}H_{16}NO_4Br)$ = 366.21 g/mol

Ausbeute: 1.7 g (4.7 mmol, 48%)

^{1}H NMR (600 MHz, Chloroform-*d*) δ [ppm] = 8.62 (br. s, 1H, **NH**), 8.53 (dd, *J* = 8.0, 1.7 Hz, 1H, **H-11**), 7.31 (s, 1H, **H-3**), 7.10 (dt, *J* = 7.8, 1.7 Hz, 1H, **H-13**), 7.06 (s, 1H, **H-6**), 7.02 (dt, *J* = 7.8, 1.4 Hz, 1H, **H-12**), 6.92 (dd, *J* = 8.1, 1.4 Hz, 1H, **H-8**), 3.92 (s, 3H, **H-15**), 3.91 (s, 3H, **H-14**), 3.89 (s, 3H, **H-16**).

^{13}C NMR (150 MHz, Chloroform-d) δ [ppm] = 164.64 (**C-1**), 151.01 (**C-5**), 148.50 (**C-4**), 148.27(**C-10**), 129.69 (**C-2**), 127.59 (**C-9**), 124.12 (**C-13**), 121.20 (**C-12**), 119.92 (**C-11**), 115.91 (**C-3**), 113.14 (**C-6**), 109.93 (**C-8**), 99.99 (**C-7**), 56.35 (**OMe**), 56.21 (**OMe**), 55.87 (**OMe**).

2.12.5 Darstellung von *N*-(3-Methoxyphenyl)-2-brom-4,5-dimethoxybenzamid (F-7)

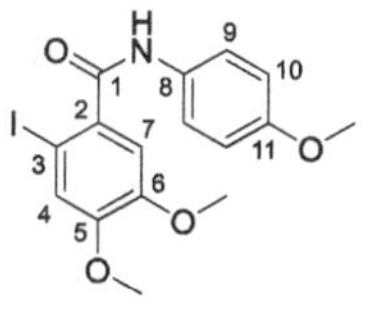

Die Durchführung erfolgt nach der *Allgemeinen Methode 3* aus 0.5 g (4.1 mmol) *p*-Anisidin (**C-5**), 1.9 g (6.2 mmol) 2-Iod-4,5-dimethoxybenzoesäure (**A$_I$-37**) sowie 0.8 mL (0.8 g, 6.2 mmol) Trimethylphosphit, 1.6 g (6.2 mmol) Iod und 1.5 mL (1.1 g, 10 mmol) Triethylamin in 30 mL absolutem DCM. Das Produkt (**F-7**) wird nach säulenchromatographischer Reinigung (DCM/EtOAc 3:7, R_f = 0.7) als gelblicher Feststoff erhalten.

M($C_{16}H_{16}NO_4I$) = 413.21 g/mol

Ausbeute: 0.88 g (2.1 mmol, 52%)

^{1}H NMR (400 MHz, Chloroform-*d*) δ [ppm] = 7.60 – 7.52 (m, 2H, **H-9**), 7.45 (br. s, 1H, **NH**), 7.25 (s, 1H, **H-4**), 7.13 (s, 1H, **H-7**), 6.92 (dd, *J* = 8.9, 1.5 Hz, 2H, **H-10**), 3.90 (s, 6H, 2x**OMe**), 3.82 (s, 3H, **OMe**).

^{13}C NMR (100 MHz, Chloroform-*d*) δ [ppm] = 170.15 (**C-1**), 156.82 (**C-11**), 149.36 (**C-5**), 148.39 (**C-6**), 130.64 (**C-2** o. **C-8**), 130.55 (**C-2** o. **C-8**), 121.99 (**C-9**), 121.80 (**C-4**), 114.29 (**C-10**), 112.21 (**C-7**), 82.03 (**C-3**), 56.33 (**OMe**), 56.12 (**OMe**), 55.54 (**OMe**).

2.12.6 Darstellung von *N*-(3-Methoxyphenyl)-2-brom-4,5-dimethoxybenzamid (F-9)

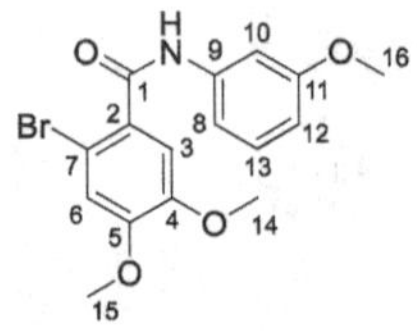

Die Durchführung erfolgt nach der *Allgemeinen Methode 3* aus 1.7 mL (1.9 g, 15 mmol) *m*-Anisidin (**C-3**), 6.0 g (23 mmol) 2-Brom-4,5-dimethoxybenzoesäure (**A_B-20**) sowie 2.7 mL (2.8 g, 23 mmol) Trimethylphosphit, 5.7 g (23 mmol) Iod und 5.3 mL (3.8 g, 38 mmol) Triethylamin in 30 mL absolutem DCM. Das Produkt (**F-9**) wird nach säulenchromatographischer Reinigung (DCM/EtOAc 3:7, R_f = 0.67) als gelblich-farbloser Feststoff erhalten.

$M(C_{16}H_{16}NO_4Br)$ = 366.21 g/mol

Ausbeute: 3.76 g (10.3 mmol, 68%)

^{1}H NMR (400 MHz, Chloroform-*d*) δ [ppm] = 8.01 (br. s, 1H, **NH**), 7.44 (t, *J* = 2.2 Hz, 1H, **H-10**), 7.30 – 7.24 (m, 2H, **H-3** u. **H-13**), 7.09 (dd, *J* = 8.0, 2.2 Hz, 1H, **H-8**), 7.02 (s, 1H, **H-6**), 6.72 (dd, *J* = 8.3, 2.5 Hz, 1H, **H-12**), 3.92 (s, 3H, **H-15** o. **H-16**), 3.90 (s, 3H, **H-14**), 3.84 (s, 3H, **H-15** o. **H-16**).

^{13}C NMR (100 MHz, Chloroform-*d*) δ [ppm] = 164.80 (**C-1**), 160.25 (**C-11**), 151.17 (**C-5**), 148.59 (**C-4**), 138.85 (**C-9**), 129.78 (**C-13**), 129.12 (**C-2**), 115.80 (**C-6**), 113.10 (**C-3**), 112.06 (**C-8**), 110.66 (**C-12**), 109.85 (**C-7**), 105.61 (**C-10**), 56.35 (**C-14** o. **C-15**), 56.19 (**C-14** o. **C-15**), 55.38 (**C-16**).

HRMS(ESI): *m/z* = 388.0152 $[M+Na]^+$ (berechnet für $[C_{16}H_{16}NO_4Br + Na]^+$ = 388.0160)

2.12.7 Darstellung von *N*-(2,4-Dimethoxyphenyl)-2-brom-4,5-dimethoxybenzamid (F-10)

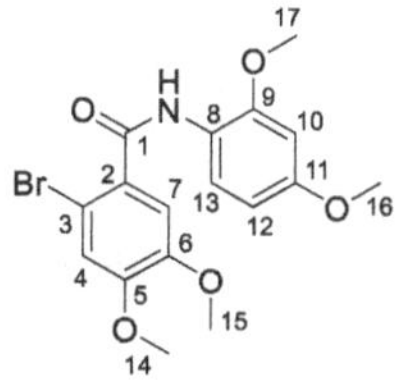

Die Durchführung erfolgt nach der *Allgemeinen Methode 3* aus 1.57 g (10.2 mmol) 2,4-Dimethoxyanilin (**C-7**), 4.0 g (15.3 mmol) 2-Brom-4,5-dimethoxybenzoesäure (**A$_B$-20**) sowie 1.8 mL (15 mmol) Trimethylphosphit, 3.89 g (15.3 mmol) Iod und 3.6 mL (26 mmol) Triethylamin in 40 mL absolutem DCM. Das Produkt (**F-10**) wird nach Filtration über Kieselgel mit EtOAc als Elutionsmittel als rotbräunlicher Feststoff erhalten.

$M(C_{17}H_{18}NO_5Br)$ = 396.23 g/mol

Ausbeute: 3.11 g (7.86 mmol, 77%)

^{1}H NMR (400 MHz, Chloroform-*d*) δ [ppm] = 8.43 – 8.39 (m, 2H, **NH** u. **H-10**), 7.31 (s, 1H, **H-7**), 7.05 (s, 1H, **H-4**), 6.53 (m, 2H, **H-12** u. **H-13**), 3.92 (s, 3H, **H-14**), 3.91 (s, 3H, **H-15**), 3.87 (s, 3H, **H-16** o. **H-17**), 3.82 (s, 3H, **H-16** o. **H-17**).

^{13}C NMR (100 MHz, Chloroform-*d*) δ [ppm] = 164.24 (**C-1**), 156.69 (**C-9** o. **C-11**), 150.95 (**C-5**), 149.65 (**C-9** o. **C-11**), 148.52 (**C-6**), 129.79 (**C-2**), 121.23 (**C-8**), 120.77 (**C-10**), 115.96 (**C-4**), 113.22 (**C-7**), 109.90 (**C-3**), 103.92 (**C-12**), 98.80 (**C-13**), 56.33 (**C-14** o. **C-15**), 56.19 (**C-14** o. **C-15**), 55.87 (**C-16** o. **C-17**), 55.58 (**C-16** o. **C-17**).

2.12.8 Darstellung von *N*-(2,5-Dimethoxyphenyl)-2-brom-4,5-dimethoxybenzamid (F-11)

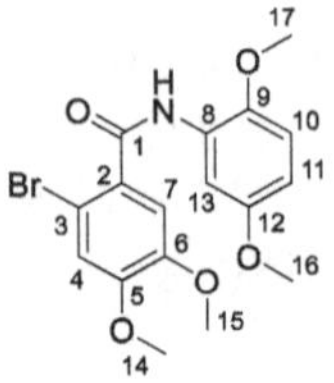

Die Durchführung erfolgt nach der *Allgemeinen Methode 3* aus 1.57 g (10.2 mmol) 2,5-Dimethoxyanilin (**C-9**), 4.0 g (15 mmol) 2-Brom-4,5-dimethoxybenzoesäure (**A$_B$-20**) sowie 1.8 mL (15 mmol) Trimethylphosphit, 3.89 g (15.3 mmol) Iod und 3.6 mL (26 mmol) Triethylamin in 40 mL absolutem DCM. Das Produkt (**F-11**) wird nach Filtration über Kieselgel mit EtOAc als Elutionsmittel als farbloser Feststoff erhalten.

M($C_{17}H_{18}NO_5Br$) = 396.23 g/mol

Ausbeute: 2.31 g (5.84 mmol, 58%)

^{1}H NMR (400 MHz, Chloroform-*d*) *δ* [ppm] = 8.66 (s, 1H, **NH**), 8.27 (d, *J* = 3.0 Hz, 1H, **H-13**), 7.31 (s, 1H, **C-7**), 7.06 (s, 1H, **C-4**), 6.84 (d, *J* = 8.9 Hz, 1H, **H-10**), 6.63 (dd, *J* = 8.9, 3.0 Hz, 1H, **H-11**), 3.92 (s, 3H, **H-14**), 3.91 (s, 3H, **H-15**), 3.85 (s, 3H, **H-16** o. **H-17**), 3.83 (s, 3H, **H-16** o. **H-17**).

^{13}C NMR (100 MHz, Chloroform-*d*) *δ* [ppm] = 164.62 (**C-1**), 154.02 (**C-12**), 151.13 (**C-5**), 148.57 (**C-6**), 142.53 (**C-9**), 129.57 (**C-2**), 128.32 (**C-8**), 116.01 (**C-4**), 113.23 (**C-7**), 111.18 (**C-10**), 109.93 (**C-3**), 109.20 (**C-11**), 106.03 (**C-13**), 56.55 (**C-17**), 56.35 (**C-14** o. **C-15**), 56.21 (**C-14** o. **C-15**), 55.86 (**C-16**).

2.12.9 Darstellung von *N*-(3,5-Dimethoxyphenyl)-2-brom-4,5-dimethoxybenzamid (F-12)

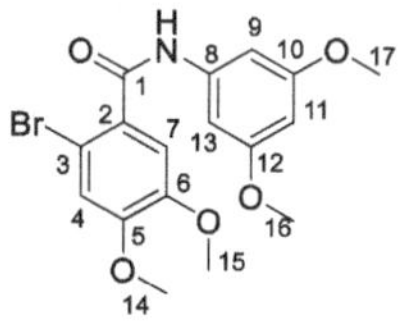

Die Durchführung erfolgt nach der *Allgemeinen Methode 3* aus 2.35 g (15.3 mmol) 3,5-Dimethoxyanilin (**C-8**), 6.0 g (23 mmol) 2-Brom-4,5-dimethoxybenzoesäure (**A$_B$-20**) sowie 2.7 mL (23 mmol) Trimethylphosphit, 2.6 g (23 mmol) Iod und 5.38 mL (38.3 mmol) Triethylamin in 45 mL absolutem DCM. Das Produkt (**F-12**) wird ohne weitere Reinigung als bräunlich-weißer Feststoff erhalten.

$M(C_{17}H_{18}NO_5Br)$ = 396.23 g/mol

Ausbeute: 4.39 g (11.1 mmol, 72%)

^{1}H NMR (400 MHz, Chloroform-*d*) δ [ppm] = 8.05 (s, 1H, **NH**), 7.25 (s, 1H, **H-7**), 7.01 (s, 1H, **H-4**), 6.91 (d, J = 1.7 Hz, 2H, **H-9** u. **H-13**), 6.29 (t, J = 2.2 Hz, 1H, **H-11**), 3.91 (s, 3H, **H-14**), 3.89 (s, 3H, **H-15**), 3.81 (s, 6H, **H-16** u. **H-17**).

^{13}C NMR (100 MHz, Chloroform-*d*) δ [ppm] = 164.90 (**C-1**), 161.10 (**C-10 u. C-12**), 151.13 (**C-5**), 148.53 (**C-6**), 139.42 (**C-8**), 129.13 (**C-2)**, 115.77 (**C-4**), 112.97 (**C-7**), 109.87 (**C-3**), 98.16 (**C-9** u. **C-13**), 97.11 (**C-11**), 56.33 (**C-14** u. **C-15**), 56.17 (**C-14** u. **C-15**), 55.44 (**C-16** u. **C-17**).

2.12.10 Darstellung von *N*-(2,3-Dimethoxyphenyl)-2-brom-4,5-dimethoxybenzamid (F-13)

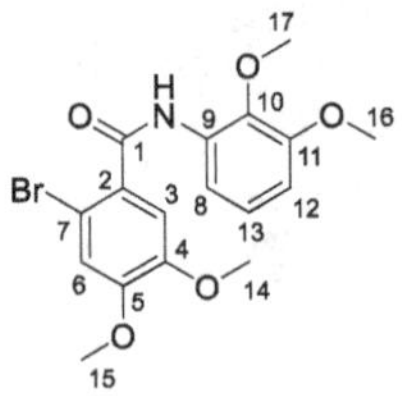

Die Durchführung erfolgt nach der *Allgemeinen Methode 3* aus 1.5 g (9.8 mmol) 2,3-Dimethoxyanilin (**C-11**), 3.83 g (14.7 mmol) 2-Brom-4,5-dimethoxybenzoesäure (**A_B-20**), 1.7 mL (1.8 g, 15 mmol) Trimethylphosphit, 3.73 g (14.7 mmol) Iod und 3.4 mL (2.48 g, 24.5 mmol) Triethylamin in 40 mL absolutem DCM. Das Produkt (**F-13**) wird nach säulenchromatographischer Reinigung (Pentan/EtOAc 1:9, R_f = 0.70) als orangefarbener Feststoff erhalten.

$M(C_{17}H_{18}NO_5Br)$ = 396.24 g/mol

Ausbeute: 2.08 g (5.25 mmol, 54%)

^{1}H NMR (400 MHz, Chloroform-*d*) δ [ppm] = 8.75 (br. s, 1H, **NH**), 8.17 (dd, *J* = 8.4, 1.4 Hz, 1H, **H-8**), 7.34 (s, 1H, **H-3**), 7.10 (t, *J* = 8.4 Hz, 1H, **H-13**), 7.06 (s, 1H, **H-6**), 6.73 (dd, *J* = 8.4, 1.4 Hz, 1H, **H-12**), 3.93 (s, 3H, **H-15**), 3.92 (s, 3H, **H-17**), 3.92 (s, 3H, **H-14**), 3.89 (s, 3H, **H-16**).

^{13}C NMR (100 MHz, Chloroform-*d*) δ [ppm] = 164.71 (**C-1**), 152.06 (**C-11**), 151.16 (**C-5**), 148.57 (**C-4**), 137.79 (**C-10**), 132.02 (**C-9**), 129.47 (**C-2**), 124.32 (**C-13**), 115.89 (**C-6**), 113.36 (**C-3**), 112.53 (**C-8**), 109.75 (**C-7**), 107.93 (**C-12**), 61.22 (**OMe**), 56.36 (**OMe**), 56.18 (**OMe**), 55.86 (**C-16**).

2.12.11 Darstellung von *N*-(2-Methoxyphenyl)-2-brom-3,4,5-trimethoxybenzamid (F-14)

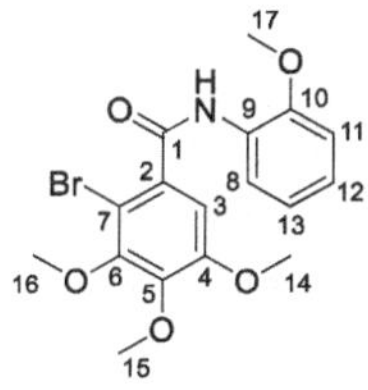

Die Durchführung erfolgt nach der *Allgemeinen Methode 3* aus 0.52 mL (0.56 g, 4.58 mmol) *o*-Anisidin (**C-2**), 2.0 g (6.9 mmol) 2-Brom-3,4,5-trimethoxybenzoesäure (**A$_B$-22**) sowie 0.9 mL Trimethylphosphit (6.9 mmol), 1.74 g (6.87 mmol) Iod und 1.6 mL (11 mmol) Triethylamin in 30 mL absolutem DCM. Das Produkt (**F-14**) wird nach Filtration über Kieselgel mit EtOAc als Elutionsmittel als farbloser Feststoff erhalten.

M($C_{17}H_{18}NO_5Br$) = 396.23 g/mol

Ausbeute: 1.71 g (4.32 mmol, 94%)

^{1}H NMR (600 MHz, Chloroform-*d*) δ [ppm] = 8.53 (dd, *J* = 8.0, 1.6 Hz, 1H, **H-8**), 8.43 (s, 1H, **NH**), 7.10 (dt, *J* = 7.8, 1.6 Hz, 1H, **H-12**), 7.08 (s, 1H, **H-3**), 7.03 (dt, *J* = 7.8, 1.3 Hz, 1H, **H-13**), 6.92 (dd, *J* = 8.2, 1.3 Hz, 1H, **H-11**), 3.93 (s, 3H, **H-15**), 3.93 (s, 3H, **H-16**), 3.90 (s, 3H, **H-14**), 3.89 (s, 3H, **H-17**).

^{13}C NMR (150 MHz, Chloroform-*d*) δ [ppm] = 164.92 (**C-1**), 153.08 (**C-4**), 151.08 (**C-6**), 148.22 (**C-10**), 144.85 (**C-5**), 133.51 (**C-2**), 127.45 (**C-9**), 124.26 (**C-12**), 121.21 (**C-13**), 119.93 (**C-8**), 110.15 (**C-11**), 108.92 (**C-3**), 106.40 (**C-7**), 61.19 (**C-15** o. **C-16**), 61.15 (**C-15** o. **C-16**), 56.32 (**C-14** o. **C-17**), 55.84 (**C-14** o. **C-17**).

HRMS(ESI): *m/z* = 418.0175 $[M+Na]^+$ (berechnet für $[C_{17}H_{18}NO_5Br + Na]^+$ = 418.0266)

2.12.12 Darstellung von *N*-(3-Methoxyphenyl)-2-brom-3,4,5-trimethoxybenzamid (F-15)

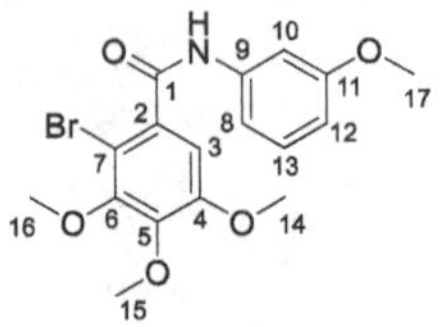

Die Durchführung erfolgt nach der *Allgemeinen Methode 3* aus 0.85 g (6.87 mmol) *m*-Anisid (**C-3**), 3.0 g (10 mmol) 2-Brom-3,4,5-trimethoxybenzoesäure (**A$_B$-22**) sowie 1.22 mL (10.3 mmol) Trimethylphosphit, 2.62 g (10.3 mmol) Iod und 2.42 mL (17.2 mmol) Triethylamin in 30 mL absolutem DCM. Das Produkt (**F-15**) wird nach Filtration über Kieselgel mit EtOAc als Elutionsmittel als rosé-weißlicher Feststoff erhalten.

M($C_{17}H_{18}NO_5Br$) = 396.23 g/mol

Ausbeute: 2.39 g (6.04 mmol, 88%)

^{1}H NMR (400 MHz, Chloroform-*d*) δ [ppm] = 7.80 (br. s, 1H, **NH**), 7.42 (t, *J* = 2.2 Hz, 1H, **H-10**), 7.27 (t, *J* = 8.1 Hz, 1H, **H-13**), 7.09 (dd, *J* = 8.0, 2.1 Hz, 1H, **H-8**), 7.07 (s, 1H, **H-3**), 6.73 (dd, *J* = 8.3, 2.5 Hz, 1H, **H-12**), 3.92 (s, 3H, **H-15** o. **H-16**), 3.92 (s, 3H, **H-14**), 3.89 (s, 3H, **H-15** o. **H-16**), 3.84 (s, 3H, **H-17**).

^{13}C NMR (100 MHz, Chloroform-*d*) δ [ppm] = 165.07 (**C-1**), 160.26 (**C-11**), 153.17 (**C-5** o. **C-6**), 151.05 (**C-4**), 145.00 (**C-5** o. **C-6**), 138.72 (**C-9**), 132.95 (**C-2**), 129.82 (**C-13**), 112.09 (**C-8**), 110.73 (**C-12**), 108.94 (**C-3**), 106.28 (**C-7**), 105.68 (**C-10**), 61.20 (**C-14** u. **C-15** o. **C-16**), 61.17, 56.31 (**C-15** o. **C-16**), 55.39 (**C-17**).

HRMS(ESI): *m/z* = 418.0264 [M+Na]$^+$ (berechnet für [$C_{17}H_{18}NO_5Br$ + Na]$^+$ = 418.0266)

2.12.13 Darstellung von *N*-(2,5-Dimethoxyphenyl)-2-brom-3,4,5-trimethoxybenzamid (F-16)

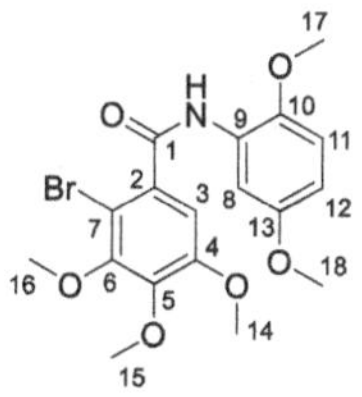

Die Durchführung erfolgt nach der *Allgemeinen Methode 3* aus 3.0 g (20 mmol) 2,5-Dimethoxyanilin (**C-9**), 8.3 g (30 mmol) 2-Brom-3,4,5-trimethoxybenzoesäure (**A$_B$-22**), 3.5 mL (3.7 g, 30 mmol) Trimethylphosphit, 7.6 g (30 mmol) Iod und 7.0 mL (5.1 g, 50 mmol) Triethylamin in 150 mL absolutem DCM. Das Produkt (**F-16**) wird nach säulenchromatographischer Reinigung (Pentan/EtOAc 7:3) als orangefarbener Feststoff erhalten.

M($C_{17}H_{18}NO_5Br$) = 345.35 g/mol

Ausbeute: 2.9 g (8.4 mmol, 42%)

^{1}H NMR (400 MHz, Chloroform-*d*) δ [ppm] = 8.47 (br. s, 1H, **NH**), 8.26 (d, *J* = 3.0 Hz, 1H, **H-11**), 7.08 (s, 1H, **H-3**), 6.84 (d, *J* = 8.9 Hz, 1H, **H-8**), 6.63 (dd, *J* = 8.9, 3.0 Hz, 1H, **H-12**), 3.94 (s, 3H, **H-15**), 3.93 (s, 3H, **H-16**), 3.90 (s, 3H, **H-14**), 3.85 (s, 3H, **H-18**), 3.83 (s, 3H, **H-17**).

^{13}C NMR (100 MHz, Chloroform-*d*) δ [ppm] = 164.91 (**C-1**), 153.98 (**C-10**), 153.09 (**C-4**), 151.08 (**C-6**), 144.91 (**C-5**), 142.45 (**C-13**), 133.36 (**C-2**), 128.13 (**C-9**), 111.10 (**C-8**), 109.24 (**C-12**), 108.95 (**C-3**), 106.39 (**C-7**), 106.03 (**C-11**), 61.19 (**C-15** o. **C-16**), 61.15 (**C-15** o. **C-16**), 56.48 (**C-14** o. **C-17**), 56.31 (**C-18**), 55.87 (**C-14** o. **C-17**).

HRMS(ESI): *m/z* = 448.0369 [M+Na]$^+$ (berechnet für [$C_{17}H_{18}NO_5Br$ + Na]$^+$ = 448.0372)

Elementaranalyse: Ber.: C: 50.72, H: 4.73, N: 3.29

Gef.: C: 50.21, H: 4.69, N: 2.95

2.12.14 Darstellung von *N*-Boc-*N*-(3,4-dimethoxyphenyl)-2-brombenzamid (F_{Boc}-17)

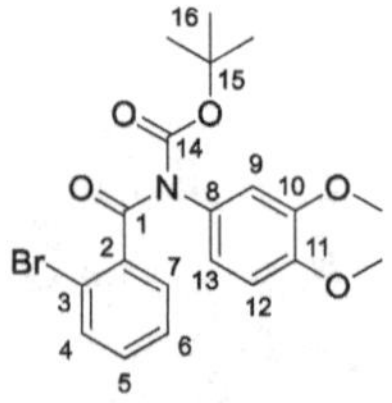

Die Durchführung erfolgt nach der *Allgemeinen Methode 6.1* aus 2.8 g (8.3 mmol) *N*-(3,4-dimethoxyphenyl)-2-brombenzamid (**F-3**), 1.2 mL (0.84 g, 8.33 mmol) Triethylamin, 3.64 g (16.7 mmol) Boc_2O und 1.02 g (8.33 mmol) DMAP in 30 mL absolutem DCM. Das Produkt (**F_{Boc}-17**) wird nach säulenchromatographischer Reinigung (EtOAc/Pentan 9:1) als beige-weißer Feststoff erhalten.

M($C_{20}H_{22}NO_5Br$) = 436.30 g/mol

Ausbeute: 3.25 g (7.45 mmol, 89%)

^{1}H NMR (400 MHz, Chloroform-*d*) δ [ppm] = 7.57 (dd, *J* = 8.0, 1.1 Hz, 1H, **H-4**), 7.45 (dd, *J* = 7.6, 1.8 Hz, 1H, **H-7**), 7.39 (td, *J* = 7.6, 1.1 Hz, 1H, **H-6**), 7.29 (dd, *J* = 7.6, 1.8 Hz, 1H, **H-5**), 6.93 (m, 2H, **H-12** u. **H-13**), 6.85 (t, *J* = 1.4 Hz, 1H, **H-9**), 3.90 (s, 3H, **OMe**), 3.90 (s, 3H, **OMe**), 1.21 (s, 9H, **H-16**).

^{13}C NMR (100 MHz, Chloroform-*d*) δ [ppm] = 170.17 (**C-1**), 152.07 (**C-14**), 149.32 (**C-10** o. **C-11**), 148.95 (**C-10** o. **C-11**), 139.85 (**C-2**), 132.54 (**C-4**), 131.02 (**C-8**), 130.62 (**C-5**), 128.50 (**C-7**), 127.41 (**C-6**), 120.50 (**C-12** o. **C-13**), 118.59 (**C-3**), 111.65 (**C-9**), 111.18 (**C-12** o. **C-13**), 83.88 (**C-15**), 56.01 (2x**OMe**), 27.45 (**C-16**).

2.12.15 Darstellung von *N*-Boc-*N*-(3,5-dimethoxyphenyl)-2-brom-4,5-dimethoxybenzamid (F_{BOC}-18)

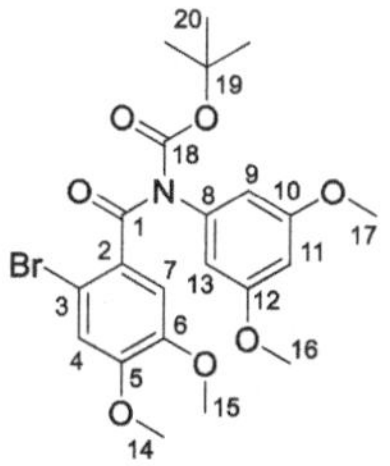

Die Durchführung erfolgt nach der *Allgemeinen Methode 6.1* aus 4.39 g (11.1 mmol) *N*-(3,5-Dimethoxyphenyl)-2-brom-4,5-dimethoxybenzamid (**F-12**), 1.56 mL (1.12 g, 11.1 mmol) Triethylamin, 4.84 g (22.2 mmol) Boc_2O und 1.36 g (11.1 mmol) DMAP in 35 mL absolutem DCM. Das Produkt (**F_{BOC}-18**) wird nach säulenchromatographischer Reinigung (EtOAc/Pentan 9:1) als gelbgrünlich-weißer Feststoff erhalten.

M($C_{22}H_{26}NO_7Br$) = 496.35 g/mol

Ausbeute: 4.13 g (8.31 mmol, 75%)

^{1}H NMR (400 MHz, Chloroform-*d*) *δ* [ppm] = 7.00 (s, 1H, **H-7**), 6.98 (s, 1H, **H-4**), 6.51 (d, *J* = 2.2 Hz, 2H, **H-9** u. **H-13**), 6.48 (t, *J* = 2.2 H, 1H, **H-11**), 3.91 (s, 3H, **H-14**), 3.89 (s, 3H, **H-15**), 3.80 (s, 6H, **H-16** u. **H-17**), 1.28 (s, 9H, **H-20**).

^{13}C NMR (100 MHz, Chloroform-*d*) *δ* [ppm] = 169.95 (**C-1**), 160.94 (**C-10** u. **C-12**), 151.99 (**C-18**), 150.61 (**C-6**), 148.49 (**C-5**), 140.14 (**C-8**), 131.10 (**C-2**), 115.14 (**C-7**), 112.00 (**C-4**), 109.75 (**C-3**), 106.62 (**C-9** u. **C-13**), 100.39 (**C-11**), 83.68 (**C-19**), 56.32 (**C-14** o. **C-15**), 56.19 (**C-14** o. **C-15**), 55.46 (**C-16** u. **C-17**), 27.58 (**C-20**).

HRMS(ESI): *m/z* = 518.0784 $[M+Na]^+$ (berechnet für $[C_{22}H_{26}NO_7Br + Na]^+$ = 518.0790)

Elementaranalyse: Ber.: C: 53.24, H: 5.28, N: 2.82

Gef.: C: 53.50, H: 5.34, N: 2.64

2.12.16 Darstellung von *N*-Boc-*N*-(2-methoxyphenyl)-2-brom-3,4,5-trimethoxybenzamid (F$_{BOC}$-19)

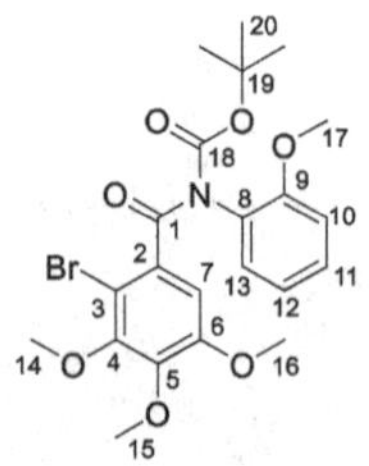

Die Durchführung erfolgt nach der *Allgemeinen Methode 6.1* aus 2.35 g (5.93 mmol) *N*-(2-Methoxyphenyl)-2-brom-3,4,5-trimethoxybenzamid (**F-14**), 0.83 mL (0.60 g, 5.93 mmol) Triethylamin, 2.59 g (11.9 mmol) Boc_2O und 0.72 g (5.93 mmol) DMAP in 30 mL absolutem DCM. Das Produkt (**F$_{BOC}$-19**) wird nach säulenchromatographischer Reinigung (EtOAc/Pentan 9:1) als farbloser Feststoff erhalten.

M($C_{22}H_{26}NO_7Br$) = 496.35 g/mol

Ausbeute: 2.51 g (5.07 mmol, 85%)

^{1}H NMR (400 MHz, Chloroform-*d*) *δ* [ppm] = 7.39 – 7.32 (m, 2H, **H-11** u. **H-13**), 7.03 (td, *J* = 7.6, 1.1 Hz, 1H, **H-12**), 6.99 (d, *J* = 8.2 Hz, 1H, **H-10**), 6.90 (s, 1H, **H-7**), 3.91 (s, 3H, **H-15**), 3.91 (s, 3H, **H-14**), 3.88 (s, 3H, **H-16**), 3.86 (s, 3H, **H-17**), 1.25 (s, 9H, **H-20**).

^{13}C NMR (100 MHz, Chloroform-*d*) *δ* [ppm] = 169.52 (**C-1**), 154.78 (**C-9**), 152.91 (**C-6**), 151.79 (**C-18**), 150.88 (**C-4**), 144.20 (**C-5**), 135.03 (**C-2**), 129.63 (**C-11** o. **C-13**), 129.25 (**C-11** o. **C-13**), 127.37 (**C-8**), 120.94 (**C-12**), 111.78 (**C-10**), 107.70 (**C-7**), 106.34 (**C-3**), 83.20 (**C-19**), 61.20 (**C-4** o. **C-5**), 61.07 (**C-4** o. **C-5**), 56.27 (**C-16** o. **C-17**), 55.69 (**C-16** o. **C-17**), 27.49 (**C-20**).

2.12.17 Darstellung von *N*-Boc-*N*-(3-methoxyphenyl)-2-brom-3,4,5-trimethoxybenzamid (F$_{Boc}$-20)

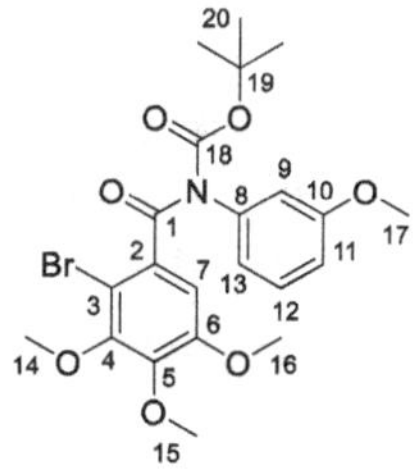

Die Durchführung erfolgt nach der *Allgemeinen Methode 6.1* aus 2.35 g (5.94 mmol) *N*-(3-methoxyphenyl)-2-brom-3,4,5-trimethoxybenzamid (**F-15**), 0.84 mL (0.60 g, 5.94 mmol) Triethylamin, 2.59 g (11.9 mmol) Boc_2O und 0.73 g (8.33 mmol) DMAP in 35 mL absolutem DCM. Das Produkt (**F$_{Boc}$-20**) wird nach säulenchromatographischer Reinigung (EtOAc/Pentan 9:1) als gelblich-weißer Feststoff erhalten.

M($C_{22}H_{26}NO_7Br$) = 496.35 g/mol

Ausbeute: 2.35 g (4.73 mmol, 80%)

^{1}H NMR (400 MHz, Chloroform-*d*) δ [ppm] = 7.37 (t, *J* = 8.1 Hz, 1H, **H-12**), 6.98 – 6.92 (m, 2H, **H-11** u. **C-13**), 6.90 (t, *J* = 2.1 Hz, 1H, **H-9**), 6.82 (s, 1H, **H-7**), 3.92 (s, 6H, **H-14** u. **H-15**), 3.89 (s, 3H, **H-16**), 3.83 (s, 3H, **H-17**), 1.25 (s, 9H, **H-20**).

^{13}C NMR (100 MHz, Chloroform-*d*) δ [ppm] = 169.74 (**C-1**), 160.15 (**C-10**), 153.20 (**C-6**), 151.79 (**C-18**), 150.67 (**C-4**), 144.20 (**C-5**), 139.34 (**C-8**), 134.85 (**C-2**), 129.80 (**C-12**), 120.44 (**C-11** o. **C-13**), 114.16 (**C-9**), 113.91 (**C-11** o. **C-13**), 107.73 (**C-7**), 105.74 (**C-3**), 83.84 (**C-19**), 61.23 (**C-14** o. **C-15**), 61.14 (**C-14** o. **C-15**), 56.31 (**C-16**), 55.39 (**C-17**), 27.52 (**C-20**).

2.12.18 Darstellung von *N*-Benzyl-*N*-(phenyl)-2-brom-4,5-dimethoxyphenylbenzamid (**F$_{Bn}$-21**)

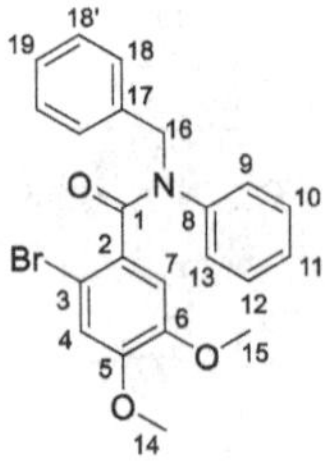

Die Durchführung erfolgt nach der *Allgemeinen Methode 6.2* aus 0.9 g (2.7 mmol) *N*-(Phenyl)-2-brom-4,5-dimethoxybenzamid (**F-4**), 0.36 g (3.21 mmol) ^{t}BuOK und 0.4 mL (0.55 g, 3.21 mmol) Benzylbromid in 20 mL absolutem THF. Das Produkt (**F$_{Bn}$-21**) wird nach Reinigung mittels Gradienten-Flash-Säulenchromatographie (Pentan/EtOAc 99:1 – 1:99) als gelblicher Feststoff erhalten.

M($C_{22}H_{20}NO_3Br$) = 426.31 g/mol

Ausbeute: 1.04 g (2.44 mmol, 91%)

^{1}H NMR (400 MHz, Chloroform-*d*) *δ* [ppm] = 7.39 – 7.22 (m, 5H, **H-18** – **H-19**), 7.14 – 7.05 (m, 3H, **H-10** – **H-12**), 7.02 – 6.96 (m, 2H, **H-9** u. **H-13**), 6.82 (s, 1H **H-7**), 6.56 (s, 1H, **H-4**), 5.12 (s, 2H, **H-16**), 3.77 (s, 3H, **OMe**), 3.66 (s, 3H, **OMe**).

^{13}C NMR (100 MHz, Chloroform-*d*) *δ* [ppm] = 168.63 (**C-1**), 149.46 (**C-5** o. **C-6**), 147.68 (**C-5** o. **C-6**), 141.80 (**C-17**), 137.06 (**C-8**), 130.32 (**C-2**), 128.85 (**C-H**), 128.82 (**C-H**), 128.43 (**C-H**), 127.88 (**C-H**), 127.49, 127.35, 115.18 (**C-7**), 111.77 (**C-4**), 110.72 (**C-3**), 56.03 (**OMe**), 53.00 (**OMe**).

HRMS(ESI): *m/z* = 448.0530 [M+Na]$^+$ (berechnet für [$C_{22}H_{20}NO_3Br$ + Na]$^+$ = 448.0524)

Elementaranalyse: Ber.: C: 53.59, H: 4.20, N: 4.17
Gef.: C: 53.06, H: 4.11, N: 3.69

2.12.19 Darstellung von *N*-Benzyl-*N*-(2-methoxyphenyl)-2-brom-4,5-dimethoxybenzamid (F_{Bn}-22)

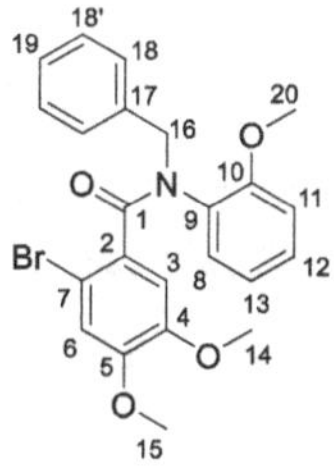

Die Durchführung erfolgt nach der *Allgemeinen Methode 6.2* aus 0.83 g (2.26 mmol) *N*-(2-Methoxyphenyl)-2-brom-4,5-dimethoxybenzamid **(F-6)**, 0.31 g (2.72 mmol) ^{t}BuOK und 0.32 mL (0.47 g, 2.72 mmol) Benzylbromid in 15 mL absolutem THF. Das Produkt (**F_{Bn}-22**) wird nach säulenchromatographischer Reinigung (DCM/EtOAc 3:7, R_f = 0.67) als farbloser kristalliner Feststoff erhalten.

M($C_{23}H_{22}NO_4Br$) = 454.36 g/mol

Ausbeute: 0.42 g (0.92 mmol, 41%)

^{1}H NMR (600 MHz, Chloroform-*d*) δ [ppm] = 7.34 – 7.32 (m, 2H, **H-18**), 7.28 – 7.21 (m, 3H, **H-18'**, **H-19**), 7.07 (m, 1H, **H-12**), 6.86 (dd, *J* = 7.8, 1.7 Hz, 1H, **H-8**), 6.81 (s, 1H, **H-6**), 6.71 (dd, *J* = 8.4, 1.3 Hz, 1H, **H-11**), 6.70 (s, 1H, **H-3**), 6.59 (dt, *J* = 7.6, 1.3 Hz, 1H, **H-13**), 5.61 (d, *J* = 14.3 Hz, 1H, **H-16**), 4.38 (d, *J* = 14.3 Hz, 1H, **H-16**), 3.79 (s, 3H, **H-20**), 3.75 (s, 3H, **H-15**), 3.66 (s, 3H, **H-14**).

^{13}C NMR (150 MHz, Chloroform-*d*) δ [ppm] = 169.10 (**C-1**), 154.42 (**C-10**), 149.34 (**C-5**), 147.29 (**C-4**), 137.21 (**C-17**), 130.57 (**C-2**), 130.11 (**C-8**), 130.06 (**C-9**), 129.38 (**C-12**), 129.16 (**C-18**), 128.15 (**C-18'**), 127.29 (**C-19**), 120.39 (**C-13**), 115.00 (**C-6**), 111.00 (**C-11** o. **C-3**), 110.63 (**C-7**), 110.36 (**C-11** o. **C-3**), 55.99 (**C-15**), 55.72 (**C-14**), 55.22 (**C-20**), 51.51 (**C-16**).

2.12.20 Darstellung von *N*-Benzyl-*N*-(3-methoxyphenyl)-2-brom-4,5-dimethoxybenzamid (F_{Bn}-23)

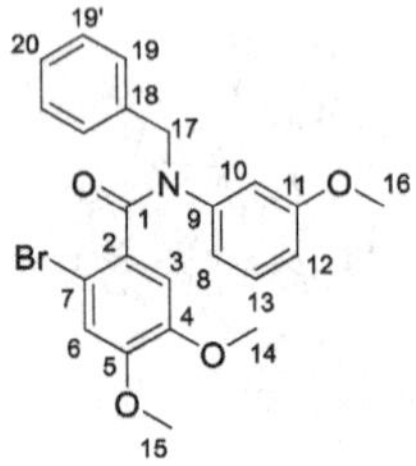

Die Durchführung erfolgt nach der *Allgemeinen Methode 6.2* aus 3.7 g (10 mmol) *N*-(3-Methoxyphenyl)-2-brom-4,5-dimethoxybenzamid (**F-9**), 1.35 g (12.1 mmol) ^{t}BuOK und 1.4 mL (2.1 g, 12 mmol) Benzylbromid in 50 mL absolutem THF. Das Produkt (**F_{Bn}-23**) wird nach Reinigung mittels Flash-Säulenchromatographie (DCM/EtOAc 3:7, R_f = 0.57) als farbloser Feststoff erhalten.

$M(C_{23}H_{22}NO_4Br)$ = 454.36 g/mol

Ausbeute: 2.1 g (4.6 mmol, 48%)

^{1}H NMR (400 MHz, Chloroform-*d*) δ [ppm] = 7.36 (m, 2H, **H-19**), 7.33 – 7.24 (m, 3H, **H-19'**, **H-20**), 7.01 (t, *J* = 8.1 Hz, 1H, **H-13**), 6.84 (s, 1H, **H-6**), 6.68 – 6.54 (m, 3H, **H-3**, **H-8**, **H-12**), 6.52 (m, 1H, **H-10**), 5.10 (s, 2H, **H-17**), 3.78 (s, 3H, **H-15**), 3.67 (s, 3H, **H-14**), 3.59 (s, 3H, **H-16**).

^{13}C NMR (100 MHz, Chloroform-*d*) δ [ppm] = 168.55 (**C-1**), 159.63 (**C-11**), 149.48 (**C-5**), 147.68 (**C-4**), 142.91 (**C-9**), 137.12 (**C-18**), 130.42 (**C-2**), 129.43 (**C-13**), 128.87 (**C-19**), 128.43 (**C-19'**), 127.51 (**C-20**), 119.98 (**C-8** o. **C-12**), 115.17 (**C-6**), 113.69 (**C-10**), 113.22 (**C-8** o. **C-12**), 111.66 (**C-3**), 110.74 (**C-7**), 56.06 (**C-14** o. **C-15**), 56.03 (**C-14** o. **C-15**), 55.22 (**C-16**), 52.92 (**C-17**).

2.12.21 Darstellung von *N*-Benzyl-*N*-(4-methoxyphenyl)-2-iod-4,5-dimethoxybenzamid (F_{Bn}-24)

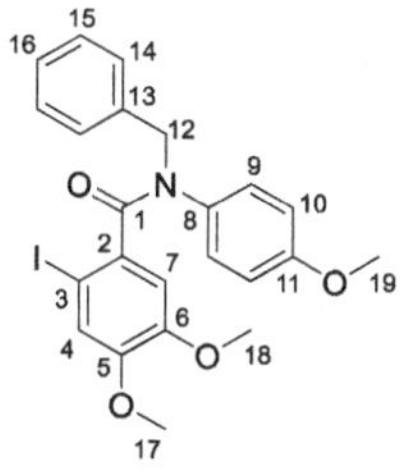

Die Durchführung erfolgt nach der *Allgemeinen Methode 6.2* aus 0.30 g (0.73 mmol) *N*-(4-Methoxyphenyl)-2-iod-4,5-dimethoxybenzamid (**F-7**), 0.12 g (1.09 mmol) ^{t}BuOK und 0.13 mL (0.19 g, 1.09 mmol) Benzylbromid in 4.5 mL absolutem THF. Das Produkt (**F_{Bn}-24**) wird nach säulenchromatographischer Reinigung (DCM/EtOAc 7:3, R_f = 0.64) als hell gelblicher Feststoff erhalten.

M($C_{23}H_{22}NO_4I$) = 503.34 g/mol

Ausbeute: 0.26 g (0.52 mmol, 71%)

^{1}H NMR (400 MHz, Chloroform-*d*) δ [ppm] = 7.38 – 7.21 (m, 5H, **H-14, H-15, H-16**), 7.04 (s, 1H, **H-4**), 6.90 (d, *J* = 8.9 Hz, 2H, **H-9**), 6.60 (d, *J* = 8.9 Hz, 2H, **H-10**), 6.51 (s, 1H, **H-7**), 5.07 (s, 2H, **H-12**), 3.77 (s, 3H, **H-17**), 3.68 (s, 3H, **H-19**), 3.66 (s, 3H, **H-18**).

^{13}C NMR (100 MHz, Chloroform-*d*) δ [ppm] = 170.15 (**C-1**), 158.33 (**C-11**), 149.08 (**C-5**), 148.39 (**C-6**), 137.07 (**C-13**), 134.76 (**C-2** o. **C-8**), 134.55 (**C-2** o. **C-8**), 129.21 (**C-9** o. **C-14** u. **C-15**), 129.15 (**C-9** o. **C-14** u. **C-15**), 128.38 (**C-14** u. **C-15**), 127.49 (**C-16**), 121.28 (**C-4**), 113.93 (**C-10**), 111.73 (**C-7**), 82.14 (**C-3**), 56.01 (**C-17**), 55.89 (**C-18**), 55.21 (**C-19**), 53.17 (**C-12**).

2.12.22 Darstellung von *N*–Benzyl-*N*-(2,4-dimethoxyphenyl)-2-brom-4,5-dimethoxybenzamid (F_{Bn}-25)

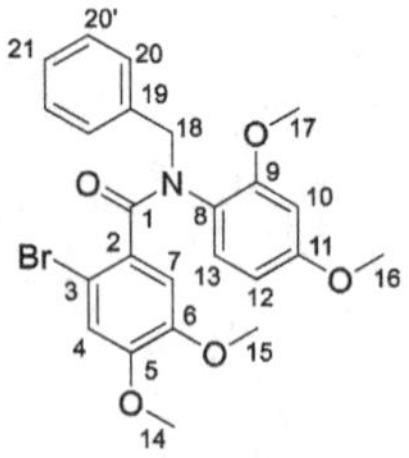

Die Durchführung erfolgt nach der *Allgemeinen Methode 6.2* aus 2.95 g (7.45 mmol) *N*-(2,4-Dimethoxyphenyl)-2-brom-4,5-dimethoxybenzamid (**F-10**), 1.01 g (8.97 mmol) ^{t}BuOK und 1.07 mL (1.53 g, 8.97 mmol) Benzylbromid in 45 mL absolutem THF. Das Produkt (**F_{Bn}-25**) wird nach säulenchromatographischer Reinigung (DCM/EtOAc 7:3, R_f = 0.64) als orange-weißer Feststoff erhalten.

M($C_{24}H_{24}NO_5Br$) = 486.36 g/mol

Ausbeute: 2.71 g (5.58 mmol, 75%)

^{1}H NMR (400 MHz, Chloroform-*d*) δ [ppm] = 7.35 - 7.22 (m, 5H, **H-20, H-20', H-21**), 6.81 (s, 1H, **H-4**), 6.75 (d, *J* = 8.7 Hz, 1H, **H-13**), 6.71 (s, 1H, **H-7**), 6.25 (d, *J* = 2.6 Hz, 1H, **H-10**), 6.08 (dd, *J* = 8.7, 2.6 Hz, 1H, **H-12**), 5.59 (d, *J* = 14.2 Hz, 1H, **H-18**), 4.30 (d, *J* = 14.2 Hz, 1H, **H-18**), 3.76 (s, 3H, **H-14**), 3.76 (s, 3H, **H-16** o. **H-17**), 3.68 (s, 3H, **H-15**), 3.66 (s, 3H, **H-16** o. **H-17**).

^{13}C NMR (100 MHz, Chloroform-*d*) δ [ppm] = 169.42 (**C-1**), 160.27 (**C-9** o. **C-11**), 155.33 (**C-9** o. **C-11**), 149.29 (**C-5**), 147.40 (**C-6**), 137.35 (**C-19**), 130.92 (**C-2**), 130.48 (**C-13**), 129.24 (**C-20** o. **C-20'**), 128.12 (**C-20** o. **C-20'**), 127.23 (**C-21**), 123.28 (**C-8**), 115.04 (**C-4**), 110.42 (**C-3**), 110.30 (**C-7**), 103.75 (**C-12**), 98.72 (**C-10**), 56.00 (**OMe**), 55.73 (**OMe**), 55.24 (**OMe**), 55.23 (**OMe**), 51.65 (**C-18**).

2.12.23 Darstellung von *N*–Benzyl-*N*-(2,5-dimethoxyphenyl)-2-brom-4,5-dimethoxy-benzamid (**F_{Bn}-26**)

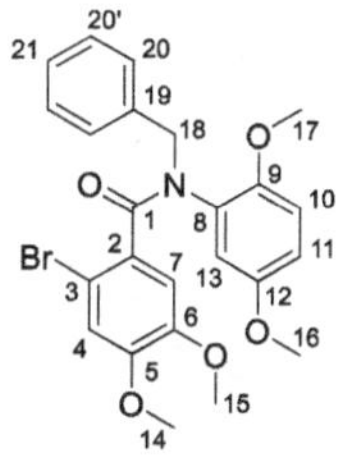

Die Durchführung erfolgt nach der *Allgemeinen Methode 6.2* aus 2.16 g (5.45 mmol) *N*-(2,5-Dimethoxyphenyl)-2-brom-4,5-dimethoxybenzamid (**F-11**), 0.73 g (6.54 mmol) ^{t}BuOK und 0.78 mL (1.12 g, 6.54 mmol) Benzylbromid in 45 mL absolutem THF. Das Produkt (**F_{Bn}-26**) wird nach säulenchromatographischer Reinigung (DCM/EtOAc 7:3, R_f = 0.64) als orangefarbener Feststoff erhalten.

M($C_{24}H_{24}NO_5Br$) = 486.36 g/mol

Ausbeute: 2.22 g (4.57 mmol, 84%)

^{1}H NMR (400 MHz, Chloroform-*d*) *δ* [ppm] = 7.36 - 7.22 (m, 5H, **H-20**, **H-20'**, **H-21**), 6.82 (s, 1H, **H-4**), 6.73 (s, 1H, **H-7**), 6.62 (m, 2H, **H-10** u. **H-13**), 6.45 (dd, *J* = 2.4, 0.7 Hz, 1H, **H-11**), 5.62 (d, *J* = 14.3 Hz, 1H, **H-18**), 4.35 (d, *J* = 14.3 Hz, 1H, **H-18**), 3.76 (s, 3H, **H-14**), 3.75 (s, 3H, **H-16** o. **H-17**), 3.67 (s, 3H, **H-15**), 3.48 (s, 3H, **H-16** o. **H-17**).

^{13}C NMR (100 MHz, Chloroform-*d*) *δ* [ppm] = 168.99 (**C-1**), 152.78 (**C-9** o. **C-12**), 149.44 (**C-5**), 148.68 (**C-9** o. **C-12**), 147.41 (**C-6**), 137.19 (**C-19**), 130.69 (**C-2**), 130.32 (**C-9**), 129.22 (**C-20** o. **C-20'**), 128.17 (**C-20** o. **C-20'**), 127.33 (**C-21**), 115.73 (**C-11**), 115.04 (**C-4**), 114.76 (**C-10** o. **C-13**), 111.53 (**C-10** o. **C-13**), 110.57 (**C-3**), 110.49 (**C-7**), 56.01 (**OMe**), 55.74 (**OMe**), 55.61 (**OMe**), 55.51 (**OMe**), 51.46 (**C-18**).

2.12.24 Darstellung von *N*-Benzyl-*N*-(2,3-dimethoxyphenyl)-2-brom-4,5-dimethoxybenzamid (F_{Bn}-27)

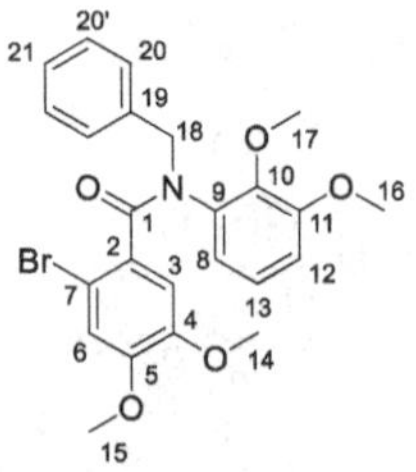

Die Durchführung erfolgt nach der *Allgemeinen Methode 6.2* aus 0.85 g (2.15 mmol) *N*-(2,3-Dimethoxyphenyl)-2-brom-4,5-dimethoxybenzamid (**F-13**), 0.28 g (2.57 mmol) ^{t}BuOK und 0.30 mL (0.42 g, 2.57 mmol) Benzylbromid in 10 mL absolutem THF. Das Produkt (**F_{Bn}-27**) wird nach säulenchromatographischer Reinigung (Pentan/EtOAc 1:9) als gelber Feststoff erhalten.

M($C_{24}H_{24}NO_5Br$) = 486.36 g/mol

Ausbeute: 0.88 g (1.81 mmol, 86%)

^{1}H NMR (400 MHz, Chloroform-*d*) δ [ppm] = 7.40 – 7.36 (m, 2H, **H-20**), 7.31 – 7.21 (m, 3H, **H-20'**, **H-21**), 6.82 (s, 1H, **H-6**), 6.79 (s, 1H, **H-3**), 6.70 – 6.65 (m, 2H, **H-8** u. **H-13**), 6.54 (dd, *J* = 6.4, 3.2 Hz, 1H, **H-12**), 5.52 (d, *J* = 14.2 Hz, 1H, **H-18**), 4.57 (d, *J* = 14.3 Hz, 1H, **H-18**), 3.76 (s, 3H, **H-15**), 3.74 (s, 3H, **H-16**), 3.73 (s, 3H, **H-17**), 3.67 (s, 3H, **H-14**).

^{13}C NMR (100 MHz, Chloroform-*d*) δ [ppm] = 168.98 (**C-1**), 152.83 (**C-11**), 149.27 (**C-5**), 147.18 (**C-4**), 144.84 (**C-10**), 137.24 (**C-19**), 135.02 (**C-9**), 130.24 (**C-2**), 129.26 (**C-20**), 128.28 (**C-20'**), 127.42 (**C-21**), 122.76 (**C-8** o. **C-13**), 121.44 (**C-12**), 115.02 (**C-6**), 112.44 (**C-8** o. **C-13**), 111.09 (**C-3**), 110.82 (**C-7**), 60.61 (**C-17**), 55.96 (**OMe**), 55.89 (**OMe**), 55.77 (**OMe**), 52.49 (**C-18**).

HRMS(ESI): *m/z* = 508.0735 [M+Na]$^+$ (berechnet für [$C_{24}H_{24}NO_5Br$ + Na]$^+$ = 508.0736)

2.12.25 Darstellung von *N*-Benzyl-*N*-(2-methoxyphenyl)-2-brom-3,4,5-trimethoxybenzamid (F_{Bn}-28)

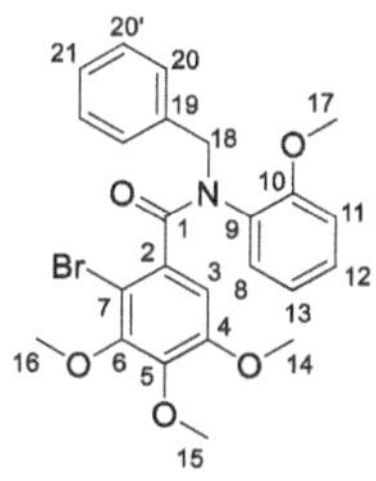

Die Durchführung erfolgt nach der *Allgemeinen Methode 6.2* aus 1.72 g (4.35 mmol) *N*-(2-Methoxyphenyl)-2-brom-3,4,5-trimethoxybenzamid (**F-14**), 0.59 g (5.22 mmol) ^{t}BuOK und 0.62 mL (0.89 g, 5.22 mmol) Benzylbromid in 22 mL absolutem THF. Das Produkt (**F_{Bn}-28**) wird nach säulenchromatographischer Reinigung (DCM/EtOAc 3:7, R_f = 0.63) als gelbes viskoses Öl erhalten.

M($C_{24}H_{24}NO_5Br$) = 486.36 g/mol

Ausbeute: 1.41 g (2.90 mmol, 67%)

^{1}H NMR (400 MHz, Chloroform-*d*) δ [ppm] = 7.35 – 7.31 (m, 2H, **H-20**), 7.30 – 7.22 (m, 3H, **H-20'**, **H-21**), 7.07 (dt, *J* = 8.3, 1.7 Hz, 1H, **H-12**), 6.87 (dd, *J* = 7.8, 1.7 Hz, 1H, **H-8**), 6.72 (dd, *J* = 8.3, 1.2 Hz, 1H, **H-11**), 6.60 – 6.53 (m, 2H, **H-3** u. **H-13**), 5.63 (d, *J* = 14.3 Hz, 1H, **H-18**), 4.36 (d, *J* = 14.3 Hz, 1H, **H-18**), 3.80 (s, 3H, **H-17**), 3.75 (s, 6H, **H-15** u. **H-16**), 3.66 (s, 3H, **H-14**).

^{13}C NMR (100 MHz, Chloroform-*d*) δ [ppm] = 168.79 (**C-1**), 154.44 (**C-10**), 152.10 (**C-4**), 150.70 (**C-6**), 143.09 (**C-5**), 137.06 (**C-19**), 133.98 (**C-2**), 130.08 (**C-8**), 129.77 (**C-9**), 129.50 (**C-12**), 129.19 (**C-20**), 128.17 (**C-20'**), 127.33 (**C-21**), 120.35 (**C-13**), 110.93 (**C-11**), 106.79 (**C-3** u. **C-7**), 61.06 (**C-15** o. **C-16**), 60.97 (**C-15** o. **C-16**), 55.86 (**C-14**), 55.20 (**C-17**), 51.38 (**C-18**).

HRMS(ESI): *m/z* = 508.0706 [M+Na]$^+$ (berechnet für [$C_{24}H_{24}NO_5Br$ + Na]$^+$ = 508.0736)

2.12.26 Darstellung von *N*-Benzyl-*N*-(3-methoxyphenyl)-2-brom-3,4,5-trimethoxybenzamid (F_{Bn}-29)

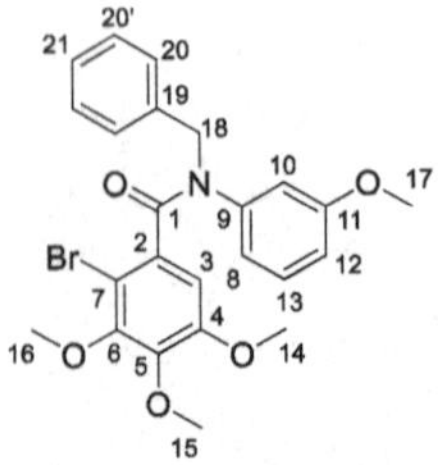

Die Durchführung erfolgt nach der *Allgemeinen Methode 6.2* aus 1.25 g (3.15 mmol) *N*-(3-Methoxyphenyl)-2-brom-3,4,5-trimethoxybenzamid (**F-15**), 0.42 g (3.78 mmol) ^{t}BuOK und 0.45 mL (0.65 g, 3.78 mmol) Benzylbromid in 20 mL absolutem THF. Das Produkt (**F_{Bn}-29**) wird nach Reinigung mittels Gradienten-Flash-Säulenchromatographie (DCM/EtOAc 99:1 – 1:99, R_f = 0.65) als gelbes viskoses Öl erhalten.

M($C_{24}H_{24}NO_5Br$) = 486.36 g/mol

Ausbeute: 1.24 g (2.55 mmol, 81%)

^{1}H NMR (400 MHz, Chloroform-*d*) δ [ppm] = 7.28 – 7.13 (m, 5H, **H-20, H-20', H-21**), 6.91 (t, *J* = 8.1 Hz, 1H, **H-13**), 6.56 – 6.49 (m, 2H, **H-8** u. **H-12**), 6.45 (t, *J* = 2.2 Hz, 1H, **H-10**), 6.35 (s, 1H, **H-3**), 5.02 (s, 2H, **H-18**), 3.69 (s, 6H, **H-5** u. **H-14** o. **H-16**), 3.57 (s, 3H, **H-14** o. **H-16**), 3.48 (s, 3H, **H-17**).

^{13}C NMR (100 MHz, Chloroform-*d*) δ [ppm] = 168.27 (**C-1**), 159.64 (**C-11**), 152.47 (**C-4** o. **C-6**), 150.94 (**C-4** o. **C-6**), 143.21 (**C-5**), 142.65 (**C-9**), 137.00 (**C-19**), 133.80 (**C-2**), 129.38 (**C-13**), 128.88 (**C-20** o. **C-20'**), 128.42 (**C-20** o. **C-20'**), 127.53 (**C-21**), 119.92 (**C-8** o. **C-12**), 113.56 (**C-8** o. **C-12** u. **C-10**), 113.52 (**C-8** o. **C-12** u. **C-10**), 107.94 (**C-3**), 106.97 (**C-7**), 61.08 (**C-5** u. **C-14** o. **C-16**), 60.97 (**C-5** u. **C-14** o. **C-16**), 56.18 (**C-14** o. **C-16)**, 55.20 (**C-17**), 52.82 (**C-18**).

HRMS(ESI): *m/z* = 508.0752 $[M+Na]^+$ (berechnet für $[C_{24}H_{24}NO_5Br + Na]^+$ = 508.0736)

2.12.27 Darstellung von *N*-Benzyl-*N*-(2-methoxyphenyl)-2-brom-5-methoxybenzamid (F_{Bn}-30)

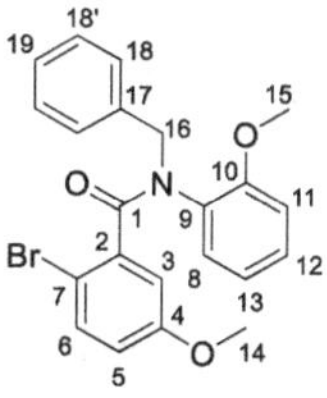

Die Durchführung erfolgt nach der *Allgemeinen Methode 6.2* aus 1.15 g (3.41 mmol) *N*-(2-Methoxyphenyl)-2-brom-5-methoxybenzamid (**F-5**), 0.46 g (4.08 mmol) ^{t}BuOK und 0.5 mL (0.7 g, 4.1 mmol) Benzylbromid in 20 mL absolutem THF. Das Produkt (**F_{Bn}-30**) wird nach säulenchromatographischer Reinigung (DCM/EtOAc 3:7, R_f = 0.77) als farbloser Feststoff erhalten.

M($C_{22}H_{20}NO_3Br$) = 426.31 g/mol

Ausbeute: 1.21 g (2.84 mmol, 84%)

^{1}H NMR (400 MHz, Chloroform-*d*) δ [ppm] = 7.38 – 7.19 (m, 5H, **H-18**, **H-18'**, **H-19**), 7.22 (d, *J* = 8.8 Hz, 1H, **H-6**), 7.07 (m, 1H, **H-13**), 6.89 (dd, *J* = 7.8, 1.7 Hz, 1H, **H-8**), 6.74 – 6.70 (m, 2H, **H-3** u. **H-11**), 6.58 (dt, *J* = 7.6, 1.3 Hz, 1H, **H-12**), 6.53 (dd, *J* = 8.8, 3.1 Hz, 1H, **H-5**), 5.65 (d, *J* = 14.3 Hz, 1H, **H-16**), 4.35 (d, *J* = 14.3 Hz, 1H, **H-16**), 3.80 (s, 3H, **H-15**), 3.61 (s, 3H, **H-14**).

^{13}C NMR (100 MHz, Chloroform-*d*) δ [ppm] = 168.94 (**C-1**), 157.92 (**C-4**), 154.59 (**C-10**), 139.21 (**C-2**), 137.12 (**C-17**), 133.11 (**C-6**), 130.11 (**C-8**), 129.74 (**C-9**), 129.50 (**C-13**), 129.20 (**C-18**), 128.16 (**C-18'**), 127.32 (**C-19**), 120.28 (**C-12**), 116.29 (**C-5**), 112.44 (**C-3** o. **C-11**) 111.00 (**C-3** o. **C-11**), 110.24 (**C-7**), 55.32 (**OMe**), 55.23 (**OMe**), 51.37 (**C-16**).

HRMS(ESI): *m/z* = 448.0524 $[M+Na]^+$ (berechnet für $[C_{22}H_{20}NO_3Br + Na]^+$ = 448.0524)

2.12.28 Darstellung von *N*-(4-Methoxybenzyl)-*N*-(2,3-dimethoxyphenyl)-2-brom-4,5-dimethoxybenzamid (F_{PMB}-31)

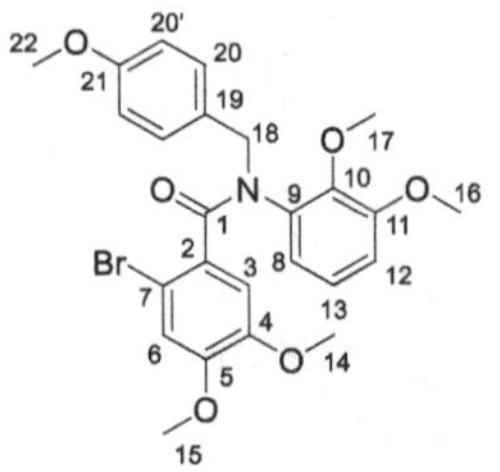

Die Durchführung erfolgt nach der *Allgemeinen Methode 6.3* aus 0.61 g (1.54 mmol) *N*-(2,3-Dimethoxyphenyl)-2-brom-4,5-dimethoxybenzamid (**F-13**), 90 mg (2.2 mmol) NaH und 31 µL (0.31 g, 2.00 mmol) *p*-Methoxybenzylchlorid in 5.5 mL absolutem DMF. Das Produkt (**F_{PMB}-31**) wird nach säulenchromatographischer Reinigung (Pentan/EtOAc 1:9, R_f = 0.50) als gelblicher Feststoff erhalten.

M($C_{25}H_{26}NO_6Br$) = 516.39 g/mol

Ausbeute: 0.56 g (1.08 mmol, 70%)

^{1}H NMR (400 MHz, Chloroform-*d*) δ [ppm] = 7.29 (d, *J* = 8.3 Hz, 2H, **H-20**), 6.83 – 6.78 (m, 2H, **H-3** u. **H-6**), 6.80 (d, *J* = 8.7 Hz, 2H, **H-20'**), 6.69 – 6.66 (m, 2H, **H-8** u. **H-13**), 6.52 (dd, *J* = 6.5, 3.0 Hz, 1H, **H-12**), 5.47 (d, *J* = 14.1 Hz, 1H, **H-18**), 4.49 (d, *J* = 14.1 Hz, 1H, **H-18**), 3.77 (s, 3H, **H-22**), 3.75 (s, 3H, **H-15**), 3.74 (s, 3H, **H-17**), 3.73 (s, 3H, **H-16**), 3.66 (s, 3H, **H-14**).

^{13}C NMR (100 MHz, Chloroform-*d*) δ [ppm] = 168.87 (**C-1**), 158.95 (**C-21**), 152.81 (**C-11**), 149.23 (**C-5**), 147.16 (**C-4**), 144.83 (**C-10**), 134.99 (**C-9**), 130.59 (**C-20**), 130.31 (**C-19**), 129.47 (**C-2**), 122.75 (**C-8** o. **C-13**), 121.50 (**C-12**), 115.00 (**C-3** o. **C-6**), 113.61 (**C-20'**), 112.39 (**C-8** o. **C-13**), 111.09 (**C-3** o. **C-6**), 110.79 (**C-7**), 60.65 (**OMe**), 55.94 (**OMe**), 55.87 (**OMe**), 55.76 (**OMe**), 55.19 (**OMe**), 51.83 (**C-18**).

HRMS(ESI): *m/z* = 538.0829 [M+Na]$^+$ (berechnet für [$C_{25}H_{26}NO_6Br$ + Na]$^+$ = 538.0841)

2.12.29 Darstellung von *N*-(4-Methoxybenzyl)-*N*-(2,5-dimethoxyphenyl)-2-brom-3,4,5-trimethoxybenzamid (F_{PMB}-32)

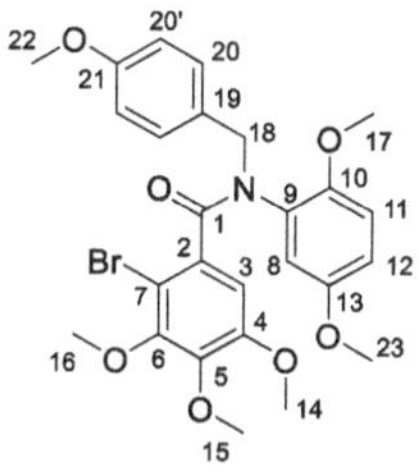

Die Durchführung erfolgt nach der *Allgemeinen Methode 6.3* aus 1.0 g (2.9 mmol) *N*-(2,5-Dimethoxyphenyl)-2-brom-3,4,5-trimethoxybenzamid (**F-16**), 0.1 g (4.1 mmol) NaH und 0.5 mL (0.6 g, 3.8 mmol) *p*-Methoxybenzylchlorid in 10 mL absolutem DMF. Das Produkt (**F_{PMB}-32**) wird nach säulenchromatographischer Reinigung (Pentan/EtOAc 1:1) als gelblicher Feststoff erhalten.

$M(C_{26}H_{28}NO_7Br)$ = 546.41 g/mol

Ausbeute: 1.04 g (1.90 mmol, 65%)

^{1}H NMR (400 MHz, Chloroform-*d*) δ [ppm] = 7.25 (d, *J* = 8.7 Hz, 2H, **H-20**), 6.80 (d, *J* = 8.7 Hz, 2H, **H-20'**), 6.64 – 6.61 (m, 2H, **H-8** u. **H-11**), 6.59 (s, 1H, **H-3**), 6.43 (dd, *J* = 2.6, 0.9 Hz, 1H, **H-12**), 5.59 (d, *J* = 14.2 Hz, 1H, **H-18**), 4.26 (d, *J* = 14.2 Hz, 1H, **H-18**), 3.78 (s, 3H, **H-22**), 3.77 (s, 6H, **H-15** u. **H-14** o. **H-16**), 3.76 (s, 3H, **H-14** o. **H-16**), 3.66 (s, 3H, **H-17** o. **H-23**), 3.47 (s, 3H, **H-17** o. **H-23**).

^{13}C NMR (100 MHz, Chloroform-*d*) δ [ppm] = 168.57 (**C-1**), 158.92 (**C-21**), 152.74 (**C-10** o. **C-13**), 152.19 (**C-4** o. **C-6**), 150.69 (**C-4** o. **C-6**), 148.67 (**C-10** o. **C-13**), 143.12 (**C-5**), 130.57 (**C-20**), 129.96 (**C-9**), 129.22 (**C-19**), 115.61 (**C-12**), 115.00 (**C-8** o. **C-11**), 113.54 (**C-20'**), 111.47 (**C-8** o. **C-11**), 61.08 (**C-22**), 60.96 (**OMe**), 55.86 (**OMe**), 55.65 (**OMe**), 55.51 (**OMe**), 55.23 (**OMe**), 50.65 (**C-18**).

HRMS(ESI): *m/z* = 568.0944 $[M+Na]^+$ (berechnet für $[C_{25}H_{26}NO_6Br + Na]^+$ = 568.0947)

2.13 Darstellung der Phenanthridinonderivate

2.13.1 Darstellung von 2,3-Dimethoxy-phenanthridin-6(5*H*)-on (G-3)

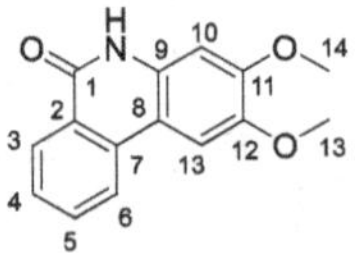

Die Durchführung erfolgt nach der *Allgemeinen Methode 4* aus 3.15 g (7.22 mmol) *N*-Boc-*N*-(3,4-dimethoxyphenyl)-2-brom-benzamid (**F_{Boc}-17**), 1.19 g (14.4 mmol) Natriumacetat sowie 0.42 g (0.72 mmol) des Katalysators $PdCl_2(dppe)_2$ in 60 mL absolutem DMF. Nach säulenchromatographischer Reinigung werden das Hauptprodukt (**G-3**) sowie das Nebenprodukt (**17**) getrennt isoliert. Das Hauptprodukt (**16**) wird nach Umkristallisation aus Chloroform als farblose Kristalle erhalten.

M($C_{15}H_{13}NO_3$) = 255.27 g/mol

Ausbeute: 143 mg (0.56 mmol, 8%)

^{1}H NMR (400 MHz, DMSO-d$_6$/Chloroform-*d* = 6:1) δ [ppm] = 11.30 (s, 1H, **NH**), 8.33 (dd, *J* = 8.0, 1.2 Hz, 1H, **H-3**), 8.11 (d, *J* = 8.1 Hz, 1H, **H-6**), 7.68 (dt, *J* = 7.7, 1.4 Hz, 1H, **H-5**), 7.53 (s, 1H, **H-13**), 7.43 (dt, *J* = 7.7, 0.6 Hz, 1H, **H-4**), 6.89 (s, 1H, **H-10**), 3.91 (s, 3H, **H-13**), 3.86 (s, 3H, **H-14**).

^{13}C NMR (100 MHz, DMSO-d$_6$/Chloroform-*d* = 6:1) δ = 161.24 (**C-1**), 150.52 (**C-11**), 144.73 (**C-12**), 134.21 (**C-7**), 131.77 (**C-5**), 131.22 (**C-9**), 127.31 (**C-3**), 125.82 (**C-4**), 124.51 (**C-2**), 121.09 (**C-6**), 110.07 (**C-8**), 104.41 (**C-13**), 98.95 (**C-10**), 55.86 (**C-13**), 55.38 (**C-14**).

Nebenprodukt (**G-4**) 21 mg (0.08 mmol, 1%):

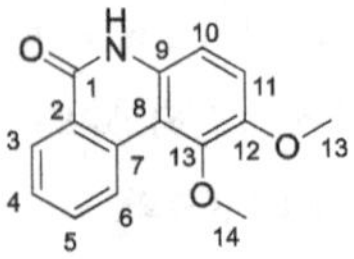

^{1}H NMR (400 MHz, $CDCl_3$) δ [ppm] = 10.53 (s, 1H, **NH**), 9.25 (d, *J* = 8.4 Hz, 1H, **H-3**), 8.62 (d, *J* = 9.3 Hz, 1H, **H-6**), 7.81 (t, *J* = 8.6 Hz, 1H, **H-5**), 7.63 (t, *J* = 8.1 Hz, 1H, **H-4**), 7.16 (d, *J* = 8.8 Hz, 1H, **H-10** o. **H-11**), 7.10 (d, *J* = 8.8 Hz, 1H, **H-10** o. **H-11**), 3.97 (s, 3H, **OMe**), 3.96 (s, 3H, **OMe**).

2.13.2 Darstellung von *N*-Methyl-1,3,8,9-tetramethoxy-phenanthridin-6(5*H*)-on (G-5*)

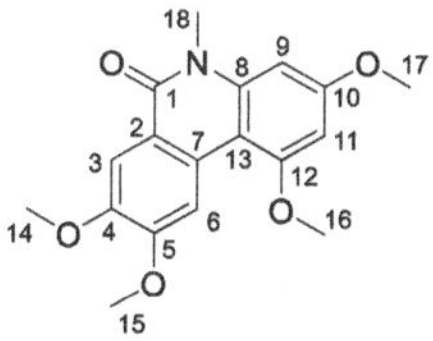

Die Durchführung erfolgt nach der *Allgemeinen Methode 4* aus 1.0 g (2.0 mmol) *N*-Boc-*N*-(3,5-dimethoxyphenyl)-2-brom-4,5-dimethoxybenzamid (**F$_{Boc}$-18**), 0.34 g (4.02 mmol) Natriumacetat und 0.67 g (0.60 mmol) Pd(PPh_3)$_4$. Das Produkt (**G-5***) wird nach mehrfacher säulenchromatographischer Reinigung (DCM/TBME 9:1 und DCM/TBME 8:2, $R_{f(DCM/TBME)}$ = 0.32) als leicht gelblicher Feststoff erhalten.

M($C_{18}H_{19}NO_5$) = 329.35 g/mol

Ausbeute: 0.06 g (0.14 mmol, 8%)

^{1}H NMR (600 MHz, Chloroform-*d*) δ [ppm] = 8.66 (s, 1H, **H-6**), 7.96 (s, 1H, **H-3**), 6.55 (d, *J* = 2.3 Hz, 1H, **H-9**), 6.47 (d, *J* = 2.3 Hz, 1H, **H-11**), 4.04 (s, 6H, **H-15** u. **H-16** o. **H-17**), 4.03 (s, 3H, **H-14**), 3.93 (s, 3H, **H-16** o. **H-17**), 3.79 (s, 3H, **H-18**).

^{13}C NMR (150 MHz, Chloroform-*d*) δ [ppm] = 161.61 (**C-1**), 159.72 (**C-10** o. **C-12**), 159.35 (**C-10** o. **C-12**), 152.32 (**C-5**), 147.91 (**C-4**), 140.38 (**C-8**), 128.49 (**C-7**), 118.37 (**C-2**), 108.79 (**C-3**), 108.25 (**C-6**), 103.56 (**C-13**), 93.69 (**C-11**), 92.54 (**C-9**), 56.01 (**OMe**), 55.99 (**OMe**), 55.73 (**OMe**), 55.42 (**OMe**), 30.92 (**C-18**).

2.13.3 Darstellung von 3,8,9,10-Tetramethoxy-phenanthridin-6(5*H*)-on (G-6)

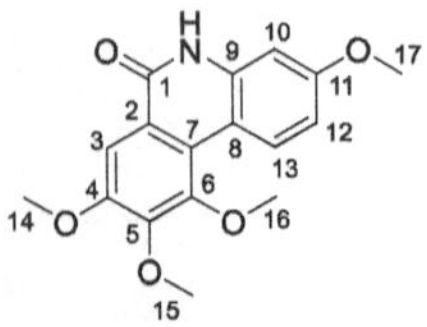

Die Durchführung erfolgt nach der *Allgemeinen Methode 4* aus 2.32 g (4.67 mmol) *N*-Boc-*N*-(3-methoxyphenyl)-2-brom-3,4,5-trimethoxybenzamid (**F_{Boc}-20**), 0.77 g (9.34 mmol) Natriumacetat sowie 0.27 g (0.47 mmol) $PdCl_2(dppe)_2$ in 30 mL absolutem DMF. Das ungeschützte Phenanthridinon (**G-6**) wird nach säulenchromatographischer Reinigung als gelblicher Feststoff erhalten.

M($C_{17}H_{17}NO_5$) = 315.33 g/mol

Ausbeute: 128 mg (0.41 mmol, 9%)

^{1}H NMR (400 MHz, Chloroform-*d*) δ [ppm] = 10.68 (br. s, 1H, **NH**), 8.94 (d, *J* = 9.1 Hz, 1H, **H-13**), 7.89 (s, 1H, **H-3**), 6.87 (dd, *J* = 9.1, 2.6 Hz, 1H, **H-12**), 6.84 (d, *J* = 2.6 Hz, 1H, **H-10**), 4.04 (s, 3H, **H-15**), 4.04 (s, 3H, **H-14** o. **H-16**), 3.97 (s, 3H, **H-14** o. **H-16**), 3.92 (s, 3H, **H-17**).

^{13}C NMR (100 MHz, Chloroform-*d*) δ [ppm] = 162.45 (**C-1**), 159.65 (**C-11**), 152.58 (**C-4** o. **C-6**), 151.17 (**C-4** o. **C-6**), 147.76 (**C-5**), 136.83 (**C-9**), 128.42 (**C-13**), 123.57 (**C-7**), 121.30 (**C-2**), 111.90 (**C-8**), 110.68 (**C-12**), 105.81 (**C-3**), 100.18 (**C-10**), 61.30 (**OMe**), 60.49 (**OMe**), 56.30 (**OMe**), 55.57 (**OMe**).

HRMS(ESI): *m/z* = 338.1021 $[M+Na]^+$ (berechnet für $[C_{17}H_{17}NO_5 + Na]^+$ = 338.1004)

2.13.4 Darstellung von 4,8,9,10-Tetramethoxy-phenanthridin-6(5*H*)-on (G-7)

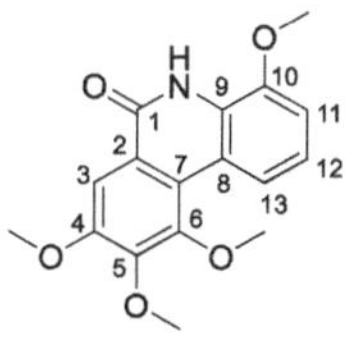

Die Durchführung erfolgt nach der *Allgemeinen Methode 4* aus 2.5 g (5.0 mmol) *N*-Boc-*N*-(2-methoxyphenyl)-2-brom-3,4,5-trimethoxybenzamid **(F_{Boc}-19)**, 0.83 g (10.1 mmol) Natriumacetat sowie 0.58 g (0.50 mmol) $Pd(PPh_3)_4$ in 32 mL absolutem DMF. Das Produkt (**G-7**) wird nach säulenchromatographischer Reinigung in Form von farblosen Nadeln erhalten.
$M(C_{17}H_{17}NO_5)$ = 315.33 g/mol
Ausbeute: 201 mg (0.64 mmol, 13%)

^{1}H NMR (400 MHz, Chloroform-*d*) *δ* [ppm] = 9.17 (br. s, 1H, **NH**), 8.62 (d, *J* = 8.5 Hz, 1H, **H-13**), 7.91 (s, 1H, **H-3**), 7.20 (t, *J* = 8.3 Hz, 1H, **H-12**), 6.97 (dd, *J* = 8.1, 1.1 Hz, 1H, **H-11**), 4.04 (s, 3H, **H-15**), 4.03 (s, 3H, **H-14** o. **H-16**), 3.99 (s, 3H, **H-17**), 3.98 (s, 3H, **H-14** o. **H-16**).

^{13}C NMR (100 MHz, Chloroform-*d*) *δ* [ppm] = 160.39 (**C-1**), 153.36 (**C-4** o. **C-6**), 151.96 (**C-4** o. **C-6**), 147.48 (**C-5**), 145.50 (**C-10**), 125.08 (**C-9**), 122.93 (**C-2** u. **C-7**), 122.27 (**C-12**), 118.82 (**C-13**), 118.36 (**C-8**), 108.45 (**C-11**), 105.89 (**C-3**), 61.15 (**OMe**), 60.52 (**OMe**), 56.19 (**OMe**), 56.01 (**OMe**).

2.13.5 Darstellung von *N*-Benzyl-8,9-dimethoxy-phenanthridin-6(5*H*)-on (G-8)

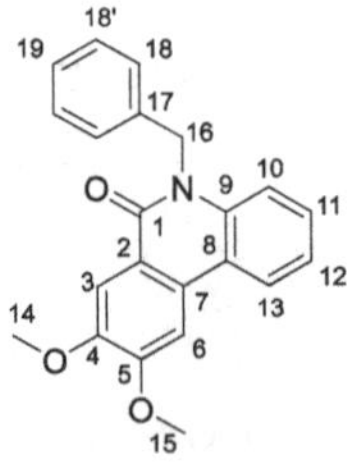

Die Durchführung erfolgt nach der *Allgemeinen Methode 4* aus 0.39 g (0.91 mmol) *N*-Benzyl-*N*-(phenyl)-2-brom-4,5-dimethoxybenzamid (**F_{Bn}-21**), 0.15 g (1.82 mmol) Natriumacetat sowie 0.11 g (0.09 mmol) $Pd(PPh_3)_4$ in 5 mL absolutem DMF. Das Produkt (**G-8**) wird nach säulenchromatographischer Reinigung (DCM/EtOAc 9:1) als farbloser Feststoff erhalten.

M($C_{22}H_{19}NO_3$) = 345.40 g/mol

Ausbeute: 0.21 g (0.61 mmol, 67%)

^{1}H NMR (400 MHz, Chloroform-*d*) δ [ppm] = 8.16 (dd, *J* = 8.0, 1.2 Hz, 1H, **H-13**), 8.01 (s, 1H, **H-3**), 7.63 (s, 1H, **H-6**), 7.39 – 7.20 (m, 8H, **H-10** - **H-12** u. **H-18** - **H-19**), 5.67 (s, 2H, **H-16**), 4.11 (s, 3H, **H-15**), 4.05 (s, 3H, **H-14**).

^{13}C NMR (100 MHz, Chloroform-*d*) δ [ppm] = 161.43 (**C-1**), 153.56 (**C-5**), 149.95 (**C-4**), 136.92 (**C-9** o. **C-17**), 136.81 (**C-9** o. **C-17**), 128.78 (**C-18** o. **C-18'**), 128.67 (**C-H**), 128.65 (**C-7**), 127.14 (**C-H**), 126.54 (**C-18** o. **C-18'**), 122.69 (**C-H**), 122.35 (**C-H**), 119.48 (**C-2** o. **C-8**), 119.42 (**C-2** o. **C-8**), 116.04 (**C-H**), 109.38 (**C-3**), 102.68 (**C-6**), 56.23 (**OMe**), 56.18 (**OMe**), 46.48 (**C-16**).

HRMS(ESI): *m/z* = 368.1264 $[M+Na]^+$ (berechnet für $[C_{22}H_{19}NO_3 + Na]^+$ = 368.1263)

2.13.6 Darstellung von *N*-Benzyl-4,8,9-trimethoxy-phenanthridin-6(5*H*)-on (G-9)

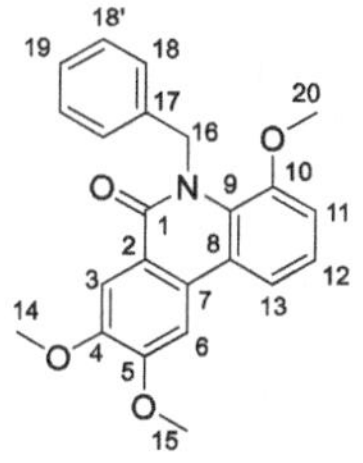

Die Durchführung erfolgt nach der *Allgemeinen Methode 4* aus 0.40 g (0.88 mmol) *N*-Benzyl-*N*-(2-methoxyphenyl)-2-brom-4,5-dimethoxybenzamid (**F_{Bn}-22**), 0.14 g (1.76 mmol) Natriumacetat sowie 100 mg (0.09 mmol) $Pd(PPh_3)_4$ in 20 mL absolutem DMF. Das Produkt (**G-9**) wird durch Zugabe von Wasser vollständig ausgefällt und nach Filtration als gelber Feststoff erhalten.

$M(C_{23}H_{21}NO_4)$ = 375.42 g/mol

Ausbeute: 0.29 g (0.77 mmol, 88%)

^{1}H NMR (400 MHz, Chloroform-*d*) δ [ppm] = 7.96 (s, 1H, **H-3**), 7.78 (dd, *J* = 8.3, 1.3 Hz, 1H, **H-13**), 7.58 (s, 1H, **H-6**), 7.27 – 7.12 (m, 6H, **H-12**, **H-18**, **H-18'**, **H-19**), 6.92 (dd, *J* = 8.0, 1.3 Hz, 1H, **H-11**), 5.88 (s, 2H, **H-16**), 4.08 (s, 3H, **H-15**), 4.03 (s, 3H, **H-14**), 3.57 (s, 3H, **H-20**).

^{13}C NMR (100 MHz, Chloroform-*d*) δ [ppm] = 162.83 (**C-1**), 153.45 (**C-5**), 150.01 (**C-4**), 149.19 (**C-10**), 139.94 (**C-17**), 128.60 (**C-7**), 128.34 (**C-9**), 128.06 (**C-18** o. **C-18'**), 125.96 (**C-12** o. **C-19**), 125.84 (**C-18** o. **C-18'**), 122.97 (**C-12** o. **C-19**), 121.76 (**C-8**), 119.75 (**C-2**), 115.45 (**C-13**), 112.42 (**C-11**), 109.23 (**C-3**), 103.18 (**C-6**), 56.35 (**C-20**), 56.18 (**C-14** o. **C-15**), 56.13 (**C-14** o. **C-15**), 51.31 (**C-16**).

HRMS(ESI): *m/z* = 398.1369 $[M+Na]^+$ (berechnet für $[C_{23}H_{21}NO_4 + Na]^+$ = 398.1368)

Elementaranalyse: Ber.: C: 73.58, H: 5.64, N: 3.73

Gef.: C: 73.09, H: 5.45, N: 3.44

2.13.7 Darstellung von *N*-Benzyl-2,8,9-trimethoxy-phenanthridin-6(5*H*)-on (G-11)

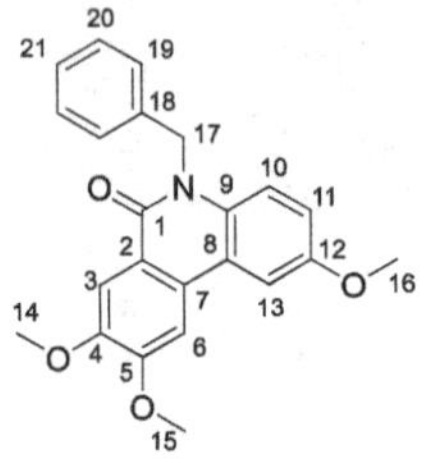

Die Durchführung erfolgt nach der *Allgemeinen Methode 4* aus 0.26 g (0.50 mmol) *N*-Benzyl-*N*-(4-methoxyphenyl)-2-iod-4,5-dimethoxybenzamid MIC_01 (**F_{Bn}-24**), 0.06 g (0.75 mmol) Natriumacetat und 0.11 g (0.10 mmol) $Pd(PPh_3)_4$. Das Produkt (**G-11**) wird durch Zugabe von Wasser vollständig ausgefällt und nach Filtration als orangefarbener Feststoff erhalten.

$M(C_{23}H_{21}NO_4)$ = 375.42 g/mol

Ausbeute: 0.2 g (0.5 mmol, 100%)

^{1}H NMR (400 MHz, Chloroform-*d*) δ [ppm] = 7.95 (s, 1H, **H-3**), 7.55 (d, *J* = 2.8 Hz, 1H, **H-13**), 7.48 (s, 1H, **H-6**), 7.25 – 7.13 (m, 6H, **H-19** - **H-21**, **H-10**), 6.89 (dd, *J* = 9.2, 2.8 Hz, 1H, **H-11**), 5.58 (s, 2H, **H-17**), 4.03 (s, 3H, **H-15**), 3.99 (s, 3H, **H-14**), 3.82 (s, 3H, **H-16**).

^{13}C NMR (100 MHz, Chloroform-*d*) δ [ppm] = 161.01 (**C-1**), 154.98 (**C-12**), 153.40 (**C-5**), 150.04 (**C-4**), 136.89 (**C-18**), 131.21 (**C-9**), 128.79 (**C-19/C-20**), 128.20 (**C-7**), 127.14 (**C-21**), 126.52 (**C-19/C-20**), 120.49 (**C-8**), 119.79 (**C-2**), 117.14 (**C-10**), 114.89 (**C-11**), 109.49 (**C-3**), 107.45 (**C-13**), 102.75 (**C-6**), 56.26 (**C-14/C-15**), 56.21 (**C-14/C-15**), 55.79 (**C-16**), 46.56 (**C-17**).

HRMS(ESI): *m/z* = 398.1372 $[M+Na]^+$ (berechnet für $[C_{23}H_{21}NO_4 + Na]^+$ = 398.1368)

2.13.8 Darstellung von *N*-Benzyl-2,4,8,9-tetramethoxy-phenanthridin-6(5*H*)-on (G-12)

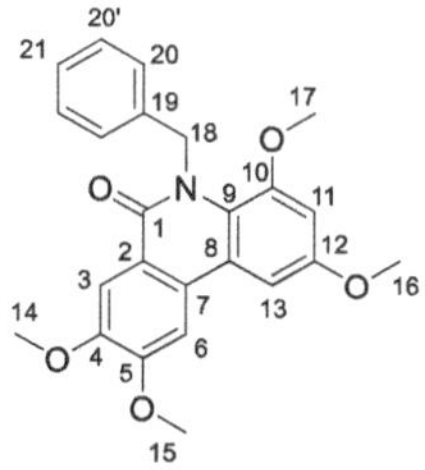

Die Durchführung erfolgt nach der *Allgemeinen Methode 4* aus 2.02 g (4.16 mmol) *N*–Benzyl-*N*-(2,4-dimethoxyphenyl)-2-brom-4,5-dimethoxybenzamid (**F$_{Bn}$-25**), 0.68 g (8.32 mmol) Natriumacetat sowie 0.46 g (0.42 mmol) Pd(PPh$_3$)$_4$ in 55 mL absolutem DMF. Das Produkt (**G-12**) wird nach säulenchromatographischer Reinigung als rosé-farbiger Feststoff erhalten.

M($C_{24}H_{23}NO_5$) = 405.45 g/mol

Ausbeute: 1.20 g (2.96 mmol, 71%)

^{1}H NMR (400 MHz, Chloroform-*d*) *δ* [ppm] = 7.97 (s, 1H, **H-3**), 7.49 (s, 1H, **H-6**), 7.26 – 7.21 (m, 2H, **H-20'**), 7.19 (d, *J* = 2.6 Hz, 1H, **H-13**), 7.14 (m, 3H, **H-20** u. **H-21**), 6.54 (d, *J* = 2.6 Hz, 1H, **H-11**), 5.85 (s, 2H, **H-18**), 4.08 (s, 3H, **H-15**), 4.03 (s, 3H, **H-14** o. **H-17**), 3.90 (s, 3H, **H-16**), 3.57 (s, 3H, **H-14** o. **H-17**).

^{13}C NMR (100 MHz, Chloroform-*d*) *δ* [ppm] = 162.43 (**C-1**), 155.42 (**C-12**), 153.27 (**C-5**), 150.18 (**C-4** o. **C-10**), 150.06 (**C-4** o. **C-10**), 139.94 (**C-19**), 128.30 (**C-7**), 128.07 (**C-20'**), 125.96 (**C-21**), 125.84 (**C-20**), 122.76 (**C-9**), 122.17 (**C-8**), 120.08 (**C-2**), 109.33 (**C-3**), 103.13 (**C-6**), 100.77 (**C-11**), 98.37 (**C-13**), 56.25 (**OMe**), 56.19 (**OMe**), 56.16 (**OMe**), 55.63 (**C-16**), 51.08 (**C-18**).

HRMS(ESI): *m/z* = 428.1477 [M+Na]$^+$ (berechnet für [$C_{24}H_{23}NO_5$ + Na]$^+$ = 428.1474)

Elementaranalyse: Ber.: C: 71.10, H: 5.72, N: 3.45

Gef.: C: 70.58, H: 5.67, N: 3.40

2.13.9 Darstellung von *N*-Benzyl-1,4,8,9-tetramethoxy-phenanthridin-6(5*H*)-on (G-13)

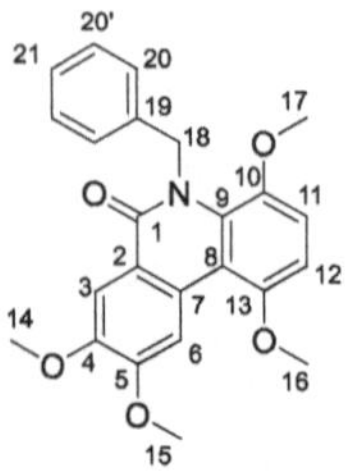

Die Durchführung erfolgt nach der *Allgemeinen Methode 4* aus 2.13 g (4.38 mmol) *N*–Benzyl-*N*-(2,5-dimethoxyphenyl)-2-brom-4,5-dimethoxybenzamid (**F_{Bn}-26**), 0.72 g (8.75 mmol) Natriumacetat sowie 0.44 g (0.44 mmol) $Pd(PPh_3)_4$ in 55 mL absolutem DMF. Das Produkt (**G-13**) wird nach säulenchromatographischer Reinigung als gelblich-weißer Feststoff erhalten.

$M(C_{24}H_{23}NO_5)$ = 405.45 g/mol

Ausbeute: 0.97 g (2.39 mmol, 55%)

^{1}H NMR (400 MHz, Chloroform-*d*) *δ* [ppm] = 8.85 (s, 1H, **H-6**), 8.03 (s, 1H, **H-3**), 7.26 – 7.21 (m, 2H, **H-20'**), 7.17 – 7.10 (m, 3H, **H-20** u. **H-21**), 6.88 (d, *J* = 9.0 Hz, 1H, **H-11**), 6.78 (d, *J* = 9.0 Hz, 1H, **H-12**), 5.78 (s, 2H, **H-18**), 4.06 (s, 3H, **H-15** o. **H-16**), 4.03 (s, 3H, **H-14**), 3.99 (s, 3H, **H-15** o. **H-16**), 3.48 (s, 3H, **H-17**).

^{13}C NMR (100 MHz, Chloroform-*d*) *δ* [ppm] = 162.14 (**C-1**), 151.22 (**C-5** u. **C-13**), 147.85 (**C-4**), 142.58 (**C-10**), 138.83 (**C-19**), 129.06 (**C-9**), 127.15 (**C-7**), 126.95 (**C-20'**), 124.85 (**C-21**), 124.83 (**C-20**), 119.13 (**C-2**), 111.82 (**C-11**), 111.53 (**C-8**), 108.39 (**C-6**), 107.91 (**C-3**), 105.19 (**C-12**), 56.07 (**C-17**), 55.47 (**C-15** o. **C-16**), 54.97 (**C-14**), 54.80 (**C-15** o. **C-16**), 51.29 (**C-18**).

HRMS(ESI): *m/z* = 428.1477 $[M+Na]^+$ (berechnet für $[C_{24}H_{23}NO_5 + Na]^+$ = 428.1474)

2.13.10 Darstellung von *N*-Benzyl-3,4,8,9-tetramethoxy-phenanthridin-6(5*H*)-on (G-14)

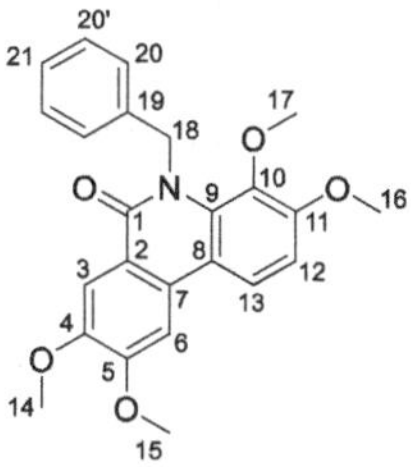

Die Durchführung erfolgt nach der *Allgemeinen Methode 4* aus 0.80 g (1.64 mmol) *N*-Benzyl-*N*-(2,3-dimethoxyphenyl)-2-brom-4,5-dimethoxybenzamid (**F$_{Bn}$-27**), 0.26 g (3.29 mmol) Natriumacetat sowie 0.30 g (0.33 mmol) $Pd(PPh_3)_4$ in 30 mL absolutem DMF. Das Produkt (**G-14**) wird nach säulenchromatographischer Reinigung (DCM/TBME 9:1, R_f = 0.67) als gelber Feststoff erhalten.

$M(C_{24}H_{23}NO_5)$ = 405.45 g/mol

Ausbeute: 0.11 g (0.27 mmol, 16%)

^{1}H NMR (400 MHz, Chloroform-*d*) δ [ppm] = 7.94 (s, 1H, **H-3**), 7.86 (d, *J* = 9.0 Hz, 1H, **H-13**), 7.49 (s, 1H, **H-6**), 7.30 – 7.21 (m, 4H, **H-20/20'**), 7.20 – 7.14 (m, 1H, **H-21**), 6.93 (d, *J* = 9.0 Hz, 1H, **H-12**), 5.79 (s, 2H, **H-18**), 4.09 (s, 3H, **H-15** o. **H-16**), 4.03 (s, 3H, **H-14**), 3.92 (s, 3H, **H-15** o. **H-16**), 3.25 (s, 3H, **H-17**).

^{13}C NMR (100 MHz, Chloroform-*d*) δ [ppm] = 163.26 (**C-1**), 153.59 (**C-5** o. **C-11**), 153.54 (**C-5** o. **C-11**), 149.33 (**C-4**), 139.23 (**C-19**), 138.17 (**C-10**), 132.47 (**C-9**), 128.82 (**C-7**), 128.16 (**C-20/20'**), 126.11 (**C-20/20'/21**), 118.40 (**C-2**), 118.02 (**C-13**), 115.38 (**C-8**), 109.26 (**C-3**), 107.67 (**C-12**), 102.37 (**C-6**), 61.45 (**C-17**), 56.20 (**OMe**), 56.18 (**OMe**), 56.14 (**OMe**), 51.52 (**C-18**).

HRMS(ESI): *m/z* = 428.1473 $[M+Na]^+$ (berechnet für $[C_{24}H_{23}NO_5 + Na]^+$ = 428.1474)

2.13.11 Darstellung von *N*-Benzyl-4,8-dimethoxy-phenanthridin-6(5*H*)-on (G-15)

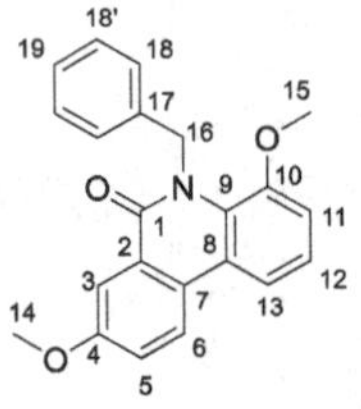

Die Durchführung erfolgt nach der *Allgemeinen Methode 4* aus 1.20 g (2.81 mmol) *N*-Benzyl-*N*-(2-methoxyphenyl)-2-brom-5-methoxybenzamid (**F$_{Bn}$-30**), 0.45 g (5.63 mmol) Natriumacetat sowie 0.32 g (0.28 mmol) $Pd(PPh_3)_4$ in 50 mL absolutem DMF. Das Produkt (**G-15**) wird nach säulenchromatographischer Reinigung mittels Gradienten-Flash-Säulenchromatographie (DCM/EtOAc 99:1 – 1:99, R_f = 0.68) als gelber kristalliner Feststoff erhalten.

$M(C_{22}H_{19}NO_3)$ = 345.40 g/mol

Ausbeute: 0.78 g (2.26 mmol, 80%)

^{1}H NMR (400 MHz, Chloroform-*d*) δ [ppm] = 8.19 (d, *J* = 8.9 Hz, 1H, **H-6**), 7.99 (d, *J* = 2.9 Hz, 1H, **H-3**), 7.84 (dd, *J* = 8.2, 1.2 Hz, 1H, **H-13**), 7.35 (dd, *J* = 8.9, 2.9 Hz, 1H, **H-5**), 7.29 - 7.18 (m, 6H, **H-12, H-18, H-18'**, **H-19**), 6.92 (dd, *J* = 8.1, 1.2 Hz, 1H, **H-11**), 5.89 (s, 2H, **H-16**), 3.95 (s, 3H, **H-14**), 3.58 (s, 3H, **H-15**).

^{13}C NMR (101 MHz, Chloroform-*d*) δ [ppm] = 163.26 (**C-1**), 159.79 (**C-4**), 149.24 (**C-10**), 139.89 (**C-17**), 128.21 (**C-18'**), 127.77 (**C-9**), 127.55 (**C-7**), 127.03 (**C-2**), 126.14 (**C-19**), 125.96 (**C-18**), 124.18 (**C-6**), 123.40 (**C-12**), 122.76 (**C-5**), 122.18 (**C-8**), 115.59 (**C-13**), 112.39 (**C-11**), 109.28 (**C-3**), 56.47 (**C-15**), 55.81 (**C-14**), 51.66 (**C-16**).

HRMS(ESI): *m/z* = 368.1269 $[M+Na]^+$ (berechnet für $[C_{22}H_{19}NO_3 + Na]^+$ = 368.1263)

Elementaranalyse: Ber.: C: 76.50, H: 5.54, N: 4.06

Gef.: C: 76.32, H: 5.32, N: 3.71

2.13.12 Darstellung von *N*-Benzyl-4,8,9,10-tetramethoxy-phenanthridin-6(5*H*)-on (G-16)

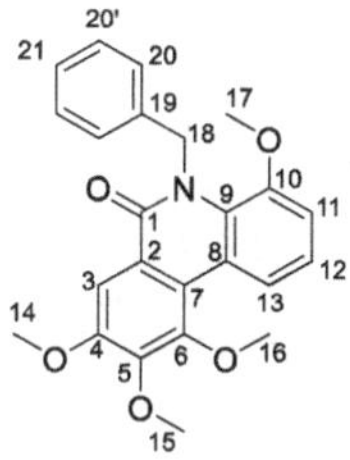

Die Durchführung erfolgt nach der *Allgemeinen Methode 4* aus 1.40 g (2.88 mmol) *N*-Benzyl-*N*-(2-methoxyphenyl)-2-brom-3,4,5-trimethoxybenzamid (**F_{Bn}-28**), 0.47 g (5.76 mmol) Natriumacetat sowie 0.29 g (0.29 mmol) $Pd(PPh_3)_4$ in 50 mL absolutem DMF. Das Produkt (**G-16**) wird durch Zugabe von Wasser vollständig ausgefällt und als gelber Feststoff erhalten.

M($C_{24}H_{23}NO_5$) = 405.45 g/mol

Ausbeute: 0.93 g (2.29 mmol, 80%)

^{1}H NMR (400 MHz, Chloroform-*d*) δ [ppm] = 8.89 (dd, *J* = 8.4, 1.3 Hz, 1H, **H-13**), 8.00 (s, 1H, **H-3**), 7.38 – 7.16 (m, 6H, **H-12**, **H-20**, **H-20'**, **H-21**), 7.00 (dd, *J* = 8.0, 1.3 Hz, 1H, **H-11**), 5.82 (s, 2H, **H-18**), 4.09 (s, 3H,**H-15**), 4.06 (s, 3H, **H-14**), 3.99 (s, 3H, **H-16**), 3.60 (s, 3H, **H-17**).

^{13}C NMR (100 MHz, Chloroform-*d*) δ [ppm] = 162.93 (**C-1**), 153.36 (**C-4**), 151.37 (**C-6**), 148.80 (**C-10**), 147.48 (**C-5**), 139.79 (**C-19**), 128.03 (**C-20**), 127.91 (**C-9**), 125.95 (**C-21**), 125.85 (**C-20'**), 123.36 (**C-12**), 122.80 (**C-2**), 121.90 (**C-7** o. **C-8**), 121.74 (**C-7** o. **C-8**), 119.39 (**C-13**), 112.40 (**C-11**), 106.48 (**C-3**), 61.20 (**C-5**), 60.64 (**C-6**), 56.30 (**C-17**), 56.11 (**C-4**), 52.46 (**C-18**).

HRMS(ESI): *m/z* = 428.1473 $[M+Na]^+$ (berechnet für $[C_{24}H_{23}NO_5 + Na]^+$ = 428.1474)

2.13.13 Darstellung von *N*-Benzyl-3,8,9,10-tetramethoxy-phenanthridin-6(5*H*)-on (G-17)

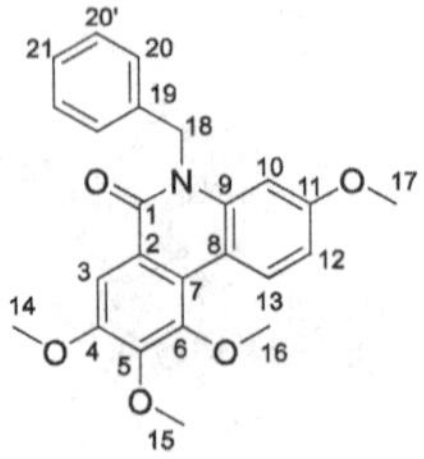

Die Durchführung erfolgt nach der *Allgemeinen Methode 4* aus 1.20 g (2.47 mmol) *N*-Benzyl-*N*-(3-methoxyphenyl)-2-brom-3,4,5-trimethoxybenzamid (**F_{Bn}-29**), 0.41 g (4.93 mmol), ,Natriumacetat sowie 0.30 g (0.25 mmol) $Pd(PPh_3)_4$ in 50 mL absolutem DMF. Das Produkt (**G-17**) wird nach Reinigung mittels Gradienten-Flash-Säulenchromatographie (DCM/EtOAc 99:1 – 1:99, R_f = 0.53) als gelber Feststoff erhalten.

M($C_{24}H_{23}NO_5$) = 405.45 g/mol

Ausbeute: 0.03 g (0.07 mmol, 3%)

^{1}H NMR (600 MHz, Chloroform-*d*) δ [ppm] = 9.09 (d, *J* = 9.1 Hz, 1H, **H-13**), 7.98 (s, 1H, **H-3**), 7.32 – 7.18 (m, 5H, **H-20, H-20', H-21**), 6.86 – 6.74 (m, 2H, **H-10** u. **H-12**), 5.63 (s, 2H, **H-18**), 4.04 (s, 3H, **H-15**), 4.02 (s, 3H, **H-14** o. **H-16**), 3.96 (s, 3H, **H-14** o. **H-16**), 3.75 (s, 3H, **H-17**).

^{13}C NMR (100 MHz, Chloroform-*d*) δ [ppm] = 161.69 (**C-1**), 159.38 (**C-11**), 152.51 (**C-4** o. **C-6**), 150.71 (**C-4** o. **C-6**), 147.55 (**C-5**), 138.05 (**C-9**), 136.70 (**C-19**), 128.83 (**C-20** o. **C-20'**), 128.44 (**C-13**), 127.21 (**C-21**), 126.60 (**C-20** o. **C-20'**), 122.29 (**C-7**), 120.98 (**C-2**), 112.67 (**C-8**), 109.07 (**C-10** u. **C-12**), 106.66 (**C-3**), 101.00 (**C-10** u. **C-12**), 61.14 (**C-15**), 60.33 (**C-14** o. **C-16**), 56.11 (**C-14** o. **C-16**), 55.24 (**C-17**), 47.14 (**C-18**).

HRMS(ESI): *m/z* = 428.1475 $[M+Na]^+$ (berechnet für $[C_{24}H_{23}NO_5 + Na]^+$ = 428.1474)

2.13.14 Darstellung von *N*-(4-Methoxybenzyl)-3,4,8,9-tetramethoxy-phenanthridin-6(5*H*)-on (G-18)

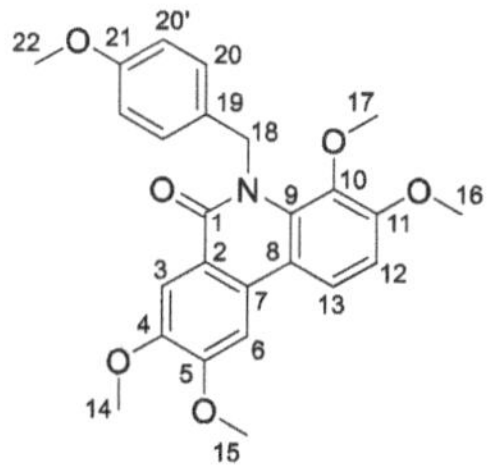

Die Durchführung erfolgt nach der *Allgemeinen Methode 4* aus 0.25 g (0.48 mmol) *N*-(4-Methoxybenzyl)-*N*-(2,3-dimethoxyphenyl)-2-brom-4,5-dimethoxybenzamid (**F-13**), 0.08 g (0.96 mmol) Natriumacetat und 0.08 g (0.07 mmol) $Pd(PPh_3)_4$. Das Produkt (**G-18**) wird nach säulenchromatographischer Reinigung (DCM/TBME 9:1, R_f = 0.47) als gelblicher Feststoff erhalten.

$M(C_{25}H_{25}NO_6)$ = 435.48 g/mol

Ausbeute: 0.06 g (0.14 mmol, 29%)

^{1}H NMR (400 MHz, Chloroform-*d*) δ [ppm] = 7.93 (s, 1H, **H-3**), 7.85 (d, *J* = 9.0 Hz, 1H, **H-13**), 7.48 (s, 1H, **H-6**), 7.17 (d, *J* = 8.7 Hz, 2H, **H-20**), 6.92 (d, *J* = 9.0 Hz, 1H, **H-12**), 6.80 (d, *J* = 8.7 Hz, 2H, **H-20'**), 5.75 (s, 2H, **H-18**), 4.08 (s, 3H, **H-15** o. **H-16**), 4.02 (s, 3H, **H-14**), 3.93 (s, 3H, **H-15** o. **H-16**), 3.75 (s, 3H, **H-22**), 3.34 (s, 3H, **H-17**).

^{13}C NMR (100 MHz, Chloroform-*d*) δ [ppm] = 163.26 (**C-1**), 158.04 (**C-21**), 153.57 (**C-5** u. **C-11**), 149.32 (**C-4**), 138.19 (**C-10**), 132.37 (**C-9**), 131.45 (**C-19**), 128.79 (**C-7**), 127.55 (**C-20**), 118.48 (**C-2**), 118.06 (**C-13**), 115.44 (**C-8**), 113.59 (**C-20'**), 109.28 (**C-3**), 107.65 (**C-12**), 102.36 (**C-6**), 61.49 (**C-17**), 56.22 (**OMe**), 56.17 (**OMe**), 56.13 (**OMe**), 55.24 (**C-22**), 50.55 (**C-18**).

2.13.15 Darstellung von *N*-(4-Methoxybenzyl)-1,4,8,9,10-pentamethoxy-phenanthridin-6(5*H*)-on (G-19)

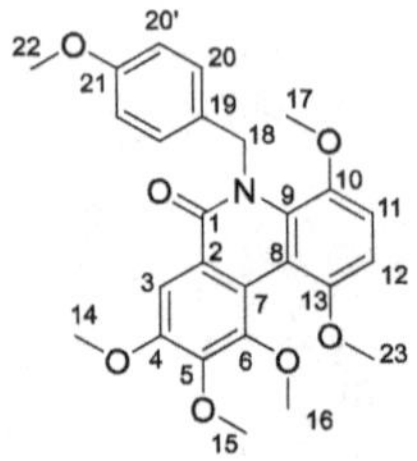

Die Durchführung erfolgt nach der *Allgemeinen Methode 4* aus 1.0 g (1.8 mmol) *N*-(4-Methoxybenzyl)-*N*-(2,5-dimethoxyphenyl)-2-brom-3,4,5-dimethoxybenzamid (**F-16**), 0.29 g (3.66 mmol) Natriumacetat und 0.41 g (0.37 mmol) $Pd(PPh_3)_4$. Das Produkt (**G-19**) wird nach säulenchromatographischer Reinigung (DCM/TBME 9:1, R_f = 0.49) als gelblicher Feststoff erhalten.

$M(C_{26}H_{27}NO_7)$ = 465.50 g/mol

Ausbeute: 0.49 g (1.05 mmol, 57%)

^{1}H NMR (400 MHz, Chloroform-*d*) δ [ppm] = 7.70 (s, 1H, **H-3**), 7.05 – 7.00 (m, 2H, **H-20**), 6.90 (d, *J* = 9.0 Hz, 1H, **H-12**), 6.77 – 6.70 (m, 3H, **H-11** u. **H-20'**), 5.71 (s, 2H, **H-18**), 4.02 (s, 3H, **H-15**), 3.99 (s, 3H, **H-14**), 3.88 (s, 3H, **H-16**), 3.73 (s, 3H, **H-22**), 3.70 (s, 3H, **H-17**), 3.58 (s, 3H, **H-23**).

^{13}C NMR (100 MHz, Chloroform-*d*) δ [ppm] = 163.69 (**C-1**), 157.94 (**C-21**), 153.33 (**C-4**), 151.55 (**C-6**), 151.39 (**C-10**), 145.96 (**C-5**), 142.99 (**C-13**), 131.79 (**C-9**), 127.94 (**C-8**), 127.36 (**C-20**), 124.44 (**C-2**), 119.46 (**C-7**), 113.47 (**C-20'**), 113.24 (**C-12**), 111.21 (**C-19**), 105.48 (**C-11**), 104.55 (**C-3**), 61.16 (**C-15** o. **C-17**), 61.13 (**C-15** o. **C-17**), 57.22 (**C-23**), 56.33 (**C-16**), 56.21 (**C-14**), 55.20 (**C-22**), 50.81 (**C-18**).

HRMS(ESI): *m/z* = 488.1688 $[M+Na]^+$ (berechnet für $[C_{26}H_{27}NO_7 + Na]^+$ = 488.1685)

2.13.16 Darstellung von 4,8-Dihydroxy-phenanthridin-6(5*H*)-on (ZG-1)

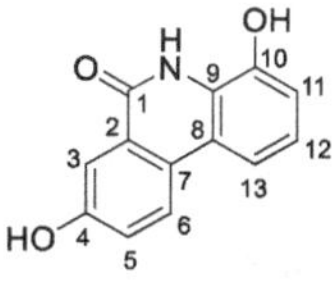

Die Durchführung erfolgt nach der *Allgemeinen Methode 7.2* aus 0.03 g (0.09 mmol) (**G-15**) und 0.32 mL (0.86 g, 3.40 mmol, 40 Äquiv.) BBr_3 in 4 mL absolutem DCM. Das Produkt (**ZG-1**) wird als grauer Feststoff erhalten.

M($C_{13}H_9NO_3$) = 227.22 g/mol

Ausbeute: 15.0 mg (0.07 mmol, 88%)

^{1}H NMR (400 MHz, Methanol-*d*$_4$) δ [ppm] = 8.26 (d, *J* = 8.8 Hz, 1H, **H-6**), 7.76 (d, *J* = 2.8 Hz, 1H, **H-3**), 7.70 (dd, *J* = 8.3, 1.1 Hz, 1H, **H-13**), 7.32 (dd, *J* = 8.8, 2.8 Hz, 1H, **H-5**), 7.11 (t, *J* = 8.0 Hz, 1H, **H-12**), 6.91 (dd, *J* = 7.8, 1.1 Hz, 1H, **H-11**).

^{13}C NMR (100 MHz, Methanol-*d*$_4$) δ [ppm] = 161.72 (**C-1**), 157.55 (**C-4**), 144.26 (**C-10**), 127.47 (**C-7**), 126.69 (**C-2**), 124.33 (**C-6**), 123.42 (**C-9**), 122.68 (**C-12**), 121.99 (**C-5**), 119.70 (**C-8**), 112.58 (**C-13**), 111.96 (**C-11**), 111.37 (**C-3**).

HRMS(ESI): *m/z* = 250.0466 $[M+Na]^+$ (berechnet für $[C_{13}H_9NO_3 + Na]^+$ = 250.0480)

2.13.17 Darstellung von 4,8,9-Trihydroxy-phenanthridin-6(5*H*)-on (ZG-2)

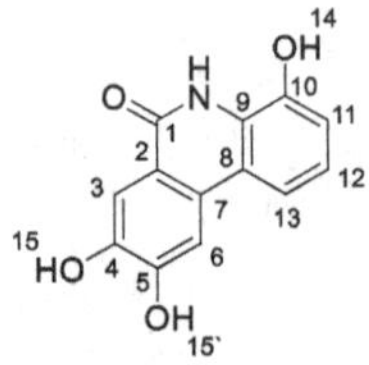

Die Durchführung erfolgt nach der *Allgemeinen Methode 7.2* aus 0.10 g (0.27 mmol) (**G-9**) und 1.3 mL (3.34 g, 13.3 mmol, 50 Äquiv.) BBr_3 in 10 mL absolutem DCM. Das Produkt (**ZG-2**) wird als grauer Feststoff erhalten.

M($C_{13}H_9NO_4$) = 243.22 g/mol

Ausbeute: 0.05 mg (0.22 mmol, 81%)

^{1}H NMR (400 MHz, DMSO-*d*$_6$) δ [ppm] = 10.20 (s, 1H, **14-OH**), 10.00 (s, 1H, **15-OH** o. **15'-OH**), 9.90 (s, 1H, **15-OH** o. **15'-OH**), 9.76 (s, 1H, **NH**), 7.65 (s, 1H, **H-3**), 7.62 (s, 1H, **H-6**), 7.50 (d, *J* = 8.1 Hz, 1H, **H-13**), 7.03 (t, *J* = 7.9 Hz, 1H, **H-12**), 6.87 (d, *J* = 7.7 Hz, 1H, **H-11**).

^{13}C NMR (100 MHz, DMSO-*d*$_6$) δ [ppm] = 160.20 (**C-1**), 151.47 (**C-4** o. **C-5**), 147.05 (**C-4** o. **C-5**), 144.37 (**C-8**), 128.62 (**C-7**), 125.02 (**C-9**), 122.33 (**C-12**), 119.24 (**C-2** o. **C-10**), 119.16 (**C-2** o. **C-10**), 113.13 (**C-13**), 113.00 (**C-11**), 112.87 (**C-3**), 108.35 (**C-6**).

HRMS(ESI): *m/z* = 266.0429 [M+Na]$^+$ (berechnet für [$C_{13}H_9NO_4$ + Na]$^+$ = 266.0429)

2.13.18 Darstellung von 4,8,9,10-Tetrahydroxy-phenanthridin-6(5*H*)-on (ZG-3)

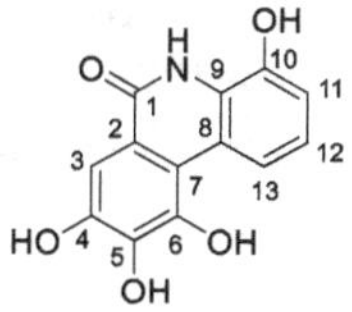

Die Durchführung erfolgt nach der *Allgemeinen Methode 7.2* aus 0.10 g (0.25 mmol) (**G-16**) und 1.3 mL (3.09 g, 12.3 mmol, 50 Äquiv.) BBr_3 in 10 mL absolutem DCM. Das Produkt (**ZG-3**) wird als gelber Feststoff erhalten.

$M(C_{13}H_9NO_5)$ = 259.22 g/mol

Ausbeute: 0.04 mg (0.16 mmol, 64%)

^{1}H NMR (600 MHz, Methanol-*d*$_4$) δ [ppm] = 8.78 (dd, *J* = 8.5, 1.1 Hz, 1H, **H-13**), 7.54 (s, 1H, **H-3**), 7.07 (dd, *J* = 8.5, 7.8 Hz, 1H, **H-12**), 6.91 (dd, *J* = 7.8, 1.1 Hz, 1H, **H-11**).

^{13}C NMR (100 MHz, Methanol-*d*$_4$) δ [ppm] = 161.71 (**C-1**), 145.70 (**C-4**), 143.82 (**C-6**), 143.35 (**C-10)**, 138.43 (**C-5**), 122.87 (**C-9**), 122.06 (**C-12**), 120.07 (**C-8**), 118.35 (**C-13**), 117.42 (**C-2**), 116.96 (**C-7**), 111.26 (**C-11**), 104.22 (**C-3**).

HRMS(ESI): *m/z* = 282.0378 $[M+Na]^+$ (berechnet für $[C_{13}H_9NO_5 + Na]^+$ = 282.0378)

HRMS(ESI): *m/z* = 258.0409 $[M - H]^-$ (berechnet für $[C_{13}H_9NO_5 - H]^-$ = 258.0408)

2.13.19 Darstellung von 2,4,8,9-Tetrahydroxy-phenanthridin-6(5*H*)-on (ZG-4)

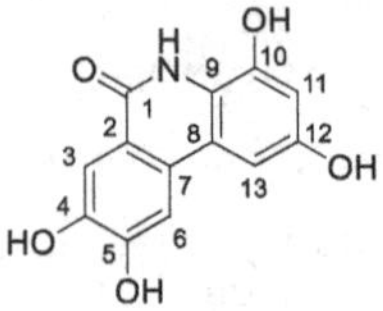

Die Durchführung erfolgt nach der *Allgemeinen Methode 7.2* aus 0.15 g (0.37 mmol) (**G-12**) und 1.7 mL (4.61 g, 18.5 mmol, 50 Äquiv.) BBr_3 in 5 mL absolutem DCM. Das Produkt (**ZG-4**) wird als gelber Feststoff erhalten.

$M(C_{13}H_9NO_5)$ = 259.22 g/mol

Ausbeute: 0.06 g (0.25 mmol, 68%)

^{1}H NMR (400 MHz, DMSO-d_6) δ [ppm] = 10.04 (s, 1H, **NH**), 9.42 (s, 1H, **OH**), 7.53 (s, 1H, **H-3**), 7.35 (s, 1H, **H-6**), 6.72 (d, J = 2.3 Hz, 1H, **H-13**), 6.35 (d, J = 2.3 Hz, 1H, **H-11**).

^{13}C NMR (100 MHz, DMSO-d_6) δ [ppm] = 159.61 (**C-1**), 152.91 (**C-12**), 151.19 (**C-5**), 146.96 (**C-4**), 145.25 (**C-10**), 128.36 (**C-7**), 119.59 (**C-2** o. **C-8**), 119.4 (**C-2** o. **C-8**), 118.30 (**C-9**), 113.02 (**C-3**), 108.10 (**C-6**), 102.72 (**C-11**), 97.87 (**C-13**).

HRMS(ESI): m/z = 282.0374 $[M+Na]^+$ (berechnet für $[C_{13}H_9NO_5 + Na]^+$ = 282.0378)

2.13.20 Darstellung von 1,4,8,9-Tetrahydroxy-phenanthridin-6(5*H*)-on (ZG-5)

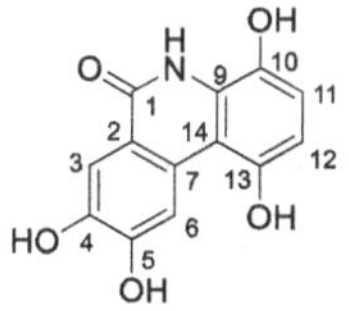

Die Durchführung erfolgt nach der Allgemeinen *Allgemeinen Methode 7.2* aus 0.10 g (0.25 mmol) (**G-13**) und 1.2 mL (3.09 g, 12.3 mmol, 50 Äquiv.) BBr_3 in 10 mL absolutem DCM. Das Produkt (**ZG-5**) wird als gelber Feststoff erhalten.

$M(C_{13}H_9NO_5)$ = 259.22 g/mol

Ausbeute: 0.06 g (0.23 mmol, 82%)

^{1}**H NMR** (400 MHz, Methanol-d_4) δ [ppm] = 8.82 (s, 1H, **H-6**), 7.69 (s, 1H, **H-3**), 6.66 (d, *J* = 8.5 Hz, 1H, **H-11**), 6.46 (d, *J* = 8.5 Hz, 1H, **H-12**).

^{13}**C NMR** (100 MHz, Methanol-d_4) δ [ppm] = 161.70 (**C-1**), 150.49 (**C-5**), 148.40 (**C-13**), 145.31 (**C-4**), 136.30 (**C-10**), 129.95 (**C-7**), 124.90 (**C-9**), 118.08 (**C-2**), 113.52 (**C-6**), 112.21 (**C-11**), 111.68 (**C-3**), 108.19 (**C-14**), 108.04 (**C-12**).

HRMS(ESI): *m/z* = 282.0374 $[M+Na]^+$ (berechnet für $[C_{13}H_9NO_5 + Na]^+$ = 282.0378)

2.13.21 Darstellung von *N*-Methyl-1,3,8,9-tetrahydroxy-phenanthridin-6(5*H*)-on (ZG-6)

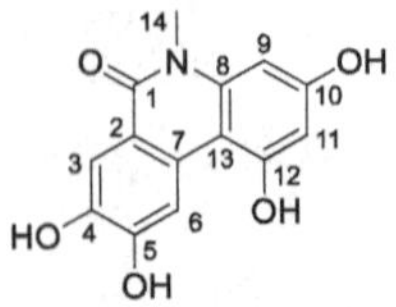

Die Durchführung erfolgt nach der *Allgemeinen Methode 7.2* aus 0.03 g (0.11 mmol) (**G-5***) und 0.47 mL (1.24 g, 5.0 mmol, 45 Äquiv.) BBr_3 in 3 mL absolutem DCM. Das Produkt (**ZG-7**) wird als hellgrauer Feststoff erhalten.

$M(C_{14}H_{11}NO_5)$ = 273.24 g/mol

Ausbeute: 0.02 mg (0.08 mmol, 73%)

^{1}H NMR (400 MHz, DMSO-d_6) δ [ppm] = 10.28 (s, 1H, **NH**), 8.53 (s, 1H, **H-6**), 7.57 (s, 1H, **H-3**), 6.26 (s, 2H, **H-9** u. **H-11**), 3.48 (s, 3H, **H-14**).

^{13}C NMR (100 MHz, DMSO-d_6) δ [ppm] = 160.89 (**C-1**), 157.67 (**C-10** o. **C-12**), 157.43 (**C-10** o. **C-12**), 150.39 (**C-5**), 144.62 (**C-4**), 140.41 (**C-8**), 128.26 (**C-7**), 116.75 (**C-2**), 113.28 (**C-3**), 112.74 (**C-6**), 100.77 (**C-13**), 98.45 (**C-11**), 93.93 (**C-9**), 30.56 (**C-14**).

3 Biochemische Untersuchungen

Die Durchführung der biochemischen Untersuchungen erfolgte im Pharmazeutischen Institut der Universität Padua, Italien in der Arbeitsgruppe von Prof. Dr. B. Gatto.

3.1 Spektroskopische Analysemethoden

Die ausgewählten chromophoren Biphenyle wurden vor der Durchführung der biologischen Experimente mittels UV/vis- und Fluoreszenz-Spektroskopie charakterisiert. Dazu wurden Stammlösungen der festen Biphenyle mit genauen Zielkonzentrationen (je nach Substanz im Bereich von 10 mM) in DMSO hergestellt und bis zur Messung im Kühlschrank aufbewahrt. Bereits bei der Herstellung der Stammlösungen wurde festgestellt, dass einige Substanzen nicht vollständig in DMSO löslich und somit für die biologischen Tests ungeeignet sind.

3.1.1 UV/vis-Experimente

Zur Erstellung einer Kalibrierungsgeraden wurden für die UV/vis-Absorptionsspektren bei jeder Messung (durchschnittlich 6-7 Messungen) eine definierte Masse der Stammlösung in eine Quarzküvette gegeben. Die substanzspezifischen und wellenlängenabhängigen molaren dekadischen Extinktionskoeffizienten (ε) wurden anschließend nach dem Lambert-Beer-Gesetz (1) bei den gemessenen Absorptionsmaxima (λ_{max}) und über die genau abgewogenen Substanzmassen aus der grafischen Auftragung von Extinktion (E_λ) gegen Konzentration ermittelt.

$$(1)\ E_\lambda = \log_{10} (I_o/I) = \varepsilon\ c\ d$$

Die jeweiligen ε–Mittelwerte (Mittelwert aus drei Messungen) mit zugehöriger Standardabweichung sind in der Tabelle 44 zusammengefasst.

Alle Probenlösungen wurden direkt in der Küvette in TN(1x) Puffer (10 mM Tris·HCl, 20 mM NaCl, pH 7.5) angesetzt und die jeweilige Substranzkonzentration aus dem Volumen des TN-Puffers und der Masse der Substanzlösung mit der Konzentration von 2 mM ermittelt.
Die Zielkonzentration der Substanz in der Küvette betrug 50 - 70 μM.

Tab. 47: Extinktionskoeffizienten und Absorptionsmaxima der untersuchten Biphenyle.

Urolithine	ε/L·mol^{-1}cm^{-1}	λ_{max}/nm	Phenanthridinone	ε/L·mol^{-1}cm^{-1}	λ_{max}/nm
(ZE-4)	19198 ± 80	283	Phenanthridinon-1	48212 ± 175	236
	4959 ± 22	373		24048 ± 441	257
(ZE-3)	16744 ± 92	280		5983 ± 98	297
	5968± 111	366		9289 ± 569	322-336
(ZE-7)	16892 ± 121	276	(G-7)	30708 ± 1768	254
	7102 ± 41	385		4042 ± 187	340
(ZE-2)	13527 ± 200	281	(G-6)	49732 ± 465	250
	4575 ± 48	351		27978 ± 1085	271
(E-11)	33383 ± 2006	261		6164 ± 270	332-346
	6094 ± 111	348	(G-3)	30955 ± 343	238
(ZE-11)	34679 ± 2106	267		11755 ± 181	265
	12812 ± 714	318		8899 ± 29	340
(E-24*)	23029 ± 338	260	(ZG-1)	23830 ± 80	273
(ZE-13)	31987 ± 739	271		5974 ± 77	334
	14194 ± 64	344		5418 ± 91	348
(ZE-1)	9743 ± 69	276	(G-12)	agglomeriert*	-
	9591 ± 142	316	(G-13)	agglomeriert*	-
(ZE-8)	38507 ± 310	278	(G-15)	agglomeriert*	-
(ZE-9)	16980 ± 176	282	(G-9)	agglomeriert*	-
	5096 ± 64	357	(G-16)	agglomeriert*	-
(ZE-10)	21459 ± 289	269	(G-8)	nicht löslich**	-
	10323 ± 139	306			
	9469 ± 126	326			
(E-25)	agglomeriert*	-			
(E-9)	nicht löslich**	-	* agglomeriert in TN-Puffer; ** nicht löslich in DMSO-Stock		

3.1.2 Fluoreszenz - Experimente

Nach den UV/vis-Untersuchungen konnten alle in DMSO unlöslichen und in TN(1x) Puffer (10 mM Tris·HCl, 20 mM NaCl, pH 7.5) agglomerierten Substrate aussortiert werden, sodass als nächstes nur die im wässrigen Milieu stabilen Biphenyle fluorimetrisch analysiert wurden. Die Konzentrationsabhängigkeit der maximalen Fluoreszenzintensität der Biphenyle sowie die zugehörige Fluoreszenz-Wellenlänge sind in den Tabellen 45-46 zusammengestellt.

Alle Lösungen wurden direkt in der Fluoreszenzküvette angesetzt und die jeweilige Substranzkonzentration aus dem Volumen des TN-Puffers und der Masse der Substanzlösung mit der Konzentration von 2 mM ermittelt.
Die Zielkonzentration der Substanz in der Küvette betrug 1; 10; 50; 100 μM.

Tab. 48: Die gemessenen Fluoreszenzdaten der untersuchten Urolithine.

Substanz	λ_{ex}/ nm	I_{fluo} max	λ_{max}/ nm	Substanz	λ_{ex}/ nm	I_{fluo} max	λ_{max}/ nm
(ZE-3)	280	100 (100 μM)	485	(ZE-2)	281	-	-
	366	140 (100 μM)	485		351	-	-
(ZE-13)	271	40 (1 μM)	415	(ZE-1)	276	-	-
		265 (10 μM)	415		316	-	-
		-* (50 μM)	-	(E-11)	261	-	-
	344	165 (10 μM)	412		348	-	-
		537 (50 μM)	412	(ZE-11)	267	-	-
		-* (100 μM)	-		318	-	-
(ZE-8)	278	30 (10 μM)	443	(E-24*)	260	-	-
		30 (50 μM)	443	(ZE-4)	283	-	-
		-* (100 μM)	-		373	-	-
(ZE-10)	270	400 (50 μM)	420	(ZE-7)	276	-	-
	306	350 (50 μM)	419		385	-	-
	327	416 (100 μM)	412				

* selbstauslöschende Fluoreszenz; λ_{ex} : Anregungswellenlänge

Tab. 49: Die gemessenen Fluoreszenzdaten der untersuchten Phenanthridinone.

Substanz	**λ_{ex}/nm**	**c/μM**	**I_{fluo} max**	**λ_{max}/nm**
Pheanthridinon-1	236	1	650	370
		10	selbstauslöschend**	-
	257	1	330	370
		10	selbstauslöschend**	-
	297	1	89	370
		10	730	370
	322	1	153	375
		10	selbstauslöschend**	-
(G-6)	250	1	600	n.b
		10	selbstauslöschend**	-
	271	1	300	n.b
		10	selbstauslöschend**	-
	322	1	100	n.b
		10	600	n.b
(G-7)	254	1	230	410
		50	selbstauslöschend**	-
	340	10	800	405
		50	390	680
		100	920	680
(G-3)	238	1	980	430
		10	selbstauslöschend**	-
	265	1	500	430
		10	selbstauslöschend**	-
	340	1	400	430
		10	730	430
(G-8)	254	1	567	362

	323	10	604	364
	338	10	593	367
(ZG-1)	273	50	100	442
	334	100	102	433
	348	100	120	434

* nicht bestimmt
** selbstauslöschende Fluoreszenz
λ_{ex} : Anregungswellenlänge

3.2 Gelelektrophorese

Alle in der vorliegenden Arbeit durchgeführten Elektrophorese-Experimente werden durch den Einsatz von Agarosegel als Matrix für die Trennung von verschiedenen Formen der DNA bzw. DNA-Fragmente genutzt. Die DNA ist ein aufgrund des Zucker-Phosphat-Rückgrats negativ geladenes Makromolekül, welches durch die Wanderung in einem elektrischen Feld nach ihrer Größe aufgetrennt werden kann. Dabei wandern die negativ geladenen DNA-Fragmente umso schneller zur Anode, je kleiner sie sind. Der Vorgang ist außerdem stark vom pH-Wert des eingesetzten Elektrophorese-Puffers abhängig.[177,178] Die verwendete Agaroselösung und der Laufpuffer besitzen folgende Zusammensetzung:

Agarosegel	1 % (w/v) Agarose in TAE(1x) – Puffer
TAE – Laufpuffer (1x)	4.84 g Tris·HCl 1.14 mL Eisessig 2 mL 0.5 M Na_2-EDTA (pH 8.0) mit H_2O_{bidest} auf 1 L auffüllen

3.2.1 Dekatenierungsassay – Hemmung der Topoisomerase II-α

Zur Analyse der Topoisomerase II-α Aktivität werden die synthetisierten Biphenyle in einem nach Gatto modifizierten Dekatenierungsassay eingesetzt (vgl. Kap. III, 2.1). Alle Verdünnungen werden in DEPC-haltigem H_2O in vorher sterilisierten Eppendorf Tubes vorgenommen. Als Substrat dient hierbei die Kinetoplasten DNA (kDNA), welche in ihrer verknoteten Form nicht ins Agarosegel migrieren kann. Durch die katalytische Aktivität von Topoisomerase II-α, die einen transienten Doppelstrangbruch im Zuckerphosphat-Rückgrat der kDNA einführt und einen zweiten DNA-Doppelstrang durch die entstandene Lücke hindurchführt, können aus einem hochmolekularen Netzwerk der kDNA einzelne Minizirkel freigesetzt werden. Diese sind anschließend in der Lage in das Agarosegel zu migrieren. Die Trennung der beiden DNA-Formen erfolgt mittels Agarosegelelektrophorese.

Durchführung:

Ein Standard Dekatenierungsassay wird mit einem Endvolumen von 20 µl pro Reaktionsansatz durchgeführt. Für einen Spaltansatz werden 200 ng kDNA (Inspiralis Ltd., UK) sowie 1 mM ATP und eine variable Konzentration (0.1-100 µM) des Enzyminhibitors (Biphenyl-Testsubstanz oder Referenz-Inhibitor Etoposid bzw. Doxorubicin) in Dekatenierungspuffer aufgenommen. Mit Ausnahme des Blanks (nur kDNA) werden die vorbereiteten Lösungsansätze mit 1 µL, 0.066 U Topoisomerase II-α (Inspiralis Ltd., UK) versetzt. Um jeweils die oben aufgeführte Endkonzentration zu erreichen wird mit DEPC-behandeltem H_2O bis zu einem Endvolumen von 20 µL aufgefüllt und vorsichtig homogenisiert. Anschließend wird für 60 min bei 37°C inkubiert. Für die gelelektrophoretische Untersuchung werden, wie bereits erwähnt, pro Gel eine Blind- und je zwei Referenzkontrollen verwendet. Der Blindwert besteht aus kDNA ohne Enzym und Testsubstanz. Die Referenzkontrolle besteht aus kDNA mit Enzym und einem Referenz-Enzyminhibitor (Etoposid oder Doxorubicin) und zeigt eine 100%-ige Hemmung der Topoisomerase II-α.

Die Enzymreaktion wird durch Zugabe von 3 µL Ladepuffer (GLB/SDS 2%) gestoppt und das gesamte Volumen jeder Probe (23 µL) in die Geltasche des Agarosegels pipettiert. Die Gelelektrophorese wird für 1.5 Stunden bei 80 V gestartet. Nach der elektrophoretischen Auftrennung wird das Agarose-Gel mit 0.5 µg/mL Lösung von SYBR® Green I für ca. 15 min angefärbt. Die Aufnahme des Agarosebildes erfolgt durch eine UV-Messung im Geliance 600 Imager der Firma Perkin Elmer. Anhand der Bandenintensität, welche proportional zur DNA-Menge ist, kann eine semi-quantitative Bestimmung des verbliebenen kDNA-Gehaltes durchgeführt werden. Diese Analyse wird mit der Software Gene Tools der Firma Perkin Elmer ermittelt. Die halbmaximale Blockierungskonzentration (IC_{50}) bei der 50% des Substrats (geknotete DNA) in das Reaktionsprodukt (nicht geknotete DNA) umgewandelt wird, kann mittels einer Konzentrations-Inhibitionskurve (Standardsignoidkurve) bestimmt werden.

Der Kompetitionsassay wird unter den gleichen Bedingungen wie der Standard-Dekatenationsassay durchgeführt, wobei die ATP-Konzentration von 1.0 mM (Standard) auf 3.0 mM erhöht wird.

Übersicht zu den eingesetzten Lösungen und Reagenzien

Mastermix	kDNA 200 ng
	ATP 1mM
	Dekatenierungspuffer (1x) 5 mM Tris·HCl pH 7.5, 12.5 mM NaCl, 0.5 mM DTT, 10 µg/mL Albumin, 1 mM $MgCl_2$
TOPO II-Inhibitor	Biphenyl-Testsubstanzen 0.5-100 µM
	Referenz-Inhibitoren: Etoposid 100 µM, Doxorubicin 10-20 µM
Enzym	Topoisomerase II-α 1 µL, 0.066 U pro Reaktionsansatz
Laufpuffer	TAE10x-Puffer 40 mM Tris·HCl, 20 mM Eisessig, 0.5 M Na_2-EDTA (pH 8.0)
Ladepuffer	GLB (Gel loading buffer) 2% SDS (Natriumdodecylsulfat) in 49% TE-Puffer (10 mM Tris·HCl pH 7.5, 20 mM NaCl, 1 mM EDTA), 49% Glycerol, 2% SDS, 0.025% Bromophenolblau, 0.025% Xylencyanol
Färbebad	0.5 µg/mL SYBR® Green I in H_2O_{bidest}

VI Literaturverzeichnis

(1) Borhanuddin, B.; Mohd Nawi, A.; Shah, S. A.; Abdullah, N.; Syed Zakaria, S. Z.; Kamaruddin, M. A.; Velu, C. S.; Ismail, N.; Abdullah, M. S.; Ahmad Kamat, S.; et al. 10-Year Cardiovascular Disease Risk Estimation Based on Lipid Profile-Based and BMI-Based Framingham Risk Scores across Multiple Sociodemographic Characteristics: The Malaysian Cohort Project. *Sci. World J.* **2018**, *2018*, 1–8. https://doi.org/10.1155/2018/2979206.
(2) Mohammed, S. A.; Hassan, F.; Philip, A. K.; Hameed, A. A.; Yousif, E. Chemotherapy of Breast Cancer by Heterocyclic Compounds. *Int J Pharm Sci Rev Res* **2016**, *42* (2), 225–231.
(3) Cancer https://www.who.int/news-room/fact-sheets/detail/cancer (accessed Dec 9, 2018).
(4) Chaffer, C. L.; Weinberg, R. A. A Perspective on Cancer Cell Metastasis. *Science* **2011**, *331* (6024), 1559–1564. https://doi.org/10.1126/science.1203543.
(5) Baccelli, I.; Trumpp, A. The Evolving Concept of Cancer and Metastasis Stem Cells. *J. Cell Biol.* **2012**, *198* (3), 281–293. https://doi.org/10.1083/jcb.201202014.
(6) Engelhardt, M.; Berger, D. P.; Mertelsmann, R.; Duyster, J. *Das Blaue Buch: Chemotherapie-Manual Hämatologie und Onkologie*; Springer-Verlag, 2016.
(7) George, V. C.; Dellaire, G.; Rupasinghe, H. P. V. Plant Flavonoids in Cancer Chemoprevention: Role in Genome Stability. *J. Nutr. Biochem.* **2017**, *45*, 1–14. https://doi.org/10.1016/j.jnutbio.2016.11.007.
(8) Heinzerling, L.; Hartmann, A.; Hund, M.; Schuler, G. *Medikamentöse Tumortherapie in der Dermato-Onkologie*; Springer-Verlag, 2013.
(9) Nephrotoxizität bei Chemotherapie https://www.springermedizin.de/akutes-nierenversagen/nephrologische-notfaelle/nephrotoxizitaet-bei-chemotherapie/9006162 (accessed Dec 9, 2018).
(10) Szakács, G.; Paterson, J. K.; Ludwig, J. A.; Booth-Genthe, C.; Gottesman, M. M. Targeting Multidrug Resistance in Cancer. *Nat. Rev. Drug Discov.* **2006**, *5* (3), 219–234. https://doi.org/10.1038/nrd1984.
(11) Cantor, J. R.; Sabatini, D. M. Cancer Cell Metabolism: One Hallmark, Many Faces. *Cancer Discov.* **2012**, *2* (10), 881–898. https://doi.org/10.1158/2159-8290.CD-12-0345.
(12) Mons, U.; Gredner, T.; Behrens, G.; Stock, C.; Brenner, H. Cancers Due to Smoking and High Alcohol Consumption. *Dtsch. Aerzteblatt Online* **2018**. https://doi.org/10.3238/arztebl.2018.0571.
(13) Mwr, -. Cancers Due to Excess Weight, Low Physical Activity and Unhealthy Diet. *Dtsch. Aerzteblatt Online* **2018**. https://doi.org/10.3238/arztebl.2018.0578.
(14) Seifert, R. Arzneistoffe zur Behandlung von malignen Tumorerkrankungen. In *Basiswissen Pharmakologie*; Seifert, R., Ed.; Springer-Lehrbuch; Springer Berlin Heidelberg: Berlin, Heidelberg, 2018; pp 367–383. https://doi.org/10.1007/978-3-662-56303-8_32.
(15) Grassmann, R.; Iftner, T.; Fleckenstein, B. Kanzerogenese durch Viren. In *Die Onkologie*; Hiddemann, W., Bartram, C. R., Eds.; Springer Berlin Heidelberg: Berlin, Heidelberg, 2010; pp 224–240. https://doi.org/10.1007/978-3-540-79725-8_9.
(16) Humane Papillomviren und Krebs https://www.krebsinformationsdienst.de/vorbeugung/risiken/hpv.php (accessed Dec 9, 2018).
(17) Koch-Institut, R. Bericht zum Krebsgeschehen in Deutschland 2016. 274.
(18) Gredner, T.; Behrens, G.; Stock, C.; Brenner, H.; Mons, U. Cancers Due to Infection and Selected Environmental Factors. *Dtsch. Aerzteblatt Online* **2018**.

https://doi.org/10.3238/arztebl.2018.0586.
(19) Tschuschke, V. *Psychoonkologie: Psychologische Aspekte der Entstehung und Bewältigung von Krebs*; Klett-Cotta, 2018.
(20) Kanwal, R.; Gupta, K.; Gupta, S. Cancer Epigenetics: An Introduction. In *Cancer Epigenetics*; Verma, M., Ed.; Springer New York: New York, NY, 2015; Vol. 1238, pp 3–25. https://doi.org/10.1007/978-1-4939-1804-1_1.
(21) Geley, S.; Hengst, L. Zellzyklus. In *Die Onkologie*; Hiddemann, W., Bartram, C. R., Eds.; Springer Berlin Heidelberg: Berlin, Heidelberg, 2010; pp 162–180. https://doi.org/10.1007/978-3-540-79725-8_7.
(22) Schmitz, S.; Desel, C. Zellzyklus und Proliferation, Differenzierung und Seneszenz. In *Der Experimentator Zellbiologie*; Schmitz, S., Desel, C., Eds.; Experimentator; Springer Berlin Heidelberg: Berlin, Heidelberg, 2018; pp 113–129. https://doi.org/10.1007/978-3-662-56111-9_5.
(23) Pietsch, E. C.; Sykes, S. M.; McMahon, S. B.; Murphy, M. E. The P53 Family and Programmed Cell Death. *Oncogene* **2008**, *27* (50), 6507–6521. https://doi.org/10.1038/onc.2008.315.
(24) Bartram, C. R. Genetische Grundlagen der Kanzerogenese. In *Die Onkologie*; Hiddemann, W., Bartram, C. R., Eds.; Springer Berlin Heidelberg: Berlin, Heidelberg, 2010; pp 67–127. https://doi.org/10.1007/978-3-540-79725-8_4.
(25) Burden, D. A.; Osheroff, N. Mechanism of Action of Eukaryotic Topoisomerase II and Drugs Targeted to the Enzyme. *Biochim. Biophys. Acta BBA - Gene Struct. Expr.* **1998**, *1400* (1–3), 139–154. https://doi.org/10.1016/S0167-4781(98)00132-8.
(26) Pommier, Y. Drugging Topoisomerases: Lessons and Challenges. *ACS Chem. Biol.* **2013**, *8* (1), 82–95. https://doi.org/10.1021/cb300648v.
(27) Pommier, Y.; Leo, E.; Zhang, H.; Marchand, C. DNA Topoisomerases and Their Poisoning by Anticancer and Antibacterial Drugs. *Chem. Biol.* **2010**, *17* (5), 421–433. https://doi.org/10.1016/j.chembiol.2010.04.012.
(28) Wendorff, T. J.; Schmidt, B. H.; Heslop, P.; Austin, C. A.; Berger, J. M. The Structure of DNA-Bound Human Topoisomerase II Alpha: Conformational Mechanisms for Coordinating Inter-Subunit Interactions with DNA Cleavage. *J. Mol. Biol.* **2012**, *424* (3–4), 109–124. https://doi.org/10.1016/j.jmb.2012.07.014.
(29) Nitiss, J. L. Targeting DNA Topoisomerase II in Cancer Chemotherapy. *Nat. Rev. Cancer* **2009**, *9* (5), 338–350. https://doi.org/10.1038/nrc2607.
(30) Deweese, J. E.; Osheroff, N. The DNA Cleavage Reaction of Topoisomerase II: Wolf in Sheep's Clothing. *Nucleic Acids Res.* **2009**, *37* (3), 738–748. https://doi.org/10.1093/nar/gkn937.
(31) Hande, K. R. Topoisomerase II Inhibitors. *Update Cancer Ther.* **2008**, *3* (1), 13–26. https://doi.org/10.1016/j.uct.2008.02.001.
(32) Thakur, D. S. Topoisomerase II Inhibitors in Cancer Treatment. *Int. J. Pharm. Sci. Nanotechnol.* **2011**, *3* (4), 1173–1181.
(33) Gibson, E. G.; Deweese, J. E. Covalent Poisons of Topoisomerase II. *Curr. Top. Pharmacol.* **2013**, *17* (1), 1–13.
(34) Delgado, J. L.; Hsieh, C.-M.; Chan, N.-L.; Hiasa, H. Topoisomerases as Anticancer Targets. *Biochem. J.* **2018**, *475* (2), 373–398. https://doi.org/10.1042/BCJ20160583.
(35) Palumbo, M.; Gatto, B.; Moro, S.; Sissi, C.; Zagotto, G. Sequence-Specific Interactions of Drugs Interfering with the Topoisomerase–DNA Cleavage Complex. *Biochim. Biophys. Acta BBA - Mol. Basis Dis.* **2002**, *1587* (2–3), 145–154. https://doi.org/10.1016/S0925-

4439(02)00077-7.
(36) Turner, T.; Burri, B. Potential Nutritional Benefits of Current Citrus Consumption. *Agriculture* **2013**, *3* (1), 170–187. https://doi.org/10.3390/agriculture3010170.
(37) El-Bayoumy, K.; Sinha, R.; Pinto, J. T.; Rivlin, R. S. Cancer Chemoprevention by Garlic and Garlic-Containing Sulfur and Selenium Compounds1–3. *Am. Soc. Nutr.* **2006**, 864S-869S.
(38) Nicastro, H. L.; Ross, S. A.; Milner, J. A. Garlic and Onions: Their Cancer Prevention Properties. *Cancer Prev. Res. (Phila. Pa.)* **2015**, *8* (3), 181–189. https://doi.org/10.1158/1940-6207.CAPR-14-0172.
(39) Costa, C. A. R. A.; Cury, T. C.; Cassettari, B. O.; Takahira, R. K.; Flório, J. C.; Costa, M. Citrus Aurantium L. Essential Oil Exhibits Anxiolytic-like Activity Mediated by 5-HT1A-Receptors and Reduces Cholesterol after Repeated Oral Treatment. *BMC Complement. Altern. Med.* **2013**, *13* (1). https://doi.org/10.1186/1472-6882-13-42.
(40) Shu, Z.; Yang, Y.; Xing, N.; Wang, Y.; Wang, Q.; Kuang, H. Structural Characterization and Immunomodulatory Activity of a Pectic Polysaccharide (CALB-4) from Fructus Aurantii. *Int. J. Biol. Macromol.* **2018**, *116*, 831–839. https://doi.org/10.1016/j.ijbiomac.2018.01.165.
(41) Drew, S. W.; Demain, A. L. Effect of Primary Metabolites on Secondary Metabolism. *Annu. Rev. Microbiol.* **1977**, *31* (1), 343–356. https://doi.org/10.1146/annurev.mi.31.100177.002015.
(42) Adolph, M. *Ernährungsmedizin: nach dem neuen Curriculum Ernährungsmedizin der Bundesärztekammer ; 276 Tabellen*; Georg Thieme Verlag, 2010.
(43) Barrajón-Catalán, E.; Fernández-Arroyo, S.; Saura, D.; Guillén, E.; Fernández-Gutiérrez, A.; Segura-Carretero, A.; Micol, V. Cistaceae Aqueous Extracts Containing Ellagitannins Show Antioxidant and Antimicrobial Capacity, and Cytotoxic Activity against Human Cancer Cells. *Food Chem. Toxicol.* **2010**, *48* (8–9), 2273–2282. https://doi.org/10.1016/j.fct.2010.05.060.
(44) Seca, A.; Pinto, D. Plant Secondary Metabolites as Anticancer Agents: Successes in Clinical Trials and Therapeutic Application. *Int. J. Mol. Sci.* **2018**, *19* (1), 263. https://doi.org/10.3390/ijms19010263.
(45) Al-Ayyoubi, S.; Gali-Muhtasib, H. Differential Apoptosis by Gallotannin in Human Colon Cancer Cells with Distinct P53 Status. *Mol. Carcinog.* **2007**, *46* (3), 176–186. https://doi.org/10.1002/mc.20252.
(46) Chachay, V. S.; Kirkpatrick, C. M. J.; Hickman, I. J.; Ferguson, M.; Prins, J. B.; Martin, J. H. Resveratrol - Pills to Replace a Healthy Diet?: Resveratrol: Pills or Food? *Br. J. Clin. Pharmacol.* **2011**, *72* (1), 27–38. https://doi.org/10.1111/j.1365-2125.2011.03966.x.
(47) Tsui, K.-C.; Chiang, T.-H.; Wang, J.-S.; Lin, L.-J.; Chao, W.-C.; Chen, B.-H.; Lu, J.-F. Flavonoids from Gynostemma Pentaphyllum Exhibit Differential Induction of Cell Cycle Arrest in H460 and A549 Cancer Cells. *Molecules* **2014**, *19* (11), 17663–17681. https://doi.org/10.3390/molecules191117663.
(48) Going, C. C.; Tailor, D.; Kumar, V.; Birk, A. M.; Pandrala, M.; Rice, M. A.; Stoyanova, T.; Malhotra, S.; Pitteri, S. J. Quantitative Proteomic Profiling Reveals Key Pathways in the Anticancer Action of Methoxychalcone Derivatives in Triple Negative Breast Cancer. *J. Proteome Res.* **2018**. https://doi.org/10.1021/acs.jproteome.8b00636.
(49) Chavan, B. B.; Gadekar, A. S.; Mehta, P. P.; Vawhal, P. K.; Kolsure, A. K.; Chabukswar, A. R. Synthesis and Medicinal Significance of Chalcones- A Review. *Asian J. Biomed. Pharm. Sci.* **2016**, 7.
(50) Sampath, S.; Subramani, S.; Janardhanam, S.; Subramani, P.; Yuvaraj, A.; Chellan, R.

Bioactive Compound 1,8-Cineole Selectively Induces G2/M Arrest in A431 Cells through the Upregulation of the P53 Signaling Pathway and Molecular Docking Studies. *Phytomedicine* **2018**, *46*, 57–68. https://doi.org/10.1016/j.phymed.2018.04.007.
(51) Espín, J. C.; Larrosa, M.; García-Conesa, M. T.; Tomás-Barberán, F. Biological Significance of Urolithins, the Gut Microbial Ellagic Acid-Derived Metabolites: The Evidence So Far. *Evid. Based Complement. Alternat. Med.* **2013**, *2013*, 1–15. https://doi.org/10.1155/2013/270418.
(52) Giorgio, C.; Mena, P.; Del Rio, D.; Brighenti, F.; Barocelli, E.; Hassan-Mohamed, I.; Callegari, D.; Lodola, A.; Tognolini, M. The Ellagitannin Colonic Metabolite Urolithin D Selectively Inhibits EphA2 Phosphorylation in Prostate Cancer Cells. *Mol. Nutr. Food Res.* **2015**, *59* (11), 2155–2167. https://doi.org/10.1002/mnfr.201500470.
(53) Zhao, W.; Shi, F.; Guo, Z.; Zhao, J.; Song, X.; Yang, H. Metabolite of Ellagitannins, Urolithin A Induces Autophagy and Inhibits Metastasis in Human Sw620 Colorectal Cancer Cells. *Mol. Carcinog.* **2018**, *57* (2), 193–200. https://doi.org/10.1002/mc.22746.
(54) Lewandowska, H.; Kalinowska, M.; Lewandowski, W.; Stępkowski, T. M.; Brzóska, K. The Role of Natural Polyphenols in Cell Signaling and Cytoprotection against Cancer Development. *J. Nutr. Biochem.* **2016**, *32*, 1–19. https://doi.org/10.1016/j.jnutbio.2015.11.006.
(55) Anna K Jager, S. H. F. Correlation between Plant Secondary Metabolites and Their Antifungal Mechanisms–A Review. *Med. Aromat. Plants* **2014**, *03* (02). https://doi.org/10.4172/2167-0412.1000154.
(56) Afarinkia, K.; Ndibwami, A. A General Synthesis of Phenanthridinone Alkaloids. *Synlett* **2007**, *2007* (12), 1940–1944. https://doi.org/10.1055/s-2007-984540.
(57) *Hetarene II: Teil 2*, 4th ed.; Kreher, R., Ed.; Georg Thieme Verlag: Stuttgart, 1992. https://doi.org/10.1055/b-003-115787.
(58) Takos, A.; Rook, F. Towards a Molecular Understanding of the Biosynthesis of Amaryllidaceae Alkaloids in Support of Their Expanding Medical Use. *Int. J. Mol. Sci.* **2013**, *14* (6), 11713–11741. https://doi.org/10.3390/ijms140611713.
(59) Luo, Z.; Wang, F.; Zhang, J.; Li, X.; Zhang, M.; Hao, X.; Xue, Y.; Li, Y.; Horgen, F. D.; Yao, G.; et al. Cytotoxic Alkaloids from the Whole Plants of *Zephyranthes Candida*. *J. Nat. Prod.* **2012**, *75* (12), 2113–2120. https://doi.org/10.1021/np3005425.
(60) Fennell, C. W.; van Staden, J. Crinum Species in Traditional and Modern Medicine. *J. Ethnopharmacol.* **2001**, *78* (1), 15–26. https://doi.org/10.1016/S0378-8741(01)00305-1.
(61) Nishiyama, Y.; Mori, S.; Makishima, M.; Fujii, S.; Kagechika, H.; Hashimoto, Y.; Ishikawa, M. Novel Nonsteroidal Progesterone Receptor (PR) Antagonists with a Phenanthridinone Skeleton. *ACS Med. Chem. Lett.* **2018**, *9* (7), 641–645. https://doi.org/10.1021/acsmedchemlett.8b00058.
(62) Castiel, A.; Visochek, L.; Mittelman, L.; Dantzer, F.; Izraeli, S.; Cohen-Armon, M. A Phenanthrene Derived PARP Inhibitor Is an Extra-Centrosomes de-Clustering Agent Exclusively Eradicating Human Cancer Cells. *BMC Cancer* **2011**, *11* (1). https://doi.org/10.1186/1471-2407-11-412.
(63) Ka, N.-L.; Na, T.-Y.; Na, H.; Lee, M.-H.; Park, H.-S.; Hwang, S.; Kim, I. Y.; Seong, J. K.; Lee, M.-O. NR1D1 Recruitment to Sites of DNA Damage Inhibits Repair and Is Associated with Chemosensitivity of Breast Cancer. *Cancer Res.* **2017**, *77* (9), 2453–2463. https://doi.org/10.1158/0008-5472.CAN-16-2099.
(64) Inbar-Rozensal, D.; Castiel, A.; Visochek, L.; Castel, D.; Dantzer, F.; Izraeli, S.; Cohen-Armon, M. A Selective Eradication of Human Nonhereditary Breast Cancer Cells by

Phenanthridine-Derived PolyADP-Ribose Polymerase Inhibitors. *Breast Cancer Res.* **2009**, *11* (6). https://doi.org/10.1186/bcr2445.
(65) Ma, Z.; Xiang, Z.; Luo, T.; Lu, K.; Xu, Z.; Chen, J.; Yang, Z. Synthesis of Functionalized Quinolines via Ugi and Pd-Catalyzed Intramolecular Arylation Reactions. *J. Comb. Chem.* **2006**, *8* (5), 696–704. https://doi.org/10.1021/cc060066b.
(66) Nasrabady, S. E.; Kuzhandaivel, A.; Mladinic, M.; Nistri, A. Effects of 6(5H)-Phenanthridinone, an Inhibitor of Poly(ADP-Ribose)Polymerase-1 Activity (PARP-1), on Locomotor Networks of the Rat Isolated Spinal Cord. *Cell. Mol. Neurobiol.* **2011**, *31* (4), 503–508. https://doi.org/10.1007/s10571-011-9661-x.
(67) Fukuda, H.; Karaki, F.; Dodo, K.; Noguchi-Yachide, T.; Ishikawa, M.; Hashimoto, Y.; Ohgane, K. Phenanthridin-6-One Derivatives as the First Class of Non-Steroidal Pharmacological Chaperones for Niemann-Pick Disease Type C1 Protein. *Bioorg. Med. Chem. Lett.* **2017**, *27* (12), 2781–2787. https://doi.org/10.1016/j.bmcl.2017.04.062.
(68) Li, T.-K.; Houghton, P. J.; Desai, S. D.; Daroui, P.; Liu, A. A.; Hars, E. S.; Ruchelman, A. L.; LaVoie, E. J.; Liu, L. F. Characterization of ARC-111 as a Novel Topoisomerase I-Targeting Anticancer Drug. *Cancer Res.* **2003**, *63*, 8400–8407.
(69) Bell, C.; Hawthorne, S. Ellagic Acid, Pomegranate and Prostate Cancer - a Mini Review. *J. Pharm. Pharmacol.* **2008**, *60* (2), 139–144. https://doi.org/10.1211/jpp.60.2.0001.
(70) Zhao, W.; Shi, F.; Guo, Z.; Zhao, J.; Song, X.; Yang, H. Metabolite of Ellagitannins, Urolithin A Induces Autophagy and Inhibits Metastasis in Human Sw620 Colorectal Cancer Cells. *Mol. Carcinog.* **2018**, *57* (2), 193–200. https://doi.org/10.1002/mc.22746.
(71) Bialonska, D.; Kasimsetty, S. G.; Khan, S. I.; Ferreira, D. Urolithins, Intestinal Microbial Metabolites of Pomegranate Ellagitannins, Exhibit Potent Antioxidant Activity in a Cell-Based Assay. *J. Agric. Food Chem.* **2009**, *57* (21), 10181–10186. https://doi.org/10.1021/jf9025794.
(72) Wang, Y.; Qiu, Z.; Zhou, B.; Liu, C.; Ruan, J.; Yan, Q.; Liao, J.; Zhu, F. In Vitro Antiproliferative and Antioxidant Effects of Urolithin A, the Colonic Metabolite of Ellagic Acid, on Hepatocellular Carcinomas HepG2 Cells. *Toxicol. Vitro Int. J. Publ. Assoc. BIBRA* **2015**, *29* (5), 1107–1115. https://doi.org/10.1016/j.tiv.2015.04.008.
(73) Cozza, G.; Gianoncelli, A.; Bonvini, P.; Zorzi, E.; Pasquale, R.; Rosolen, A.; Pinna, L. A.; Meggio, F.; Zagotto, G.; Moro, S. Urolithin as a Converging Scaffold Linking Ellagic Acid and Coumarin Analogues: Design of Potent Protein Kinase CK2 Inhibitors. *ChemMedChem* **2011**, *6* (12), 2273–2286. https://doi.org/10.1002/cmdc.201100338.
(74) Adams, L. S.; Seeram, N. P.; Aggarwal, B. B.; Takada, Y.; Sand, D.; Heber, D. Pomegranate Juice, Total Pomegranate Ellagitannins, and Punicalagin Suppress Inflammatory Cell Signaling in Colon Cancer Cells. *J. Agric. Food Chem.* **2006**, *54* (3), 980–985. https://doi.org/10.1021/jf052005r.
(75) Furlanetto, V.; Zagotto, G.; Pasquale, R.; Moro, S.; Gatto, B. Ellagic Acid and Polyhydroxylated Urolithins Are Potent Catalytic Inhibitors of Human Topoisomerase II: An in Vitro Study. *J. Agric. Food Chem.* **2012**, *60* (36), 9162–9170. https://doi.org/10.1021/jf302600q.
(76) Jain, Z. J.; Gide, P. S.; Kankate, R. S. Biphenyls and Their Derivatives as Synthetically and Pharmacologically Important Aromatic Structural Moieties. *Arab. J. Chem.* **2017**, *10*, S2051–S2066. https://doi.org/10.1016/j.arabjc.2013.07.035.
(77) Batool, F. A Review Paper on: Organic Light-Emitting Diode (OLED) Technology and Applications. *Int. J. Adv. Res. Comput. Commun. Eng.* **2016**, *5* (11), 152–156. https://doi.org/DOI 10.17148/IJARCCE.2016.51132.

(78) Bringmann, G.; Price Mortimer, A. J.; Keller, P. A.; Gresser, M. J.; Garner, J.; Breuning, M. Atropselektive Synthese axial-chiraler Biaryle. *Angew. Chem.* **2005**, *117* (34), 5518–5563. https://doi.org/10.1002/ange.200462661.
(79) Ohkuma, T.; Kurono, N. BINAP. In *Privileged Chiral Ligands and Catalysts*; Zhou, Q.-L., Ed.; Wiley-VCH Verlag GmbH & Co. KGaA: Weinheim, Germany, 2011; pp 1–53. https://doi.org/10.1002/9783527635207.ch1.
(80) Gu, J.; Wen, M.; Liang, X.; Shi, Z.; Kirillova, M.; Kirillov, A. Multifunctional Aromatic Carboxylic Acids as Versatile Building Blocks for Hydrothermal Design of Coordination Polymers. *Crystals* **2018**, *8* (2), 83. https://doi.org/10.3390/cryst8020083.
(81) Li, Z.; Hogan, K. A.; Cai, C.; Rieth, S. Human Health Effects of Biphenyl: Key Findings and Scientific Issues. *Environ. Health Perspect.* **2016**, *124* (6), 703–712. https://doi.org/10.1289/ehp.1509730.
(82) Abramowicz, D. A. Aerobic and Anaerobic Biodegradation of PCBs: A Review. *Crit. Rev. Biotechnol.* **1990**, *10* (3), 241–251. https://doi.org/10.3109/07388559009038210.
(83) Wong, M. H.; Wu, S. C.; Deng, W. J.; Yu, X. Z.; Luo, Q.; Leung, A. O. W.; Wong, C. S. C.; Luksemburg, W. J.; Wong, A. S. Export of Toxic Chemicals – A Review of the Case of Uncontrolled Electronic-Waste Recycling. *Environ. Pollut.* **2007**, *149* (2), 131–140. https://doi.org/10.1016/j.envpol.2007.01.044.
(84) Tan, J.; Cheng, S. M.; Loganath, A.; Chong, Y. S.; Obbard, J. P. Selected Organochlorine Pesticide and Polychlorinated Biphenyl Residues in House Dust in Singapore. *Chemosphere* **2007**, *68* (9), 1675–1682. https://doi.org/10.1016/j.chemosphere.2007.03.051.
(85) Stockholm Convention > The Convention > Overview > History > Overview http://chm.pops.int/TheConvention/Overview/History/Overview/tabid/3549/Default.aspx (accessed Apr 26, 2019).
(86) Text of the Convention http://chm.pops.int/TheConvention/Overview/TextoftheConvention/tabid/2232/Default.aspx (accessed Apr 26, 2019).
(87) Kloss, F.; Neuwirth, T.; Haensch, V. G.; Hertweck, C. Metal-Free Synthesis of Pharmaceutically Important Biaryls by Photosplicing. *Angew. Chem. Int. Ed.* **2018**, *57* (44), 14476–14481. https://doi.org/10.1002/anie.201805961.
(88) Coşkun, G.; Djikic, T.; Hayal, T.; Türkel, N.; Yelekçi, K.; Şahin, F.; Küçükgüzel, Ş. Synthesis, Molecular Docking and Anticancer Activity of Diflunisal Derivatives as Cyclooxygenase Enzyme Inhibitors. *Molecules* **2018**, *23* (8), 1969. https://doi.org/10.3390/molecules23081969.
(89) Wen, J.; Zeng, M.; Liu, Z.; Zhou, H.; Xu, H.; Huang, M.; Zhang, W. The Influence of Telmisartan on Metformin Pharmacokinetics and Pharmacodynamics. *J. Pharmacol. Sci.* **2018**. https://doi.org/10.1016/j.jphs.2018.11.007.
(90) Hassan, J.; Sévignon, M.; Gozzi, C.; Schulz, E.; Lemaire, M. Aryl–Aryl Bond Formation One Century after the Discovery of the Ullmann Reaction. *Chem. Rev.* **2002**, *102* (5), 1359–1470. https://doi.org/10.1021/cr000664r.
(91) Grzybowski, M.; Skonieczny, K.; Butenschön, H.; Gryko, D. T. Oxidative aromatische Kupplung und Scholl-Reaktion im Vergleich. *Angew. Chem.* **2013**, *125* (38), 10084–10115. https://doi.org/10.1002/ange.201210238.
(92) Sapountzis, I.; Lin, W.; Kofink, C. C.; Despotopoulou, C.; Knochel, P. Eisenkatalysierte Aryl-Aryl-Kreuzkupplungen mit Kupferreagentien. *Angew. Chem.* **2005**, *117* (11), 1682–1685. https://doi.org/10.1002/ange.200462013.
(93) Fürtges, L.; Obermaier, S.; Thiele, W.; Foegen, S.; Müller, M. Diversity in Fungal

Intermolecular Phenol Coupling of Polyketides – Regioselective Laccase-Based Systems. *ChemBioChem 0* (ja). https://doi.org/10.1002/cbic.201900041.
(94) Huang, K.; Fujii, I.; Ebizuka, Y.; Gomi, K.; Sankawa, U. Molecular Cloning and Heterologous Expression of the Gene Encoding Dihydrogeodin Oxidase, a Multicopper Blue Enzyme from Aspergillus Terreus. *J. Biol. Chem.* **1995**, *270* (37), 21495–21502. https://doi.org/10.1074/jbc.270.37.21495.
(95) Ciecholewski, S.; Hammer, E.; Manda, K.; Bose, G.; Nguyen, V. T. H.; Langer, P.; Schauer, F. Laccase-Catalyzed Carbon–Carbon Bond Formation: Oxidative Dimerization of Salicylic Esters by Air in Aqueous Solution. *Tetrahedron* **2005**, *61* (19), 4615–4619. https://doi.org/10.1016/j.tet.2005.03.007.
(96) Constantin, M.-A.; Conrad, J.; Beifuss, U. An Unprecedented Oxidative Trimerization of Sesamol Catalyzed by Laccases. *Tetrahedron Lett.* **2012**, *53* (26), 3254–3258. https://doi.org/10.1016/j.tetlet.2012.04.056.
(97) Schlauer, J.; Rückert, M.; Wiesen, B.; Herderich, M.; Assi, L. A.; Haller, R. D.; Bär, S.; Fröhlich, K.-U.; Bringmann, G. Characterization of Enzymes FromAncistrocladus(Ancistrocladaceae) AndTriphyophyllum(Dioncophyllaceae) Catalyzing Oxidative Coupling of Naphthylisoquinoline Alkaloids to Michellamines,. *Arch. Biochem. Biophys.* **1998**, *350* (1), 87–94. https://doi.org/10.1006/abbi.1997.0494.
(98) Mazzaferro, L. S.; Hüttel, W.; Fries, A.; Müller, M. Cytochrome P450-Catalyzed Regio- and Stereoselective Phenol Coupling of Fungal Natural Products. *J. Am. Chem. Soc.* **2015**, *137* (38), 12289–12295. https://doi.org/10.1021/jacs.5b06776.
(99) Morofuji, T.; Shimizu, A.; Yoshida, J. Metal- and Chemical-Oxidant-Free CÀH/CÀH Cross-Coupling of Aromatic Compounds: The Use of Radical-Cation Pools*. *Angew Chem* **2012**, 4.
(100) Bringmann, G.; Price Mortimer, A. J.; Keller, P. A.; Gresser, M. J.; Garner, J.; Breuning, M. Atropselektive Synthese axial-chiraler Biaryle. *Angew. Chem.* **2005**, *117* (34), 5518–5563. https://doi.org/10.1002/ange.200462661.
(101) Feldman, K. S.; Lawlor, M. D. Ellagitannin Chemistry. The First Total Synthesis of a Dimeric Ellagitannin, Coriariin A. *J. Am. Chem. Soc.* **2000**, *122* (30), 7396–7397. https://doi.org/10.1021/ja001013f.
(102) Zhou, F.; Cai, Q. Recent Advances in Copper-Catalyzed Asymmetric Coupling Reactions. *Beilstein J. Org. Chem.* **2015**, *11*, 2600–2615. https://doi.org/10.3762/bjoc.11.280.
(103) Evano, G.; Blanchard, N.; Toumi, M. Copper-Mediated Coupling Reactions and Their Applications in Natural Products and Designed Biomolecules Synthesis. *Chem. Rev.* **2008**, *108* (8), 3054–3131. https://doi.org/10.1021/cr8002505.
(104) Ullmann, F.; Bielecki, J. Ueber Synthesen in Der Biphenylreihe. *Berichte Dtsch. Chem. Ges.* **1901**, *34* (2), 2174–2185. https://doi.org/10.1002/cber.190103402141.
(105) Sambiagio, C.; Marsden, S. P.; Blacker, A. J.; McGowan, P. C. Copper Catalysed Ullmann Type Chemistry: From Mechanistic Aspects to Modern Development. *Chem Soc Rev* **2014**, *43* (10), 3525–3550. https://doi.org/10.1039/C3CS60289C.
(106) Ley, S. V.; Thomas, A. W. Modern Synthetic Methods for Copper-Mediated C(Aryl)-O, C(Aryl)-N, and C(Aryl)-S Bond Formation. *Angew. Chem. Int. Ed.* **2003**, *42* (44), 5400–5449. https://doi.org/10.1002/anie.200300594.
(107) Bringmann, G.; Gulder, T.; Gulder, T. A. M.; Breuning, M. Atroposelective Total Synthesis of Axially Chiral Biaryl Natural Products. *Chem. Rev.* **2011**, *111* (2), 563–639. https://doi.org/10.1021/cr100155e.

(108) Lipshutz, B. H.; Kayser, F.; Liu, Z.-P. Asymmetric Synthesis of Biaryls by Intramolecular Oxidative Couplings of Cyanocuprate Intermediates. *Angew. Chem. Int. Ed. Engl.* **1994**, *33* (18), 1842–1844. https://doi.org/10.1002/anie.199418421.
(109) Eicher, T.; Walter, M. Synthese von Bryophyten-Inhaltsstoffen 3. Neue Synthesen der Perrottetine E, F und G. *Synthesis* **1991**, *1991* (6), 469–473. https://doi.org/10.1055/s-1991-26496.
(110) Bhunia, S.; Pawar, G. G.; Kumar, S. V.; Jiang, Y.; Ma, D. Selected Copper-Based Reactions for C–N, C–O, C–S, and C–C Bond Formation. *Angew. Chem. Int. Ed.* **2017**, *56* (51), 16136–16179. https://doi.org/10.1002/anie.201701690.
(111) Gujadhur, R. K.; Bates, C. G.; Venkataraman, D. Formation of Aryl–Nitrogen, Aryl–Oxygen, and Aryl–Carbon Bonds Using Well-Defined Copper(I)-Based Catalysts. *Org. Lett.* **2001**, *3* (26), 4315–4317. https://doi.org/10.1021/ol0170105.
(112) Nicolaou, K. C.; Bulger, P. G.; Sarlah, D. Palladiumkatalysierte Kreuzkupplungen in der Totalsynthese. *Angew. Chem.* **2005**, *117* (29), 4516–4563. https://doi.org/10.1002/ange.200500368.
(113) Bhunia, S.; Pawar, G. G.; Kumar, S. V.; Jiang, Y.; Ma, D. Ausgewählte Kupfer-katalysierte Reaktionen für die Bildung von C-N-, C-O-, C-S- und C-C-Bindungen. *Angew. Chem.* **2017**, *129* (51), 16352–16397. https://doi.org/10.1002/ange.201701690.
(114) Gribble G. W.; Li J. J. *Palladium in Heterocyclic Chemistry: A Guide for the Synthetic Chemist*; Elsvier Science Ltd, 2000.
(115) Chen, X.; Engle, K. M.; Wang, D.-H.; Yu, J.-Q. Palladium(II)-Catalyzed C-H Activation/C-C Cross-Coupling Reactions: Versatility and Practicality. *Angew. Chem. Int. Ed.* **2009**, *48* (28), 5094–5115. https://doi.org/10.1002/anie.200806273.
(116) Negishi E-i. Die Magische Kraft Der Übergangsmetalle: Vergangenheit, Gegenwart Und Zukunft (Nobel-Aufsatz). *Angew. Chem.* **2011**, *123*, 6870–6897.
(117) Ping, Y.; Li, Y.; Zhu, J.; Kong, W. Construction of Quaternary Stereocenters by Palladium-Catalyzed Carbopalladation-Initiated Cascade Reactions. *Angew. Chem. Int. Ed.* **2018**. https://doi.org/10.1002/anie.201806088.
(118) Nicolaou, K. C.; Bulger, P. G.; Sarlah, D. Palladiumkatalysierte Kreuzkupplungen in der Totalsynthese. *Angew. Chem.* **2005**, *117* (29), 4516–4563. https://doi.org/10.1002/ange.200500368.
(119) Kosugi, M.; Shimizu, T.; Migita, T. Reactions of Aryl Halides with Thiolate Anions in the Presence of Catalytic Amounts of Tetrakis(Triphenylphosphine)Palladium Preparation of Aryl Sulfides. *Chem. Lett.* **1978**, *7* (1), 13–14. https://doi.org/10.1246/cl.1978.13.
(120) Herd, O.; HeBler, A.; Hingst, M.; Tepper, M.; Stelzer, O. Water Soluble Phosphines VIII. Palladium-Catalyzed P-C Cross Coupling Reactions between Primary or Secondary Phosphines and Functional Aryliodides a Novel Synthetic Route to Water Soluble Phosphines. *J. Organomet. Chem.* **1996**, *522*, 69–76.
(121) Machnitzki, P.; Tepper, M.; Wenz, K.; Stelzer, O.; Herdtweck, E. Water-Soluble Phosphines Part XII. Pd Catalyzed P C Coupling Reactions: A Novel Synthetic Route to Cationic Phosphines with Para- and Meta-Guanidiniumphenyl Moieties. *J. Organomet. Chem.* **2000**, *602*, 158–169.
(122) Gribble G. W.; Li J. J. *Palladium in Heterocyclic Chemistry - 2nd Edition*; Elsvier Science Ltd, 2007.
(123) de Meijere, A.; Bräse, S.; Oestreich, M. *Metal Catalyzed Cross-Coupling Reactions and More, 3 Volume Set: 3 Volume Set*; John Wiley & Sons, Incorporated: Weinheim, GERMANY, 2013.

(124) Amatore, C.; Jutand, A. Anionic Pd(0) and Pd(II) Intermediates in Palladium-Catalyzed Heck and Cross-Coupling Reactions. *Acc. Chem. Res.* **2000**, *33* (5), 314–321. https://doi.org/10.1021/ar980063a.
(125) De Meijere, A.; Meyer, F. E. Kleider machen Leute: Heck-Reaktion im neuen Gewand. *Angew. Chem.* **1994**, *106* (23–24), 2473–2506. https://doi.org/10.1002/ange.19941062307.
(126) Amatore, C.; Carre, E.; Jutand, A.; M'Barki, M. A.; Meyer, G. Evidence for the Ligation of Palladium(0) Complexes by Acetate Ions: Consequences on the Mechanism of Their Oxidative Addition with Phenyl Iodide and PhPd(OAc)(PPh3)2 as Intermediate in the Heck Reaction. *Organometallics* **1995**, *14* (12), 5605–5614. https://doi.org/10.1021/om00012a029.
(127) Amatore, C.; Jutand, A.; Thuilliez, A. Formation of Palladium(0) Complexes from Pd(OAc) $_2$ and a Bidentate Phosphine Ligand (Dppp) and Their Reactivity in Oxidative Addition. *Organometallics* **2001**, *20* (15), 3241–3249. https://doi.org/10.1021/om0101137.
(128) Amatore, C.; Jutand, A.; Suarez, A. Intimate Mechanism of Oxidative Addition to Zerovalent Palladium Complexes in the Presence of Halide Ions and Its Relevance to the Mechanism of Palladium-Catalyzed Nucleophilic Substitutions. *J. Am. Chem. Soc.* **1993**, *115* (21), 9531–9541. https://doi.org/10.1021/ja00074a018.
(129) Martin, R.; Buchwald, S. L. Palladium-Catalyzed Suzuki–Miyaura Cross-Coupling Reactions Employing Dialkylbiaryl Phosphine Ligands. *Acc. Chem. Res.* **2008**, *41* (11), 1461–1473. https://doi.org/10.1021/ar800036s.
(130) Fortman, G. C.; Nolan, S. P. N-Heterocyclic Carbene (NHC) Ligands and Palladium in Homogeneous Cross-Coupling Catalysis: A Perfect Union. *Chem. Soc. Rev.* **2011**, *40* (10), 5151–5169. https://doi.org/10.1039/C1CS15088J.
(131) Miyaura, Norio.; Suzuki, Akira. Palladium-Catalyzed Cross-Coupling Reactions of Organoboron Compounds. *Chem. Rev.* **1995**, *95* (7), 2457–2483. https://doi.org/10.1021/cr00039a007.
(132) Hamann, B. C.; Hartwig, J. F. Sterically Hindered Chelating Alkyl Phosphines Provide Large Rate Accelerations in Palladium-Catalyzed Amination of Aryl Iodides, Bromides, and Chlorides, and the First Amination of Aryl Tosylates. *J. Am. Chem. Soc.* **1998**, *120* (29), 7369–7370. https://doi.org/10.1021/ja981318i.
(133) Amatore, C.; Jutand, A.; Thuilliez, A. Formation of Palladium(0) Complexes from Pd(OAc) $_2$ and a Bidentate Phosphine Ligand (Dppp) and Their Reactivity in Oxidative Addition. *Organometallics* **2001**, *20* (15), 3241–3249. https://doi.org/10.1021/om0101137.
(134) Fujiwara, Y.; Moritani, I.; Matsuda, M. AROMATIC SUBSTITUTIOIfOF OLEFIEI.IV REACTION WITH PALLADIUM METAL AND SILVER ACETATE. *Tetrahedron Lett.* **1968**, *35*, 3863–3865.
(135) Gandeepan, P.; Müller, T.; Zell, D.; Cera, G.; Warratz, S.; Ackermann, L. 3d Transition Metals for C–H Activation. *Chem. Rev.* **2018**. https://doi.org/10.1021/acs.chemrev.8b00507.
(136) Ackermann, L. Carboxylate-Assisted Transition-Metal-Catalyzed C–H Bond Functionalizations: Mechanism and Scope. *Chem. Rev.* **2011**, *111* (3), 1315–1345. https://doi.org/10.1021/cr100412j.
(137) Li, R.; Jiang, L.; Lu, W. Intermolecular Cross-Coupling of Simple Arenes via C–H Activation by Tuning Concentrations of Arenes and TFA. *Organometallics* **2006**, *25* (26), 5973–5975. https://doi.org/10.1021/om060889d.
(138) Bruggink A.; Mckillop A., A. A STUDY OF THE COPPER-CATALYSED DIRECT ARYLATION OF ß-DICARBONYL COMPOUNDS WITH 2-BROMOBENZOIC ACIDS'. *Tetrahedron* **1975**, *31*,

2607–2619.
(139) Lindley, J. Tetrahedron Report Number 163: Copper Assisted Nucleophilic Substitution of Aryl Halogen. *Tetrahedron* **1984**, *40* (9), 1433–1456. https://doi.org/10.1016/S0040-4020(01)91791-0.
(140) Casitas, A.; Ribas, X. The Role of Organometallic Copper(III) Complexes in Homogeneous Catalysis. *Chem. Sci.* **2013**, *4* (6), 2301. https://doi.org/10.1039/c3sc21818j.
(141) Sperotto, E.; Klink, G. P. M. van; Koten, G. van; Vries, J. G. de. The Mechanism of the Modified Ullmann Reaction. *Dalton Trans.* **2010**, *39* (43), 10338–10351. https://doi.org/10.1039/C0DT00674B.
(142) Shaydulina D., Darstellung Polyhydroxylierter Urolithine, Master Thesis, Gießen, 2014.
(143) McOmie, J. F. W.; Watts, M. L.; West, D. E. Demethylation of Aryl Methyl Ethers by Boron Tribromide. *Tetrahedron* **1968**, *24* (5), 2289–2292. https://doi.org/10.1016/0040-4020(68)88130-X.
(144) Maldonado, O. S.; Lucas, R.; Comelles, F.; Jesús González, M.; Parra, J. L.; Medina, I.; Morales, J. C. Synthesis and Characterization of Phenolic Antioxidants with Surfactant Properties: Glucosyl- and Glucuronosyl Alkyl Gallates. *Tetrahedron* **2011**, *67* (38), 7268–7279. https://doi.org/10.1016/j.tet.2011.07.046.
(145) Chang, J.; Guo, X.; Cheng, S.; Guo, R.; Chen, R.; Zhao, K. Efficient Synthesis of γ-DDB. *Bioorg. Med. Chem. Lett.* **2004**, *14* (9), 2131–2136. https://doi.org/10.1016/j.bmcl.2004.02.055.
(146) Alam, A.; Tsuboi, S. Total Synthesis of 3,3′,4-Tri-O-Methylellagic Acid from Gallic Acid. *Tetrahedron* **2007**, *63* (42), 10454–10465. https://doi.org/10.1016/j.tet.2007.07.103.
(147) Slegeris, R.; Ondrusek, B. A.; Chung, H. Catechol- and Ketone-Containing Multifunctional Bottlebrush Polymers for Oxime Ligation and Hydrogel Formation. *Polym. Chem.* **2017**, *8* (32), 4707–4715. https://doi.org/10.1039/C7PY01112A.
(148) Bennetau, B.; Mortier, J.; Moyroud, J.; Guesnet, J.-L. Directed Lithiation of Unprotected Benzoic Acids. *J. Chem. Soc. Perkin 1* **1995**, *0* (10), 1265–1271. https://doi.org/10.1039/P19950001265.
(149) Alam, A.; Takaguchi, Y.; Ito, H.; Yoshida, T.; Tsuboi, S. Multi-Functionalization of Gallic Acid towards Improved Synthesis of α- and β-DDB. *Tetrahedron* **2005**, *61* (7), 1909–1918. https://doi.org/10.1016/j.tet.2004.11.083.
(150) Meyers, A. I.; Flisak, J. R.; Aitken, R. A. Asymmetric Synthesis of (-)-Steganone. Further Application of Chiral Biaryl Syntheses. *J. Am. Chem. Soc.* **1987**, *109* (18), 5446–5452. https://doi.org/10.1021/ja00252a022.
(151) Saito, S.; Gao, H.; Kawabata, J. DPPH (= 2,2-Diphenyl-1-Picrylhydrazyl = 2,2-Diphenyl-1-(2,4,6-Trinitrophenyl)Hydrazyl) Radical-Scavenging Reaction of Protocatechuic Acid Esters (= 3,4-Dihydroxybenzoates) in Alcohols: Formation of Bis-Alcohol Adduct. *Helv. Chim. Acta* **2006**, *89* (4), 821–831. https://doi.org/10.1002/hlca.200690074.
(152) Nguyen, T.-H.; Chau, N. T. T.; Castanet, A.-S.; Nguyen, K. P. P.; Mortier, J. First General, Direct, and Regioselective Synthesis of Substituted Methoxybenzoic Acids by Ortho Metalation. *J. Org. Chem.* **2007**, *72* (9), 3419–3429. https://doi.org/10.1021/jo070082a.
(153) Hamamoto, H.; Hattori, S.; Takemaru, K.; Miki, Y. Hypervalent Iodine(III)-LiX Combination in Fluoroalcohol Solvent for Aromatic Halogenation of Electron-Rich Arenecarboxylic Acids. *Synlett* **2011**, *2011* (11), 1563–1566. https://doi.org/10.1055/s-0030-1260791.
(154) Kolev, I. N.; Petrova, S. P.; Nikolova, R. P.; Dimowa, L. T.; Shivachev, B. L. Synthesis,

Characterization, and Crystal Structure of 2-Iodo-3,4,5-Trimethoxybenzoic Acid. *J. Mol. Struct.* **2013**, *1034*, 318–324. https://doi.org/10.1016/j.molstruc.2012.10.039.
(155) IODOBENZENE. *Org. Synth.* **1939**, *19*, 55. https://doi.org/10.15227/orgsyn.019.0055.
(156) Schwetlick, K. *Organikum, 22. vollst. überarb. u. aktualis. Auflage*, 22nd ed.; Wiley-VCH: Weinheim, 2004.
(157) Zhang, Y.; Huang, Y.-J.; Xiang, H.-M.; Wang, P.-Y.; Hu, D.-Y.; Xue, W.; Song, B.-A.; Yang, S. Synthesis and Anticancer Activities of 4-(4-Substituted Piperazin)-5,6,7-Trialkoxy Quinazoline Derivatives. *Eur. J. Med. Chem.* **2014**, *78*, 23–34. https://doi.org/10.1016/j.ejmech.2014.03.036.
(158) Hahn, E. D.; Rupprecht, S. D.-C.; Kramp, W. D.; Neumeier, R. D. Reduzierende Chelatbildner, Deren Technetium- Und Rhenium-Komplexe, Verfahren Zu Ihrer Herstellung Sowie Deren Verwendung in Diagnostik Und Therapie. EP0474323A1, March 11, 1992.
(159) Kiran, Y.; Konakahara, T.; Sakai, N. A Green Reagent for the Iodination of Phenols. *Synthesis* **2008**, *2008* (15), 2327–2332. https://doi.org/10.1055/s-2008-1078598.
(160) Rubino, M. T.; Maggi, D.; Laghezza, A.; Loiodice, F.; Tortorella, P. Identification of Novel Matrix Metalloproteinase Inhibitors by Screening of Phenol Fragments Library. *Arch. Pharm. (Weinheim)* **2011**, *344* (9), 557–563. https://doi.org/10.1002/ardp.201000350.
(161) Hashida, K.; Makino, R.; Ohara, S. Amination of Pyrogallol Nucleus of Condensed Tannins and Related Polyphenols by Ammonia Water Treatment. *Holzforschung* **2009**, *63* (3). https://doi.org/10.1515/HF.2009.043.
(162) Waldvogel, S. R.; Trosien, S. Oxidative Transformation of Aryls Using Molybdenum Pentachloride. *Chem. Commun.* **2012**, *48* (73), 9109. https://doi.org/10.1039/c2cc33925k.
(163) Luo, Q.-L.; Lv, L.; Li, Y.; Tan, J.-P.; Nan, W.; Hui, Q. An Efficient Protocol for the Amidation of Carboxylic Acids Promoted by Trimethyl Phosphite and Iodine. *Eur. J. Org. Chem.* **2011**, *2011* (34), 6916–6922. https://doi.org/10.1002/ejoc.201101030.
(164) Inamoto, Y.; Kaga, Y.; Nishimoto, Y.; Yasuda, M.; Baba, A. Indium Triiodide Catalyzed Reductive Functionalization of Amides via the Single-Stage Treatment of Hydrosilanes and Organosilicon Nucleophiles. *Org. Lett.* **2013**, *15* (13), 3452–3455. https://doi.org/10.1021/ol4015317.
(165) Sun, Y.-H.; Sun, T.-Y.; Wu, Y.-D.; Zhang, X.; Rao, Y. A Diversity-Oriented Synthesis of Bioactive Benzanilides via a Regioselective C(Sp2)–H Hydroxylation Strategy. *Chem. Sci.* **2016**, *7* (3), 2229–2238. https://doi.org/10.1039/C5SC03905C.
(166) Hayashi, R.; Sakagami, H.; Koiwa, M.; Ito, H.; Miyamoto, M.; Isogaya, M. Piperidine Derivatives as Nonprostanoid IP Receptor Agonists. *Bioorg. Med. Chem. Lett.* **2016**, *26* (9), 2360–2364. https://doi.org/10.1016/j.bmcl.2016.03.009.
(167) Berridge, M. V.; Herst, P. M.; Tan, A. S. Tetrazolium Dyes as Tools in Cell Biology: New Insights into Their Cellular Reduction. In *Biotechnology Annual Review*; Elsevier, 2005; Vol. 11, pp 127–152. https://doi.org/10.1016/S1387-2656(05)11004-7.
(168) Stockert, J. C.; Blázquez-Castro, A.; Cañete, M.; Horobin, R. W.; Villanueva, Á. MTT Assay for Cell Viability: Intracellular Localization of the Formazan Product Is in Lipid Droplets. *Acta Histochem.* **2012**, *114* (8), 785–796. https://doi.org/10.1016/j.acthis.2012.01.006.
(169) Horita, K.; Yoshioka, T.; Tanaka, T.; Oikawa, Y.; Yonemitsu, O. On the Selectivity of Deprotection of Benzyl, Mpm (4-Methoxybenzyl) and Dmpm (3,4-Dimethoxybenzyl) Protecting Groups for Hydroxy Functions. *Tetrahedron* **1986**, *42* (11), 3021–3028. https://doi.org/10.1016/S0040-4020(01)90593-9.
(170) Taubinger, A. A. *Aminoalkyl-substituierte Azetidinone als Schlüsselintermediate zur*

Synthese von bicyclischen β-Lactamen und Diaminocarbonsäuren; Cuvillier Verlag, 2008.
(171) Becker, S.; Behrens, U.; Schindler, S. Synthesis, Structure and Reactivity of the Compound [Cu(C7H7NH2)Cl]4 Derived from CuCl and Benzylamine (C7H7NH2). *Z. Für Anorg. Allg. Chem.* **2015**, *641* (2), 430–435. https://doi.org/10.1002/zaac.201400395.
(172) Becker, S.; Behrens, U.; Schindler, S. Investigations Concerning [Cu4OX6L4] Cluster Formation of Copper(II) Chloride with Amine Ligands Related to Benzylamine. *Eur. J. Inorg. Chem.* **2015**, *2015* (14), 2437–2447. https://doi.org/10.1002/ejic.201500115.
(173) Löw, S.; Becker, J.; Würtele, C.; Miska, A.; Kleeberg, C.; Behrens, U.; Walter, O.; Schindler, S. Reactions of Copper(II) Chloride in Solution: Facile Formation of Tetranuclear Copper Clusters and Other Complexes That Are Relevant in Catalytic Redox Processes. *Chem. – Eur. J.* **2013**, *19* (17), 5342–5351. https://doi.org/10.1002/chem.201203848.
(174) Sosic, A.; Sinigaglia, L.; Cappellini, M.; Carli, I.; Parolin, C.; Zagotto, G.; Sabatino, G.; Rovero, P.; Fabris, D.; Gatto, B. Mechanisms of HIV-1 Nucleocapsid Protein Inhibition by Lysyl-Peptidyl-Anthraquinone Conjugates. *Bioconjug. Chem.* **2016**, *27* (1), 247–256. https://doi.org/10.1021/acs.bioconjchem.5b00627.
(175) De Groot, A. H.; Dommisse, R. A.; Lemière, G. L. Selective Cleavage of Tert-Butyldimethylsilylethers Ortho to a Carbonyl Group by Ultrasound. *Tetrahedron* **2000**, *56* (11), 1541–1549. https://doi.org/10.1016/S0040-4020(00)00053-3.
(176) Pettit, G. R.; Grealish, M. P.; Herald, D. L.; Boyd, M. R.; Hamel, E.; Pettit, R. K. Antineoplastic Agents. 443. Synthesis of the Cancer Cell Growth Inhibitor Hydroxyphenstatin and Its Sodium Diphosphate Prodrug. *J. Med. Chem.* **2000**, *43* (14), 2731–2737. https://doi.org/10.1021/jm000045a.
(177) Alberts, B.; Bray, D.; Hopkin, K.; Johnson, A. D.; Lewis, J.; Raff, M.; Roberts, K.; Walter, P. *Essential Cell Biology*, 4th ed.; Garland Science, 2014.
(178) Wiley-VCH - Lehrbuch der Biochemie https://www.wiley-vch.de/de/fachgebiete/naturwissenschaften/lehrbuch-der-biochemie-978-3-527-34286-0 (accessed Jul 1, 2019).

Danksagung

Am Ende dieses für mich bedeutenden Lebensabschnitts an der JLU gilt mein herzlicher Dank an erster Stelle meinem Doktorvater, **Prof. Dr. Richard Göttlich**, der mich während der Studienzeit und insbesondere während der Promotion in jeder Hinsicht stets unterstützt und gefördert hat. Ich danke ihm für die Überlassung dieses für mich so interessanten und fordernden Themas, für die lehrreichen wissenschaftlichen Gespräche, den gewährten Freiraum beim Forschen sowie die optimalen Arbeitsbedingungen im Labor. Darüber hinaus danke ich für seine Unterstützung bei den Besuchen nationaler und internationaler Konferenzen, bei denen ich die hervorragende Möglichkeit des Wissensaustauschs mit anderen Kollegen hatte. Ganz besonders danke ich dafür, dass ich einen Teil meiner wissenschaftlichen Arbeit am Institut für Pharmazeutische Chemie an der Universität Padua durchführen und dadurch eine einzigartige interdisziplinäre Erfahrung im internationalen Umfeld sammeln konnte. An dieser Stelle geht mein großer Dank außerdem an Frau **Prof. Dr. Barbara Gatto** und ihre tolle Arbeitsgruppe an der Universität Padua für die herzliche Aufnahme in das Team, kompetente Beratung bei der Durchführung der biochemischen Experimente und jede Menge hilfreicher Fachtipps. Grazie mille! Herrn **Prof. Dr. Siegfried Schindler** danke ich vielmals für die freundliche Übernahme des Zweitgutachtens.

Meiner ***göttlichen* Arbeitsgruppe**: Udo Garrelts, Anja Beneckenstein, Jasmin Herr, Jean-Marie Pohl, Tim Helbing, Carina Rössiger, Fabian Stöhr, Lena Lipovsek, Doris Verch und den ehemaligen „göttlichen" Kollegen Dr. Ivonne Zuravka, Dr. Ute Mettal, Dr. Dave Bassan, Dr. Manfred Steinbach, Dr. Tim Stumpf, Alexander Francke, Lisa Berg und Felix Kuhnert danke ich herzlich für das freundliche Arbeitsklima, unterhaltsame Pausen und die Hilfsbereitschaft bei kleinen und größeren Problemen. Meinen beiden direkten Labor- und Arbeitsplatznachbarn, **Jasmin Herr** und **Jean Pohl,** gilt jedoch mein besonderer Dank. Mit euch beiden habe ich die meisten Stunden im Labor verbracht, von der Bachelorarbeit über die Masterarbeit und anschließende Promotion. Auch wenn wir nicht immer gleicher Meinung waren hat die Zusammenarbeit, wie das ‚Vernichten der Chemikalien' in der alten Chemie, der Einzug in die neuen Labore oder das Betreuen zahlreicher Studenten, bestens funktioniert und dafür danke ich euch sehr!

Ein weiterer Dank geht ebenso an unsere Flurnachbarn der **AG Wegner** und der **AG Schreiner**. Aus diesen beiden Arbeitskreisen danke ich insbesondere meinen **Kommilitonen und Freunden**: Sebastian Ahles, Marcel Strauß, Alexander Seitz, Dominik Niedek, Jan Schümann und Henrik Quanz für ihre stete Hilfsbereitschaft bei fachlichen Diskussionen als auch immer wieder interessante Unterhaltungen. Alex und Dominik danke ich außerdem für die große Hilfe bei meinem Umzug nach Frankfurt am Main.

Meinen **Bachelor**- sowie **Austauschstudenten-/innen** Bastian Krauskopf, Thomas Rotärmel, Jonas Ristau, Jonas Dick, Michael Neu, Natalja Rydz, Domenika Wojcik und Davide Ceradini danke ich für ihren Fleiß und die gute Zusammenarbeit. Weiterhin bedanke ich mich bei meiner ChemCoach Partnerin und guten Freundin **Steffanie Lenzer**. Mit dir als Partnerin hatte ich ein großes Glück. Meiner Freundin und Mentorin **Dr. Ivonne Zuravka** danke ich für ihre ermutigenden Worte und das in mich gesetzte Vertrauen.

Ferner danke ich der gesamten **OC-Analytik-Abteilung der JLU**. Frau **Dr. Heike Hausmann** danke ich für die Aufnahme zahlreicher NMR-Spektren und ihre kompetente Hilfe bei jeder Strukturaufklärungsfrage. Des Weiteren danke ich Herrn **Stefan Bernhardt** für die HPLC-Auftrennungen meiner teils sehr problematischen Produktgemische, sowie zügige Elementaranalyse-Messungen und seine stetige Hilfsbereitschaft und Freundlichkeit. Herrn **Edgar Reitz** möchte ich für die sofortige Hilfe bei allen Software- und Technikproblemen danken.

Ein außerordentliches Dankeschön richte ich an meine beiden Korrekturleserinnen **Dr. Ute Mettal** und **Dr. Miriam Wern**, die zum Gelingen dieser Arbeit beigetragen haben. Vielen lieben Dank für eure konstruktiven Ratschläge und die Zeit, die ihr euch genommen habt um dieses, gefühlt endlose, „Buch" in nur kurzer Zeit Korrektur zu lesen.
Meiner Kommilitonin und lieben Freundin, **Dr. Miriam Wern,** bin ich darüber hinaus für ihre grenzenlose Hilfsbereitschaft und stetige Unterstützung in allen Lebenslagen unaussprechlich dankbar!

Meiner großen **Familie** und meinen **Mädels** danke ich für die moralische Unterstützung, endlose Herzlichkeit sowie die entspannenden Ablenkungen während der stressigen Zeit. Meiner liebsten Freundin, **Kristina Lewandowski**, danke ich für ihre tiefe Freundschaft und lieben, aufmunternden Worte. Du schaffst es immer mich bei guter Laune zu halten und dafür kann ich dir nicht genug danken.

Abschließend gilt mein größter Dank meinen liebevollen **Eltern**, Nail und Larisa, meinem **Opa**, Yurik, und meiner **Schwester**, Alina! Danke vielmals für eure bedingungslose Liebe, enorme Unterstützung und die Gewissheit, dass Ihr immer für mich da seid. Insbesondere meiner wunderbaren **Mama**, die mir immer mit Rat und Tat zur Seite steht. Ich danke und liebe euch von ganzem Herzen!

Kolibri 360 GmbH
Ferdinand-Jühlke-Straße 7
99095 Erfurt, Deutschland
produktsicherheit@kolibri360.de

Druck:
CPI Druckdienstleistungen GmbH
im Auftrag der
Kolibri 360 GmbH
Ferdinand-Jühlke-Str. 7
99095 Erfurt